생명과학
이야기

생명과학 이야기

발행일	2018년 5월 11일

지은이	박 광 하		
펴낸이	손 형 국		
펴낸곳	(주)북랩		
편집인	선일영	편집	오경진, 권혁신, 최승헌, 최예은, 김경무
디자인	이현수, 김민하, 한수희, 김윤주, 허지혜	제작	박기성, 황동현, 구성우, 정성배
마케팅	김회란, 박진관		
출판등록	2004. 12. 1(제2012-000051호)		
주소	서울시 금천구 가산디지털 1로 168, 우림라이온스밸리 B동 B113, 114호		
홈페이지	www.book.co.kr		
전화번호	(02)2026-5777	팩스	(02)2026-5747

ISBN	979-11-6299-052-0 03470 (종이책) 979-11-6299-053-7 05470 (전자책)

이 도서의 국립중앙도서관 출판예정도서목록(CIP)은 서지정보유통지원시스템 홈페이지(http://seoji.nl.go.kr)와
국가자료공동목록시스템(http://www.nl.go.kr/kolisnet)에서 이용하실 수 있습니다.
(CIP제어번호 : CIP2018013402)

생명과학 이야기

21세기의 키워드로 떠오른 생명과학을 알기 쉽게 풀어쓴 **과학 에세이**

북랩 **book** Lab

prologue

1960년대 혼란기에, 규모가 작은 시골의 농업계 중고등학교에서 과학선생으로 교직생활을 시작했다. 과학선생이라고 하지만 농업계열의 과목까지 5-6개 과목을 맡다 보니 수업의 질은 형편 없이 떨어질 수 밖에 없었다. 퇴직 후, 5월의 스승의 날 즈음해서 담임선생이라고 제자들의 초대를 받았을 때 엉터리로 선생 노릇한 것을 사과한 일이 있다. 걸어온 길을 되돌아 보는 가운데서도 충실하게 교직수행을 못한 것에 허전함을 느끼게 된다. 호주로 이주한 후에 우연하게도 생명과학에 관한 글을 쓰게 되었는데 시간이 흐르다 보니 150여 편의 글이 모아지게 된 것이다. 글을 쓰면서 생명과학지식을 재점검하고 생활 속의 생명현상을 면밀하게 살필 수 있는 시간을 가질 수 있었던 것은 행운이었다. 호주의 자연환경은 한국과는 비교할 수 없게 양호한 편이라고 생각된다. 필자가 살고 있는 집 앞에는 원시림이라고 해도 부족함이 없는 유칼립투스 나무숲이 펼쳐져 있고 계곡에는 송사리 등, 수서생물들이 서식하는 맑은 물이 흐르고 있다. 숲속에는 외래종으로 골칫거리긴 하지만 여우가 보이고 호주의 고슴도치라고 하며 특이 포유류인 에키드나까지도 볼 수 있으니 이상적인 환경 속에서 살고 있다고 생각하고 있다. 생명체는 어느 것이건 간에 참으로 존귀한 존재다. "생명에 대한 외경[畏敬]"이라는 철학으로 형제애를 발전시키는 데 기여한 공로로 1952년 노벨평화상을 수상한 슈바이처 박사는 가축의 먹이로 풀을 한짐 지고 가는 농부가 아무 생각없이 길 옆의 풀 한 포기나 나무가지 하나라도 훼손한다면 이런 행위는 잘못된 것이라고 일깨웠었다고 한다. 나병치료로 헌신하였던 이일선 목사는 59년에 아프리카의 슈바이처 병원에 초청받아서 나병촌 책임자로 슈바이처 박사와 함께 일한 일이 있다고 하며 그가 전하는 에피소드가 있다. 이일선 목사가 큰 나뭇가지 사이에 막대기를 걸쳐놓고 거기에 흔들 침대[hammock]를 만든 것을 보고 "비록 나무가 말을 하지는 못하지만, 얼마나 아프겠는가?"며 크게 꾸짖었다고 한다. 25년 전 이민자 학교에서 선생님 한 분이 팔목에 앉아 있는 파리를 창문 밖으로 날려 보내는 것을 보고 왜 때려 잡지 않고 살려보내느냐?고 물었더니 창밖에서 파리의 역할이 있다는 말을 듣고 감동과 함께 작디 작은 생명체 하나에도 함부로 대하지 않으려는 생각을 할 수 있었다. 발밑의 작은 풀 한 포기며 보일락 말락 한 작은 개미 한마리도 생각해보면 소중한 생명체다. "후기운석대충돌기(Late Heavy Bombardment)"라는 지구의 생명체 탄생 가설이 있다. 40억 년-38억 5천만 년 전에 다량의 운석들이 지구를 비롯한 태양계 내부 행성에 쏟아져 충돌을 일으켰고, 이 충격으로 발생한 에너지가 지구에 존재하던 물질의 화학반응을 촉발해 생명의 기원 물질이 탄생한 것이라는 주장이다. 이 가설을 검증하기는 어렵겠지만 분명한 것은 45-6억 년 전 지구의 탄생과 함께 생명체의 탄생도 시작되었을 것이고, 그 후에 지구의 환경변화 속에서 신비의 생명체가 탄생하였을 것이라는 추리가 가능한 것이다. 지구의 탄생과 함께 생명체도 시작된것이며 정확한 시점이야 불명확하겠지만 최초로 탄생한 생명체가 지구환경과 반응하며 복잡해졌고 후손을 남길 수 있게 되었을 것이다. 또한 그 후에 많은 후손들이 각기 다른 환경에 적응하며 모양도 다르고 적응 방식도 다른 생명체로 변해 왔을 것이라는 추론을 할 수 있는 것이다. 생존에 유리한 개체(유전자)가 살아남는 게 자연선택이자 진화의 법칙이다. 이와 같은 가설을 토대로 거슬러 올라가 보면 현재 지구상의 모든 생명체는 같은 조상을 만날 수 있게 된다. 수십억 년 전에 탄생한 생명체가 한 순간도 소홀히 하지 않고 후손의 후손을 이어온 결과가 우리 눈에 보이는 생명체인 것이다. 그런 의미에서 생명현상 어느 것 하나도 소중하지 않은 것은 없는 것이다. 생명체를 인간의 소유로 생각하기 쉬운데 이 생각을 바꿔야 한다. 모든 생명체는 인간의 소유의 대상이 아니라 상호작용을 협동의 대상이라는 인식이 필요하다는 것이다. 생명체의 유전자는 생명작용을 '결정'하는 요인이 아니고 건축물의 청사진과 같은 것이어서 건축주로부터 '선택'을 당하는 메커니즘을 이해하여야 한다. 한 개체 안에 내재된 수많은 유전형질 중 어떤 것이 실제로 발현될 것인지는 외부환경의 자극과 그에 대한 개체의 반응에 달려 있다는 연구결과를 주모해야 한다. 진화가 우연의 산물이라는 우리의 굳건한 믿음도 사실과는 전혀 다르다. 스트레스 상황에 처한 박테리아는 스스로 '체세포 초변이'라 불리는 대량 복제오류 현상을 일으킴으로써 변이된 유전자를 양산해내고, 그중의 어떤 유전자가 스트레스를 효과적으로 해결하는 단백질을 만들어낼 수 있게 되면 박테리아는 자신의 염색체에서 기능이 부실했던 처음의 유전자를 잘라내고 새로 만들어진 유전자로 대체한다고 한다. 지구상에서 종의 대규모 절멸 사태가 발생한 직후에 급진적인 진화의 도약이 가능했던 것은 이러한 '자발적' 진화 능력 때문이었다고 보고 있는 것이다. 인간의 시야 속에 존재하는 모든 생명체는 같은 조상의 후손으로 현재에 존재하고 있는 것이다. 필자는 자그마한 규모로 텃밭농사를 농사를 하며 농작물이 펼치는 생명현상을 보며 기쁨을 맛보고 있다. 생명의 싹을 티워 펼쳐가는 생명현상은 보면 볼수록 신비감을 느끼게 된다. 바이러스 감염으로 뽑아버릴까 고심하고 있던 고추대가 고온열풍을 몇 번 겪고 난 후에 새잎을 내고 중단되었던 꽃을 다시 피우기 시작한 것이다. 추측성이지만 잎이 오글어 들어 거의 생장을 멈췄던 고추포기가 다시 살아난 것은 극고온의 영향인것 같은 생각이 드는 것이다. 그렇다면 고추의 고온의 자가대응전략이 작동한 것으로 풀이하고 싶은 것이다. 필자의 집 앞에는 10여 미터 놀이에 전선이 지나가는데 거미 한 마리가 그 높은 전선에 거미줄을 바닥으로 느려서 먹이감 포획작전을 하는 것을 보면 놀라움을 금할 수 없는 것이다. 불과 2-3cm가 될까 말까한 작은 거미가 10m 높이의 전선에 거미줄을 치려는 발상을 한 것이며 전신주를 타고 올라가 거미줄망을 느리겠다는 판단을 할수 있다는 생각을 하면 참으로 경이로운 것이다. 알라스카나 일본의 훅가이도 등 북반구에 서식하는 도요새는 따듯한 지역인 남반구의 호주나 뉴질랜드로 날아 드는 철새의 한 종류다. 약 1만km 망망대해를 내비게이션도 없이 논스톱으로 비행하는 도요새의 지혜와 능력

생명과학 이야기

에 감탄이 절로 나오게 되는 것이다. 쇠똥구리는 캄캄한 밤중에 북극성의 별빛을 감지해서 그들의 양식인 쇠똥을 그들의 서식처로 옮긴다고 한다. 삼라만상의 모든 생명체는 수십억 년간에 걸쳐 축적된 생존의 노하우를 DNA에 차곡차곡 쌓아 두었다가 지상 위에 탄생과 함께 알뜰하게 꺼내 보며 온갖 저항을 극복하며 생을 이어가고 있는 것이다. 수단과 방법을 가리지 않고 무한한 탐욕을 추구하는 인간과는 다르게 생명체는 자연법칙에 순응하며 생존해 가고 있다. 지난 2000년 '인간게놈 프로젝트(HGP)'의 발표결과에 과학자들은 충격을 받은 의외의 결과가 있었다. 당시까지 과학자들은 생리활동을 조절하는 단백질 종류가 10만 개 정도 되리라고 예상하고 있었다. 최고로 복잡한 생명체이기에 인간이 하등이라고 여겨지는 생명체와는 비교가 되지 않게 많을 것으로 예상하고 있었지만 뜻밖의 결과가 나온 것이다. 1mm 정도 밖에 안되는 예쁜꼬마선충은 다세포 생물 중 가장 먼저 유전 정보가 해독된 생명체인데 유전자를 2만 개가량 지니고 있으며 인간은 이보다 1만에서 1500개 정도 더 많은 3만-3만 5000개에 불과했던 것이다. 생명체의 설계도하고 할 수 있는 DNA의 구조로 봤을 때 인간이 가지고 있는 것이 대단한 것이 아니라는 것이다. 이 시대의 가장 논쟁적인 진화생물학자 리처드 도킨스가 2017년 1월 하순에 한국을 찾았다. 그의 대표작『이기적 유전자』가 출간된 지 40년이 되고 그의 나이는 만 76세[2017]다. 모든 생명체는 유전자(DNA)의 생존기계일 뿐이며, 이타적으로 보이는 행동 속에도 사실은 유전자의 존속을 위한 이기적 계산이 숨어 있다는 주장은 기존 패러다임을 바꿀 만큼 혁명적인 것이었다. 그렇지만 지구상의 그 많은 생명체 중에서 인간만이 자연의 순응하는 것이 아니라 유전자 잠재적 능력을 뛰어넘으며 조작까지 할수 있는 유일한 생물종이 인간이라는 것에 주목하여야 한다. 지난 2017년 1월 20일 미국대통령직을 퇴임한 오바마 대통령은 2009년 대통령은 취임 연설에서서 '미국 과학을 제자리로 복구해 놓겠다'고 선언한 일이 있다. 전임인 조지 부시 대통령이 지켜보는 자리에서 정면으로 그가 미국 과학을 탈선시켰다고 비판한 셈이다. 부시 정권은 과학 정책을 과학적인 사고의 틀에서 결정한 것이 아니라 이념적이고 종교적인 기초에서 출발함으로써 혼란과 실패를 야기시킨 것이라고 비판받은 것이다.

대통령의 연설을 두고 뉴욕타임즈(2009. 1. 26. 일치)에는 매우 의미 있는 글이 실렸다. "과학을 향상하는 것은 곧 민주주의를 향상하는 것"이라는 제목의 글에서, 미국 과학계의 어깨에 드리운 먹구름이 걷히는 느낌이 드는 연설 내용이라는 점을 전하며 과학과 민주주의는 항상 쌍둥이로 지내왔다고 지적했다. 건전한 과학을 하지 않고 있다면 건전한 민주주의를 하지 않고 있다는 뜻이고, 역으로 건전한 민주주의를 하지 않고 있다면 건전한 과학을 하지 않고 있다는 뜻이 되며 한 나라의 과학은 마냥 인간에 유익한 것이 아니라 그것이 타락하고 탈선했을 때에는 그 나라 민주주의 자체를 파괴하는 흉기가 될 수 있다. 민주주의는 개인이 자유롭게 정보와 자료를 평가하고 대안을 비교·분석하며 최선의 의사결정을 내리는 그런 것이고, 이것이 바로 과학이 제공하는 논리의 형식이기 때문이다. 이런 과학이 제공하는 논리의 형식에 조작과 왜곡이 있을 때에는 민주주의 자체가 왜곡되어 정상적으로 기능하기 어려울 것임은 쉽게 짐작할 수 있다. 영국 물리학자 브라이언 콕스가 '민주주의가 제대로 기능하기 위해서는 최대한 많은 사람이 과학적 방법을 이해하도록 할 필요가 있다'고 말한 것도 이런 연관성을 간파했기 때문일 것이다. 한 나라의 과학은 마냥 인간에 유익한 것이 아니라 그것이 타락하고 탈선했을 때에는 그 나라 민주주의 자체를 파괴하는 흉기가 될 수 있는 것이다. 그 이유는 1999년 유네스코(UNESCO)가 주체했던 세계 과학자 컨퍼런스[conference]에서 어느 학자의 발표 내용처럼 과학은 민주주의가 작동하도록 하는 논리의 형식을 제공하기 때문이다. 민주주의는 개인이 자유롭게 정보와 자료를 평가하고 대안을 비교·분석하며 최선의 의사결정을 내리는 그런 것이고, 이것이 바로 과학이 제공하는 논리의 형식이기 때문이다. 이런 과학이 제공하는 논리의 형식에 조작과 왜곡이 있을 때에는 민주주의 자체가 왜곡되어 정상적으로 기능하기 어려울 것임은 쉽게 짐작할 수 있다. 이 뉴욕타임스의 주장이 어찌 미국인에게만 전하려는 메시지인가? 8년 전의 글이지만 2017년 현재의 한국의 모든 이에게 전하는 메시지라고 생각한다. "과학은 '내가 믿고 싶은 것'을 말하는 것이 아니라, '자연에 존재하는 것'을 객관적으로 알려주는 학문"이라고 정의하고 있기도 하다. 과학은 인간을 자유롭게 하고, 세계를 변화시키는 큰 힘이었다.

백과사전에서는 과학의 정의를, "과학(科學, Science)은 사물의 구조, 성질, 법칙 등을 관찰 가능한 방법으로 얻어진 체계적, 이론적인 지식의 체계를 말한다. 더 좁은 의미에서 과학이란 인류가 경험주의와 방법론적 자연주의에 근거하여 실험을 통해 얻어낸 자연계에 대한 지식들로 이루어져 있는 것"이라고 되어 있다. 요약해서 다시 정의한다면 "실험을 통해 얻어낸 이론과 지식의 체계"를 과학이라고 할 수 있다. 이런 엄격한 과정을 통해 생성된 과학 지식도 반론[反論]의 확실한 근거가 제시되면 기존의 주장을 접어야 한다. 이 원칙은 사회과학도 같을 것이다. 과학지식은 특정분야에만 적용하며 유통되는 것이 아니라 사회전반에 걸쳐 유통되며 영향을 주게 된다. 대중들의 대화나 주장들이 대부분은 확실한 근거를 견지하고 있는 것이 아니라 입증되지 않은 사회적 통념이나 불명확한 사례를 중심으로 이루어진다. 한국의 TV토론에서 한 토론자가 국가지도자가 자주 말이나 주장을 바꾸는 것도 문제지만 바꾸어야 할 것을 안 바꾸는 것도 문제라고 지적하는 것을 보며 공감을 가진 일이 있다. 정치지도자가 정책을 추진할 경우 지속적인 검증이 이루어져야 하고 잘못되고 있는 것이 확인되면 지체없이 바꿔야 한다는 논리였다. 토론과 논쟁하는 것을 보면 옳고 그름을 논리적으로 따지려는 것이 아니라 일방적인 독백이나 무모한 밀어붙이기로 끝나기가 일수다. 의견이 다른 상대자라는 인식 속에서 논쟁과 토론이 진행되어야 하는데 마치 적[敵]과 사생결단할 태세로 임하기 때문에 토론이나 논쟁은 어떤 합의점도 찾지 못하고 갈등을 증폭시키는 계기만 만들게 한다. 학교에서 공부하는 모든 교과가 목표가 있고 새로운 문화창조와 사회의 공통적 과제 해결에 기여하는 자질이 길러져야 한다. 과학과 수학은 객관적 방법으로 형성된 지식을 배우고 지식생성의 방법을 연마하는 교과이기도 하다. 생명현상은 주어진 물질 요소들에 의해서 확실하게 설명될 수 있는 현상이 아니라, 자연이 전개되는 과정 속에서 물질들의 상호작용에 의해 비로소 형성되는 창발적인 현상이라는 것이다. 생명을 연구하는 과학자들에게는 주변

생명과학 이야기

에 널려있는 것이 실험대상이며 생명체에 관심을 갖는 생명체 마니아 [mania]라면 대상이 널려 있고, 어느 것 하나 이야깃거리가 없는 것이 없고 신비롭지 않은 것이 없다. 필자의 과학교사직 수행을 표현하자면 과학지식의 소매상[小賣商] 정도 한 것이라고 표현하고 싶다. 그동안의 글이라고 써온 것도 필자가 생성한 지식은 한 조각도 없고 과학자들이 생성해 놓은 잡다한 과학적 지식을 주어 모으는 작섭을 한 것에 불과하다. 생명과학은 몇 가지 장점이 있다. 생명을 연구하는 과학자들에게는 주변에 널린 것이 모두 실험대상이라는 것이다. 이 점은 과학에서 매우 중요한 점을 말해준다. 연구하고자 하는 대상이 많으면 많을수록, 또 그 대상에 접근하는 것이 용이하면 용이할수록 과학은 발전하기 쉽다는 것이다. 현재 생명과학자들에게는 엄청난 정보들이 누적되어 있다. 앞으로의 생명과학은 그 엄청난 건초더미 안에 숨어 있는 비밀의 열쇠를 찾는 작업이 될 것이다. 생활에 쫓기는 분들이 가볍게 읽을 수 있는 생명과학 이야기가 되지 않을까? 하는 희망을 품어본다.

끝으로 『생명과학 이야기』의 글을 쓸 수 있게 결정적인 계기를 마련해준 크리스천에듀라이프의 발행인, 임운규 목사님, 글을 쓸 때마다 알뜰하게 교정을 해주신 권오로 라파엘 형제님, 혹독한 비평으로 채찍질해 준 아내 정낙복 여사에게 감사드린다.

CONTENTS

chapter 02

생체의 메커니즘

chapter 03

식물의 생명과학

chapter 04
동물의 행동

chapter 05
교육 사회 관련 칼럼

생명체의 기본적인 이해

DNA의 형질전환

🍎 DNA 발견과 더불어 분자생물학

19세기 말이나 20세기 초까지만 하여도 질병 중에서 폐렴은 치명적인 질병이었다. 많은 과학자들이 폐렴과 관련된 연구에 몰두하는 과정에서 획기적인 연구들이 쏟아져 나왔다. 그리피스(Frederick Griffith, 1879-1941)도 폐렴 연구를 통해서 DNA의 존재를 확인시키고 후속적인 연구들은 인류 생활을 뒤흔들고 있다.

19세기 말에 영국에는 폐렴과 관련된 세 명의 위대한 인물이 있었다. 윈스턴 처칠 경, 세균학자 알렉산더 플레밍, 프레드릭 그리피스이다. 영국의 의사이며 유전학자였던 그리피스는 폐렴의 병원체인 쌍구균을 이용한 실험으로 형질이 전환되는 현상을 발견하였다. 그의 발견은 1950년대의 DNA 발견과 더불어 분자생물학을 출발시키는 계기를 만들었다.

알렉산더 플레밍(Alexander Fleming, 1881-1955)은 항균(抗菌)물질인 리소자임(lysozyme)과 푸른곰팡이(Penicillium notatum)를 섬멸하는 페니실린의 발견으로 당시의 폐렴 등 난치병을 치료할 수 있게 하였으며, 이런 공로로 그는 1945년에 노벨 생리의학상을 수상하였다. 프레밍을 그리피스와 함께 거론하는 것은 거의 비슷한 시기에 활동하던 세균학자로서 똑같이 폐렴균 연구에 전념하였으며, 두 학자의 연구 결과가 생명과학계는 물론 인류 생활에 미친 영향이 너무나 크기 때문이다. 그 당시에 어린이의 절반 정도가 열 살 이전에 천연두, 홍역, 말라리아. 콜레라, 이질, 설사, 폐렴, 패혈증 같은 질병으로 사망하였지만 그 원인을 알지 못하던 시대였다. '기적의 약물'이라고 불린 페니실린의 발견은 인류에게 광명의 빛으로 다가온 것이다.

☀ 처칠 경과 플레밍

폐렴과 관련된 유명한 일화가 있다. 영국의 귀족 아들이 시골의 낚시하러 갔다가 물에 빠지고 다리에 쥐가 나서 위험한 지경에 처한 것을 마을 소년이 구해 주었는데, 귀족의 아들은 영국의 그 유명한 윈스턴 처칠 경이고, 마을 소년은 플레밍이다. 윈스턴 처칠은 이 사실을 부모에게 알려서 시골 소년의 소망인 의학 공부를 할 수 있도록 도와주었으며, 플레밍은 처칠가의 후원으로 의학 공부는 물론 세균 연구를 해서 '기적의 약' 페니실린을 발견하기에 이르렀다. 그 후에 처칠이 폐렴에 걸려 위험한 것을 의사가 된 플레밍이 치료하여 재생할 수 있게 한 것이다. 처칠은 플레밍이 페니실린을 개발할 수 있게 한 절대적인 후원자였으니 폐렴과 깊은 관련이 있는 인물로 꼽지 않을 수 없는 것이다.

BBC가 영국인 100만 명을 대상으로 위대한 영국인으로 뽑는 설문조사에서 셰익스피어와 엘리자베스 1세를 뛰어넘는 1위로 선정되었으며, 그의 자서전으로 노벨 문학상을 수상하였고, 플레밍은 노벨 생리의학상을 수상하였다. 그리피스는 이들 두 사람과 아무 연관이 없는

사람이지만 노벨상을 수상하기에 조금도 부족함이 없는 연구 결과를
내놓았다.

🍊 폐렴의 병원체

그는 폐렴의 병원체를 연구하는 과정에서 두 종류의 쌍구균중 하나
는 독성이 있지만 다른 하나는 무독성임에 주목하고 그 차이가 어떤
이유인가를 규명하는 실험을 계속한 것이다. 쌍구균의 하나는 피막
이 거칠(Rough-R형)고 다른 하나는 매끈(Smooth-S형)한데 R형을 실험용 흰
쥐에 주입하였을 때는 흰쥐가 폐렴이 발병하지 않는데 S형을 주입하
면 폐렴으로 흰쥐가 죽는 것이었다. 두 균을 가열한 후에 주입하면 양
쪽이 다 발병하지 않고 건전하게 활동하였다. 그런데 가열하여 시체(屍
體)라고 예상되는 S형과 가열하지 않고 살아 있는 R형 균과 함께 흰쥐
에게 주입하였더니 폐렴을 일으켜 죽은 것이다. 그리피스는 이 실험으
로 S형이 무독(無毒)성의 R형을 성질이 전혀 다른 유독(有毒)성으로 전환
시키는 물질을 갖고 있다는 결정적인 단서를 찾아낸 것이다.

1944년에 캐나다의 의사이며 유전학자인 에이버리(Oswald Avery 1877-
1955)가 다른 학자들과 협력으로 가열하여도 소멸되지 않고 R형 균을
이용하여 유독성 균으로 전환시키는 현상을 발견하였다. R형이나 S형
이나 그 구조는 핵물질인 DNA가 있고, 단백질, 지방, 탄수화물로 된
세포질로 되어 있다. 이들 네 가지 물질의 차이가 발병 여부를 결정하
는 것이라고 가정하고 효소로 가수분해를 하여 살아 있는 R형과 함
께 주입하였더니 단백질, 지방, 탄수화물이 분해된 S형은 발병하였는
데 DNA 분해 효소인 'deoxyribonuclease'로, DNA를 분해한 S형은

폐렴이 발병하지 않은 것이다.

❀ 형질전환(transformation)

이 연구 결과로 S형의 DNA가 R형을 S형으로 전환시키는 주범(主犯)임을 증명한 것이다. 그 파장은 혁명적인 것이었다. S형의 DNA가 종류가 다른 R형의 형질을 전환(transformation)시켰다는 것이다. 형질이 전환된다는 것은 너무나 중대한 사실이다. 인간이 감히 접근하기 어려웠던 새로운 종을 조작할 수 있게 된 것이기 때문이다. 폐렴 연구에서 시작된 과학자들의 호기심은 생명현상의 바닥을 보고 말겠다는 기세로 탐색이 계속되었다. 그 후에 허시(Hershey)와 체이스(Chase)가 박테리아에 기생하는 박테리오파지의 증식 실험으로 DNA가 유전자라는 증거를 보여 주었으며, 1953년에 왓슨(James Dewey Watson 1928-)과 크릭(James Crick 1928-2004)은 DNA의 이중나선 구조를 밝혀낸 공로로 1962년에 공동으로 노벨 생리의학상을 수상하였다.

🍎 DNA를 조작하는 제한효소(restriction enzyme)와 접합효소(ligase)

오늘날 DNA는 인간의 모든 생활 영역에 불가분의 관계로 가깝게 자리 잡고 있게 되었다. 현미경으로도 볼 수 없는 미세한 구조의 DNA를 제한효소(restriction enzyme)로 자르기도 하고, ligase라는 접합효소로 붙이기도 하면서 자유자재로 조작을 하게 된 것이다.

2004년 4월 14일, 미국의 국립인간게놈연구소는 30억 쌍이 넘는 인간의 유전정보가 담긴 염기 서열의 해독을 완성하였다고 발표하였다. 이는 생명의 신비를 파헤치는 새로운 출발점이 되고 유전병을 치료할 수 있는 길이 활짝 열렸다고 보기 때문이다. 암, 에이즈, 정신질환 등 원인이 밝혀지지 않은 약 4,000여 종의 유전병을 진단하고 예방은 물론 치료가 가능하다고 예상하고 있는 것이다. 이미 농축산 분야에서 유전자 조작 동식물(GMO: Genetically Modified Organism)이 만들어져 생산성과 상품의 질을 높이고 있는 것이다. 우려의 시각도 만만치 않지만 유전자 조작을 통해 새로운 형질을 전환하려는 시도는 멈출 수 없게 되었다. DNA 혁명은 정치 문화 등 사회 전반에 걸쳐 그 파장은 계속 확산되고 있다.

❄ 문화적 DNA도 있는가?

최근에 모 인사가 한국인은 게으르고, 자립심이 부족하고, 남에게 신세지는 DNA를 가지고 있다고 하는 등 민족성을 DNA에 비유해서 공분(公憤)을 유발시키며 뉴스의 초점이 되었다. 그의 신념 속에서 나온 주장이라 그 진실을 검증할 수 없는 언동으로 끝날 수밖에 없었지만 DNA는 생명 설계의 매뉴얼(설명서)을 담고 있는 진실 그 자체이다.

친자(親子) 여부가 불명확할 때 DNA 검사로 다툼은 끝나게 되었다. DNA는 몇만 년 된 유골에도 훼손되지 않고 보존되고 있기에 한민족의 뿌리를 찾는 연구가 추진되고 있는 것이다.

어느 한 개인의 혹은 집단의 정신세계 속의 DNA를 복사할 수 있다면 갈등과 다툼을 쉽게 끝낼 수 있을 것이다. 선거 때 입후보자들은 자기가 확실한 적임자라고 주장하지만 그의 정신 속의 이념적인 DNA는 확인할 방법이 없다.

세월호 침몰 사고 후에 사과(謝過) 형식의 대통령 담화문에서 "과거로

생명과학 이야기

부터 켜켜이 쌓아온 잘못된 적폐를 바로잡지 못하고 이런 일이 일어난 것에 대해 너무도 한스럽다"고 하였다. 적폐를 바로잡는다는 것은 생물의 형질을 바꾸는 것과 같은 맥락(脈絡)으로 생각할 수 있으며 적폐를 도려내는 DNA는 청렴(淸廉)일 것이다. 총리 후보자로 지명받은 인사가 자주 낙마하는 것을 보면 어떤 DNA가 적폐의 형질을 전환시킬 수 있는지를 잘 모르는 것 같다.

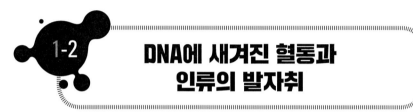

DNA에 새겨진 혈통과 인류의 발자취

 족보(族譜)

한국의 혈통 증명서는 족보(族譜)다. 이 족보가 한 가계(家系)의 혈통을 생물학적으로 검증해서 기록한 것이 아니라 왕조시대(王朝時代)의 신분을 인증하려는 목적으로 기록한 경우가 많으므로 혈통의 명확성이 불분명할 수밖에 없다. 한반도에 족보가 중국으로부터 건너온 것은 1562년(명종 17)의 '문화유보(文化柳譜)'라 하나 전하여지지는 않고, 최고(最古)의 족보는 안동 권씨의 족보 '성화보(成化譜)'라고 한다. 굳이 조선시대가 아니더라도 고려사에 따르면 고려의 문벌귀족들도 족보와 유사한 혈통 증명 체계를 가졌었다고 한다.

조선 초에는 '성을 가진' 양반이 3% 정도밖에 되지 않았었다고 하나 현재는 한국인의 거의가 족보를 가지고 있다고 볼 수 있다. 현재, 한국인 중에 신라 김알지의 후손임을 자처하는 양반이 4백만 명, 전체 인구의 10퍼센트라고 하며, '양반임을 자처하는' 김, 이, 박, 정씨는 무려 대한민국의 인구에서 2,191만 명이나 된다고 한다.

족보에 가록된 혈통을 DNA로 검증한다면 족보 내용이 허구에 지나지 않는다는 사실이 수없이 나타날 것이다. 족보 문화가 일반화되지 않은 미국에서 DNA로 혈통을 가려낸 유명한 사례가 있다.

☀ 미국의 3대 대통령, 토마그 제퍼슨의 후손

미국의 3대 대통령이자 미국 독립선언서의 기초자인 토머스 제퍼슨(Thomas Jefferson, 1743-1826)에게는 스캔들이 있었다. 그의 재임 시에 여자 흑인노예였던 샐리헤밍스(Sally Hemings)의 아이 아버지가 제퍼슨인지에 대한 논란이다. 1802년 당시에 당사자인 제퍼슨 대통령 그는 이 문제에 대해 어떤 언급도 하지 않았으나 제퍼슨 반대파와 노예 폐지론자, 그리고 미국 정부에 대해 비판적인 영국이 이를 계속 문제 삼았었다.

170여 년이 흐른 지난 1998년, 영국 레스터(Leicester) 대학의 마크 조블링(Mark Jobling) 교수 팀은 이 논란을 종식시키고 그의 조상은 어디서 왔는가를 감별하기 위해서 DNA 유전자 감별법을 동원했다. 부계로만 유전되는 Y 염색체를 이용한 친자 확인법으로, 그 결과는 같은 해 11월, '네이처(Nature)'에 발표되었다. 이미 고인이 된 인물이지만 개인의 사생활 문제이기도 한 것인데 이런 내용이 신문이 아닌 과학지에 실리는 일이 발생하기에 이른 것이다.

인간의 Y 염색체는 아버지에서 아들로만 유전되기 때문에 아들과 아버지의 관계를 유전학적으로 확인하는 데 이용된다. 이 방법이 쓰

생명과학 이야기

이기 위해서는 제퍼슨에서 오늘날까지 부계로만 이어지는 후손이 필요하다. 즉 제퍼슨의 아들, 다시 그의 아들, 그리고 또 그의 아들 등으로 이어지는 후손이 있어야 한다. 하지만 부계로만 이어지는 제퍼슨의 후손이 없었다. 대신 제퍼슨의 형제에게서 부계 후손이 있었다. 제퍼슨과 그의 형제의 Y 염색체는 그들의 아버지로부터 물려받았기 때문에 동일하다. 따라서 제퍼슨의 부계 후손의 Y 염색체와 제퍼슨 형제의 부계 후손의 Y 염색체는 같은 자료다.

실험에 실제 동원된 대상은 토머스 제퍼슨의 형제였던 필드 제퍼슨의 후손 5명, 그리고 흑인 노예였던 샐리 헤밍스(Sally Hemings)의 아들로 이어진 부계(父系) 후손 1명인 이스턴 헤밍스였다. 이들로부터 얻은 Y 염색체의 유전정보를 비교해 본 결과, 이스턴 헤밍스는 제퍼슨의 자손으로 판명된 것이다. 미국의 제3대 대통령이었던 토머스 제퍼슨이 그의 흑인 노예와 '부적절한 관계'를 가졌음이 만천하에 드러난 것이다.

지난 1998년 검사 당시, 제퍼슨의 Y 염색체는 독특한 특성을 보였는데, 이는 중동이나 아프리카 지역에서 잘 나타나는 특징이었다. 따라서 과학자들은 제퍼슨의 조상이 중동 지역에 살았던 사람이라고 생각하고 있었다. 하지만 9년 후인 2007년에, 레스터 대학의 마크 조블링 교수는 제퍼슨이 갖고 있던 Y 염색체의 독특한 특징을 두 명의 영국인에게서 찾아냈다고 BBC가 방송한 일이 있었다.

🍊 DNA의 실체

제퍼슨의 사례에서 보듯 DNA 속에는 빼도 박도 못하는 혈통 정보가 고스란히 담겨 있는 것이다. DNA는 육안으로 볼 수 없는 유기화학물질이다. 다만 이 DNA가 쌍을 이루어 배배 꼬여서 덩어리를 만든 유전정보를 듬뿍 담고 있는 염색체는 육안으로 가능하며 DNA도 가닥 하나하나는 볼 수 없지만 염색(染色)을 통해서 그 양(量)을 측정도 하고 볼 수 있을 뿐이다. 그러나 현재, 과학자들은 이 DNA를 떡 주무르듯하게 된 것이다.

사람의 DNA를 구성하고 있는 염기 서열은 약 99.9%가 동일하며, 개인 간 또는 민족 간의 DNA 염기 서열의 차이는 0.1-0.2% 정도에 불과하기 때문에 이 부분의 염기 차이를 분석하면 혈통을 규명할 수 있음은 물론 유전 질환의 원인 규명과 치료 등 광범위하게 활용할 수 있게 된 것이다. 이를 유전자 감식이라고 하며 인류의 기원을 밝히려는 연구, 한 개인의 조상 찾기 등에도 이용되고 있을 뿐만 아니라 이를 응용한 벤처 기업을 창업하여 호황을 누리는 회사가 등장하기에 이른 것이다.

미국에는 DNA 분석 통한 뿌리 찾기 열풍이 있다고 한다. 가격도 저렴해서 생각만 있으면 어렵지 않게 조상의 뿌리를 확인할 수 있게 된 것이다. 미국 버지니아주의 애팔래치아 산악 지대에서 태어나고 자란 브렌트 케네디 씨는 여느 고향마을 사람들과 마찬가지로 자신이 잉글랜드나 스코틀랜드와 아일랜드계 조상을 두고 있을 것으로 생각했으나, 다른 사람들에 비해 유난히 짙은 자신의 피부색에 대해 항상 의문을 품고 있었다.

그의 의문은 플로리다주의 DNA 프린트 지노믹스라는 업체에서 199달러를 주고 DNA 검사를 받아본 뒤 해소될 수 있었다. 검사 결과 케네디 씨의 피에는 북부 및 서부 유럽계 유전자가 45%, 중동계와 터

생명과학 이야기

키 및 그리스계가 각각 25%, 남아시아계가 5% 섞여 있는 것으로 분석됐다. 케네디 씨는 1900년대 초 할아버지가 피부색이 짙다는 이유로 투표권조차 부여받지 못한 이유를 비로소 알 수 있었다.

한국에서는 DNA가 범인 색출이나 친자를 확인하는 수단으로 이용되고 있긴 하나 조상 찾는 일보다는 한민족의 뿌리에서부터 이동 경로를 추적하는 연구가 여러 학자들에 의해서 이루어지고 있다. DNA로 밝혀지는 한국 민족의 이동 경로는 한국인이 단일민족을 부르짖는 소리를 종종 들을 수 있었으나 지구촌화되어 가는 현대에 들어와서, 단일민족이라는 주장을 할 수 없게 되었다. DNA를 통한 유전자의 근원을 밝히게 되었으니 국수주의(國粹主義)적인 한국 민족의 단일민족 주장은 힘을 잃을 수밖에 없게 되었다.

DNA 분석을 통한 한민족의 근원을 밝히는 연구 결과는 많이 발표되었다. 2004년 2월 17일에 김욱 단국대 교수(인류유전학) 연구 팀은 "한국인을 비롯한 중국·일본·베트남·몽골 등 동아시아 11개 민족 집단에서 1,949명의 유전자를 조사·분석한 결과, 한국인은 북방계보다는 주로 남방계에서 비롯한 것으로 나타났다"며 "그러나 북방계도 뚜렷해 '이중의 민족 기원' 현상이 두드러진다"고 밝혔다.

이런 결과는 저명한 국제학술지 『휴먼 지네틱스』에 발표된 일이 있다. 한국인은 대부분 남방의 농경문화 민족에서, 그리고 일부는 북방의 유목·기마 민족에서 비롯돼 '이중의 민족 기원'을 지닌다는 연구 결과 내용이다.

또 한국인과 몽골인이 유전적으로 매우 가깝다는 최근 다른 연구 결과와 달리, 한국인은 유전적으로 중국 베이징 한족과 만주족, 일본인과 매우 가까운 것으로 분석됐다. 이 연구 결과는 지금까지 한국인의 민족 기원과 관련한 연구 가운데 가장 오랜 기간에 걸쳐 가장 많은 표본 집단을 대상으로 이뤄진 것이다.

연구 팀은 이번 연구를 위해 세대가 바뀌어도 변하지 않고 고스란히 유전되는 두 가지 염색체의 DNA를 이용해 민족의 기원과 이동을 추적했다. 하나는 아버지에서 아들한테만 전수되는 'Y 성염색체'의 DNA이며, 다른 하나는 난자 세포에만 존재해 모계로 전수되는 미토콘드리아 DNA다.

김 교수 연구 팀이 2001-2003년 한국과학재단 지원으로 11개 민족 738명의 Y 염색체를, 2002-2003년엔 8개 민족 1,211명의 미토콘드리아 염색체를 비교 분석해 얻어낸 결과다. 먼저, Y 염색체를 분석한 결과는 '한국인의 원류는 북방 민족'이라는 세간의 인식과 크게 다른 것이다. 김 교수는 "16만 년 전, 아프리카에서 출현한 현대인(호모 사피엔스)은 6만-8만 년 전 다른 대륙으로 이동하기 시작했으며, 이주 집단의 한 갈래가 2만-3만 년 전 아시아 남쪽으로 가는 과정에서 Y 염색체에 돌연변이를 일으켜 'M175'라는 유전자형을 지니게 됐다는 것은 이미 알려진 사실"이라며 "이번에 Y 염색체를 비교해 보니 한국인 75%에서 이런 유전자형이 발견됐다"고 말했다. 한국인 10명 가운데 7, 8명이 아시아 남쪽으로 이동하던 2만-3만 년 전의 집단과 동일한 Y 염색체를 지니고 있는 것이다.

또한 몽골인을 뺀 동아시아인 대부분에서 M175 유전자형은 주류를 이루는 것으로 조사됐다. 연구 팀은 이런 사실은 M175 유전자형 집단이 중국 중북부인 황허·양쯔강 유역에서 농경문화를 이룩해 인구

생명과학 이야기

대 팽창을 일으키면서 5천 년 전쯤 한반도와 다른 아시아 남부로 퍼져 나갔다는 유전적 증거라고 주장했다.

그러나 이 연구에선 중국 중북부 농경민족을 비롯한 동남아시아의 남방계와 별개로, 한국인에선 몽골·시베리아 북방계 Y 염색체의 유전자형(20%)도 발견됐는데, 이는 남방계가 대규모로 옮겨오기 이전에 알타이산맥이나 시베리아 바이칼 주변에서 빙하기를 피해 남하한 집단이 먼저 존재했음을 보여주는 증거로 풀이된다. 결국 "지금의 한국인은 한반도에 먼저 들어온 일부 북방계와, 대규모로 이동해 들어온 남방계 농경민족이 섞여 이뤄졌다"는 것이 연구 팀의 결론이다.

이와 함께 연구 팀은 이번 11개 민족 집단의 비교 분석을 통해, 2300년 전쯤 농경문화를 전한 야요이족이 한반도를 통해 일본 본토로 이주했다는 유전적 증거도 발견됐다고 덧붙였다. 한국인이 주로 중국 중북부 농경문화에서 비롯했다는 Y 염색체의 분석 결과는 이 연구 팀이 따로 벌인 미토콘드리아 DNA의 분석 결과와도 대체로 일치하는 것으로 나타났다.

🌼 DNA의 기본 개념

불철주야 DNA에 매달려 사는 전문 학자들도 DNA에 관한 궁금증을 쾌도난마(快刀亂麻)처럼 속 시원하게 설명하기는 어려울 것이다. 왜냐하면 이 분야의 지식은 그동안 상상할 수 없는 엄청난 양이 생성되었고, 폭발적으로 계속 증가하고 있기 때문이다. 그렇지만 일반인들과 대화하다 보면 DNA라는 낱말은 구사하지만 기본적인 개념도 파악하지 못하고 있는 것을 자주 접하게 된다. 그런 면에서 DNA와 관련된 기본적인 어휘의 개념을 풀이하고자 한다.

유전자(Gene, 遺傳子)는 복제가 되는 성질의 분자 조합물이자 부모가 자식에게 특성을 물려주는 현상인 유전을 일으키는 단위의 유기화합물을 말한다. 모든 생물체는 세포로 이루어져 있고, 이 세포의 핵에 염색사가 들어 있는데 이것이 분열하기 전에 염색체로 응축이 된다. 이 물질이 육안으로 보이지 않고 염색해야 보이기 때문에 붙여진 이름이 염색체다.

염색체는 일반적으로 한 쌍으로 이루어져 있는데, 이를 2n으로 표시하며 정자나 난자 등 생식세포를 만들 때는 분리되어 반쪽이 되며 n으로 표시한다. 이 염색체를 부모로부터 물려받게 되는 것인데 염색체라는 유기물질이 DNA라는 화학적인 구조로 이루어져 있는 것이다. DNA는 한국의 전통 과자인 다식을 만드는 다식판(茶食板)과 같다고 할 수 있다.

DNA(核酸, Deoxyribonucleic acid, DNA, 디옥시리보핵산)는 한국어로 표현하자면 핵산(核酸)이다. 핵 안에 들어 있는 산성을 띤 물질이라는 뜻이다. RNA도 핵산이다. DNA나 RNA는 화학 용어다. 핵산은 스위스의 생물학자 프리드리히 미셔(Johannes Friedrich Miescher, 1844-1895)가 1869년에 환자의 고름으로부터 처음으로 발견하였다. 뉴클레오티드로 구성된 생명체의 유전 물질로, 가장 잘 알려진 핵산으로 DNA와 RNA가 있다. DNA를 구성하는 5탄당은 디옥시리보스이며, RNA를 구성하는 5탄당은 리보스이다.

DNA를 구성하는 염기에는 아데닌, 티민, 구아닌, 시토신이 있으며, RNA는 티민 대신에 우라실을 가지고 있다. DNA의 경우 N-H와 O-C

생명과학 이야기

사이의 수소 결합으로 인해 안정된 이중나선 구조를 하고 있다.

🍎 게놈(genome)

게놈(genome)이라는 단어가 있다. '게놈'이라는 낱말은 유전자(Gene)와 염색체(chromosome)에서 유래하였으며, 1920년 함부르크 대학교의 식물학 교수 한스 빙클러(Hans Winkler, 1877-1945)가 만든 말이다. 우리말인 '유전체' 역시 동일한 뜻으로, 최재천 교수가 제안하였다. 게놈 즉 유전체는 현대 생명과학 연구의 시발점으로 발전해 가고 있다.

세계의 유명한 연구소에서 DNA에 관한 수많은 연구가 이루어지고 있는 가운데서도 인간 게놈 프로젝트(Human Genome Project, HGP)는 $30억이라는 막대한 투자를 하며, 수년에 걸쳐 인간 게놈에 있는 약 30억 개의 뉴클레오티드 염기쌍의 서열을 밝힌 세계사에 기록된 프로젝트이다.

이 프로젝트는 미국, 영국, 일본, 독일, 프랑스 5개국의 공동 노력과 셀레라 게노믹스(Celera Genomics)라는 민간 법인의 후원을 받아 이루어졌다. 이 프로젝트의 첫 단계는 효모와 선충류 등을 포함한 다른 종의 게놈 서열을 밝히는 것으로서 이미 완성되었고, 인간 게놈의 초기 지도는 2000년 6월에 발표되었고, 이것은 예상보다 5년 앞서 완성된 것이다.

인간 게놈 프로젝트의 결과는 의학과 과학 분야에 많은 충격을 주었고, 이 결과로 많은 질병의 원인이 되는 유전자의 염색체상에서의 위치를 알 수 있게 되었다. 또한 인간 게놈 프로젝트의 목적은 인간 유전자의 종류와 기능을 밝히고, 이를 통해 개인 간, 인종 간, 환자와 정상인 간의 유전적 차이를 비교하여 질병의 원인을 규명하는 데 있다.

이렇게 알아낸 유전 정보는 질병 진단, 난치병 예방, 신약 개발, 개인별 맞춤형 치료 등에 이용될 수 있음은 물론 인간사회에 광범위하게 연관되어 그 확산의 끝을 아무도 예측할 수 없게 되었다. 이와 같은 연구 결과를 토대로 해서 인류의 발자취도 추적할 수 있게 되었고, 계속 진행 중에 있는 것이다.

✸ 이종호 국가과학박사

한국 민족의 뿌리에 관한 연구 내용 중에 김욱 단국대 교수(인류유전학)의 연구 내용 못지 않은 이종호 국가과학박사의 연구 결과가 있다. 우선 일반인들에게 생소한 '국가과학박사'가 무엇인가? 하는 것이다. 국가과학박사는 프랑스에서 행해지고 있는 학위 제도로 이학박사나 공학박사를 받은 후 다시 받는 박사 학위를 말한다. 이종호 박사의 약력을 보면 별로 들어 보지 못한 '국가과학박사'라고 되어 있다.

이종호 박사는 고려대학교 건축공학과와 동 대학원을 졸업하고, 프랑스 페르피냥 대학교에서 공학박사 학위와 과학국가박사 학위를 취득했다. 프랑스 문부성이 주최하는 우수논문제출상을 수상하고 해외 유치 과학자로 귀국했다. 한국과학기술연구소, 한국에너지기술연구원 등에서 연구 활동을 했으며, 프랑스 유학 시절부터 세계의 여러 유적지를 탐사하며 연구해 기초 없이 50층 이상의 빌딩을 지을 수 있는 '역 피라미드 공법' 등 10여 개 특허권을 20여 개국에 출원하는 등 과학, 문명, 역사를 넘나들며 연구와 저술 활동을 하고 있는 과학자다.

2016년 7월 12일에는 과학 도서 100권 출판기념회를 가졌다. 이와

생명과학 이야기

같은 찬란한 경력의 괴짜 과학자가 한민족의 이동 경로에 관해 연구한 내용을 발표한 것이다. 다음은 이종호 박사의 칼럼에서 발췌한 것이다.

모든 동물들 중에서 원숭이와 인간이 가장 비슷하다는 것은 동물원에 한 번이라도 가본 사람이라면 누구나 알 수 있는 일이다. 그러면 원숭이, 침팬지, 고릴라 중 어느 것이 인간과 가장 가까울까. 지금 우리는 분자유전학적 연구를 통해 인간은 침팬지와 가장 가깝다는 것을 알고 있으며, 이후 지금은 멸종된 많은 중간 단계의 유인원들과도 관계가 있었다는 것을 리키 등의 연구로 알게 되었다. 다윈과 헉슬리는 인간이 아프리카에서 발생했을 것이라고 생각했는데, 단순히 사람과 비슷한 원숭이와 고릴라 등이 아프리카에 가장 흔하기 때문이라는 게 그 이유였다.

그러나 고고 인류학적 연구 결과, 인류의 기원은 약 600만 년 전 침팬지의 조상과 분리된 후, 오스트랄로피테신(사람아족속(Hominina) 내에서 서로 밀접한 관계에 있는 두 개의 속을 가리키는 용어)과 플리오세에를 거쳐 호모 하빌리스(Homo habilis)가 출현한 뒤 호모 에렉투스(Homo erectus)가 나와 지금으로부터 3만 년 전까지 세계 여러 지역에서 살았다고 추정하고 있다.

학자들은 20여 년 전까지만 해도 자바원인, 북경원인, 아슐리안토기를 만든 프랑스원인 등 호모 에렉투스가 세계 각 지역에서 살았으며, 이른바 네안데르탈인(Homo neanderthalensis)을 거쳐 현대 인류가 각 지역에서 진화하였을 것이라는 '샹델리아 모델'을 생각하고 있었다. 가령 우리 한반도의 선조는 수십만 년 전부터 한반도에 살았고, 유럽에 살던 사람들과는 조상이 아주 다르다는 생각이었다.

그러나 1980년대에 들어오면서 영국의 고인류학자 크리스토퍼 스트 링거와 미국의 앨런 윌슨은 각각 두개골 화석을 비교하는 방법과 분 자유전학적 방법(분자시계)으로 현대 인류가 약 15만 년 전 동아프리카 의 사바나 지역에서 돌연변이를 일으켜 발생한 후 이 후손들이 세계 각 지역으로 이주하여 모든 인류의 부모가 되었다는 '노아의 방주 모 델(또는 Out of Africa theory)'을 주장하였다. 지금은 수많은 자료가 이 이론 과 합치되는 것으로 나타나고 있다. 이 이론에 따르면 호모 에렉투스, 네안데르탈인은 현 인류(크로마뇽인)에 의하여 '대체'되어 사라진 것이다. 이러한 사실은 윌슨이 미토콘드리아 DNA를 분석하여 얻은 결과와 부합된다.

여기서 유전자 분석법에 대해 좀 더 자세히 살펴보기로 하자. 1995 년 독일의 느봔테 파아보가 1856년부터 보존되어 있던 네안데르탈인 의 유골에서 뼈를 조금 떼어 내 유전자를 분석해본 이후 여러 사람들 도 이와 유사한 연구를 한 바 있다. 그 결과 네안데르탈인들 사이에는 유전적 차이가 거의 없었으나, 네안데르탈인과 현 인류와는 그 차이 가 상당히 큰 것으로 확인되었다. 유전되는 생물체의 특성은 기본적 으로 DNA 염기 서열에 의하여 결정된다. 생명체의 종(種)이 다르면 당 연히 이 염기 서열도 달라진다. 염기 서열에 어떤 생명체의 청사진이 들어 있기 때문이다.

🍎 미토콘드리아와 분자시계

이러한 차이점들을 근거로 결론지어 말하면 인류는 어떤 '공동의 조상'으로부터 약 60만 년 전에 나뉘었다고 계산되고, 아프리카에 있던 네안데르탈인의 일부가 유럽으로 이주하여 살다가 멸종되었고, 아프리카에 남아 있던 네안데르탈인에서 현 인류의 부모가 나타난 것으로 본다. 최근 들어서는 분자시계 개념과 DNA 돌연변이론으로 인류의 기원을 풀어보려는 연구가 매우 활발히 진행되고 있다.

1963년 주커 칸들(칸들은 빈에서 태어나 아홉 살 때 나치의 홀로코스트를 피해 가족과 함께 미국으로 망명. 하버드대학에서 역사와 문학을 공부한 뒤 프로이트의 정신분석에 매료돼 뉴욕대 의대에 입학했고 인간정신의 근원을 파헤치기 위해 뇌과학자가 됐으며, 2000년에는 노벨 생리의학상을 받음)과 라이너스 칼 폴링(Linus Carl Pauling, 1901-1994, 노벨 화학상과 노벨 평화상을 수상한 미국의 화학자)에 의해 처음 제시된 분자시계 개념은 대략 다음과 같이 설명하였다.

진화에는 시간이 걸리고 환경의 변화가 있어야 한다. 어떤 환경에 잘 적응한 생물은 변화를 일으키지 않으나, 환경의 변화가 크면 그 지역에 살던 생물의 수는 줄어들고 새로운 형질을 가진 생물의 수가 증가할 기회가 부여된다.

이러한 현상을 뒤집어 보면 새로운 형질을 가진 생물체가 많을수록, 즉 다양성이 증가할수록 그러한 진화가 진행된 시간이 길고 아마도 환경의 변화도 컸으리라고 짐작할 수 있다. 좀 더 정확하게 말하자면, 어떤 유전자의 돌연변이가 크면 클수록 진화가 일어난 시간이 오래되었을 것이라는 추정이 가능하다.

이렇게 돌연변이에 의하여 나타나는 단백질의 변이(나아가 단백질을 만들도록 지령하는 DNA의 변이)를 조사하여 진화가 일어난 시간을 측정할 수 있다는 '분자시계'의 개념은 이후 직접 DNA 분석 자료와 지질학적으로 얻어진 자료들을 대비함으로써 확립되었다. 이러한 분자생물학적 방법들은 지금은 모든 생물학 연구의 핵심 기법으로 자리 잡고 있다. 그리고 이러한 분자시계 개념은 미토콘드리아 DNA 분석을 통해 더 확실히 알 수 있다.

미토콘드리아는 세포에 에너지를 공급하는 발전소 같은 것으로, 우리가 먹은 당분이나 지방질들을 태워서 화학에너지인 ATP를 만들어 낸다. 그런데 미토콘드리아는 수억 년 전에 외부에 존재하던 어떤 미생물이 세포 안으로 들어와 공생을 하게 되면서 생긴 것이라고 추정하고 있다.

이에 대한 가장 그럴싸한 이유는 미토콘드리아에는 자체적으로 유전정보를 가진 DNA가 있기 때문이다. 이를 염색체가 가지고 있는 DNA와 구별하기 위해서 mtDNA라고 한다. 미토콘드리아 DNA(mtDNA)는 세포질에만 있어서, 세포의 핵 DNA와 달리 어머니의 난자를 통해서만 유전된다(정자에 있는 mtDNA는 수정될 때 들어가지 않는다).

미토콘드리아는 극히 정교한 전자전달장치를 가동하여 에너지를 생성하는데, 이 과정에서 유리(遊離) 전자가 나오고, 이것은 소위 (산화)스트레스로 작용하여 mtDNA에 돌연변이를 일으킨다. 더구나 mtDNA는 잘 보호되고 있지 않아서 나이가 들면서 돌연변이가 축적되고, 결국 이것이 산소호흡을 하는 생명체가 노화를 일으키는 가장 중요한 원인이 된다. 운동, 특히 유산소 운동을 하면 미토콘드리아의 기능이 활발

생명과학 이야기

해져 산화 스트레스를 같이 막아줄 경우 장수하게 된다는 것이다.

✿ DNA가 들어 있는 46개 염색체 세트 지칭

잉크 방울을 물속에 떨어뜨리면 이내 사방으로 흩어져 퍼지게 된다. 이처럼 자연계의 모든 물질은 최대한 무질서해지려는 자발적 경향을 가지며, 이를 물리학에선 '엔트로피(무질서도) 최대의 법칙'이라 부른다. 그러나 이처럼 복잡하거나 질서정연한 것을 싫어하는 자연의 본성에 정면으로 맞선 존재가 바로 60조 개 이상의 세포가 모여 이룬 인간의 몸이라고 과학자들은 지적한다. 더욱 놀라운 사실은 자연 상태에서 단 1초라도 버티기 힘들 정도로 정교한 특성이 어떻게 대대손손 수백만 년 동안 어버이를 닮은 자손의 형태로 전해지는가 하는 점이다.

오스트리아의 물리학자 슈뢰딩거는 이미 그의 저서 『생명이란 무엇인가』에서 이러한 유전 현상의 초(超)안정성에 대해 "물리학적으로 이같은 현상은 절대온도(영하 273도)에서나 가능한 일"이라고 토로한 바 있다. 서울대 의대 서정선(徐廷瑄) 교수는 "게놈이란 부모로부터 물려받은 염색체 한 세트(인간의 경우 46개)를 의미한다"며, "바로 이것이 물리학자들의 고개를 갸우뚱하게 했던 수수께끼에 대한 열쇠"라고 설명했다.

DNA 생명의 본질은 신체의 주요 부분을 구성하며 효소라는 형태로 각종 대사과정을 주관하는 단백질이란 물질이다. 단백질은 다시 20개의 아미노산으로 이루어지는데 이러한 아미노산, 즉 궁극적인 개체 자체의 구성 물질을 합성하도록 지시하는 것이 바로 게놈 안에 든 유전물질인 DNA라는 것이다. 현미경으로 겨우 보일락 말락 하는 세포의 핵 안에는 모두 46개의 염색체가 들어 있으며, 이들은 총길이

1.5m, 폭 20억 분의 1m라는 놀랄 만큼 가늘고 긴 이중나선 구조의 DNA가 차곡차곡 쌓여 있는 것이다.

이렇게 긴 인간의 DNA는 A, G, C, T라는 네 종류의 염기가 무려 30억 개 이상 모여 구성되며, 그 배열 순서에 따라 'A-A-A'면 '리신' 식으로 3개의 염기가 하나의 아미노산을 합성하게 된다. 결국 A, G, C, T라는 단지 네 개의 벽돌이 서로 적절히 어우러져 인간의 키와 피부색은 물론 맹장의 위치, 지능 심지어는 '서부영화를 좋아한다'거나 '김치를 잘 먹는다'는 식으로 그 사람의 성격과 입맛까지 관장하게 된다는 것이다. 즉 게놈이란 총체적 존재로서의 인간을 규정하는 거대한 조물주의 설계도인 셈이다.

🍎 DNA로 범인 색출

골치 아프게 DNA에 관한 단편적이고 기본적인 상식적인 설명을 늘어놓았지만 이에 관한 이해 여하를 막론하고 DNA는 현대를 사는 인류의 일상생활에 너무나 가깝게 와 있다. 역사 인류학자들이 인류의 발자취를 자연과 문화 속에서 증거를 찾아 고증하느라고 동분서주하는 가운데서 과학자들은 엉뚱하게도 인간의 DNA 속에서 인류 이동의 발자취를 해독해 냈으니 경천동지(驚天動地)할 일이 아닌가?

미국이나 유럽에서는 DNA를 통해 혈통을 찾아 주는 업체가 속속 생겨나고 있지만 한국에서는 집집마다 간직하고 있는 족보에 관한 신뢰 때문인지 DNA 분석을 통한 조상 찾기는 아직까지 인기가 미미하다. 그보다는 수사기관에서 범인 색출을 위한 DNA 활용은 세계적 수준에 도달한 것 같다.

한국에서 DNA를 통해 범인을 검거한 특이한 사례가 있다. Y염색체가 범인 검거에 결정적 역할을 한 사례다. 2008년 7월, 경북 김천의 한 술집에서 살인 사건이 발생했다. 범인은 사건 당일 오후 50대 여주인을 성폭행한 후 흉기로 찔러 죽이고 사라졌다. 경찰은 피해자 몸에서 범인의 것으로 추정되는 타액을 발견해 유전자 정보를 확보했다. 그러나 용의선상에 올라 있는 사람들 중에서 DNA가 일치하는 사람은 좀처럼 찾을 수 없었다.

수사가 답보 상태에 빠질 무렵, 의외의 곳에서 실마리를 찾았다. 당시 유전자 분석을 맡았던 국과수는 "범인의 성씨가 위(魏) 씨일 가능성이 크다"고 알려왔다. 2008년 통계청 기준, 우리나라에서 위씨 성을 가진 인구는 2만 8675명이었다. 이 중 남성, 경북 지역, 사건 현장을 중심으로 한정하면 범위는 더 좁혀질 수밖에 없다. 수사 팀은 사건 현장 근처에 사는 위씨 성을 가진 남성들을 대상으로 조사에 착수했다. 그리고 범행 현장에서 채취한 DNA와 일치하는 40대 남성을 찾아내서 범행을 자백하게 할 수 있었다.

남자들에게만 있는 Y염색체를 통한 성씨 추정이 이뤄진 다른 또 한 가지 사례로, 2007년 대전에서 벌어진 다방 여종업원 살인사건이 있다. 국과수(국립과학수사연구소)는 당시 범죄 현장에 남은 DNA와 국과수가 보유하고 있던 1,000여 명의 DNA를 대조한 결과, 범인의 Y염색체가 오씨 성을 가진 남자와 일치한다는 사실을 알아냈다. 오씨 집성촌 주민들의 협조를 받아 재확인해도 마찬가지였다. 당시 경찰은 범인의 것으로 추정되는 점퍼 속에서 안약을 발견해 병원 처방전 기록을 뒤지던 중이었다. 수사 대상이 2,000여 명으로 너무 많았던 상황에서 범인의 성씨를 알게 되면서 수사에 큰 진전이 이뤄졌고, 사건 발생 80여 일 만에 범인을 검거할 수 있었다. 그는 예상대로 오씨였다.

2012년 청주 해장국집 살인 사건, 2014년 경북 칠곡 낙동강변 살인 사건 등도 Y염색체를 통한 성씨 추정이 범인 검거에 도움을 준 경우다.

Y염색체 분석이 꼭 범죄 수사에만 쓰이는 건 아니다. 2013년, 한 남성은 골프장 예정 부지에 있는 묘가 자신의 조상 묘가 맞는지 확인하기 위해 국과수에 Y염색체 분석을 의뢰하기도 했다.

원래 Y염색체 분석은 성범죄 증거 분석을 위해 등장했다. 서울대 법의학의 권위자 이숭덕 교수는 "피해자 DNA와 범인 DNA가 혼합돼 검출되는 성범죄 관련 증거물의 경우 Y염색체 분석이 특히 유용하다"고 했다. 2000년대 DNA 분석 기술이 발달하고 관련 데이터베이스가 쌓이면서 Y염색체와 성씨를 연결할 수 있게 됐다. 해외에서도 관련 연구가 활발히 진행되고 있다.

☀ 보조 증거로의 DNA

그런데 Y염색체를 통한 성씨 분석엔 한계가 있다. 유전자를 분석해서 유추한 성씨와 실제 범인의 성씨가 일치하는 건 60% 정도뿐이라고 한다. 조상 중에 원래 성씨가 아닌 조상이 끼어 있는 경우가 있기 때문이다. 가령 어떤 이씨 가문이 조선시대 전주 이씨 족보를 사들여 성을 바꿨거나, 배우자가 외도를 통해 다른 성씨의 아들을 낳았거나, 다른 성씨 아이를 입양했을 경우, 후손들에겐 당연히 전주 이씨 Y염색체가 없다.

또 현행법상 본관별로 DNA 정보를 관리할 수 없기 때문에 본관이

생명과학 이야기

다양하고 인구도 많은 김·이·박 등 성씨에서 Y염색체 성씨 추정 기법은 위력을 발휘하기 어렵다.

DNA로 범인을 특정하는 것을 윤리적인 차원에서 경계하는 목소리도 여전히 크다. 국과수 관계자는 "성씨가 같지만 Y염색체가 다를 수 있고, 성씨는 다르지만 Y염색체가 같을 가능성이 상존한다"며 "다른 증거가 없는 상황에서는 강압 수사가 될 수 있는 만큼 보조 증거로만 채택해야 한다"고 했다.

경찰에서도 성씨 추정은 공식적 수사 방법은 아니다. 한 경찰 관계자는 "경찰 전체에 알려진 방법이라기보다는 현장 수사를 하는 일부 경찰만 알음알음 정보를 아는 정도"라고 했다.

법원에서도 Y염색체 관련 수사 내용은 참고만 할 뿐 결정적 증거로 인정하지 않는다. 2004년 거제에서 발생한 다방 여종업원 살인 사건이 그랬다. 당시 검찰은 피해자 손톱 밑에서 발견된 Y염색체와 일치하는 남성을 범인으로 기소했다. 1심 법원은 '용의자 가운데 피고인의 Y염색체가 유일하게 피해자에게서 추출된 것과 일치한다'는 점을 들어 유죄를 선고했다. 그러나 2심 법원은 '한국 남자 중 피고인만이 사건 현장과 동일한 Y염색체를 갖고 있다고 볼 수 없다'며 무죄를 선고했다. 대법원 판결도 2심 법원과 같았다.

국과수도 성(姓)을 지목하는 걸 조심스러워하는 분위기다. 자칫 특정 성씨를 범죄자로 본다는 말을 들을 수 있기 때문이다. 국과수 관계자는 "어디까지나 보조적이고 제한적인 수단이 될 수밖에 없다"며 "일반 사건보다는 DNA 외에는 단서가 없는 장기 미제 사건 등에 적용해 볼 만하다"고 했다.

작년 말(2015년), 현재 국과수는 범죄 현장에서 채취한 8만 7000건, 강력범 피의자 4만 8000건의 DNA를 보관하고 있으며, 검찰은 수감 중인 범죄자 10만여 건의 DNA를 관리하고 있다고 한다. 범인 검거와 수사 등을 위해 DNA 채취 대상을 늘려야 한다는 의견도 있지만, 인권 침해 등의 이유로 채취 대상을 오히려 제한해야 한다는 견해도 있다.

과학자들은 3만 년 전 멸종한 네안데르탈인 화석의 이빨 근조직을 분석했다. 그 결과, 네안데르탈인과 현재 인간과 해부학적으로 동일한 구조를 가진 크로마뇽인 사이에 근친교배가 일어났던 것으로 추정된다. 또한 네안데르탈인과 현생인류는 50만 년 전 같은 조상을 두고 있는 사이로 밝혀졌다. 이처럼 말이 없는 죽은 자들의 과거는 어떻게 밝히는 것일까?

🍎 DNA 고고학

죽은 자의 화석에서 인류의 발달사를 밝혀낸 주인공은 'DNA 고고학'이다. DNA 고고학은 유물, 유적 등의 DNA를 분석해 옛 인류의 삶을 복원하는 학문이다. DNA를 분석하면 생물 간의 연관 관계를 밝힐 수 있다. "네가 내 자식이 맞느냐?"라는 질문에 '친자감별법'이란 유전자 검사를 사용한다. 친자감별법은 얼마나 염기 서열이 닮아있는지 확인해 혈연관계를 밝히는 것이다.

DNA 고고학도 동일한 원리를 이용한다. 질문이 "당신이 내 조상이 맞나요?"로 바뀌기는 하지만. DNA 고고학이 태동한 것은 불과 20여 년 전이다. 1984년 미국 캘리포니아대 앨런 윌슨은 죽은 생물체에서도 DNA를 얻을 수 있다는 사실을 입증했다. 140년 전 멸종한 얼룩말

생명과학 이야기

사촌같이 생긴 '과거'의 사체에서 DNA를 얻어낸 것이다. 그 뒤 고고학자들은 과거 인류 정보가 담긴 DNA의 매력에 흠뻑 빠지게 된 것이다. 고고학(考古學, Archaeology)은 물질과 동식물, 인류가 지난 시대에 남긴 흔적을 찾아내고 이들의 말없는 역사를 밝히는 학문으로 사회과학의 일종인데 DNA 안에 고고학이 있다.

언제부터인가 기나긴 시간의 진화 역사를 전하는 과학 뉴스에서 유전체(게놈)라는 말을 자주 보게 됐다. 유전체 고고학이니 DNA 연대 측정이니 하는 두 말의 낯선 조합은 무척 흥미롭게 느껴졌다. 예컨대 이런 의미다. 개와 늑대의 DNA 염기 서열을 비교해 보자. 서로 얼마나 다른지 알 수 있으니, 이제 DNA에 그만큼 차이를 새겨 넣은 시간을 계산할 수 있다. 두 종은 공통 조상에서 갈라진 이래 수만 년 동안 서로 멀어지며 진화했다는 게 유전체 분석에서 제시된다. 현재의 정보에서 먼 과거를 짐작할 수 있다니, DNA는 말 그대로 시간의 흐름을 보여주는 '분자시계'로 불릴 만하다.

이런 DNA 고고학은 1960년대 이래 발전해 왔다. 이전까지 화석 물질을 분석해 시간을 발굴했다면, 이젠 화석 없이 현재의 DNA 차이만을 분석해도 거기에 숨은 진화의 계보와 시간을 캐낼 수 있다는 것이다. 현생인류인 '최초의 아담과 이브'가 아프리카에서 나와 각지로 퍼졌다는 인류 진화의 큰 줄거리는 현재 인류의 DNA를 비교하고 추적해 찾아낸 DNA 고고학의 성과로 꼽는다.

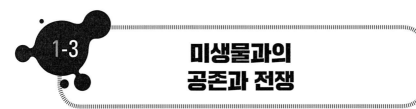

미생물과의
공존과 전쟁

🍎 변 검사

1970-1980년대에 한국에서 초·중등학교를 다녔던 사람들은 1년에 2회 실시하던 대변 검사를 기억할 것이다. 선생님들이 냄새나는 채변 봉투를 회수하고 확인하는 일은 큰 고역이었다.

한국의 기생충 박멸 운동이 펼쳐진 데는 몇 가지 놀라운 사실이 있었기 때문이다. 그 대표적인 것 하나는 1963년 전주예수병원 의료진이 복통을 호소하며 구급차에 실려 온 아홉 살 여자아이의 배를 열었더니 1,063마리의 회충이 소장을 꽉 막고 있었다. 의료진은 일일이 회충을 제거하였지만 소장이 썩어가던 이 여자아이는 소생하지 못하고 목숨을 잃고 말았다.

이 놀라운 일은 세계의 토픽으로 보도되면서 한국인의 배 속에는 기생충이 득실댄다는 오명을 떠안을 수밖에 없었다. 이 일이 있은 후 기생충 질환 예방법이 제정되고 각 학교마다 학생들의 변 검사로 감염자를 가려내서 구충제를 복용시키기에 이르렀다.

낙동강이나 한강 유역의 주민들은 50% 정도가 간디스토마 보균자라는 조사 결과도 있었고, 1971년 정부의 조사 결과에 의하면 기생충 감염률이 84.3%로 발표된 기록도 있다. 현재의 기생충 감염률은 기록을 찾지 못했으나 1997년에 2.4%로 떨어졌다는 자료가 있다. 그러나 최근 뉴스를 검색해 보면 의외로 기생충 감염률이 증가되었다는 기사가 있다. 기생충 이야기가 쑥 들어가니 무분별하게 생선회 등을 먹는 때문이라고 한다.

☀ 기생충학

호주에 와서 기생충 이야기는 까맣게 잊어버리고 있었는데 수년 전부터 인체의 기생충보다는 인체에서 기생 내지 공생하고 있는 미생물에 관한 뉴스와 연구 결과가 이슈가 되고 있다.

기생충도 미생물에 포함하여 다루기도 하지만 기생충학은 미생물학과는 다른 영역의 학문이다. 미생물(微生物-microorganism)은 가시한계(可視限界)를 넘는 0.1mm 이하 크기인 미세한 생물로 주로 단일 세포 또는 균사(菌絲)로써 생체를 이루고 있는 생물이다. 바이러스(virus), 효모(yeast), 곰팡이류(fungi), 세균류(bacteria), 조류(algae) 등이 이에 속한다.

인체 내의 미생물 문제가 급부상한 것을 주목하여 왔지만 2012년 6월 14일, 미국 국립보건원에서 '인간 미생물 군집 프로젝트(HMP-Human Microbiome Project)'라는 사업명으로 5년간 1억 7천만 달러가 투입된 연구 결과를 발표한 뒤부터다. 이 파장은 크며, 세계경제포럼(WEF)은 금년(2014. 4. 25.)에 글로벌 기술의 흐름을 분석하여 '10대 유망 기술'에 "인체 미생물의 연구는 질병을 예방, 치료하는 기술의 잠재력과 의학적 파급력은 무궁무진하다"고 발표하였다.

자연 속에 존재하는 미생물은 그 종류는 부지기수(不知其數)이며 대략 10% 정도 파악된 것으로 과학자들은 보고 있다. 미국 국립보건원의 HMP 연구 결과에 의하면 인간의 몸속에 1만 개가 넘는 미생물이 살고 있다는 것을 확인하였다. 미생물의 무게가 2kg가량 된다고 하니 이를 상상할 수 있었겠는가? 프로젝트(project) 명을 '미생물 군집'이라고 한 것에 유의하여야 한다.

🍊 미생물 군집

군집(群集)이란 생태학 용어로 어떤 지역에서 서로 관계를 맺으면서 생활하고 있는 모든 개체군의 집단을 말하는 것인데, 미생물의 입장에서 보면 인체는 하나의 대륙과 같은 서식 공간인 것이다.

연구 팀은 건강한 미국인 242명 자원자(自願者)에 기생하고 있는 미생물을 채집하여 분석하였는데 대장(大腸) 같은 소화기와 입안에 사는 미생물이 가장 종류가 많았으며, 피부나 코에 사는 미생물은 중간쯤이고 미생물이 가장 적은 곳은 생식기였다. 장 속에 사는 박테리아가 약 400종, 피부에 150여 종, 음식물을 씹는 이에 1,300종, 콧속 피부에 900종, 볼 안쪽 피부에 800종, 여성의 질에서 300종의 미생물이 발견됐다. 연구자들은 사람의 입속에만 적어도 5,000종의 미생물이 살고 있을 것으로 추정했다. 또한 인체 속에 박테리아 숫자가 100조 이상이라고 하였는데, 이는 인체의 세포 수 약 60조 보다 훨씬 많은 숫자다.

일부 과학계에서는 인체가 주인이 아니라 인체의 주인은 '미생물'일 수도 있다는 주장도 하고 있다. 태아가 모체 내에 있는 10개월 동안은 단 하나의 박테리아나 바이러스 같은 미생물이 기생하지 않지만, 태어나 호흡을 시작하면서 공기에 있는 미생물이 흡입되기 시작한다. 그런데 신기한 사실은 빈집이나 다름없는 각 기관에 거주할 미생물이 이미 내정돼 있다는 사실이다. 인간의 의지와 전혀 관계없이 박테리아들

생명과학 이야기

이 영토권을 행사하듯 제자리를 찾아 간다는 것이다. 허파에 사는 박테리아는 내장으로 가지 않고 허파로 가서 공기 속에 스며들어 오는 유해 박테리아를 박멸하는 것이다. 박테리아가 정착이 완료되기까지는 약 3년이 소요된다고 보고 있다.

인체에는 병원균과 싸우는 면역기관도 있지만 박테리아의 도움을 받는 것도 사실이다. 또한 숙주 역할을 하는 사람 등의 행동, 성격 등이 '나의 의지'가 아니라 '미생물'의 조종을 받을 수 있다는 것이다. 미생물이 철저하게 자기 생존을 위해서 하는 행동이지만 미생물 활동 여하에 따라 인간의 정신 작용까지 영향을 끼칠 것으로 예측되니 미생물 조정설을 내놓을 만한 것이다.

☀ 대장 속에 사는 박테리아는 '제3의 장기'

대장 속에 사는 박테리아는 '제3의 장기'라고 불릴 정도로 중요한 일들을 한다. 몇 가지 비타민을 만들고 사람이 소화시킬 수 없는 탄수화물이나 단백질도 소화시킬 수 있도록 돕는다. 사람이 음식을 먹고 얻는 에너지의 10-15%는 장 속 박테리아가 소화시켜 준 것이라고 한다. 세균은 이들 영양소를 섭취해 증식하고, 세균이 내놓는 배설물은 다시 장 속으로 배출된다. 이런 세균이 생성한 유기산은 장에서 흡수되어 우리 몸의 여러 조직에서 에너지원으로 사용된다.

개를 포함한 일부 동물들은 자기의 변을 다시 먹음으로써 비타민을 보충한다. 토끼도 똥 속에는 식물의 섬유질을 분해하는 유용한 세균이 잔뜩 들어 있기 때문에 어미 토끼는 이것을 새끼에게 먹임으로써 소화 기능을 전달한다.

박테리아로 병을 치료한 연구 결과도 있다. 뉴욕 몬테피오레병원에서 있었던 사례(事例)로, 담당 의사는 만성 설사병으로 고생하고 있는 한 여성 환자가 항생제 과다 복용으로 장 속 박테리아의 균형이 무너진 것으로 판단하고, 치료 방법으로 환자의 장에 남편의 똥을 넣어서 설사병을 치료했다는 것이다. 똥으로 생각한 것이 아니라 유익한 박테리아 덩어리로 생각하고 환자의 장 속에 이식시킨 것이다.

약효나 독성이 나타나는 것도 우리 몸 안의 미생물과 관련성을 확인하고 있다. 식물이 갖고 있는 약효 성분의 상당수는 배당체(配糖體)로 저장돼 있다. 배당체란 약효 성분이 물에 잘 녹는 포도당 같은 당 분자와 알코올이나 페닐과 같은 수산기(OH)를 가진 화합물과 결합된 형태로, 타닌(tannin), 사포닌(saponin), 디기탈리스(digitalis) 등이 배당체 유기 화합물이다.

그런데 이런 약효 성분을 복용해도 배당체 상태로는 아무 효과가 없다. 배당체는 덩치가 커 세포막을 제대로 통과하기 어렵기 때문이다. 이때 등장하는 해결사가 배변 활동을 돕고 있는 비피더스균(bifido-bacterium) 같은 장내 세균들이다. 이들은 약효 성분에서 당 분자를 떼어내는 효소를 갖고 있기 때문이다.

강심제로 쓰이는 디기탈리스나 인삼의 사포닌도 장 안에 미생물이 배당체를 잘게 쪼개는 분해 작용이 일어나지 않으면 효과가 없는 것이다. 비피더스균은 모유를 먹는 유아의 장에서 발견되는 유산균의 일종으로 이 균이 없으면 설사를 하는 등 장 활동의 균형이 깨지며 비피더스균이 부족한 사람은 배당체 상태인 인삼의 사포닌이 분해되지 않아서 약효를 기대할 수 없게 된다는 것이다.

생명과학 이야기

🍎 유산균 등 유익균의 역할

인체에 상주하고 있는 세균들은 외부의 병원균이 침투하는 것을 막아 주기도 한다. 여성의 질 속에는 다양한 균들이 살고 있는데, 건강한 질의 환경 유지에는 락토바실러스 같은 유산균이 중요한 역할을 한다. 정상적인 균들의 분포가 파괴되면 질 내 감염이 발생할 가능성이 커진다.

피부에도 포도상구균 등 다양한 세균들이 살고 있으며, 이들은 평상시 병원성 균이 피부에 서식하는 것을 막아주는 역할을 한다. 몸을 깨끗이 한다고 매일 지나치게 샤워하며 피부를 문질러서 이들 세균을 없애 버리면 위생은커녕 유해한 병원균의 침입을 받아 각종 질병에 시달릴 수 있다고 경고하고 있다. 이와 같은 사실은 미생물이 공존의 대상임을 보여 준다. 병을 일으키는 미생물과 유익한 미생물 사이의 미묘한 균형이 깨져 병이 생기지 않도록 잘 관리해야 하는 것이다.

유산균을 장내에 키우는 것을 마치 유기농업과 비슷한 것으로 생각할 수 있다. 인간과 체내·외 미생물을 합쳐 하나의 초유기체로 보아야 한다는 이론까지 나와 있는 상태다. DNA 분석을 통해 밝혀진 인간의 유전자 중에는 세균으로부터 온 유전자가 2백 개가 넘는 것으로 밝혀졌다. 이 사실은 과거 어느 시점에서 우리 몸 안에 살고 있던 미생물들의 유전자가 세포 속으로 들어와 자리 잡았음을 의미한다. 즉, 미생물과 사람 간에 서로 유전자까지도 교환한 것으로 볼 수 있다.

지구 생명의 역사를 더 거슬러 올라가면 오늘날의 모든 동식물 유전자의 조상도 미생물 유전자로부터 진화해온 것으로, 미생물과 인체가 어울러서 좀 더 큰 생명 체계로 운행되고 있는 것이라는 주장을 하게 되는 것이다. 미생물에 의해 인류는 수많은 질병에 걸려 왔고, 그 질환들로부터 벗어나고자 끊임없이 노력해 왔다. 하지만 우리가 의식하지 못하는 가운데 우리의 세포와 조직도 미생물의 위협에 대한 방어 시스템을 계속 개발해 왔다. 그런데 그 공격과 방어의 현상에서 절묘한 타협이 이뤄지는 듯이 보이고 있기 때문이다.

예를 들어, 바닷물에 사는 세균으로 인간에게 콜레라나 식중독을 일으키는 비브리오균을 보자. 이들은 사람의 장내로 들어오면 설사를 유발하는 독소를 생산해 사람으로 하여금 설사를 일으키게 한다. 그러면 이 설사를 타고 비브리오균은 다시 자신들이 살기에 좋은 환경으로 흘러갈 수 있게 되는데 이를 보는 시각에 따라서는 상호 간의 적절한 타협일 수 있다는 것이다.

인간보다는 미생물의 돌연변이와 변신이 한결 빨리 이뤄진다. 사람들이 그동안 항생제를 남용한 결과 거의 모든 항생제에 죽지 않는 새로운 병원성 균인 '슈퍼 박테리아'가 등장하기도 했다.

인간과 미생물 사이의 공격과 방어, 타협은 앞으로도 계속 전개될 것이다. 그러나 그 균형이 급격히 무너져 미생물과 인간의 필승 또는 필사의 전쟁이 일어난다면 미생물이 승리할 것이다. 물론 미생물은 인간에게 크게 승리해 봤자 자신들에게 유리할 것이 별로 없다. 무서운 병원성 균이 유행해 사람들이 집단적으로 사망한다면 침입한 미생물들도 자신이 살 수 있는 터전이 그만큼 사라져 결국은 그들도 같이 없어지고 말기 때문이다. 그렇다고 하더라도 미생물은 인간을 물리치고 새로운 대상을 찾아나서는 것은 아닐까?

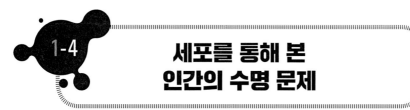

세포를 통해 본
인간의 수명 문제

🍊 세포 사회

대세포 생물 종(種-species)의 한 개체는 세포가 모여 형성된 일종의 '세포 사회'라고 말할 수 있다. 인간도 단세포 수정란에서 시작해 분열하고 또 분화해 여러 가지 복잡한 기관을 지닌 약 60조 개(혹은 100조 개)의 세포가 이루는 한 인간이라는 '세포 사회'가 만들어진 것이다.

그런데 세포 사회가 만들어지는 과정은 세포가 분열해 새로운 세포가 만들어지는 것만으로는 다 설명될 수 없다. 우선 세포들이 분화하여 눈, 코, 입, 살갗, 심장 등 기관을 이루어야 하고, 또 만들어진 기관끼리 상부상조하며 거의 완벽하게 조화를 이루어야 하기 때문이다. 그러기 위해서는 세포는 끊임없이 증식도 해야 하지만 또한 소멸도 해야 한다.

세포 사회는 고령화 대책이 엄격하고 잔혹하리만큼 철저하다. 이게 안 되면 한 삶의 주체의 안녕이 무너지는데 어떻게 하나? 그래서 늙은 세포는 알아서 꺼지라고 자살을 유도하고 깨끗하게 뒤처리까지 한다. 그러나 인간사는 세포 사회의 의지와는 관계없이 세포의 수명을 늘리고 인간의 수명을 연장시키는 방법을 찾기에 혈안이 돼 있다.

구체적으로 인간이 성인이 되면 인체를 구성하는 세포 수가 체구가 작은 사람은 30조, 그리고 체구가 큰 사람은 100조 개, 평균적으로 약 60조 정도의 세포로 구성되어 있다고 본다. 한 개로부터 60조 개의 세포로 분열 성장되기까지 우리 몸은 단 1초의 멈춤도 없이 끊임없이 변화를 거듭하면서 인간으로서의 다양한 기능을 발휘하게 된다는 것이다. 정상적인 세포분열에서는 분열과 함께 세포 상실이 일어나며 적정 선에서 균형을 유지하는 것이다. 정상 세포의 사멸(死滅)은 개체의 안녕을 위해 그 자신이 희생되도록 유전적 메시지로 예정되어 있는 것이다.

✳ 세포의 죽음

이런 정상 세포의 속성과는 달리 암세포는 유전적인 프로그램이 깨졌기 때문에 계속적으로 세포 증식만 계속할 뿐이다. 생체 내에 아무 기능이 없는 세포 덩어리의 혹이 생기며 이 혹이 암이다. 그러나 모든 혹이 암은 아니다. 양성종양이라고 하는 것은 암이 아니다. 조직 검사를 통해 정상 세포가 보이면 양성종양이고 암세포가 보이면 악성종양이다.

사람을 포함한 척추동물의 세포는 아무리 왕성한 분열 능력을 가졌다 할지라도 50회 이상 분열하면 죽는다. 유전적으로 정상 세포는 적당한 시간이 지나면 자동적으로 죽도록 설계돼 있기 때문이다. 이것을 학술 용어로 '세포자살(Apoptosis)'이라고 부른다.

'세포자살'이란 암세포가 되기 쉬운, 이른바 늙고 병든 세포의 죽음을 일부러 유도함으로써 개체를 보호하기 위한 수단이다. 세포가 죽음을 선택함으로써 개체를 보호한다는 대승적 차원의 순교라 할 수 있다. 세포자살은 무려 60조 개 가까운 세포가 모여 만든 인간이란

생명과학 이야기

다세포 생물이 80년이란 평균수명 기간 동안 질서정연한 기능을 유지하면서 생존할 수 있도록 정교하게 진화된 생명의 진수를 보여주고 있다.

인체를 구성하는 세포는 고유의 수명이 있다. 예컨대, 적혈구나 피부 세포는 한 달 정도 수명을 지닌다. 근육 세포의 수명은 4개월 정도다. 수명을 다하면 저절로 죽도록 유전적으로 프로그래밍되어 있다. 이것이 '세포자살'이다.

만일 내가 4개월 후 여러분 앞에 나타나더라도 겉으로 보이는 내 모습은 달라진 게 없다. 그러나 실제 내 몸을 구성하는 팔과 다리의 근육은 송두리째 바뀌어 있는 것이다. 이처럼 인체는 수명을 다한 늙고 병든 세포를 죽이고 우리가 섭취한 영양소를 이용해 끊임없이 젊고 싱싱한 세포를 만들어 낸다. 태아 세포는 매일 평균 50회, 어른 세포는 평균 20회 분열하며 전체적으로 인체에서 매일 100억 개가 죽고 태어난다고 보고 있다.

헬라 세포

'헬라 세포'는 널리 알려져서 웬만한 사람은 다 알고 있다. 1951년 미국의 존스 홉킨스(Jhons Hopkins) 병원에 31세의 헨리에타 랙스(Henriett Lacks)라는 여자 환자가 암 종양을 치료하기 위해 입원하였다. 그녀는 수개월 후에 사망하였지만, 그녀에게서 떼어낸 암세포는 오늘날까지도 살아 있을 뿐만 아니라 불멸할 것 같다.

이 헬라세포의 이야기가 너무나 극적(劇的)이라서 『헨리에타 랙스의 불멸의 삶(레베카 스클루트)』이라는 책이 나오고, 미국의 방송인으로 억만 장자가 된 오프라 윈프리(Oprah Gail Winfrey)가 영화를 제작 중이기도 하다. 1952년 소아마비 백신의 개발로 노벨 생리의학상(2008년)을 받은 존 프랭클린 엔더스(John Franklin Enders), 토머스 허클 웰러(Thomas Huckle Weller), 프레더릭 채프먼 로빈스(Frederick Chapman Robbins) 연구도 헬라 세포 덕분이었다.

정상 세포와 암세포를 배양해 보면 정상 세포는 정확히 1층으로만 자라는 데 반해, 암세포는 영양분을 공급해 주는 한 끝없이 자라는 것이다. 이 경우를 뇌종양과 비교하면 머릿속의 뇌는 두개골 및 두피 내의 공간에 의하여 그 크기가 제한되어 있다. 그러므로 정상일 경우 두피 내의 공간 이상으로 세포가 자라지 않아야 한다. 하지만 뇌종양은 두피에 의해서 공간이 제한되어 있음에도 불구하고 성장을 멈추지 않고 계속 뇌종양 세포가 증식을 하게 되는 것이며, 뇌종양과 암세포가 결국 말기까지 가게 되는 것이다. 뇌종양 세포의 증식은 두피에 의해 뇌가 압력을 받게 하며, 뇌압을 높여 뇌의 수많은 모세혈관들이 터져 죽음에 이르게 된다.

❈ 생체 내의 공안원(公安員)

인체의 60조 개나 되는 천문학적인 수의 세포가 살다 보니 이리 부딪치고 저리 부딪치며 갖가지 문제가 안 일어날 수가 없다. 암세포도 그와 같은 과정에서 불량품이 생긴 것이다. 그러나 60조 가운데 가령 6,000개 암세포가 생긴다 해도 불량률이 100억분의 1밖에 안 된다. 설령 암세포가 만들어진다 하더라도 걱정할 이유가 없다. 백혈구를 비롯한 우리 몸의 면역 기능이 있기 때문이다.

백혈구 가운데 NK 세포(Natural Killer Cell)란 림프구가 특히 중요하다.

생명과학 이야기

인체 구석구석을 돌아다니며 암세포를 찾아내 파괴시킨다. 세포 하나하나마다 세포 표면에 붙어 있는 자기 인식 단백질 조각들을 확인한다. 세포들이 내 몸이란 국가에 소속된 인증할 수 있는 국민임을 증명하는 일종의 '주민등록증'이다. 암세포는 이들 중 꼭 있어야 할 주민등록번호 몇 가지가 빠져 있는 일종의 위장 전입자다. NK 세포는 이들을 색출해 죽인다. 잘 알려져 있는 항체로는 암세포를 죽일 수 없다.

항체는 백혈구 가운데 T림프구의 명령에 따라 B 림프구가 만들어낸다. T림프구는 몸 안을 돌아다니면서 만나는 세포마다 주민등록증에 원래 있어서는 안 될 엉뚱한 번호가 찍혀 있는지 검색 임무를 맡은 공안원(公安員)이다. 자신의 몸과 유전적으로 완전히 다른 이종단백질이다. 고문으로 간첩을 조작하는 것이 아니라 최첨단 감식 기능으로 판별하고 있는 것이다.

세균이나 바이러스처럼 외부에서 침입한 외적이 여기에 해당한다. B림프구는 한번 기억한 세균이나 바이러스가 다시 침투하면 항체라는 미사일을 다량으로 만들어 초토화시킨다. 그런데 T림프구도 손을 쓸 수 없는 스파이가 생긴다는 것이다. 이게 암세포다. 세균이나 바이러스는 세포 표면에 엉뚱한 번호가 찍혀 있어서 쉽게 인식이 되는데 T림프구가 암세포를 마치 임신부 자궁 속의 세포분열이 왕성한 태아처럼 내 몸으로 오인하기가 쉽다는 것이다. 이것이 인류의 비극이다.

항체처럼 한꺼번에 대량 공격이 가능하다면 암을 걱정하지 않아도 되겠지만 NK 세포가 하나하나 돌아다니며 일일이 암세포 여부를 확인해야 한다. 매우 비능률적이다. 따라서 어떤 원인으로 NK 세포의 기능이 떨어져 있거나, 혹은 암세포가 워낙 많이 발생해 NK세포를 압도한다면 암세포가 종양의 형태를 이루게 되며, 이것이 우리가 말하는 암이란 질환이다.

인체 면역이 암세포를 죽이기 위한 NK 세포보다 세균이나 바이러스를 죽이기 위한 T 림프구나 B 림프구에 초점을 맞춰 진화한 것은 어찌 보면 당연한 일이다. 항생제나 백신이 없던 수만 년 동안 인류의 생존을 위협한 것은 암세포보다 세균이나 바이러스였기 때문이다.

🍎 암세포의 전이(轉移, metastasis)

암은 속성상 은밀하다. 정상세포처럼 위장하기 때문이다. 그리고 천천히 진행한다. 하나의 암세포가 CT를 비롯한 각종 영상 검사로 찾아낼 수 있는 최소 단위인 직경 0.5cm 종양으로 자랄 때까지 7년 정도 걸린다.(Retsky, 1997) 증상을 유발하려면 직경 3cm 정도 자라야 한다. 3cm짜리 종양을 우습게 보면 안 된다. 적어도 270억 개의 암세포가 모여야 이 정도 크기가 된다. 최초 암세포 한 개에서 10년은 걸려야 한다.

암이 무서운 이유는 암세포 한 개가 백혈구의 공격을 피해가며 무려 10년 동안 자라나서야 겨우 증세가 나타나기 시작한다는 것이다. 이렇게 증세가 나타난 다음 병원을 찾으면 대부분 때늦은 경우가 많다. 이때부터는 암세포들이 혹의 형태로 머무르지 않고 혈관과 림프를 타고 전신으로 퍼지기 때문이다. 이것이 전이(轉移, metastasis)란 현상이다. 사실 전이만 없다면 암은 두렵지 않다. 자라나면 떼어내고 또 자라면 또 떼어내면 그만이다. 그러나 전이가 있게 되면 그때부터 대부분 속수무책이다. 아무리 원래 종양의 크기가 작아도 다른 장기로

생명과학 이야기

전이가 발견되면 말기 암으로 분류된다. 수술해도 생존율 향상에 크게 기여하지 못한다.

✺ 유한(有限)한 수명(壽命)

"과학이 발달됨에 따라 의학적으로 어떻게 하면 좀 더 건강하게 살 수 있을까?"에 대한 연구가 많아지고 있다. 생명이 존재하고 있는 동안 건강하게 살기를 원하기 때문에 먹는 음식에 대해서 과학자들은 많은 연구를 쉬지 않고 있다. 식품 중에는 자연식이 더 인체에 도움이 된다고 하여 식물에 대한 연구도 계속되고 있다. 어느 한 부분의 세포 조직이 약하거나 병들었기 때문이라는 것이다. 그래서 계속 모든 세포가 튼튼하게 유지하기 위해서 식품에 대한 연구가 계속되고 있다. 물론 병원에서 혹은 약국에서 치료와 처방으로 약한 세포조직을 튼튼하게 치료와 함께 건강 회복에 기여하고 있다. 이것도 일시적이다. 아무리 건강을 유지한다 할지라도 수명에는 유한한 것이다. 무한하지 않는 생명을 유한한 시간 동안 건강하게 유지할 수 있는 방법을 갖가지 발표하고 있다. 이제라도 내가 가진 신비스러운 60개 조가량의 세포 조직으로 구성된 육체로 살아 있는 동안만이라도 건강하게 유지하기를 바라는 것뿐이다. 그래서 섭취하는 음식물에 관심을 가지고 있다.

🍎 세계 최장수자, 토마스 파(Thomas Parr)

영국 웨스트민스터 사원에 묻힌 사람 중에 귀족이 아닌 평민이 있다. 세계 최장수자 '토마스 파(Thomas Parr)'라는 사람이다. 농부인 그가 153세까지 팔팔했던 비결은 자연과 함께하는 생활, 채식 위주의 소박한 밥상, 매일 땀을 흘리며 정성을 쏟았던 농사일, 충분한 휴식과 수면 등을 꼽는다. 그는 80세에 처음 결혼해 딸을 낳고, 122세에 재혼까지 하는 정력을 과시하기도 했다.

150세가 넘게 건장한 그에 대한 소문이 파다해지자 국왕 찰스 1세는 그를 왕실로 초대한다. 화가 루벤스에게 그의 초상화를 그리게 하고 런던에 집을 마련해 주며 가족들을 데려와 살게 하는 혜택을 주었다. 그런데 불행하게도 그런 국왕의 친절이 그의 노화를 앞당겼다는 것이다. 기름진 귀족식 식사와 더러운 런던의 공기에 노출된 토마스 파는 152번째 생일을 왕궁에서 맞이하였고, 진수성찬을 과식하고 탈이 생겨 2개월 만에 사망하고 만다. 19세기 빅토리아 여왕 시절에는 토마스 파를 기념해서 위스키 브랜드 'Old Parr'가 탄생되기도 하였다.

✺ 브라질에 사는 131세 남성

브라질에 사는 131세 남성이 기네스북 세계 최고령으로 등재될 가능성이 있는 것으로 알려졌다. 브라질 한인회 소식지(2016. 1. 14. 뉴스포털 UOL)에 따르면 브라질의 북서부 아크리주 세나 마두레이아시에 사는 '주제 쿠엘류 지 소우자'라는 긴 이름을 가진 사나이가 131세인 것으로 드러났다. 소우자의 증명서에는 그가 1884년 3월 10일, 2개월이 지나면 132세가 되는 것이다.

소우자에게는 현재 40세, 37세, 30세인 아들과 6명의 손자 손녀가 있으며 현재 69세인 부인과 16세의 손녀와 함께 살고 있다고 한다. 손녀는 "할아버지의 삶이 매우 고통스러웠던 것으로 안다"면서 "11세에 부모를 잃고 고아가 되는 바람에 어린 나이에 고된 일을 해야 했다"고

생명과학 이야기

전했다.

131세를 살 수 있었던 그의 비결에 대해서도 관심이 모인다. 소우자는 젊은 시절 술을 약간 마셨으나 평생 담배에는 손을 대지 않았다. 이가 좋지 않고 가끔 못 알아볼 때가 있긴 하지만 건강에도 큰 문제가 없는 것으로 알려졌다. 지금도 쌀밥과 소고기, 생선, 채소로 된 식사를 거르지 않는다고 한다.

지난 8월에 세계 장수 노인으로 기네스 세계 기록에 올랐던 일본의 112세 노인이 지난주 화요일(2016. 1. 12.)에 사망했다는 보도가 있었다 (포털). 112세로 최고 장수 노인으로 주목받고 있던 '야수타로 코이데'는 만성 심장 질환과 폐렴으로 화요일에 일본 중부의 나고야 병원에서 사망한 것으로 밝혀졌다. 1903년 3월 13일에 출생한 코이데는 평생 금연과 금주를 했고, 과식하지 않은 것이 장수의 비결이라고 말했다. 그는 113번째 생일을 두 달 앞두고 사망했다.

이제 일본의 최고령자는 1904년 3월 30일에 도쿄에서 출생한 마사미츠 요시다(111세)라고 한다. 일본은 급속도로 고령화되고 있어 국가 가족 등록 기록에 따르면, 100세 이상이 61,000명 이상이며 90%가 여성이다.

🍎 세포 사회의 고령화 대책

이미 언급한 바와 같이 생체의 세포 사회는 고령화 대책이 엄격하고 철저하다. 이게 안 되면 한 삶의 주체의 안녕이 무너지는데 어떻게 하나? 그래서 늙은 세포는 알아서 꺼지라고 자살을 유도하고 깨끗하게 뒤처리까지 한다. 그러나 세포 사회의 의지와는 관계없이 세포의 수명을 늘리고 인간의 수명을 연장시키는 방법을 찾기에 혈안이 돼 있다. 위에서 예로 든 브라질의 '소우자'나, 얼마 전에 사망한 일본의 '코이데'가 무엇을 먹고 어떻게 생활하였는가에 관심이 집중되고 있는 것이다.

만약에 이들의 식사 내용이나 생활 습관에 특이한 것이 있었다면 당장에 난리가 날 것이다. 그러나 보도된 것을 보면 평범한 삶을 살았을 뿐 별다른 생활 습관이 있었다는 언급은 없다. 과학 하는 사람들은 심리적인 면이나 환경적인 문제 같은 다소 우회적인 접근보다는 좀 더 직접적인 접근을 택하고 있다.

🌸 세포자살(Apoptosis)

위에서 언급한 세포의 '세포자살(Apoptosis)'은 세포 사회의 극히 자연스러운 작용이며 현상이다. 세포의 소멸, 즉 세포의 죽음은 크게 두 종류로 나눠볼 수 있는데 하나는 '괴사' 또는 '네크로시스(necrosis)'라 불리는 죽음인데 박테리아 등에 의한 감염이나 상처, 또는 독물 등의 자극에 의해 일어나는 수동적인 세포의 붕괴 과정이다.

또 다른 하나는 외부 신호나 내부 신호에 의해 유도되는, 유전자 안에 입력되어 있는 프로그램화된 죽음이다. 괴사의 경우에는 세포 안팎의 삼투압 차이가 수만 배까지 나면서 세포 밖의 물이 세포 안으로 급격하게 유입돼 세포가 마치 풍선에 바람이 들어가 부풀어 오르듯 많은 물이 유입되어 터지면서 내용물이 유출되고, 그곳에 백혈구가 모여 염증 반응이 일어난다. 세포가 자살하는 경우에는 죽을 때가 되었음을 안 세포가(죽기로 결정하고?) 생체 에너지(ATP)를 적극적으로 소모하면서 죽음에 이르는 과정을 말한다.

남아공의 생물학자며 2002년에 노벨 생리의학상을 탄 시드니 브레너(Sydney Brenner, 1927-)는 박테리아를 잡아먹고 사는 선형동물인 예쁜꼬마선충(Caenorhabiditis elegans)을 대상으로 세포의 죽어 가는 과정을 세밀하게 밝혔다. 이 예쁜꼬마선충은 1mm 크기로 전체 세포 수가 1,000개 미만이니 얼마나 다루기가 쉬운가? 투명해서 세포분열이나 분화를 현미경으로도 관찰할 수 있다.

브레너 실험실에서 연구한 존 설스톤(John Sulston)은 분열하는 세포가 어떤 시점에 도달하면 항상 죽는다는 것을 관찰하고 이런 과정에 관련된 유전자(nuc-1)를 찾아냈다. 나중에 이 연구실에 들어온 로버트 호르비츠(Robert Horvitz)는 세포의 죽음에 관련하는 유전자들(ced-3,ced-4,ced 9)을 연속적으로 발견하여 세포가 자살하는 것은 DNA에 프로그램이 되어 있고 유전된다는 것을 확인한 것이다. 사람의 세포가 죽는 과정에도 이와 비슷한 유전자가 관련된다는 것을 알아내어 기관들이 어떻게 만들어지며 왜 어떤 세포는 반드시 죽는지 알게 되었다.

이 공적으로 세 사람은 2002년 노벨 생리의학상을 공동으로 수상했다. 이 성과는 노벨상 이상의 의미가 있다는 것이다. 세포자살을 만류(挽留)할 수도 있고, 더 나아가 생체 수명 연장으로 이어질 수 있는 단초를 찾아낼 수 있다는 가능성이 있기 때문이다.

🍎 틸로미어(telomere) 이론

텔로미어(telomere) 이론은 보통 세포는 약 40번 세포분열을 하는데 이런 세포의 수명은 염색체의 끝부분에 존재하는 텔로미어라는 반복적 염기 서열에 의해 결정된다는 것이다. 세포 분열이 진행되면서 그

길이가 매번 일정한 길이씩 짧아지고 일정한 길이 이하로 짧아지면 세포는 분열을 멈추고 결국 죽는다는 이론이다.

즉 텔로미어(telomere)는 세포분열 횟수를 기록하는 '세포의 시계'로 간주할 수도 있다. 매번 분열할 때마다 세포 시계는 똑딱똑딱 시간을 기록하고 그때가 될 때 세포는 자살하게 되는 것이다. 이형기 시인의 시 '낙화'를 생각한다. 가야 할 때가 언제인가를 분명히 알고 가는 이의 뒷모습은 얼마나 아름다운가?

앞에 말한 2009년 노벨상 수상자들은 짧아지는 텔로미어를 원상 복구할 수 있는 효소 '텔로머라제(telomerase·틸로머레이즈)'도 발견했다. 텔로머라제는 보통 체세포에서는 억제돼 그 활성을 찾을 수 없지만, 생식세포와 줄기세포, 그리고 암세포 등에서는 그 활성을 나타내기 때문에 이들 세포는 지속적으로 분열할 수 있다는 것이다. 즉 텔로머라제라는 효소는 규정된 세포의 프로그램을 바꾸는 역할을 한다는 것이다.

이렇게 죽지 않고 계속 불어나기만 하는 세포로 변종된 세포 중 하나가 암세포다. 죽고 싶어도 세포의 시계에 고장이 생겨 죽을 수조차 없게 되고, 자꾸 불어나는 불멸의 세포로 변한 것이다. 과학자들은 이를 이용해 생명을 연장하는 연구를 하고 있다. 진시황이 그렇게 찾던 불로초가 '텔로머라제'라는 효소(단백질)로 나타난 것이다.

최근 블랙번(Elizabeth Blackburn) 교수는 텔로미어의 길이가 짧은 세포가 많아지면 심장병이나 당뇨병 혹은 암이나 다른 병에 걸렸을 확률이 많다는 것을 발견하고 텔로미어 길이를 측정하여 건강 진단에 이용하는 방법을 개발하고 있다고 한다. 올해 안에 그런 테스트를 쓸 수 있게 한다니 얼마나 유용한지 곧 알 수 있을 것 같다.

생명과학 이야기

✳️ 효소 텔로머라제(telomerase, 틸로머레이즈)

세포의 자살은 생명체 내부의 유전자들에 의해 죽음을 유도하는 세포 때문이기도 하다. 외부에서 침입한 세균 등을 죽이는 역할의 T-면역세포(T-cell)는 세균이 몸 안에 침입하면 세균에 달라붙어 세균이 원치 않는 자살의 과정을 겪도록 프로그램을 주입함으로써 그 세균이 5분 안에 자살하게 만든다고 한다. 과학자들이 이 사실을 안 이상, 그냥 놔둘 리가 있나? 세포자살을 유도하거나 막는 방법을 개발하면 엄청난 일이 벌어지는데. 암을 비롯한 여러 질병을 제어 할 수 있는 낌새가 보인다. 프로그램 된 세포의 자살 과정을 이용해 보겠다는 것이다.

그러면 세포들은 죽어야 할 때를 어떻게 정확히 알고 죽음의 유전자를 발현할까? 그 이론 중 하나인 '텔로미어(telomere·틸로미어)' 이론을 발표한 과학자들이 있다. 이를 연구한 세 과학자인 블랙번(Elizabeth Blackburn)과 조스택(Jack Szostak), 그리고 그라이더(Carol Greider)는 2009년 노벨 생리의학상을 수상하였다. 이 연구 때문에 한동안 시끌벅적하였고 아직도 계속되고 있으며 그 추이를 비상하게 주시하고 있다.

'텔로미어(telomere·틸로미어)' 이론도 시사(時事)에 눈을 뜬 사람이면 웬만큼 다 안다. 텔로미어 이론은, 보통 세포는 약 40번 세포 분열을 하는데 이런 세포의 수명은 염색체의 끝부분에 존재하는 텔로미어라는 반복적 염기서열에 의해 결정된다는 것이다. 세포 분열이 진행되면서 그 길이가 매번 일정한 길이씩 짧아지고 일정한 길이 이하로 짧아지면 세포는 분열을 멈추고 결국 죽는다는 이론이다. 즉 텔로미어는 세포 분열 횟수를 기록하는 '세포의 시계'로 간주할 수도 있다. 매번 분열할 때마다 세포시계는 똑딱똑딱 시간을 기록하고 그때가 될 때 세포는 자살하게 되는 것이다.

앞에 말한 2009년 노벨상 수상자들은 짧아지는 텔로미어를 원상 복구할 수 있는 효소 '텔로머라제(telomerase, 틸로머레이즈)'도 발견했다. 텔로머라제는 보통 체세포에서는 억제돼 그 활성을 찾을 수 없지만, 생식세포와 줄기세포, 그리고 암세포 등에서는 그 활성을 나타내기 때문에 이들 세포는 지속적으로 분열할 수 있다는 것이다. 즉 텔로머라제라는 효소는 규정된 세포의 프로그램을 바꾸는 역할을 한다는 것이다.

🍎 진시황의 불로초(不老草)

이런 연구 결과가 나왔으니 흥분을 안 할 수 없게 되었다. 기원전 219년에 중국의 진시황은 대형 선박을 건조하고 동남(童男), 동녀(童女) 3,000명을 서복(徐福)이라는 신하에게 주면서 불로초(不老草)를 구해 오라고 명하였으나 그가 복귀하지 않았다는 전설에 가까운 이야기가 있다.

그러나 이것은 허구가 아니고 사실에 가까운 증거가 있다고 주장하는 학자들이 있으며, 제주도에는 그의 흔적이라고 할 수 있는 정방폭포의 서복과지(徐福過之)라는 글자를 근거로 서복은 제주도를 샅샅이 뒤졌음에 틀림없다고 주장하고 있다.

진시황제는 누구인가? 그 옛날 분열된 중국 대륙에서 6개 나라를 멸망시키고 최초의 제국을 탄생시킨 장본인 아닌가? '진시황' 하면 떠오르는 것이 만리장성, 아방궁, 병마용 갱인데 진시황처럼 인간의 욕망을 마음껏 누려본 인물이 과연 있었는가? 천하의 진시황도 대자연의 철칙마저 마음대로 해 보겠다고 마지막 소원이었을 '불로장생' 사업을 위해서 과감한 사업을 전개하다가 실패하고 갔다. 그가 만약 '텔로머라제(telomerase·틸로머레이즈)' 이야기를 들으면 벌떡 일어날 것 같은데 땅속 깊은 곳에서 듣지 못하니 어떻게 하나? '텔로머라제(telomerase·틸로머레이즈)' 실제로 노화하지 않는 다세포 생물로 알려진 강장동물(腔腸動物)이 있다.

✿ 강장동물(腔腸動物) 히드라의 무한한 생식력

강장(腔腸)은 소화기관인 일종의 창자라고 말할 수 있는데 강장동물은 복잡하게 식도니 위니 창자니 구분이 되지 않는 강장이라는 비어 있는 공간에서 너끈히 소화도 하고 새끼를 만들며 여유만만하게 살아간다. 강장동물은 항문이 없다. 입구가 항문이다. 강장동물은 한자리에 눌어붙어 살며, 물과 함께 떠다니는 미생물을 잡아먹는 히드라 같은 종류도 있고, 해파리처럼 떠다니며 생활하는 종류도 있다.

히드라는 몸의 구조가 해파리를 뒤집어 놓은 형태로 바위에 붙어 산다. 그런데 최근에 히드라에 온갖 시선이 집중되고 있다. 히드라는 암수 구분 없이 일부 세포가 때가 되면 씨앗에서 싹이 나듯 새끼 히드라가 생기면서 자손을 퍼뜨린다. 그래도 히드라가 늙지 않는다는 주장이 널리 인용되어 온 건 1998년 학술지 「실험 노인학」에 발표된 한 논문 때문이다.

미국 퍼모나대 생물학과 대니얼 마르티네즈 교수는 히드라 145개체를 4년 동안 관찰한 결과, 노화의 증거를 발견할 수 없었다고 주장했다. 과학자들은 사망률과 생식력을 통해 노화 정도를 가늠한다. 즉 노화가 진행될수록 사망률이 올라가고 생식력은 떨어지기 때문이다. 그런데 4년 동안 히드라를 관찰한 결과 사망률도 별 차이가 없었고, 생식력(주로 무성생식인 발아를 통해 번식한다)도 유지됐다는 것이다.

이와 같은 연구 결과가 발표된 이후에 히드라에 흥분하는 사람이 많아졌다. 학자들은 물론이고 제약업자들과 오래 살고 싶어 하는 사람들이 흥분할 수밖에 없는 일 아닌가? 늙지 않는 히드라에 관해서 수많은 언론에서 이 문제를 다루고 있는 것이다. 늙지 않는 세포라면 암세포도 같은 속성인데 히드라의 유전자를 샅샅이 뒤져 보니 암을 유발하는 유사 유전자가 있었다는 것이다. 토마스 보쉬 독일 키엘대 교수 팀이 히드라에서 암을 유발하는 종양 유전자를 발견한 것이다.

연구 팀은 오랫동안 암 유전자의 기원을 추적했다. 다양한 종류의 유전체를 분석하던 중에 계통학적으로 가장 오래된 히드라에서 암을 일으키는 유전자가 있었다고 한다. 연구 팀이 히드라가 성장하는 과정과 줄기세포를 분석한 결과, 종양이 있는 유생(폴립)을 발견했다. 이것은 히드라의 암컷에서만 발견됐는데, 인간의 난소암과 비슷한 것으로 해석된다는 것이다. 연구팀은 "암 조직에서 더욱 활성화되는 유전자를 히드라에게서 찾았다"며 이것은 "암의 성장과 확산의 기초가 되기 때문에 인간의 암과 유사하다"고 말했다. 암 세포가 건강한 조직에서 왕성한 성장한다는 것이 암세포의 오랜 진화 과정에서 나타난 것이라고 설명했다.

현대 과학자들은 왜 암이 히드라와 같은 행동을 하는지에 대해 연구해 왔다. 암을 근본적으로 치료하는 방법은 매우 특수화된 암의 근

생명과학 이야기

원인 암 줄기세포(cancer stem cell)를 제거하는 데에 있다. 암 줄기세포는 기존 치료법으로 제거되지 않아 조용히 잠복해 있다가 새로운 종양을 반복적으로 만들어 내게 된다. 잘려진 머리를 재생하는 히드라처럼 특정 부분만을 재생하는 것이 아니라 어떤 부위에도 상관없이 그 능력을 발휘할 수 있다. 그렇기에 암의 완전한 정복을 위해서는 암 줄기세포에 대한 근원적인 이해가 선행되어야 한다.

🍎 도마뱀의 재생력(Regeneration)

도마뱀이 위기의 순간에 스스로 꼬리를 잘라 위기를 모면한다는 것은 잘 알려진 사실이다. 도마뱀은 생존을 위해서 위기의 순간에 꼬리를 천적들에게 미끼로 내던지고 재빠르게 도망치며 살길을 찾는 것이다. 그렇다고 아무 곳이나 자를 수 있는 건 아니다. 도마뱀 꼬리 중에서도 잘리는 부분이 정해져 있다. 그 잘린 부분은 스스로 출혈을 막고 상처를 회복시키고, 새로운 세포를 생성해 불과 며칠 만에 다시 꼬리를 재생시킨다. 잘린 부분에 잘려나간 꼬리에 대한 유전정보가 저장되어 있기 때문이다.

생물은 이처럼 몸의 일부가 손상될 경우, 그 부분의 조직이나 기관을 다시 만들어 원래 상태로 복구하는 능력이 있다. 이런 복구 과정을 '재생(Regeneration)'이라고 하는데 재생 능력이 강한 동물로는 도마뱀 외에도 도롱뇽, 지렁이, 불가사리, 히드라, 플라나리아 등을 들 수 있다.

사람에게도 부분적으로 이런 재생 능력이 있다. 살갗에 난 상처가 아물고, 뼈가 부러졌을 때 제대로 접합하면 원래 상태로 복구되는 게 재생의 결과다. 간을 이식하면 간세포가 증식하여 원래의 기능을 되찾기도 하고, 적혈구 같은 혈액계 세포나 위장 점막도 재생 능력을 보인다. 그러나 얼굴을 비롯하여 손이나 발의 일부에 심각한 손상을 입거나 내장이 심하게 망가지면 도저히 재생할 수 없다. 만약 사람이 도마뱀 수준의 재생 능력만 갖출 수 있다면 의료 분야에서 '신세계'가 열리는 것이다.

☀ 생명체의 지식은 생명체를 사랑하는 마음의 시작이다

최근 이에 도달하기 위한 재생 기술 연구가 활발하게 진행되고 있다. 인체 중 재생 의료 개발 가능성이 가장 높은 기관은 피부, 연골과 뼈, 그리고 장기 순이며, 피부 재생 기술에 대한 연구가 가장 활발하다고 한다.

일반인에게는 생소한 것이지만 재생 기술 연구에 인도산 송사리를 이용하고 있다. 제브라피쉬(Zebrafish, Danio rerio)인데 머리에서부터 꼬리까지 이어지는 아름다운 하얀색, 남색 줄무늬가 얼룩말(Zebra)을 닮았다 하여 이름마저 제브라피쉬(Zebrafish, Danio rerio)다. 원산지가 인도이고 몸길이가 4-5cm 남짓하다.

담수 어종으로 아무 먹이를 줘도 잘 먹고 물이 조금 더러워도 잘 견디는 강인한 생명력을 가지고 있어 관상어로서 인기가 높기 때문에 수족관 등에서 쉽게 접할 수 있는 물고기다. 인간과 유전적으로 약 90%가 일치하며 허파를 제외한 대부분의 기관계를 지니고 있고, 무엇보다도 개체 발생 및 기관 형성 과정이 매우 빠르게 진행되기 때문에 인류의 질병 정복을 위한 중요 실험종으로서 높이 평가되고 있다.

제브라피쉬가 유명해진 것은 심장의 4분의 1을 잃어도 별 탈 없이

생명과학 이야기

생존한다는 사실이다. 최근 연구에 따르면 심장을 다친 제브라피쉬는 손상된 부위에서 줄기세포가 만들어져 심장을 재생시킨다는 사실이 밝혀졌다. 이러한 연구 결과는 인간의 심장병 치료 연구에 새로운 단서를 제시해 줄 것으로 과학자들은 기대하고 있는 것이다.

미국 하버드 의과대학 하워드 휴즈 의학연구소의 심장병 전문의이자 세포생물학자인 마크 키팅 박사가 발표한 연구보고서에서 제브라피쉬의 손상된 심장을 재생시킨 유전자를 알아내면 인간의 손상된 심장을 수리하는 열쇠도 찾아낼 수 있을 수 있다고 말한 바 있다. "인간도 이와 유사한 유전자가 있을 가능성이 있으며 그렇다면 손상된 인간 심장의 재생도 가능할 수 있을 것"이라고 키팅 박사는 밝힌 것이다.

과학자들이 이런저런 연구 결과를 발표하면 천지개벽(天地開闢)이 되는 것 아닌가 하며 흥분하기가 일쑤이다. 인간이 지구상에 출현한 이래 호기심과 의문 속에서 생명이 무엇인가를 밝히고 인간의 영생하는 물리적 방법을 찾아보려고 무던히 애를 썼고 이와 같은 의지는 조금도 꺾이지 않고 계속되고 있는 것이다. 바이러스에서부터 인간에 이르기까지의 모든 생명체는 생존과 종족 번식을 위한 의지는 같으며, DNA라는 기본 설계도를 변형시키며 자연에 순응해 오고 있는 것인데 이를 과학의 힘으로 통제해 보겠다는 것이다. 그러나 연구 결과로 영생불멸하는 세상이 오는 것은 아닌가? 하며 흥분하기보다는 새로운 생명체의 지식을 넓히고 우리 자신을 더 많이 앎으로써 자신도 사랑하고 지구상의 생명체를 사랑하는 지혜를 얻는 계기로 삼는 것이 더 중요하며, 인간의 수명(壽命) 문제를 바람직하게 바라보는 태도라고 생각된다.

미토콘드리아

🍊 생체의 에너지 공장(Power house), 미토콘드리아(Mitocondria)

우리 몸을 움직이기 위해서는 에너지가 필요하게 마련이다. 움직이지 않고 가만히 누워만 있다 하여도 체온을 36.7℃ 내외로 유지하여야 되고, 눈도 깜박거려야 하고, 생각도 하며 이런 생리작용들이 거저 되는 것이 하나도 없다. 에너지를 소비하여야 한다. 그뿐인가 숨을 쉬어야 하고, 심장을 박동시켜 혈액을 순환시켜야 하고, 위 창자 등 소화 기관에서 음식을 소화시켜야 한다. 에너지가 있어야 되는 일이다.

우리 몸에는 발전소가 있다. 영어로 Power house(에너지 공장)다. 생물체의 세포 속에 있는 미토콘드리아(mitocondria)가 생체의 에너지 공장 (power house)이다. 미토콘드리아(mitochondria)라는 말은 낱알(mito)과 끈 (chondrion)에서 온 것이라고 한다. 전기 에너지를 생산하는 발전소는 물이나, 석탄, 석유, 원자력, 바람 등을 이용하지만 미토콘드리아라는 생체 발전소의 연료는 탄수화물, 단백질, 지방이며 이들을 태워서 에너지를 발생시키는 것이다.

생명과학 이야기

☀ 약 60조의 인체 세포

인체의 세포 수를 대략 60조 정도로 보는데 세포 하나에 미토콘드리아의 수는 활동이 활발하지 않은 지방세포는 수십 개 정도이고, 계속적으로 왕성한 활동을 하여야 하는 신경세포, 근육세포, 간세포 등은 1,000-3,000여 개의 미토콘드리아를 갖고 있다. 평균적으로 300-400개 정도라고 볼 때 인체에 1경 정도의 미토콘드리아가 있다고 보고 있다.

연료를 태워서 에너지를 만들 때 산소가 필요하듯이, 미토콘드리아도 에너지를 생산하기 위하여 산소를 필요로 한다. 때문에 호흡기관을 통해서 흡수되는 산소의 90%를 미토콘드리아에서 소모시킨다. 그러나 모든 미토콘드리아가 똑같은 연료를 사용하는 것은 아니며, 뇌 신경의 미토콘드리아는 포도당만을 연료로 사용한다. 뇌에는 140억 개의 신경세포가 있다. 체내에 존재하는 60조의 세포에 비하면 아주 적은 양이지만, 뇌의 활동은 많은 에너지를 필요로 하기 때문에 혈액의 당(포도당) 중 50%를 뇌 신경세포의 미토콘드리아가 소모시키며, 흡수되는 산소의 20% 정도를 소모시킨다.

☁ 생체 에너지의 화폐(貨幣), ATP

뇌세포는 한 분자의 포도당으로 생체 에너지의 화폐(貨幣)라고 하는 ATP(Adenosine Tri-3 Phosphate)를 38개 만들어낸다. ATP는 핵산의 일종인 아데노신(Adenosine)에 인산(H3PO4) 3개(tri)가 결합된 화학물질이다. 이 과정은 TCA 회로라고 하는 복잡한 화학반응을 거치며 진행된다.

미토콘드리아는 ATP를 만들어 저장하였다가 필요할 때 인산(Phosphate) 한 개를 떼어 내며 에너지를 꺼내 사용하고, 자신은 ADP(Adenosine Di Phosphate, 두 개의 인산)가 되는 것이다. 이때 나오는 에너지의 양은 7.3kcal이며, 이 에너지로 생체 활동이 이루어지는 것이다.

☀ 미토콘드리아를 처음 발견한 독일의 쾰리커(Kolliker)

미토콘드리아의 정체를 밝혀낸 것은 오래되지 않았다. 몇몇 문헌이나 웹페이지에 따르면 미토콘드리아를 처음 발견한 사람은 1857년 독일의 쾰리커(Kolliker)라고 알려져 있으며, 독일의 생물학자 벤더에 의해서 미토콘드리아로 명명되었다고 한다. 그 후 연구가 계속되고, 그 구조와 기능이 상세하게 밝혀지면서 생명체 연구에 충격을 안겨준 존재가 되었다. 미토콘드리아는 세포 안에서 핵 유전자와는 별도로 1만 6천여 개의 유전자를 독자적으로 보유한 채 모계만으로 유전되는 특성을 갖고 있기 때문이다.

미토콘드리아의 모계 유전은 정자와 난자의 수정 시에, 정자가 꼬리를 떼어 버리고 핵만 난자를 뚫고 들어가기 때문에 부(夫)계 쪽의 미토콘드리아는 난세포에 접근할 기회가 없게 되는 것이며, 난세포에 있던 미토콘드리아만이 자가증식을 하며 모계 유전으로 대를 이어 가는 것이다. 그러므로 우리 몸에 있는 미토콘드리아는 아버지에게 기여한 바가 없다.

또한 각자의 염색체 속에 DNA가 서로 다르듯 미토콘드리아의 DNA도 유형이 다르기 때문에 이를 이용해서 여러 가지 사실 규명에 활용되고 있으며, 특히 학술적으로 인류의 진원지와 이동 경로를 밝히는 연구로 활용되고 있다.

현재 하와이대 교수로 재직 중인 유전인류학자 레베카 칸(62세)은 미토콘드리아 DNA 추적을 통해, 1987년에 인류의 조상은 아프리카인이라는 연구 결과를 발표하였으며, 한국인도 겉모습은 다르지만 아프리카인의 후손이라고 말하고 있다. 또한 미토콘드리아는 생물 진화의 단초를 밝히는 학술 논쟁의 중심에 서 있기도 하다.

내부 공생설(Endosymbiotic theory)

생물은 세포 안에 핵이 없는 원핵생물(박테리아)과 핵을 가진 진핵생물로 구분된다. 미국의 생물학자 마굴리스에 따르면, 약 20억 년 전에 원핵생물인 박테리아가 진핵생물의 몸 안에 들어와 공생 관계를 유지하게 되면서 미토콘드리아로 자리를 잡게 된 것이라고 보고 있는 것이며, 이 이론을 '내부 공생설(Endosymbiotic theory)'이라고 한다.

미토콘드리아의 모계 유전의 사실은 한국의 호주제 폐지에도 결정적인 역할을 하였다. 헌법재판소의 호주제도 위헌 청구 소송에서 이화여대 최재천 교수가 호주제도의 전제인 〈부계 혈통주의의 과학적 근거 유무 및 호주제의 존폐에 관한 전문 의견〉을 헌법재판소에 제출하였고, 공개 변론에 출석해 이에 대한 과학적인 근거를 제시했다. 세포가 사용하는 에너지를 만들어내는 미토콘드리아의 DNA는 온전히 암컷으로부터 온다는 '생물학적 사실' 등의 과학적 증거를 들어 폐지가 정당하다는 의견을 피력하였으며, 호주제의 위헌 판결에 결정적인 영향을 준 것이라고 해서 여성단체로부터 '여성운동상'을 받았다.

오늘날 선사인류학, 유전질환, 불임, 노화, 등에 미토콘드리아로 규명하려고 많은 연구가 계속되고 있다. 미토콘드리아의 연구와 관련하여 아홉 명의 노벨상 수상자가 나왔다.

한 사람의 의사는 환자 개개인을 치료하지만 한 사람의 과학자의 연구는 만인의 환자를 치료할 수 있는 근거를 제공하며, 문명과 문화에 발전적인 토대를 마련하게 된다. 미토콘드리아는 무한한 연구 과제를 안고 있으며, 인류에게 지대한 영향을 줄 것임에 틀림없다.

잡종강세가 넘치는 세상

🍎 멘델의 완두콩 실험

150여 년 전에 멘델이 발견한 유전법칙은 고전유전학이 되었지만 그의 이론은 수정되지 않은 채 지금도 유효하다. 멘델은 완두콩 재배를 통해 완두콩의 형질을 나타내는 현상에서 이 위대한 법칙이 존재한다는 것을 밝혀 낸 것이다. 1822년 오스트리아의 시골에서 가난한 소작인의 아들로 태어난 그는 아버지의 농사일을 도우며 어린 시절을 보냈지만 이 일이 자연과학의 관심을 갖게 되는 계기가 되었다고 말한다. 그 후 수도원의 작은 농장에서 완두콩을 재배하며 면밀한 관찰을 통해 일정한 법칙에 의해 완두의 여러 가지 형질이 유전된다는 것을 알게 되었고, 이를 수학적이고 과학적인 실험을 통해 증명해 보였다.

생명과학 이야기

면밀한 관찰은 과학지식생성에 기본적인 첫걸음이다. 멘델은 관찰력이 타고난 것 같다. 관찰을 통해서 가설을 도출하고 가설이 타당한지를 실험을 통해서 확인하며, 법칙과 이론을 확립하는 과학적 방법론을 충실히 따른 것이다. 그의 실험은 그 계획의 교묘함과 실험의 정확성, 자료 처리법이 탁월한 점, 논리가 명쾌한 점 등 생물학 사상 가장 뛰어난 실험의 하나로 꼽히고 있다. 멘델의 실험 방법은 현재 과학 학습 시간에 '관찰→가설 설정→실험→법칙 수립'의 기본 패턴(pattern)을 통해 과학 지식을 생성시키는 모델로 삼고 있다.

멘델은 흰 꽃만 피우는 순종 완두와 붉은 꽃만 피우는 완두를 교배시킨 씨를 심으면 완두콩이 모두 붉은 꽃만 피우게 되고, 키가 큰 완두와 작은 완두의 다음 대는 큰 완두만 나오는 것 등의 관찰 분석을 통해 우열의 법칙을 발견하게 된다. 형질이 다른 두 품종의 교배에서 다음 대에 나타나는 형질을 우성이라고 하고 나타나지 않는 형질을 열성이라고 한 것이다.

❋ 멘델의 우열의 법칙, 잡종 1대

당시의 멘델이 발견한 이 우열(優劣)의 법칙은 주목받지 못하였지만 세월이 흐르면서 다른 과학자들도 멘델의 연구 결과가 부동의 법칙임을 확인하며 유전학의 원조로 재조명되기에 이르렀고, 육종학 확립의 결정적인 역할을 하며 농업혁명의 맹아(萌芽)가 되었다.

멘델의 우열의 법칙에서 잡종 1대에 발현하는 형질이 인간 생활에 필요한 유용한 형질이 아니고 대립하는 형질을 누르고 나타나는 형질일 뿐이지만 이를 응용하는 육종학에서는 열매가 많이 달리는 형질,

맛이 좋은 형질, 병충해에 강한 형질, 꽃의 빛깔이 더 아름다운 형질 등 인간 구미에 맞게 잡종 1대를 만들어 응용하게 된 것이며, 이를 잡종강세(雜種强勢)라고 표현한다.

우열의 법칙이 확인되기 이전부터 잡종이 강하다는 것을 알고 있긴 하였다. 암말과 수탕나귀 사이에서 태어난 노새는 생식 능력은 없지만 몸이 튼튼하여 아무것이나 잘 먹고 병에 걸리는 일이 적다. 당나귀는 키가 작지만 덩치가 말만 해서 일을 잘하니 잡종강세의 전형(典型)이라고 할 수 있다.

현재는 잡종강세 육종법으로 종자를 생산하고 돼지 같은 가축에서도 잡종강세 육종법으로 육질이 우수한 돼지를 육성하여 양돈을 하고 있다. 꿀 채취 능력이 우수한 잡종 벌로 양봉을 하고, 양질의 누에고치를 짓는 잡종 누에가 육성되고 있는 것이다.

호주의 교민들이 한국의 종묘상에서 구입해온 씨앗으로 텃밭 농사를 하는데 잡종강세를 이용한 1대 잡종 씨앗이라 1회용인 것을 모르고 텃밭에서 채종한 씨앗을 심었다가 낭패를 보는 것을 종종 보게 된다. 대표적으로 인기 있는 청양고추 씨도 제주산 토종 고추와 한국 고추보다 훨씬 매운 태국산 고추의 1대 잡종이라 순수한 청양고추의 후손은 생겨날 수 없게 되어 있는 것이다.

잡종강세는 농업 분야에 한정된 것이 아니고 문화 전반에 걸쳐서도 그 위력을 발휘하고 있다. Mobile phone은 수많은 IT(Information Technology) 기술이 축적된 잡종강세의 결정판이라고 할 수 있으며, 음악·영화·연극·문학 등 모든 영역에서 잡종의 위력을 찾아보기는 어렵지 않게 되었다.

생명과학 이야기

🍒 21세기는 하이테크(High-tech), 하이브리드(Hybrid) 시대

21세기를 하이테크(High-tech), 하이브리드(Hybrid) 시대라고도 표현한다. 하이브리드는 혼용, 잡종 등으로 번역되는데, IT의 거의 모두가 잡종이 이룬 업적이다.

잡종 음악의 한국인 선구자 된 가수 임형주가 있다. 임형주는 2003년 2월 25일 노무현 대통령 취임식에서 애국가를 팝(Pop)과 오페라(Opera)의 잡종 음악인 팝페라(Popera) 창법으로 불러서 국민들에게 신선한 이미지를 안겨준 일이 있다. 오페라에 대중적인 팝 스타일을 가미해 부름으로써 누구나 편안하게 들을 수 있는 창법이며, 팝페라(Popera)는 잡종 음악이 음악의 새로운 장르를 구축한 것이다.

세계의 인종도 순수한 단일 인종을 찾아보기 힘들게 되었다. 우리나라도 백의민족, 단일 민족을 한민족의 긍지로 가르쳤으나 근거도 희박할 뿐더러 이제는 더 이 주장을 할 수 없게 되었다. 글로벌, 지구촌화된 오늘날, 국제결혼이 얼마나 많은가? 한국은 정책적으로 농촌의 노총각을 국제결혼으로 짝을 찾아주려고 하지 않는가? 그러나 아직까지 한국의 정서는 국제결혼을 부정적인 것으로 보는 시각을 떨쳐버리지 못하는 현실이다. 그동안 '튀기'라는 비속어로 국제결혼의 자녀들에게 차별과 조롱으로 말할 수 없는 고통을 안겨 주었으나 이제는 과감히 편협한 관념을 떨쳐 버려야 할 시점이 되었다.

잡인종, 잡종문화, 잡종학문, 잡종기술의 우수성 멘델이 완두콩에서 발견한 우열의 법칙이 오늘날을 예상한 것은 아니지만 잡종이 세상을 지배하게 된 것을 부인할 수 없게 되었다. 미국이 초강대국이 된 것은 여러 가지 각도로 해석할 수 있겠지만 세계 각처의 수많은 민족들이 어울려 살며 잡인종, 잡종문화, 잡종학문, 잡종기술의 우수성이 총집합한 결과로 보고 있다. 호주도 잡종천국이라고 봐야 한다. 인종이 그렇고 음식이, 의상이, 상점이 잡종으로 넘쳐난다. 잡종은 다양성의 발현이며 구각(舊殼)의 탈피(脫皮)이다. "우리가 남이가[사투리?]"의 관념으로 가득한 개인이나 집단일수록 구태의연(舊態依然) 후진성을 면하지 못 하게 되어 있다. 좁은 국토에서 지역주의는 우성인자의 발현이 아니라 열성인자의 누적으로 자멸하게 되는 것은 자명한 일이다. 통일 독일은 현재 대통령과 수상이 동독 출신들이다. 독일의 대학은 교수 임용도 본교 출신은 타 대학을 거쳐 와야 채용 한다고 한다. 자기 것에 집착은 퇴보라는 것을 너무나 잘 알기 때문이다. 고등학교 때 생물선생님이 한 말이 새삼스럽게 생각나서 이 글을 쓰게 되었다. 학교 구내 이발관에 일본인 여자 이발사 있었는데 그 아들이 운동도 잘하고 공부도 잘하며 주먹깨나 쓰는 팔방미인(八方美人)의 상급생이었다. "000가 한국인과 일본인의 F1(잡종1대)이기 때문에 저렇게 우수한 것이다. 너희들도 결혼 할 때 될 수 있는 대로 지역도 멀고 관련이 없는 사람하고 결혼해야 잘난 자식을 둘 수 있다"라고 선생님은 선견지명(先見之明)하셨다.

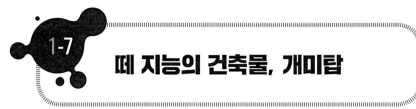

떼 지능의 건축물, 개미탑

떼 지능(Swarm Intelligence)의 건축물, 개미탑

2008년 6월에 호주 지도상에 동북쪽으로 뾰족하게 뻗은 퀸즐랜드의 케이프 요크 페닌슐라(Cape York Peninsula)를 여행한 일이 있다. 내륙을 관통하는 비포장도로를 따라 4륜구동 차량으로 탐험에 가까운 여행을 하였다. 목적지인 웨이파(Weipa)를 200km쯤 남기고 전복 사고가 발생하여 중단하고 말았으나 깊은 인상을 남긴 여행이었다. 황토 빛깔의 비포장도로 좌우로 수많은 흰개미탑이 한국의 아파트 빌딩 숲을 연상하게 늘어서 있었으며, 마치 어떤 고대문명의 유적을 보는 것 같았다. 차 사고로 세세한 기록사진을 남기지 못한 것이 아쉬웠지만 너무나 불가사의한 것을 본 것 같아 의문을 풀기가 쉽지가 않았다.

흰개미탑 중 높이가 큰 것은 6m 정도라고 하는데 이 거대한 건물의 구상은 어떻게 나오며 일사불란하게 흰개미의 공동체가 힘을 합치고 인간의 지능으로도 따라잡기 어려운 특수 공법으로 내부에 생활공간을 축조할 수 있는지 감탄하지 않을 수 없었다. 고대문명 중 중국의 만리장성이나 이집트의 피라미드를 건설 장비도 별로 없는 그 시대에 불가사의한 건축으로 간주하고 있지만 몸길이가 6mm에 불과한 흰개미가 6m에 가까운 개미집을 축조하는 것은 인간으로 치자면 180층짜리 고층 건물을 건축한 것과 같은 비교를 할 수 있다는 것이다.

운전 중에 특히 눈에 띄는 하나의 개미탑이 있어 자세하게 살펴보았는데, 폭 20cm, 길이 80cm 정도가 되는 폐타이어 조각이 1m 정도 높이의 탑 중간에 붙어 있었다. 흰개미 집단의 수가 200만 마리 정도까지 된다고 하지만 어떻게 폐타이어 조각을 1m 높이까지 끌어 올렸을지 그 노력을 생각하면 입이 벌어질 수밖에 없다. 협동으로 하였다고 하여도 그 작은 몸의 개체들이 그 큰 조각을 어떻게 끌어 올릴 수 있단 말인가?

그들은 이처럼 높다란 고층 빌딩을 흙과 모래와 나무를 잘게 썰어서 침(타액)을 발라 쌓아 올리는 것인데 콘크리트처럼 단단해서 도끼로 깨려고 해도 불꽃만 튀고 쉽게 깨어지지도 않는다고 한다. 또한 탑의 습도, 통풍, 온도 조절이 적절히 되도록 설계되어 있어서 내부 온도는 항상 29℃ 내외의 온도를 유지하게 된다고 하니 놀라운 일이 아닌가?

이 흰개미집을 본떠 만든, 에어컨이 없는 것으로 유명해진 건물이 있다. 남아프리카의 짐바브웨 태생인 믹 피어스는 흰개미집에서 영감을 얻어 이스트게이트센터(Eastgate Center)를 설계했다. 1996년 짐바브웨 수도에 건설된 이 건물은 두 개의 10층짜리 건물인데 낮에는 열을 저장하고 밤에는 밖으로 내보내는 방식으로 실내 온도가 조절된다. 바깥 온도가 섭씨 5℃에서 33℃ 사이로 큰 폭으로 오르락내리락하는 동안에도 실내 온도는 21-25℃로 유지되어 에너지 사용량이 전기에너지의 10%에 불과하다고 한다.

흰개미와 같은 사회성 동물 집단의 지능적인 행동 특성을 떼거리가 가진 지능이라고 해서 '떼 지능(swarm intelligence)'이라는 용어를 사용하고 있다. 미국의 곤충학자 윌리엄 휠러(William Morton Wheeler, 1865-1937)는 이런 집단을 지칭하여 초유기체(superorganism)라고 하였다. 흰개미의 집합체를 하나의 유기체와 대등하다고 생각한 것이다. 초유기체는 구성 요소인 흰개미 하나하나는 그 능력이 보잘것없이 미약하지만 그것이 수백만 개로 구성된 집단을 이루게 되면 하위 구조인 흰개미 하나하나에서는 상상할 수 없는 고도의 지능을 갖게 되고, 어마어마한 현상을 창출해 낼 수 있는 것이라고 설명하고 있는 것이다. 과학자들은 떼 지능과 같은 기능이 우리 몸 안에도 있다고 보고 있다. 사람에게는 체세포와 생식 세포가 따로 있고, 벌 무리에서는 일벌과 번식만을 맡은 여왕벌이 따로 있는 것도 공통점으로 보는 것이다. 병정개미가 외적을 물리치는 일이나 백혈구가 우리 몸 안에 들어온 각종 균을 잡아먹는 것이나 똑같은 것이라고 봐야 한다는 것이며, 우리 몸의 수많은 세포가 모여서 육체를 이루고 고등지능을 형성하는 것이나 사회성 곤충들의 떼 지능을 갖는 것이나 같다는 것이다.

떼 지능을 갖게 되는 초유기체의 개념을 문화와 연관하여 해석하기도 하고 국가 체제나 조직에서도 이용하고 있는 것이라는 분석도 있다. 북한 체제라든가 일본의 천황(덴노) 체제가 초유기체 원리이며, 흰개미탑과 같은 무너지지 않을 구조물을 만들어 그들의 완전한 세계를 만들 수 있다고 보고 있는 것이다. 그러나 극단적인 국가 체제뿐만 아니라 정치권력, 경제권력, 언론권력 등이 각종 미디어, SNS(Social Networking Service)를 통해 그들을 광신하게 만들려는 전략도 떼 지능 원리를 이용하는 것이나 다를 바 없다는 분석도 있다.

그러나 하나의 인간은 흰개미의 개체와는 다르게 자유의지의 존엄한 존재이다. 사회성 곤충의 개체들은 반항할 수 없지만 인간은 복종과 함께 반항도 가능하기에 미생물들이 떼 지능으로 이룩하는 축조물과 같은 영구적인 조직이나 체제를 구축할 수는 없을 것이다. 각성과 예지가 없다면 그들의 책략을 눈치 채지 못하고 음모의 노예가 될 수도 있음을 경계하여야 할 것이다.

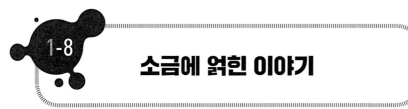

소금에 얽힌 이야기

🍎 옛날 옛적, 호랑이 담배 피우고 까막까치 말할 적에

어린 시절, 뒤껼 처마 밑에 나뭇가지를 걸친 자배기 위에 놓여 있던 소금 가마니가 눈에 선하다. 소금 가마니를 받치고 있는 자배기에는 소금 녹은 물이 고이는데 간수(salt water)라고 해서 두부 만들 때 사용하였다. 금덩어리는 없어도 살 수 있지만 소금 없이는 못 살기에 소금에 얽힌 이야기는 헤아릴 수 없이 많다.

필자는 '소금' 하면 엉뚱하게도 연못이나 저수지의 물 위를 재빠르게 날아다니듯 뛰어다니는 소금쟁이라는 곤충이 떠오른다. 호주에는 서식하지 않는 것이지만 한국에선 잔잔한 민물에는 흔하게 볼 수 있는 곤충이다. 소금과는 전혀 관련이 없을 것 같은데 왜 소금쟁이라는 이름이 붙여진 것인지 유래를 추적해 보니 수긍이 가는 해석이 있었다.

생명과학 이야기

소금쟁이는 물 위를 긴 다리를 이용해 걸어 다니는 것이지만 워낙 빨라서 날아다니는 것 같다. 예전에 소금 팔러 다니는 소금 장수가 지게에 소금을 무겁게 지고 다리를 벌리고 걸어가는 모습이 뒤에서 보면 소금쟁이가 다리를 멀리 벌리고 서 있는 형상과 흡사하다고 생각한 것이다.

어쨌거나 100여 년 전에 한국에서, 소금 장수는 필요 불가결(不可缺)한 직업이었다. 그래서 재미난 소금 장수 옛날이야기는 지방 곳곳에 많이 전해지고 있다. 그중 기억나는 것 한 가지는 욕심쟁이 부자가 금방망이처럼 소원하고 빌면 무엇이든지 다 나온다는 '소금을 내는 맷돌 이야기'가 있다. 초등학교 때 이 이야기를 듣고 반신반의하기도 하였다. 그 황당한 옛날이야기를 재구성해 본다.

옛날 옛적, 호랑이 담배 피우고 까막까치 말할 적에, 가난한 농사꾼이 추운 겨울에 양식이 떨어져 형님 집에서 좁쌀 한 됫박을 얻어 가지고 오는데 부잣집 앞을 지나려니 웬 거지 노인이 등에다 맷돌을 짊어지고 쓰러져 있었네그려. 보아하니 낯선 노인인데 부잣집에서 하룻밤 신세를 지려고 청하다가 쫓겨났나 봐.

그런데 그 집 주인은 소문난 구두쇠에다 보통은 넘는 심술쟁이거든. 정신 차리라고 흔들어 보았지만 얼어 죽은 것인지 꼼짝을 안 하네. 얼른 들쳐 업고 집으로 돌아와 방에 뉘어 놓고 아궁이에 불을 때서 언 몸을 녹여 주었지. 거지 늙은이가 변변히 얻어먹기나 했겠나? 형님 댁에서 얻어 온 좁쌀로 달콤한 조당수를 쑤어 먹이고 지극정성 보살폈더니 노인이 부스스 깨어나네.

아, 그런데 노인이 정신이 들자마자 두리번거리며 뭘 찾기부터 하네그려. 등에 지고 있던 맷돌 못 보았느냐는 것이 아닌 가. 맷돌이라면 윗목에 잘 간수해 두었다고 안심을 시켰지. 그럼 됐다고 하며 가진 거라고는 저 맷돌뿐이니 은혜를 입은 보답으로 사양치 말고 맷돌을 받아 달라는 게 아니겠나?

이튿날 일어나 보니 노인은 간 데 없고 맷돌만 덩그러니 남아 있네. 집 안에 있는 것이라고는 좁쌀 한 줌밖에 없으니 빈 맷돌을 돌려 봤지. 빈 맷돌을 돌리다 보니 양식 생각이 나서 "에이그! 이 맷돌에서 쌀이나 술술 나왔으면 좋겠다." 한탄을 했지. 아, 그랬더니 이게 웬일인가? 빈 맷돌에서 쌀이 술술 나오지 않겠나. 다시 돌리니까 또 나와. 금세 두서너 가마니가 나오는 거야.

그다음부터는 맷돌을 돌리기만 하면 뭐든지 다 나와. 떡 나와라 하면 떡 나오고, 옷 나와라 옷이 나오고, 그것 참 신기하기도 하지. 금세 부자가 되었지. 쌀이고 옷이고 나오는 대로 동네 사람들에게 골고루 나누어 주었지.

그런데 심술쟁이 부자가 이 소리를 듣고 배길 수가 있나. 거지 먹여 살리면 자기도 요술쟁이 맷돌이 생길 것이라고 생각하고 방방곡곡 거지라는 거지는 다 불러다 잔치를 해 주었지. 아, 그런데 맷돌 지고 오는 거지 놈은 없네그려. 부자는 거덜이 났지.

이 부자 놈이 밤중에 생각다 못해 그 요술쟁이 맷돌을 훔쳐 냈지 않았겠나? 아, 그런데 그 맷돌을 동네에서 돌리면 소문이 날 테고 멀리멀리 달아나기로 했지. 바다 건너로 멀리 가면 모를 테지 하고 배에 맷돌을 싣고 바다로 나갔지 않았겠나? 그때 소금 값은 말도 못 하게 비싼 때거든.

 생명과학 이야기

돈 되는 것은 아는 욕심쟁이라 맷돌을 돌리면서 "소금 나와라!" 하니까, 소금이 술술 나오네. 아! 이런 신기한 일이 있나. 소금만 가지면 세상에서 제일가는 부자가 되는데 기분이 너무 좋아서 환장할 지경이었지. 맷돌을 계속 돌려 대니 소금이 쌓여서 배가 가라앉는데도 돈이 쏟아지는데 멈출 생각을 않네그려.

욕심쟁이 부자 놈은 소금 더미에 쌓여서 빠져 죽었지만 맷돌은 계속 돌아가며 소금을 쏟아 내고 있으니 바닷물이 짜 지 않을 수가 있나? 맷돌이 가라앉은 데를 아는 사람은 한 사람도 없어.

인당수 근처라는 소문이 있기는 하지….

좁쌀로 조당수 끓여 먹던 시절, 긴긴 겨울밤 사랑방에 둘러앉아 있는 소리, 없는 소리 지껄이다 보니 기상천외(奇想天外)한 밑도 끝도 없는 이야기들이 양산(量産)되었을 것이다.

심청이 몸을 던진 인당수는 황해도 장산곶에서 17km쯤 떨어진 백령도 중간쯤 되는 지점으로 보고 있으며, 물살이 센 곳이라 배가 지나가기 힘들어서 용왕님께 제사를 지내야 했던 곳이다. 까막까치 말하던 시절에 바닷물에 소금기가 있는 것을 알 도리가 없었으니 이야기꾼의 황당한 '소금 내는 맷돌 이야기'도 그럴싸하게 들었을 것이다.

☀ 원시 지구

지구가 생기고 바다며 소금이 생성된 과정을 과학적으로 설명하는 것은 간단하지가 않다. 45억 년 전에 지구가 형성되고 땅과 바다 대기가 만들어진 것을 과학적으로 설명한다고 하지만 어디까지나 가설임을 과학자들은 인정한다. 그러나 소금 내는 맷돌 이야기와는 차원이 다른 가설이다.

우주는 약 150억 년 전에 '빅뱅(Big Bang)'이라는 엄청난 폭발과 함께 팽창해 지금의 우주가 되었다고 본다. 150억 년이라는 것도 그동안 축적된 과학적 지식에 근거한 추론이다. 우주는 폭발 직후 우주 공간에 흩어져 있는 가스와 먼지를 뭉쳐 별(항성)과 행성들이 만들어진다. 그런 별 가운데 하나가 태양이요, 행성 가운데 하나가 지구다.

지구는 태양에서 1억 5000만 km 떨어져 있으며, 지구 탄생에 대한 연구는 인간이 비교적 발달된 과학 장비 즉, 로켓이나 천체망원경 관측이 가능했던 1960년대 들어와 과학적인 연구가 시작되었다. 달에 있는 암석을 지구로 가져오면서 보다 더 크게 발달되었다.

수십억 년에 걸친 물리 화학적인 변화 과정으로 형성된 원시 지구는 300°C에 가까운 고온이었으며, 바다도 150°C가 넘는 고온이었다. 게다가 원시 지구의 최초에 내린 비는 대기 중의 염소 가스를 포함하기 때문에 강한 산성이었다. 이 산성비는 지표면의 암석을 녹이면서 바로 중화되고 지표면을 구성하던 규산염의 암석으로부터 칼슘(Ca), 마그네슘(Mg), 나트륨(Na) 등의 양이온이 녹아 나오기 시작했다.

원시 바다 때부터 바닷물이 짰던 것은 아니다. 나트륨이나 칼슘, 칼륨 같은 양이온들은 바위가 녹아서 나오는 반면, 염소나 황산기 같은 음이온들은 바위가 아닌 대기 중에서 가스 형태로 있다가 빗물에 섞여 녹아든 것이며, 산성인 염소 이온(Cl-)이 암석이 녹으며 나온 나트륨 이온(Na+)과 결합하여 염화나트륨(NaCl)이라는 짜디짠 물질이 생겨난 것

생명과학 이야기

이다. 염화나트륨이 물처럼 증발한다면 바닷물이 그렇게 짤 리가 없는데 증발하지 않으니 짤 수밖에….

따라서 양이온이 바다로 모여 음이온과 결합해 염분(소금)이 되고 이 염분은 물처럼 증발하지 않고 수천 년 동안 쌓이면서 짠 바닷물을 형성하게 되었다. 인당수 근처에 돌아가고(?) 있다는 맷돌로는 어림도 없는 막대한 양의 소금이 형성된 것이다.

🍑 소금이 생기고 생명체가 시작되다

한편, 대기는 수증기의 양이 감소함에 따라 이산화탄소만 남게 되었다. 그러나 이산화탄소가 바다에 녹아 들어가면서 대기를 가득 채우던 이산화탄소도 감소하기 시작했다. 바다에 녹아 들어간 이산화탄소는 석회암이라 부르는 탄산염 암석의 형태로 대륙에 고정되고, 결국 원시 지구의 대기는 질소만이 남게 되었다.

이후 하늘은 점차 맑아지기 시작했다. 바다는 안정을 찾아갔다. 이쯤 되어 지구의 원시 바다에는 복잡한 화학 물질로 들끓기 시작했다. 이들 화학 물질 가운데 가장 주목할 만한 것은 메탄(CH_4)이었다. 메탄은 그 이전 미행성이 충돌하던 때부터 지구상에 존재하던 물질이었다. 메탄은 지구상 최초의 생명체를 구성하는 요소로서 작용했다. 그것이 바로 메탄 생성 미생물이다.

메탄 생성 미생물은 무산소의 환경에서도 10,000년 정도 생존할 수 있었고, 100도에 가까운 고온에서도 생존하였던 미생물이다. 단세포 생물이 나타나기 이전부터 그들은 원시 지구를 지배했던 것이다. 이때에는 메탄가스가 원시 대기의 구성 성분이었으며, 지구상의 생명체 탄생에 역할을 했다는 것이다.

미국의 화학자이자 생물학자인 스탠리 로이드 밀러(Stanley Lloyd Miller, 1930-2007)의 유명한 실험이 있다. 그는 생명의 기원에 대한 연구에서 무기물에서 유기물을 합성하는 실험을 통해 원시 지구에서 생명 탄생의 가능성을 증명하였다. 그는 실험에서 물(H_2O), 메탄(CH_4), 암모니아(NH_3), 수소(H_2)를 사용하는 것이다. 원시 대기에는 이들 물질로 구성되어 있었다고 보았기 때문이다.

이들 물질을 살균된 유리관과 플라스크로 이루어진 루프형의 실험기구 안에 밀봉 하였으며, 실험 기구 중 플라스크 하나에는 물이 반쯤 채워져 있고, 다른 하나에는 한 쌍의 전극을 연결하였다. 물은 가열하여 기화시키고, 수증기가 포함된 내부 공기 중에 불꽃을 튀겨 자연의 번개를 흉내 냈다. 다시 공기는 식혀져서 수증기는 물이 되고 처음 플라스크로 돌아가는 이 과정을 계속 반복했다.

일주일 동안 계속 실험을 행한 결과, 유리와 밀러는 10-15%의 탄소가 유기물질로 합성되어 있는 것을 관찰하였다. 더욱이, 2%의 탄소는 살아 있는 세포의 단백질을 구성하는 아미노산 중에 몇 종류의 형태라는 결과도 얻었다.

결론적으로 밀러는 원시대기의 조성을 기초하여 원시 지구의 모형을 만들고 결과 반응을 조사하는 것이 연구의 테마였다. 생성된 분자들은 완전한 살아 있는 생화학적 시스템을 이루기에는 너무나 미흡한 유기물질에 불과하였으나, 이 실험은 이미 있는 생명체를 가정하지 않고, 자연적인 과정만으로 생명체를 이루는 기본 요소들이 생성될 수 있다는 사실을 확립시킨 것의 성과 정도로 인정받고 있다.

생명과학 이야기

✳️ 소금 농도의 항상성(恒常性)

　생명체를 근원적으로 설명하려면 DNA, RNA 등의 핵산, 아미노산, 단백질 등의 합성 과정이 밝혀져야 하는데 규명하지 못한 상태다. 그러나 바다에서 생명체가 탄생하였다는 주장에는 이론(異論)의 여지가 없다. 바닷속 생명체에서 진화를 거쳐 육지로 올라온 것이 3억 년 전이라고 한다. 그래서인지 인간의 체액이나 양수 같은 것의 염분 농도가 바닷물의 성분과 같다. 다만 그 농도가 인간인 경우는 0.9%인데, 해수의 농도는 시일이 경과함에 따라 차츰 진해져서 3.5%로 되었다고 한다.

　다시 말해 우리 인체의 약 70%를 차지하는 수분의 성분은 바닷물의 성분과 같아야 하고, 이 균형이 무너지면 여러 가지 이상 증상이 나타나게 된다고 한다. 병원에서 쓰는 링거라 불리는 생리 식염수가 0.9%다. 핏물, 땀, 눈물, 콧물, 다 맛봤지 않은가. 다 짜다.

　신체 내에서 물이 포함된 모든 조직과 세포들의 수분도 0.9%의 체액을 유지하고 있다. 사람(포유류)은 소금물 속에서 성장한다. 모체(양수의 99%가 물) 내의 태아는 바로 소금물 속에 떠 있는 것과 같은데 양수는 그 미네랄 조직이 바닷물과 흡사하다.

　바다의 면적은 약 3억 6,000㎢(약 360조 ℓ)에 달하는 것으로 알려져 있다. 평균 수심은 3,800m며, 지구 표면의 약 71% 정도를 차지하고 있다. 이 바닷물의 소금 농도는 3.5%인데, 이 같은 정보를 바탕으로 계산해 보면 바닷속에 녹아 있는 소금의 총량은 약 4경 8,000조 톤에 해당하는 것으로 추정된다. 이는 전 세계의 70억 명의 인구가 매일

100g씩 먹는다 해도 2억 2,000만 년 이상 섭취할 수 있는 양으로 세계보건기구(WTO)의 하루 소금 섭취 권장량인 5g씩이라면 무려 35억 년 이상 먹을 수 있다.

그렇다면 현재 사람들이 천일염이라는 이름으로 매년 상당량의 소금을 바다로부터 채취하고 있다는 점에서 앞으로 시간이 흐르면 바다의 염분 농도가 낮아지게 될까? 과학자들은 그렇지 않다고 말한다. 인간을 비롯해 염분을 섭취하는 모든 동식물들은 아무리 많은 소금을 먹는다 해도 대사활동에 필요한 일정량을 제외한 나머지는 어떻게든 몸 밖으로 배출하게 되며, 이렇게 배출된 소금은 다시 비에 녹아 바다로 흘러들어 가기 때문이다. 즉 바다에서 꺼낸 소금을 일정 장소에 대규모로 쌓아 놓지 않는 이상 바닷물의 염분 농도는 항상 3.5%를 유지하게 된다는 것이다.

🍎 소금 섭취의 과민 반응

음식을 짜게 먹으면 건강에 좋지 않다는 건 삼척동자도 안다고 할 정도로 상식이 되었다. 짜게 먹지 말라고, 소금 많이 먹으면 고혈압을 비롯한 심혈관계 질환의 직접적인 원인이 된다는 것을 귀가 닳도록 듣다 보니 소금을 극약으로 생각하게 되었다. 건강에 관심 있는 분이라면 소금을 적게 섭취하여 0.8% 이하로 떨어지면 건강에 치명적이 된다는 것도 다 아는 사실이다.

그러나 인체의 혈액 속에는 약 0.9%의 소금기가 있어서 생명이 유지되는 것이다. 염도의 기준은 건강한 사람이면, 0.9% 이상이어야 하고, 장기간 치료를 받고 있는 환자의 염도는 0.4-0.8%이며, 암 환자는

0.2%에 가깝다고 한다. 혈액 속에 소금기가 0.8% 이하로 떨어지면 섭취하는 음식물을 완전히 소화, 흡수할 수 없게 되며, 혈액 속에 있는 각종 오염 물질을 정화할 수 없게 된다.

그것뿐만이 아니라 백혈구 같은 것이 세균을 잡아먹을 수도 없고, 생체 전류를 흐르게 할 수도 없어서 교감신경과 부교감신경의 불균형을 가져와 신체 균형이 무너질 뿐만 아니라 $36.5°$의 체온을 유지시킬 수도 없다. 그렇게 되면 인체의 자연 치유력도 떨어지게 되는 것이다. 병원에서 응급 환자를 비롯한 모든 환자들에게 0.9%의 소금물로 만든 링거액을 투여하는 것은 혈액의 염도를 0.9%로 유지하기 위함이다. 소변의 염도를 측정했을 때 최소한 0.9% 이상 나와야 한다.

세상만사가 지나치면 좋은 것이 하나도 없다고 봐야 한다. 소금 과다 섭취의 부작용에 관한 연구는 수없이 많다. 너무 싱겁게 먹거나 나트륨 성분을 무조건 나쁜 것이라고 생각하고 아예 안 먹으려 하는 경우는 어떨까?

현재 미국인들의 경우, 하루 평균 나트륨 섭취량은 약 3.4g이라고 한다. 밥 한 숟갈이 보통 1g쯤 되니, 매일 3숟갈 반 정도의 소금을 먹는 셈이다. 위의 연구 결과에서 문제가 된 7g보다는 훨씬 적은 양인데도, 각 기관들은 소금 섭취를 더 줄여야 한다고 권고한다. 미국 식품의약청(FDA)의 권장량은 하루 2.3g이고, 세계보건기구(WHO)는 2g, 미국 심장의학회는 1.5g 이상 먹지 말라고 한다. 그런데 싱겁게 먹고 소금을 덜 먹는 것이 건강에 무조건 좋은 건지에 대해서는 아직 의학계에서도 합의된 결론이 나지 않은 상태다

생체의 메커니즘

생체 시계
(circadian clock, biological clock)

🍎 생명체의 생체 시계

지구상의 모든 생명체는 생체 시계를 내재하고 있는 것으로 과학자들은 보고 있다. 생체 시계라고 하면 좁은 의미로 하루 24시간 낮과 밤이 반복되는 일주기(日周期)와 조화를 이루며 반응하는 생체리듬(biological rhythm)을 말하는 것이지만 넓은 의미로 계절 속에 온도, 광선, 명암의 주기적 변화와 함께 생체에서 작동하게 되는 메커니즘에 관한 것이다. 외부 환경의 영향(예, 낮·밤의 일주기)과는 전혀 관계없이 생체에 내재되어 있는 생체 시계가 자발적으로 주기성을 가지고 되풀이되는 리듬(self-sustained rhythm)을 의미하기도 한다.

북반구의 온대 지역의 낙엽 식물은 이듬해 봄에 필 꽃눈을 그해 여름부터 준비한다. 한 송이 꽃을 피우기 위해서 9개월 전부터 부산하게 움직이고 있는 것이다. 코스모스는 잘 알려진 단일성(短日性) 식물로서, 낮 시간이 12시간 이하로 짧아지기 시작하면 생체 시계가 작동하며 꽃눈을 만들어 가는 것인데, 북반구에 있던 코스모스가 호주로 이주해서 혼란을 겪는 것을 목격하고 있다.

어느 가을에 도로변에서 코스모스 씨를 받아 매년 묘를 길러 재배하며 가을의 정취를 느끼고 하였는데 금년엔 저절로 땅에 떨어졌던 씨앗이 한겨울[호주의]인 7-8월에 발아하며 자라더니 9월 중순부터 개화하기 시작하여 여름 날씨처럼 무더운 요즘까지 화사한 꽃잎을 자랑하고 있다. 코스모스의 생체 시계가 인간이 생각하는 월별의 기상 특성을 인식하기보다 호주의 낮 시간이 짧은 7-8월의 일조시간을 인식하게 된 것일 게다.

☀ 생체 시계를 이용하는 농업

사람들은 식물의 생체 시계의 속성을 이용해서 화훼 농사를 짓고 있다. 가을꽃의 여왕인 국화도 대표적인 단일성 식물이지만 조명과 암막 커튼을 이용해 낮과 밤의 길이를 인공적으로 조절해서 사시사철 국화를 화훼 시장에 내다 판다.

벼는 일조시간이 부족하면 광합성 효율이 낮아지므로 수확량이 감소하기 때문에 한국의 농업 관계 당국은 그해의 일조량으로 벼 수확량을 예측한다. 그러나 벼를 재배하는 논 근처의 가로등에서 밤새도록 조명이 들어오면 벼의 생체 시계가 작동을 멈추게 되며 개화하지 못하고 잎만 무성한 채 결실하지 못한다. 벼는 밤의 길이가 10시간 이상은 되어야 개화할 수 있으며, 차조기는 9시간 45분 이상은 되어야 꽃이 핀다는 조사 결과가 있다. 대부분의 식물은 밤 길이가 9시간 이상은 되어야 한다고 한다.

식물의 생체 시계가 일조시간에 영향을 받지만 온도에도 민감하다. 식물의 종자는 콩 종류처럼 결실 후에 즉시 발아하는 것도 있지만, 많은 종류가 휴면(休眠) 기간을 거쳐야 한다. 보리를 가을에 파종하는 것은 겨울의 저온 기간을 거쳐야 개화 결실의 생체 시계가 작동하게 되는 것이다.

저온과는 관계없이 일정 기간 휴면해야 생체 시계가 작동하며 발아하는 식물들도 있다. 벼 품종은 1주일에서 6개월의 휴면 기간을 거쳐야 하고, 맥류가 약 3개월, 잣이나 산수유, 복숭아 등 씨껍질이 두꺼운 종류는 수개월에서 수년의 휴면 기간을 거쳐야 발아한다. 동물이나 인간이 잠을 자듯 식물도 잠을 자야 새싹이 나온다. 씨앗의 휴면은 식물의 안전한 종족 보전과 생존 전략이다.

🍑 동물의 생체 기계에 관여하는 특정 단백질

생체 시계는 생명체의 DNA의 유전자 명령으로부터 시작한 instruction이 착오 없이 작동하게 되어 있다. 철새들의 생체 시계는 count-down하며 고향 땅을 떠나야 할 시간을 알고 있으며, 연어 같은 회귀 어류는 몸 안에 간직하고 있는 생체 시계로 회기일(回歸日)을 결정하고 내비게이션(navigation)을 이용하여 방황함이 없이 그들이 출생하였던 하천을 찾아와 산란하며 종족 번식을 이어간다.

최근에 시드니의 벚꽃나무 등 활엽수에서 매미 울음소리가 요란하여졌다. 매미 울음소리가 나는 나무 밑을 살펴보면 그들이 5-7년간의 영어(囹圄) 속의 수형(受刑)기를 마치고 광명의 세계로 나온 출구가 보인다. 활엽수가 많지 않은 시드니 주택가에서는 매미의 울음소리를 들을 수 없으나 활엽수가 많이 있는 Blue Mountains 일대(一帶)에서는 요란하게 우는 매미 소리를 들을 수 있다. 매미도 그 캄캄한 나무 밑 땅속에서 생체 시계의 count-down을 기다리고 있었을 것이다.

궁금증에 중독(中毒)된 과학자들이 생체 시계를 구경만 하고 있을 수

생명과학 이야기

있겠는가? 김원진(연세대), 조원진(아주대) 연구 팀은 2년 전(2012년)에 인체의 생체시계라고 할 수 있는 특정 단백질의 정체를 밝혀냈다. 생체에서 '피어리드(period)'라고 하는 단백질이 당의 일종인 '아세틸글루코사민'과 결합하는 정도에 따라 생체 시계가 빨라졌다 느려졌다 한다는 사실을 알아냈다. 단백질이 생체에서 당이나 인산과의 화학적인 변화 과정을 '수식화'라고 하는데 생체 시계의 핵심 단백질인 '피어리드'에서 일어나는 '수식화'가 생체 시계의 작동 원리라는 것이다.

생체에서 '수식화'가 잘되면 24시간의 정상 속도를 유지하지만 잘 안 되면 생체 시계가 빨라져서 21시간 등의 주기로 작동하기도 하고, 과도하게 일어나면 27시간의 행동 리듬으로 바뀌게 된다는 것이다. 예를 들어, 늦은 밤에 과식하면 살이 찌는 이유는 소화나 흡수에 관여하는 생체 리듬이 정상적으로 작동하지 않기 때문에 살이 찔 수밖에 없다는 것이다.

과학자들의 연구에 의하면, 쥐들을 유전자 조작을 통해 생체 시계가 불규칙하게 돌아가도록 만든 결과, 낮과 밤을 가리지 못하고 먹으면서 체중 조절 능력을 상실한다. 1997년에는 쥐의 생체 시계 유전자를 조작해서 쥐의 행동을 연구하기에 이르렀다. 유전자 조작으로 생체 시계가 뒤바뀐 쥐들은 정상적인 먹이를 주었을 때도 체중 조절을 하지 못해 지방이 많은 먹이를 준 정상 쥐들처럼 체중이 증가했다고 밝히고, 이는 "식사 습관은 먹는 시간이 중요함을 시사하는 것"이라는 결론을 내리기도 하였다.

☀ 뇌시상하부(hypothalamus)의
교차상핵(supra chiasmatic nucleus, SCN)

대부분의 사람들은 미국이나 유럽을 여행할 때 밤낮이 바뀌어 고생한다. 나이가 들면 아침잠이 적어지거나 야행성이 된다고 한다. 가만히 누워 있거나 어두운 곳에 갇혀 있어도 상당 기간 동안은 24시간 주기의 생리 활동이 이어진다.

누구든지 자기의 의지(意志)와는 상관없이 24시간을 주기로 반복되는 생체 리듬이 있다. 밤에 잠을 자는 동물이나 인간은 잠을 자는 동안에 체온이 낮아지고 호흡과 맥박이 약해지는 등 24시간을 주기로 생리학적 리듬의 일주기성(日週期性)을 갖고 있다. 호르몬도 낮에는 아드레날린이 분비되고 밤에는 멜라토닌이 나온다. 이처럼 일주기성을 관장하는 조직은 뇌시상하부(hypothalamus)의 교차상핵(supra chiasmatic nucleus, SCN)이라고 알려져 있다. 이것이 신체 기능을 24시간 주기에 맞게 조절하는 생체 시계 역할을 하기 때문이다.

수면을 조절한다고 알려진 호르몬인 멜라토닌은 뇌의 뒷부분에 있는 송과선에서 분비된다. 적정량이 분비되지 않으면 잠들기 힘들고, 지속적으로 분비가 안 되면 일찍 잠에서 깨어난다. 지나치게 계속 분비되면 다음 날 아침에도 계속 졸게 된다. 송과선에서 멜라토닌이 나오는 것을 24시간 주기에 맞게 조절하는 것이 바로 교차상핵의 임무다.

바이오 기술의 발전으로 최근 들어 일주기성을 관장하는 시계 유전자들이 밝혀지면서 생체 시계 연구도 놀라운 발전을 거듭하고 있다. 생체 시계는 인간의 수면이나 체온, 혈압 변화에 직접적으로 관여한

생명과학 이야기

다. 동시에 호르몬 분비량이나 면역 활성도를 24시간 주기로 조절하고, 순환기나 배설계에 광범위한 영향을 끼친다.

예컨대 장거리 여행이나 불규칙한 생활 및 야간 교대 근무를 계속하면 생체 시계 내부의 정보가 교란돼 생체 시계의 이상을 가져온다. 이는 내분비계 이상으로 이어져 다양한 형태의 생리적, 생화학적 이상을 불러온다고 한다. 실제로 생체 시계가 계절적 우울증이나 암, 간질환, 불면증도 직간접적으로 생체 기계와 관련이 있다는 게 증명되고 있다.

생체 시계의 메커니즘을 잘 이해하면 사람의 수면도 원하는 대로 조절할 수 있다고 장담하고 있다. 수면제와는 달리 생체 시계를 밤으로 조정해 자연스럽게 잠자리에 들게 하고, 긴급한 일이 터지면 즉시 깨게 할 수도 있는 신약 개발이 가능하다고 보는 것이다. 생체 시계 이상으로 생긴 문제들을 생체 시계를 회복시켜 치료하게 된다는 것이다.

생체 시계 이상을 늦추거나 기능을 다시 활성화시켜 노화를 늦출 수 있는 가능성이 제기되고 있다. 노화가 오면 생체 시계가 정상적으로 작용하지 않아 수면 양이 적어지고 호르몬 분비에 변화를 가져오게 된다. 실제로 노화 과정에 접어든 실험쥐의 교차상핵을 떼어내고 어린 실험쥐에서 떼어낸 교차상핵을 이식해 수명을 20% 정도 늘렸다는 보고도 있다.

🍎 생체 시계와 관련된 학문 분야는
시간 생물학(Chronobiology)

현재 생체 시계를 치료하기 위한 연구에 박차를 가하고 있는 미국의 뉴로젠(www.neurogen.com)이라는 회사는 기존 불면증 치료제와는 전혀 다른 신약을 개발하고 있다. 수면 상태를 자유자재로 유도하고, 일정 시간 후에는 투약 효과가 완전히 사라지는 신약을 개발하였다는 것이다. 이는 생체 시계와 관련한 유전자들이 밝혀짐에 따라 가능해진 것이다.

생체시계와 관련된 학문 분야를 시간 생물학(Chronobiology)이라고 해서 국내외를 막론하고 연구 활동이 활발하다. 인간의 생체시계는 인간의 출발에서부터 있어온 것이라 인간 사회가 만든 시간 개념과 충돌할 수밖에 없게 되어 있다. 대부분의 야생동물들은 그들의 생체 시계의 instruction으로 살아갈 것이고, 오지(奧地)에서 원시생활을 하는 부족들도 시계가 필요 없이 생체 시계의 신호에 의존해서 불면증 같은 고통은 모르는 채 살아갈 것이다.

시간 생물학자 틸 뢰네베르크의 『시간을 빼앗긴 사람들』이라는 책이 있다. 저자는 이 책에서 많은 사람들이 사회적 시차증(時差症)에 시달리고 있다는 것이다. 인간의 생체 시계와 사회가 요구하는 시차로 만성적 수면 부족으로 집중력, 인지능력, 식욕감퇴, 우울증으로 시달리게 만든다는 것이다. 중부 유럽의 경우, 인구의 60%가 생체 시계와 2시간 이상의 시차를 느낀다는 것이다. 8시간 기준으로 93% 정도 잔 사람은 98%로 푹 잔 사람보다 감기에 걸릴 확률이 2.5배 높아진다고 주장하고 있다.

생체 시계는 개인의 생리 특성의 문제가 아니라 사회, 교육, 모든 문제와 연결되어 있다. 젊은이들이 술과 담배에 빠지는 것도 사회적 시차증에서 오는 스트레스, 우울 등 정신 불안정에서 오는 것으로 보고

생명과학 이야기

있다. 행복한 결혼 생활을 원한다면 자기와 생체 시계가 맞는 배우자를 고르라고 권하고 있다. 생체 시계는 생명과학의 핵심적인 과제가 되었다.

🍎 IQ와 영재교육

필자의 친척 중에 뇌과학 전공으로 학위를 받고 대학에서 교수로 있는 젊은 뇌 전문가가 있다. 그는 생물을 전공하면서 연구 분야를 몇 번 바꿨다. 대학원에서는 양치류에 기생하는 균류를 연구하다가 뇌과학으로 전공을 바꾼 후 사범대에서 뇌과학을 연구하며 뇌 훈련을 통한 아동들의 잠재성 계발과 인지능력을 증진시키는 교육을 하고 있다. 적절한 시기에 뇌 활동을 자극하는 교육을 통해 자기 주도 학습 능력을 향상시키는 새로운 뇌 교육프로그램 개발을 하고 있다. 조기교육을 통해 영재를 키우는 것이 아니라 고유한 뇌의 부위별 영역까지 고려한 교육프로그램으로 창의성은 물론 바람직한 인성까지 발현되는 교육을 하겠다는 것이다.

이와 같은 목적으로 한국의 미래창조과학부에서는 27개 대학에 영재교육원을 지정하였으며, 지정받지 못한 다른 모든 대학들이도 영재

교육원을 운영하고 있다. 영재교육원이 없는 대학은 없다고 봐야 한다. 사정이 이렇다 보니 과잉 영재교육 바람이 분 것 아닌가 하는 감을 떨칠 수가 없긴 하다.

영재를 판별한다는 것도 쉬운 것이 아니다. '영재' 하면 지능(IQ)이 높은 아이들을 영재로 인식하였지만, 최근 학자들은 지능뿐 아니라 창조력 사고와 집중력 등 영재성의 범위를 넓게 정의하고 있다.

한 영재교육 프로그램 연구 논문 내용을 소개해 본다. 중학생을 대상으로 한 연구로 자기주도 학습능력 향상을 위한 뇌 교육 프로그램이다. 자기주도 학습능력에 적합하다고 예상되는 이 프로그램이 그 학습 프로그램 효과와 배경뇌파와 사건 관련 유발뇌파를 통한 신경생리적 변화를 검증한 연구다. 뇌 교육 프로그램 실시 후에 자기주도 학습능력 척도와 채널 뇌파 측정 시스템을 이용한 배경뇌파와 유발뇌파의 실시간 활성뇌파 차이를 분석하는 연구다. 뇌파를 추적하면서 학습효과를 높이자는 연구다. 다시 말해서 뇌파를 자극하는 프로그램으로 학습한 아동과 일반적인 프로그램으로 학습한 아동 사이에 차이가 있었느냐는 연구다. 다양한 종류의 뇌파 측정기가 유통되고 있으며 한국 현장에서도 활용되고 있는 것이다.

뇌 교육 프로그램을 실시한 실험 집단은 비교 집단에 비해 인지 동기 행동 조절 영역이 유의미(有意味)하게 향상되어 나타났다고 밝히고 있다.

뇌는 21세기를 대표하는 키워드로 보고 있기도 하며 인간의 '뇌'가 과학, 건강 분야를 넘어 교육 분야의 패러다임 변화를 촉진하고 있다. 마음이 뇌의 작용이라는 뇌과학적 연구가 이루어짐에 따라 인간의 행

생명과학 이야기

동을 규정하는 생각과 사고, 집중력, 정서 작용, 인성 함양 등 교육의 핵심 가치에 대한 접근 방식이 달라지고 있는 것이다.

☀ 뇌과학-교육 융합 연구

1990년대에 이르러 뇌에 관한 연구가 폭발적으로 늘어나면서 하나의 통합된 학문으로서 뇌를 집중적으로 연구하는 신경과학 및 인지과학은 다양한 분야의 융합 형태로 발전해왔다. 가장 두드러진 뇌과학-교육 융합 연구는 OECD에서 비롯되었는데 1999년부터 미국과 영국, 일본이 주축이 된 '학습과학 및 뇌 연구 프로젝트'는 OECD 내 CERI(The Centre for Educational Research and Innovation)라는 교육혁신기구에 의해 시작되었다. 이 프로젝트의 목적은 교육 과학과 뇌 연구가 상호 작용하여 연구 및 정책을 세우는 데 도움을 주는 것에 있다. 또한, 뇌과학 분야 최대 규모 학자 그룹인 미국 신경과학학회(SFN)에서도 신경교육(neuro-education)에 관한 신경과학-교육 융합연구를 본격화하고 있다.

뇌과학과 교육 분야에 있어 대표적인 융합의 시작점으로 볼 수 있는 뇌기반 학습(Brain-based learning)은 2000년대 초 미국 교육계를 중심으로 시작되었으며, 뇌의 성장 단계에 맞추어 교육을 하는 인지발달 교육법, 뇌기반 교수학습 등 다양한 연구를 해 왔고, 최근에는 청소년 연수 및 교사 교육에도 적용되고 있다. 미국에서 뇌과학 기반 교사 연수로 주목받고 있는 미네소타 대학의 Brain-U 프로그램은 이러한 교육 현장의 요구를 반영해 마련된 것이다. Brain-U는 초기 중학교 교사들을 대상으로 실시되었던 것이 최근 들어 고등학교 교사로까지 확대되었으며, 현재 이 프로그램은 NIH(미국국립보건원), NIDA(국립약물남용연구소) 등 미국 공공기관의 지원을 받아 점차 확대되고 있다.

미국 NSF 2002(4335)년 보고서에 따르면 21세기 과학기술이 궁극적으로 지향하는 목표는 인간의 신체적·심리적·사회적 전 생활면에서 인간수행력(human performance)을 향상시키기 위한 기술 개발이다. 즉, 전 인류 개개인이 각자의 능력을 최대한으로, 또 효율적으로 발휘하기 위한 인간 능력 친화적인 지적, 사회적 환경을 만드는 것이 강조되고 있는 것이다. 특히 인간의 뇌 기능 특성에 바탕을 둔 새로운 효율적 학습 및 교육 방식, 이른바 두뇌 훈련과 두뇌 교육의 개발이 이 분야 경쟁력의 핵심이다. 즉, 뇌과학이 발전함에 따라 뇌과학과 교육의 융합을 통해 창의·인성 함양 및 학습력 증진 방안을 수립하고자 하는 새로운 교육의 패러다임이 주요 선진국들을 중심으로 활성화되고 있는 셈이다. 뇌과학과 교육의 융합 흐름은 21세기 뇌의 시대를 맞이해 가속화될 것이다. 이러한 시대적 변화 앞에 어떠한 교육환경을 제공할 것인가에 대한 새로운 인식 전환이 필요하다.

뇌지도 프로젝트

뇌에는 행동 조절 영역이 있으며 확장성을 가지고 있는 것이 밝혀졌다. 예를 들면 검지와 중지가 붙은 채 태어난 아이가 있다. 그런 사람의 뇌를 조사해 보면 다섯 번째 손가락에 대응하는 장소가 없었다는 것이다. 태어날 때부터 기형이어서 손가락이 네 개밖에 없으면 뇌에는 네 손가락에 대응하는 신경밖에 형성되지 않는다. 네 손가락으로 태어난 사람이 분리 수술을 하면 처음에는 같이 움직이지만 일주일 뒤에는 다섯 번째 손가락에 대응하는 장소가 생겨난 것을 확인하였다. 말하자면, 뇌지도는 뇌가 정하는 것이 아니고 몸이 정하는 것이다.

마찬가지로 아동들의 학습 능력도 타고 나는 것이 아니라 아동기에 행동 조절 영역을 자극하면 인지 영역이 형성되고, 문제 해결 상황에서 능력을 발휘하게 되는 것이다. 유아기의 체육이나 음악 미술 등의 기능이 평생을 가며 작용하는 것은 이 원리인데 나이가 들면서 이와 같은 뇌의 영역 형성은 점차 쇠퇴하게 되는 것이다.

상식적으로도 아는 내용이지만 의도적인 뇌파 자극 프로그램을 통해 창의성이나 인성 개발을 하려는 시도는 세계적인 추세이며 이를 위한 각국의 투자도 전례 없이 증가하고 있다. 미국은 20여 년 전부터 뇌과학에 큰 관심을 기울여 왔다. 부시(H.W. Bush) 대통령 시절인 1990년 미국은 'Decade of the Brain(뇌 연구 10년)'이란 제목의 프로젝트를 시작하면서 세계적으로 뇌과학에 대한 관심을 불러일으켰다.

3년 전(2013)에 오바마 대통령은 인간게놈프로젝트에 13년간 38억 달러를 투자했고, 이 프로젝트가 성공을 거둠으로써 무려 7천960억 달러 규모의 새로운 직업 창출 효과가 있었다는 정부 통계 결과를 제시하면서 뇌지도 프로젝트 역시 의료 분야에서 놀라운 성과가 기대된다고 말했다.

뇌의 신비는 아직까지 미진한 상태로 남아 있기에 오바마 대통령이 나서서 뇌지도를 주창하는 이유는 그동안 연구 투자의 결말을 짓자는 것이다. 그리고 그 모델이 인간게놈프로젝트다. 인간게놈지도를 작성해 성공을 거두었듯이 인간뇌지도를 작성하자는 것이다. 오바마는 2013년 두뇌 연구 프로젝트인 '브레인 이니셔티브(BRAIN initiative)' 행사

때 뇌에 대한 연구를 1960년대의 '우주 개발 경쟁'과 비교하며 뇌지도 작성 프로젝트에 30억 달러(약 3조 1600억 원)을 투자한다고 밝혔다.

미국립보건원장 프랜시스 콜린스에 의하면 뇌를 탐사하는 새로운 신경 기술 개발에 앞으로 10년간 45억 달러가 투자된다고 한다. 미국만큼이나 큰 포부로 시작된 유럽 '휴먼 브레인 프로젝트(Human Brain Project)'도 2013년 초기에는 조금 지연된 부분이 있었지만 현재는 잘 진행되고 있다. 또한 일본 과학자들도 영장류의 뇌를 지도화하는 10년짜리 프로젝트, 'Brain/MINDS'를 열심히 진행하고 있다.

콜린스 NIH(미국립보건원) 원장이 추가적으로 설명한 뇌전증(간질), 자폐, 정신분열, 알츠하이머, 외상성 뇌손상 등의 치료 가능성을 말한 바 있다. 콜린스는 또 미국에만 1억 명이 넘는 뇌질환 환자들이 있으며 치료를 위해 연간 약 5천억 달러의 건강보험료가 지출되고 있으며, 뇌지도 작성으로 거액의 의료비 절감이 가능하다고 말했다. 오바마 대통령도 연설에서 뇌를 완전히 지도화하여 분석하는 것의 중요성을 강조했다.

☀ 밝혀지지 않은 뇌의 영역

뇌는 부위에 따라 역할이 다르다는 것을 알고 있었지만 그동안 발달해 온 과학적 능력으로 세밀한 내용까지는 파악하지 못하고 있었다. 예를 들면 눈으로 보고 판단하게 되는 시각령은 뇌의 뒤쪽에 있고, 소리를 처리하는 청각령은 뇌의 중심부에 있다. 누가 위치를 결정한 것인지는 모르지만 뇌의 모든 부위가 맡은 역할이 정해져 있다는 것이다.

생명과학 이야기

인체의 장기(臟器) 중의 하나인 간(肝)은 몸 안의 불필요한 물질이나 독소 따위를 분해하거나 대사(代謝)하는 장소인데 간의 어느 부위가 그 일을 하느냐는 질문은 난센스다. 어느 부위나 거의 똑같은 일을 감당하기 때문이다. 간은 증식 능력도 뛰어나서, 간의 80%를 잘라내도 몇 개월 내에 본래의 모습을 되찾게 된다는 것이다.

소리를 인식하는 자리를 청각령이라고 하는데 청각령은 다시 세분화되어 있어서 소리의 주파수(hertz)에 따라서 반응하는 장소가 다른 것이다. 낮은 음에서 높은 음역으로 반응하는 부분이 정확하게 나누어진 채 연결되어 있다. 이것은 전극을 뇌에 꽂아 놓고 다양한 소리를 들려주면서 뇌 반응을 관찰하면 알 수 있다.

감각령도 청각령처럼 분명하게 나뉘어 있는데 얼굴, 눈, 코,입, 손가락, 몸뚱이, 발에 대응하는 부분이 나란히 자리 잡고 있다. 이런 그림을 뇌지도라고 하는데 그동안 과학자들의 노력에 의해 많이 밝혀지긴 하였지만 신문을 읽는다고 생각할 때 멀리서(6피트-182.4cm) 기사 제목 읽은 정도에 지나지 않은 상태라는 것이다.

🍒 뉴런(신경세포)의 구조

생체 활동은 자극과 반응으로 이루어지는 것인데 생체의 자극과 반응 정보를 전달하는 역할을 하는 것이 뉴런(neuron)이라고 불리는 신경세포다. 뉴런은 세포체(cell body), 수상돌기(dendrite), 축색(axon), 축색언덕(axon hillock), 축색말단(acxon terminal)으로 부위를 생각할 수 있는데 뉴런의 종류에 따라 형태는 다르다. 각 부위의 역할을 간략하게 정리해 본다.

잎이 떨어진 앙상한 나뭇가지처럼 보이는 수상돌기(樹狀突起)는 다른 뉴런으로부터 오는 정보를 받아들인다. 세포체에는 다른 일반 세포들이 갖고 있는 미토콘드리아 등 세포소기관이 있다. 축색(軸索)은 신경 충격을 세포체로부터 신경말단까지 전달하는 회로(回路)이며, 전화선에 해당한다고 보면 된다.

축색말단은 목표 세포에 시냅스(synapse)라는 특이한 구조를 만든다. 신경계의 연결이 전류를 전달하는 전기선과 다른 것은 신경세표 간에 직접 연결되어 있지 않고 연접 부위가 끊긴 상태처럼 되어 있는데 이 부위를 시냅스(synapse)라고 하는 것이다. 신경세포 간에 간격이 분명히 벌어져 있는 이 시냅스에서 정보 전달이 전화선과 별반 다름없이 이루어진다는 것이다. 신경 연구에서 시냅스(synapse) 분야만 매달린 과학자들이 많으며 시냅스 역할을 기본으로 해서 만들어진 기기(器機)가 컴퓨터이며 얼마 전 떠들썩하게 하였던 알파고라고 할 수 있다.

✺ 신경전달물질

전기적인 신호로 전달된 신호는 신경전달물질이라는 화학적 신호로 바뀌어 시냅스를 통과한다. 시냅스를 기준으로 신호를 주는 신경세포를 시냅스 전 신경세포(presynaptic neuron), 신호를 받는 신경 세포를 시냅스 후 신경세포(postsynaptic neuron)라고 한다.

한 신경세포가 만들어내는 시냅스는 대략 1만 개 정도로 보고 있다. 시냅스에서 이루어지는 전달 능력이 모두가 같은 것이 아니라 생체에 따라 다르며 훈련을 통해 강화시킬 수 있기 때문에 학습 및 기억을, 전하(電荷)의 형태로 바꾸는 마법과 같은 일을 하는 장소로 보고 있는 것이다. 신경세포뿐 아니라 다른 일반 세포도 붙어있는 것 같지만 세포막을 통해 경계가 있다.

뉴런이라는 신경세포는 다른 뉴런과 막을 통해 경계를 이르는 것이 아니라 휴전선의 DMZ 모양, 좁은 틈바구니가 있는 것이 특이하다. DMZ에는 사람이 다닐 수 없게 엄격하게 차단이 돼 있지만 시냅스에선 생체 활동의 온갖 정보가 전해지고 정보를 종합하여 대응 정보로 바뀌는 등 생체의 신비가 가득한 곳이라고 할 수 있다. 시냅스의 간격을 숫자로 표시하면 1밀리미터의 5만분의 1, 즉 20나노미터다.

좀 어려운 학술 용어이지만 신경세포인 뉴런의 원형질막은 신경충격(nerve lmpulse), 다른 용어로 활동전위(action potential)라고 불리는 전기 신호를 만들어 낸다는 것이다. 이 신호가 뉴런의 한 장소에서 만들어진 후에 그 세포의 맨 끝 축색말단(acxon terminal)으로 간다. 사람의 경우 긴 것은 1m 이상 되기도 하고, 고래의 경우는 수 m가 되기도 하는 것이다.

신경계의 종합화가 가능한 것은 한 개의 뉴런은 여러 개의 뉴런으로부터 오는 정보를 받아 이를 종합하여 신경충격을 발생시키고, 이를 또 다시 축색을 통해 다른 뉴런에 이르면 여기에 저장되어 있던 신경전달물질(neurotransmitter)이 뉴런 밖으로 배출되고 결국 목표세포의 세포막에 존재하는 수용체와 결합한다.

🧨 신경충격(nerve lmpulse)

이 과정을 예를 들어 풀이해 보자면 모기가 오른쪽 발등을 깨물었을 때 따끔하게 아픈 통증 신호는 신경충격(nerve lmpulse)이 되는 것이고, 신경충격은 물리적으로 전기 신호이며, 이 신호가 전깃줄에 해당하는 수상돌기의 축색을 통과하게 되는데 초속 30m 정도로 달려서 뇌로 전달되는 것이다. 이 신호를 받은 뇌의 뉴런(시냅스 후 신경세포(post-synaptic neuron)는 종합적인 판단을 즉각적으로 하게 되는데 오른쪽 손으로 모기를 때려잡든지 털어 버리라든가 하는 종합적인 판단 정보의 신호가 신경충격이 되면서 눈과, 팔, 손가락에 명령이 하달되고 모기 퇴치의 행동 반응이 발생되는 것이다.

피부에서 느끼게 되는 피부 감각은 다섯 종류가 있다. 온점·냉점·촉점·압점·통점인데 이 중에서 통점의 숫자가 제일 많다. 피부에는 1㎠당 약 200개의 통점이 빽빽이 배치되어 아픈 부위를 정확히 알 수 있게 된다. 모기가 주둥이로 사람의 발등을 물었을 때 통점을 피하면 통증이 느껴지지 않겠지만 1cm2당 200개가 되는 지뢰밭을 피해 갈 도리가 없는 것이다. 반면 내장 기관에는 통점이 1㎠ 당 4개에 불과해 아픈 부위를 정확히 알기 어렵다.

폐암과 간암이 늦게 발견되는 것도 폐와 간에 통점이 거의 없기 때문이다. 통각신경의 속도는 느린 편인데 이를 촉각신경이 보완한다. 통증이 일어날 때 대부분 촉각도 함께 오기 마련이며, 우리 몸은 경험을 통해 촉각에 반응해 통각의 느린 속도를 보완한다. 뾰족한 것에 닿았을 때 반사적으로 손을 뗀다든지, 등 뒤에서 누군가 건드리면 휙 돌아보는 것이 좋은 예다. 이 과정에 동원되는 뉴런은 그 숫자가 헤아릴 수 없이 많으며 이런 과정을 모방한 전자기기가 나오게 되는 것이고, 한국의 바둑의 자존심을 건드린 알파고도 뉴런이 하는 일을 보고 모방해서 만든 첨단 프로그램이라고 할 수 있다.

생명과학 이야기

☀ 피부감각

통각과 같은 피부에서 느끼는 압각이나 촉각 등이 초속 70m로 전달되는 데 비해 통각은 초속 0.5-30m 정도다. 예를 들어 몸길이 30m인 흰긴수염고래 꼬리에 통증이 생기면 최대 1분 후에 아픔을 느낀다. 실제 우리가 압정을 모르고 밟았을 때 발바닥에 깊이 들어간 다음에야 아픔을 느낄 정도로 통각은 전달 속도가 늦다.

사람은 뇌에 최대 1천억 개(1,500억 개로 보는 사람들도 있다.)의 신경세포를 지니고 태어난다. 출생 이후에는 뇌세포가 계속 소모되어 간다. 뇌의 무게는 서서히 확실하게 줄어든다. 정상 수명으로 사는 사람이라면 뉴런의 죽음 때문에 일생 동안 뇌의 무게가 약 10퍼센트 정도 감소한다. 그러나 뇌세포가 죽는 속도가 모두 같지는 않고 부분마다 다르다. 천문학적 숫자로 많은 뉴런에다 하나에 뉴런에 수천 개의 수상돌기가 하는 일을 푼다는 것은 모래알 하나하나를 주워 모아서 산을 만드는 것만큼이나 어려운 일이다.

미국 국립노화연구소의 스탠리 래퍼프토 박사에 따르면, 운동피질과 전두엽(뇌의 사고영역)을 포함한 대뇌피질에서 하루 최대 5만 개의 뉴런이 죽는다고 한다. 하루 5만 개씩에다 70세 노인이 살아온 날의 수를 곱하면 이 노인의 일생 동안 죽어 간 대뇌피질의 세포 수가 나오고, 그것은 통계학자들이 좋아할 만한 천문학적인 수이다.

또한 같은 부위에서도 다른 종류의 세포들보다 더 잘 없어지는 세포가 있다. 뉴런의 소모를 패턴으로 나타내면 누더기로 기운 천 조각처럼 들쭉날쭉 울퉁불퉁하다. 그래서 전두엽과 '측두엽 부위'는 상당한 손실을 겪는 반면, 이런 부분들에서 조금 더 뒤의 중심구 뒷부분에 있는 영역들과 더 아래쪽의 하측두 영역은 뇌세포가 조금밖에 손상되지 않거나 전혀 손상되지 않기도 한다고 한다.

뉴런의 노화

세포가 완전히 죽는 것보다는 나이가 들면서 뉴런들 간의 연결이 점점 사라져 가는 일이 더 흔하고 중요한 일이다. 신경세포 간 연결의 수를 세는 간접적인 방법의 하나로 수상돌기에 붙어 있는 시냅스 수를 헤아리는 것이다. 그런데 나이가 들수록 한 뉴런의 수상돌기를 따라 세어 보면 다른 뉴런들과 연결되어 있는 시냅스의 수가 점점 줄어든다고 한다. 더구나 남아 있는 신경세포의 수상돌기도 노화로 인해 이전처럼 여러 개가 많이 나와 있지 않게 된다.

수상돌기가 드러나도록 염색하고 사진을 찍어 보면 노화된 신경세포의 수상돌기는 마치 잔가지들이 떨어진 나무처럼 성기게 붙어 있다. 그리고 남아 있는 수상돌기들도 확연히 작아져 있다. 신경전달물질의 양도 감소하고 어떤 뉴런들은 부풀어 있는 것을 사진에서 확인할 수 있다. 그래서 이런 사진을 현미경으로 보면 숙련된 신경병리학자라면 환자의 사망 당시 나이까지도 경험을 바탕으로 추론할 수 있을 정도이다. 나이가 들면서 깜빡깜빡 기억력이 감소하는 것을 경험하게 된다. 천문학적 숫자의 신경세포의 구석구석에서 소모되며 벌어지는 일을 누군들 막을 재간이 있겠는가?

지금까지의 설명은 구조적인 내용이다. 구조적인 지식이 관심사가 아니라 근본적으로 신경세포가 마법 같은 온갖 정보를 어떻게 퍼나르고 종합해서 분석하고 판단하느냐가 초미의 관심사인 것이다. 중독에 가깝게 여기 매달린 과학자들은 첨단장비를 활용해서 대명천지 밝은 날 화려한 꽃송이 관찰하듯 구석구석을 들여다볼 수 있지만 아마추어들에게는 아무리 세심하게 묘사한다 해도 속 시원하게 그 메커니즘을 밝혀 설명하기는 쉽지 않다.

뉴런의 마법은 나트륨(Na) 같은 물질의 이온화로 전기적 성질을 띠게 된다는 것이다. 나트륨이온(Na-)의 전위차의 흐름이 신경세포의 축색을 통해 흐르는 것이다. 이 나트륨이온(Na-)이 흐르다가 시냅스라는 DMZ에서 브레이크(brake)가 걸리게 되며, 시냅스까지 흘러온 나트륨이온(Na-)은 축색말단(acxon terminal)에서 멈추는 것으로 끝나는 것이 아니라 다음 세포로 정보를 전달하여야 한다. 이때 전달하는 물질이 축색말단(acxon terminal)에서 생성되게 되는데 정보를 전달한다고 해서 신경전달이라고 하는 것이다.

신경말단축색말단(acxon terminal)에서 분출되는, 도파민, 세로토닌, 아드레날린 등. 뇌과학 이야기를 써보려고 생각하면서 기본적으로 '과학에 관심이 없는 분이 과연 읽을 생각을 할까?' 하는 의아심(疑訝心)과 '어느 정도 이해할 것이냐?'고 자문(自問)을 하였다. 뇌과학의 논문이며 교양 수준의 책도 많이 나와 있어서 상당 수준의 독자들이 있으리라는 생각도 하며 전문용어를 피하지 못하고 설명을 이어가고 있다.

시냅스에서 나트륨이온(Na-) 같은 전하(電荷)물질을 건네지 않고 극히 미세한 화학물질로 행동을 감당할 세포에게 정보를 건네게 된다. 신경전달물질이 그런 것이다. 신경전달물질은 분자 수준으로 분자량이

100이나 200의 비교적 가벼운 물질이다. 신경전달물질의 대표적인 것은 호르몬이라고 불리는 도파민, 세로토닌, 아드레날린 같은 것인데, 축색말단 주머니 속에 가득 들어 있다가 전기의 형태의 스파이크가 오면 확 방출돼서 받아들이는 세포 쪽으로 이동하며 작동하게 되는 것이다. 신경전달물질은 현재까지 알려진 것만 해도 약 100종류 정도 된다고 한다.

하나의 신경세포는 정해진 한 종류의 신경전달물질만 사용하게 된다. 예를 들어 밤길을 가는데 어둠 속에서 산(山)짐승의 눈빛 같은 이상한 불빛을 보고 놀랐다고 할 경우, 시신경을 통해 들어온 자극은 시신경을 통해 관계되는 신경망에 전달되고, 그 반응으로 동공이 확대되고 혈압이 올라가게 되는데 어둠 속의 이상한 불빛이라는 자극이 부신(副腎, 곁콩팥)을 자극해서 아드레날린이라는 신경전달물질을 분비시키며, 이 물질은 눈을 부릅뜨게 하고 혈압을 상승시켜서 흥분하게 만드는 것이다.

피부에 있는 통점이니 온점이니 하는 센서(sensor)에서부터 컨트롤 타위(control tower)인 뇌에서 눈을 부릅뜨게 만들기까지 전류발생, 화학변화, 신경전달물질 방출 등의 복잡한 과정이 전광석화(電光石火)처럼 눈 깜짝 할 사이에 벌어지고 생체의 신경망은 비상 상태가 된다. 이 과정을 모방한 프로그램이 수없이 개발되고 있고, 최근에 세상을 뒤흔들어 놓은 알파고도 그 아류(亞流)라고 할 수 있다.

생명과학 이야기

☀ 개성 있는 신경세포

뇌세포 속에 신경세포의 수를 대충 1,000억 개로 보고 있는데 대뇌 피질에만 140억 개가 된다. 또 신경세포 하나는 1만 개의 시냅스를 만든다고 하는데 1,000억 개 곱하기 1만개로개 나 된다고 하니 너무 많아서 생각하기가 골치 아픈 일이다. 그런데 그 하나하나가 개성이 있고 하는 일이 다르다고 하니 보통 사람들에게 이야기를 하면 두 손, 두 발 다 들지 않을 수 없다.

신경망을 통해 발등을 모기가 공격하고 있다는 전기신호를 받은 대뇌의 운동뉴런에 연결되면서 가까운 오른손이 출동하라는 명령을 신경말단의 신경전달물질, 방출로 연결되는 것이며, 촉감 시신경 등 신경망은 모기를 공격한 결과 정보를 확인할 수 있게 되는 것이다. 이 복잡한 공정을 1,000분의 1초 안에 해낸다.

과학의 속성이라는 것이 끝을 보고자 하는 것이다. 생물학이 생체의 구조가 하나하나의 세포로 되어 있고 핵, 세포질, 원형질막, 세포막 등으로 되어 있다는 것을 밝혀냈다면, 화학에서는 핵에 있는 염색체를 산산이 분해해서 분자를 발견했고, 분자는 무엇으로 이루어졌을까 쪼개 보다가 원자를 찾아냈다. 그러나 물리학자가 나서서 원자는 무엇으로 이루어져 있는가를 파고들다 보니까 원자핵과 전자로 이루어진 것을 알게 되었고, 더 나아가서 양자와 중성자까지 알게 되었는데 여기가 끝이 아니다. 지금은 쿼크(quark)에 다다랐다고 하지만 이것으로 종결된 것이 아니기 때문이다.

뇌 속을 파 보면 뉴런 투성이인데 뇌의 구조는 어느 정도 알아냈지만 뇌에 있는 뉴런이라는 신경세포가 해내는 일을 밝혀내기가 캄캄한 밤중에 바늘 찾기만큼이나 어려운 일이리라. 그러나 이 일이 조금이라도 진척이 되면 세상이 달라질 것처럼 호들갑이 나오기 마련이다.

🍎 뇌 속에 살고 있는 소인(小人)

뇌에서 하는 모든 일을 다 밝히고 싶은 것이지만 그중에 사람의 마음이라는 것이 어떻게 이루어지는 것인가는 뇌과학 중에서도 최고의 관심 대상이다. 마음이란 인격을 비롯해서 감정, 의지 등을 뭉뚱그려 말하는 것인데, 컴퓨터와 다른 것은 의식, 무의식을 포함한 정신적 전반을 조정할 수 있다는 것이다. 물론 조종할 수 없는 무의식인 행동도 있다. 심장박동을 멈춘다든가 소화기관에서 일어나는 소화 작용 같은 것을 스스로 조정하지는 못한다. 행성운동에 대한 케플러 법칙을 발견한 물리학자 요하에스 케플러(1571-1630)도 우주 돌아가는 것은 알아냈지만 정작 자신의 뇌 속이 돌아가는 것은 몰라서 "뇌 속에 살고 있는 소인이 생각을 하는 것이다"라고 언명한 일이 있다고 하지 않는가?

허파는 무의식과 의식의 경계선의 일을 한다. 허파가 하는 일을 잠시는 멈추게 할 수 있다. 하지만 죽을 때까지 멈추려고 하여도 아무리 의식을 하여도 불가능하다. 이것은 어떤 소인이 조정하는 것인가? 이런 것을 내로라하는 과학자들도 알지 못하고 있다.

감정이나 성격을 지배하는 곳이 대뇌의 일부분일 것이라고 추측되는 사건이 있었다. 공사장에서 일하는 아주 성실한 노동자가 있었는데 어느 날, 공사 현장에서 폭발 사고가 있었다. 폭발로 인해 근처에 있던 직경 3cm가 되는 날카로운 쇠붙이가 날아와 턱을 뚫고 들어가

생명과학 이야기

머리 위를 뚫고 나왔다. 병원으로 옮겨져 차료해서 죽지 않고 살아났지만 이 사고로 이 사람의 성격이 확 바뀐 것이다. 꼼꼼한 성격이었는데 욱하는 과격한 사람으로 변해서 상소리를 내뱉고 남들을 배려할 줄 모르는 골칫덩어리고 변해 버린 것이다. 150년 전의 이 병원 치료 사례가 알려지면서 쇠붙이가 건드린 전두엽이 인간의 성격을 지배하고 형성되는 곳일 거라고 과학자들은 추론하고 있는 것이다.

전두엽은 인간이 압도적으로 발달되어 있고 원숭이가 그 다음이며 쥐는 신체 구조 비율로 상당히 작다. 마음의 장소일 거라는 추측만으로는 해결되는 것이 아무것도 없다.

☀ 살아 있는 쥐를 무선조종하다

오래된 것이지만 충격적인 논문 기사가 있다. 2002년 '네이처'지에 실린 기사 내용이다. "살아 있는 쥐를 무선조종하다"이다. 완구점에서 구입한 장난감도 아니고 살아 있는 쥐를 리모컨으로 조종하였다는 것이다. 쥐도 살아 있는 생명체이기에 동물애호단체에서 반발도 있었지만 살아 있는 생명체를 전파수신기로 조종한 것이다. 실제로는 가혹하게도 쥐의 두개골에 구멍을 뚫고 뇌의 전극을 꽂아서 조종한 것이다. 뇌를 자극함으로써 행동을 조절할 수 있는 것을 보여준 것인데 충격적이지 않은가?

컴퓨터는 다 아는 바와 같이 0과 1을 가지고 장난하는 것인데 뇌는 어떻게 다른가? 아직까지 자발성이 있는 컴퓨터는 없다는 것이다. 알파고가 이세돌을 네 판이나 이겼지만 대국 후의 소감 발표는 할 수 없었다. 컴퓨터가 작곡을 한다든지 글을 쓴다든지 하는 것은 못하고 있다. 쥐에 전극을 꽂아 리모컨으로 조정한 지 14년 전 지난 현재에 기상천외(奇想天外)한 일들이 벌어지고 벌어질 것 같아 기대 반, 우려 반으로 추이의 신경을 곤두세우고 있는 것이다.

🍎 뇌 컴퓨터 인터페이스(Brain Computer Interface)

2016년 5월 4일 한겨레신문에 흥미로운 과학 기사가보도 되었다. 무인조종기(드론-drone)를 리모컨인 조이스틱으로 조종하지 않고 생각만으로 조종해서 결승점에 도달시키는 경기의 기사 내용이었다. 사람의 생각을 무인기에서 전파로 받아 항로를 비행하는 것이다. 생각을 전파로 변환시키는 기술이 대중화돼 가고 있는 것을 실감하는 뉴스였다.

4월 22일, 미국 플로리다주립대 시립대 체육관에서 열린 이 경기는 참가자들이 손잡이가 있는 조종기인 조이스틱을 들고 있는 것이 아니라 책상에 앉아서 헤드셋처럼 생긴 기기를 머리에 쓰고 컴퓨터 프로그램의 화면을 뚫어지게 바라보고 있을 뿐이었다는 것이다. 이 장치의 이름은 BCI(Brain Computer Interface). 이른바 '뇌 컴퓨터 인터페이스'다.

BCI는 뇌파의 움직임을 컴퓨터에 전달해 디지털 기기를 제어하는 기술을 말한다. 이 기기를 쓰고 '전진하는 장면'을 생각하면 드론은 앞으로 날아가고 오른쪽 또는 왼쪽으로 움직이는 장면을 떠올리면 옆으로 움직이게 되는 것이다.

BCI 기술은 아직은 초보 단계로 리모컨이나 조이스틱처럼 누구나 쉽게 이용할 수 있는 단계까진 나아가지 못했다. 뇌파를 물리적 에너지로 바꿔주는 능력도 아직 만족할 만한 수준은 아니며 조종기로 움

생명과학 이야기

직이는 드론들은 시속 100킬로미터가 넘는 속도로 맹렬하게 날아가지만, 뇌파의 제어를 받는 드론들의 비행 속도는 그에 훨씬 못 미친다고 한다.

그러나 뇌파를 통해 무형의 생각을 읽어내는 기술은 새로운 세계를 열어가고 있는 게 분명하다. 미 연구 팀은 최근 사지가 마비된 환자의 팔과 손을 뇌파로 움직이게 하는 데 성공했다고 한다. 팔이 절단된 환자가 뇌파로 로봇 팔을 움직이는 것도 가능해진 것이다. 미 조지아 공대에선 뇌파로 작동하는 드럼 연주용 로봇 팔 시제품을 개발해 시험 중이고, 버클리대 등에선 뇌파로 꿈을 읽어내 이미지로 변환하는 실험에 성공했다고 하니 기절초풍(氣絶-風)할 일이 아닌가.

☀ 뇌파(腦波)

뇌파를 읽어내는 기술이 좀 더 발전하면, '미래엔 얼마나 확실한 뇌파를 낼 수 있느냐'가 인간 경쟁력의 주요한 요소로 떠오르게 될 것으로 보고 있다. 상상력과 집중력이 좋은 사람이 아무래도 유리하기 때문이다. 다가올 4차 산업혁명은 다양한 분야의 기술 융합을 통해 이뤄진다는 게 전문가들의 예상이다.

뇌는 인간이 가진 정신적 자산을 융합하는 용광로이다. 그 용광로에 불을 지피는 것이 바로 상상력과 집중력이라는 불쏘시개라는 것이다. 공상 과학에서나 가능했던 일들이 현실에서 벌어진다고 해서 당장에 보통 사람들의 삶이 쉽게 바뀌지 않으나 교육 분야는 민감하게 영향을 받고 있다.

뇌파의 연구 결과를 교육적으로 활용하려는 움직임이 세차게 일고 있다. 교육학자들은 상상력과 집중력이 타고나는 것만은 아니라는 것이기에 이에 합당한 교육프로그램 개발에 매달리고 있는 것이다.

천재를 꼽으라면 반사적으로 아인슈타인이나 모차르트를 꼽는다. 아인슈타인이 1955년 사망하였을 때 과학자들도 아인슈타인의 뇌가 몹시도 궁금해서 그냥 땅속에 묻게 할 수가 없었다. 아인슈타인 사후에 그의 부검을 맡았던 영국의 의사이며 생리학자인 토마스 하비가 그의 뇌를 보관하였다가 연구 분석한 이야기는 널리 알려진 사실이다. 아인슈타인의 뇌를 240조각으로 나누어 전문 연구자들에 연구하도록 하였다. 아인슈타인 뇌의 두정엽이 15% 정도 컸으며, 뇌의 무게는 1,230g으로 보통 사람 뇌의 무게 1,400g보다 가벼웠다는 등의 차이점이 발견되었는데 크게 주목한 것은 좌우 측두엽이었다고 한다. 이 영역이 공간지각 능력과 수학적 능력을 지배하는 부분이다.

그보다 특이하게 주목한 것은 11명의 다른 사람의 뇌와 비교해 보니 신경세포당 많은 아교질세포를 가진 것이었다. 신경세포에 아교질이 많다는 것은 보통 사람보다 머리를 쓰는 동안 더 많은 에너지를 사용하고 신진대사 활동을 한 흔적이라고 할 수 있기 때문이다. 게으른 생활로 생각하기를 싫어하는 사람의 뇌는 이 수치가 상당히 떨어질 것이다.

🍎 뇌 훈련사 (브레인 트레이너)

젊은 엄마들은 자녀들의 공부와 관련해서 뇌세포를 생각할 것이고, 노년층은 치매(癡呆, Dementia)에 관심이 집중될 것이다. 양쪽 다 뉴런이라는 신경세포의 문제인데 뇌과학은 이들과 관련된 연구가 활발한 것

생명과학 이야기

이다.

학습은 뇌과학에서 보면 신경세포의 연결성의 훈련을 통한 집중력과 종합적 판단 능력을 배양하는 것이다. 뇌세포가 발달하는 유아기에 적절한 자극으로 뉴런들 간의 연합 능력을 키워 주는 것이 중요하다. 조기 학습으로 유아기의 아이들의 뇌를 혹사시켜서는 안 된다. 전문가들은 노소를 불문하고 부담 가지 않는 적절한 뇌 훈련을 하라는 것이다. 뇌 훈련을 통해 아이들의 뇌 발달을 촉진시키고 성인들에게는 뇌 기능을 향상시키라는 것이다.

영국, 미국, 캐나다, 프랑스, 스페인 등 36개국에서는 'BrainGym Instructor & Consultant'라는 자격증 제도를 실시하고 있다. 이 외에도 미국 내 여러 대학과 샤프 브레인사가 연계한 'Brain Fitness Training for Trainers', 젠센 리딩사의 'Brain-Based Certification' 등이 있다. 한국에서는 '브레인 트레이너'의 자격을 2010년, 국가 공인화하면서 두뇌 산업 발전에 중심이 될 관련 전문가 배출을 하고 있다. 두뇌 훈련 관련 분야는 유아들의 두뇌 발달, 청소년들의 기억력, 집중력 등 학습 능력 향상 이외에도 성인들의 스트레스 관리 및 직장인들의 자기 계발과도 직결되어 있기 때문이다.

무엇보다 기업의 효율성 제고 및 경쟁력 강화를 위해 업무 수행력을 높일 수 있는 두뇌 훈련 수요가 기업을 중심으로 꾸준히 늘어날 조짐을 보이고 있는 것은 주목할 만한 일이다. 두뇌 훈련 프로그램이 근로자의 집중력 등을 향상시켜 산업재해 예방에 도움이 된다는 연구 결과가 더욱 많아지게 되면서 산업재해 예방 분야에서도 두뇌 훈련 전문가의 수요가 급증하고 있는 상황이다.

✿ 스마트 브레인(Smart Brain)

2013년, 한국뇌과학연구원과 브레인트레이너협회는 브레인트레이너 전용 뇌파 측정기인 '스마트 브레인(Smart Brain)'을 출시해 개인의 뇌파 상태에 맞는 두뇌 활용 능력과 향상을 위한 트레이닝 교육에 활용하고 있다. 스마트브레인은 좌·우뇌 전두엽에서 발생하는 뇌파를 측정해 두뇌 활용 성향을 파악하는 것으로 검사자의 문제 해결 성향, 좌·우뇌 균형, 두뇌 스트레스, 집중력 등 두뇌 활용 능력과 패턴을 파악할 수 있는 기기다.

그러나 뇌 훈련이라고 해서 스마트 브레인(Smart Brain)과 같은 첨단 장비를 사용해야 하는 것은 아니다. 뇌의 중요성을 의식하고 뇌에 좋다는 식품과 치매에 좋다는 게임이며 놀이 등 각종 아이디어들이 횡행하고 있다. 어느 것이나 마찬가지이지만 뇌 훈련도 뇌과학의 발전과 함께 하루아침에 확 달라질 수는 없는 일이다.

노인성 치매 질환은 세계적인 사회문제가 되고 있다. 치매는 단일 질병이 아니다. 원인도 수백 가지가 넘을 것이다. 가장 대표적인 것이 알츠하이머형 치매이고 그 밖에 혈관성 치매와 기타 치매로 나눌 수 있다. 알츠하이머형 치매는 뇌에 존재하는 판단, 기억, 언어 기능을 지배하는 부분이 손상된 병이다. 이 병은 점차적으로 나빠지는데 아직까지는 정확한 원인을 모르므로 치유할 수 있는 특별한 방법도 없는 실정이다. 원인에 따라서 치매 환자의 약 20-25%는 치료가 가능하다고 보는 것이 현재의 상황이다.

신경 손상에 따른 통증 및 마비는 환자 개인뿐만 아니라 환자 가족

생명과학 이야기

의 삶에까지 지대한 영향을 끼치게 되며, 현재까지 이를 극복할 명쾌한 해결책이 존재하지 않음에 더욱 문제의 심각성이 크다고 하겠다. 지난 30여 년에 걸쳐서 신경의 재생 원리를 밝히고 이를 응용하여 신경 손상을 극복하려는 연구가 꾸준히 성장하여 왔으며, 응용을 더욱 확장하여 신경퇴행성 질환의 극복에 적용하는 상황에 이르고 있다. 손상에 의해 신경세포 내·외부에서 발생하는 신호전달기작(mechanism) 및 유전자 발현 변화를 연구하고, 신경재생프로그램의 근본 원리를 탐구하여 재생을 향상시키는 연구가 전 세계적으로 진행되고 있으며, 아직까지 느리지만 중요한 생물학적 사실들 이 점진적으로 밝혀지고 있다.

🍎 뇌 건강 훈련

나이가 많아지면서 기억력이 깜빡깜빡하면 혹시 치매의 시초가 아닌가 하고 근심하게 되는데 대개는 단순 기억상실이고 상식적인 자가진단 방법도 많이 나와 있다. 무엇보다 중요한 것은 건전한 생활 습관으로 치매의 원인을 차단시키거나 감소시키라는 것이다. 브레인 트레이너들이 하는 방법도 그런 범주에 속하는 것들이다.

서유헌 서울대 의대 교수가 치매 예방을 위한 '7多3不(7다3불)'이라는 제목으로 소개한 것인데, 그 내용이 눈에 번쩍 띄는 것도 아니고 평소의 건전한 생활 습관을 권유한 것이다. '7多'는 글 많이 읽어라, 충분히 자고 휴식을 취하라, 즐겁게 웃으면서 일하라, 손 많이 움직여라, 사회봉사활동 많이 하라, 30번 이상 음식을 씹어 먹어라, 좌뇌뿐 아니라 우뇌도 많이 써라. '3不'은 첫째로 스트레스 쌓아 가는 것, 두 번째로

머리에 충격이 가해지는 것, 세 번째로 건강 유해 환경과 친하게 지내는 습관, 술과 담배, 불필요한 약물 과용 등을 하지 말라는 것이다. 요약해서 말했을 뿐이지 웬만한 사람이면 익히 들어 왔던 보편적인 내용이다.

컴퓨터는 훈련시킨다고 해도 그 기능이 향상되는 것은 아니지만 인간의 뇌는 반복하면 할수록 기억해 내는 속도가 빨라지고 정확해지는 것이 컴퓨터와는 비교가 되지 않게 효과를 얻을 수 있다.

일본의 뇌 치매 전문가인 요네야마 기미히로 박사가 제시한 훈련 방법은 이색적이다. 좀 엉뚱한 방법이라고 해서 '청개구리 두뇌 습관'이라고 제목을 붙였다. 그러나 생각해 보면 그가 추천하는 행동은 뇌를 직접적으로 자극하게 될 것 같아 공감이 간다.

첫 번째, "눈감고 밥을 먹어 보라"고 한다. 맹인의 청각은 정상인보다 예민한 것으로 봐도 근거가 있는 주장이다. 뭔가 채워지지 않는 부자연스러움은 평상시 사용하지 않아 잠자고 있던 신경세포에 동원령(動員令)을 내리는 결과가 나타나게 되는 현상이다. 죽은 뇌세포가 다시 살아나지는 않지만 휴면 상태의 뇌세포를 깨워서 실전(實戰)에 투입할 수 있기 때문이다.

두 번째, "주머니 속 동전들을 모두 꺼내서 눈으로 확인하지 말고 손의 촉감으로 확인해서 얼마인가 맞혀 보라"고 한다. 주머니 속에 10원짜리 동전과 100원짜리 동전이 각각 5개씩 들어 있는 것을 크기와 무게로 금방 구분할 수 있을 것 같지만 실제로 해 보면 손가락 정보만으로 쉽지 않다는 것을 깨닫게 된다는 것이다. 손가락의 예민한 감각을 더듬어 가는 행위는 대뇌피질 자극으로 이어지기 때문에 이 훈련을

생명과학 이야기

계속하면 뇌의 감추진 능력을 찾을 수 있다는 것이다.

세 번째는 "귀 막고 계단 오르내리기". 발가락 끝에 신경을 집중하는 것은 주머니 속의 동전을 알아맞히는 일처럼 대뇌피질을 자극해서 뇌에 생기를 불어 넣는 결과를 얻을 수 있다는 것이다.

네 번째, "코막고 커피마시기". 후각과 미각 자극.

다섯 번째, "TV 프로그램 소리 내어 읽기". 신체의 모든 감각 총동원하기.

여섯 번째, "커피 향 맡으며 물고기 사진 보기". 후각과 미각을 교란시키는 것은 강한 대뇌피질 자극으로 이어진다. 후각을 자극하는 냄새와 눈앞의 사물은 일치하게 마련이다. 그러나 커피 향이 나는데 눈앞에 보이는 것이 물고기라면 돌발 상황에 처한 뇌는 혼란을 극복하게 위해 정신없이 움직이면서 후각을 강하게 자극하게 된다는 것이다. 어떤 냄새를 어떤 상황에서 맡았느냐? 하는 경험은 오랫동안 뇌리에 남게 마련이라는 것이다.

이런 훈련들이 머릿속에 깊이 새기는 방법이고, 상식을 역으로 이용해서 강렬하게 뇌를 자극함으로써 뇌를 건강하게 할 수 있다는 것이다.

☀ 뇌 연구의 현주소

최근 과학자들이 관심을 기울이고 있는 연구 주제는 뇌세포의 재생 가능성이다. 지금까지 뇌세포는 한 번 망가지면 재생이 불가능한 것으로 알려져 왔다. 그러나 최근 뇌세포 연구는 재생이 가능한 쪽으로 변화하고 있다. 앞으로 뇌세포 연구에 많은 변화와 놀라움이 이어질 것이다. 최근에 골수에서 채취한 줄기세포를 이용해서 뇌졸중으로 불구가 된 실험용 쥐의 뇌를 회복시켜서 어느 정도 신체 동작을 회복시켰다는 연구 결과가 나오자 언젠가는 뇌졸중 환자나 다른 신체 동작 장애 환자들에게 도움이 될 수 있을 것이라고 예측하고 있긴 하다.

뇌에 미세전극 100개를 심어 뇌파를 이용해 로봇을 움직이게 한다거나, 뇌 운동피질의 특정 영역 뇌파를 분석을 통해 생각을 읽어내서 휠체어를 움직이게 한다. 또, 타이거 우즈의 뇌에 저장된 스윙 노하우를 추출해서 다른 골퍼의 뇌에 전달해 우즈처럼 스윙을 할 수 있게 하는 것도 가능하다는 것이다.

뿐만 아니라, 생각을 읽는 스마트폰도 있다. 스마트폰이 뇌파를 인식해 사람이 채팅을 하고 싶다고 마음먹으면 채팅 앱이 열리고, 음악을 듣고 싶으면 음악 앱을 연다. 심지어 뇌파를 조절해 질병으로 인한 통증도 조절할 수 있다고 한다. 물론, 뇌를 완전히 파악해 뇌파를 조절할 수 있을 때 가능한 이야기일 뿐 아직까지 연구 중인 내용들이다. 그러나 공상 과학에 가까운 일이 실현된다고 해서 다 좋은 일도 아니며 아직까지는 꿈과 같은 희망 사항이다. 언제쯤 가능할지, 실현 가능할지에 대해서는 아무도 모른다.

지난해(2015) 6월, 과학 학술지 네이처 메서드(Nature method)는 뇌지도화(브레인 매핑) 특집호의 사설에서 "우리는 여러 세기에 걸쳐 경이로운 신체 기관인 뇌를 열심히 연구했다. 그리고 지금 우리는 놀라고 있다. 뇌가 무엇이고 어떻게 작동하는지에 대해 아는 게 거의 없다는 사실이다."라고 언급한 일이 있다. 뇌 연구에 관해 깜짝 놀랄 만한 내용이라고 소개하는 기사가 하루가 멀다 하고 쏟아지고 있지만 "네이처 메서드"의 한숨 섞인 토로가 가장 정확한 현실인 것 같다.

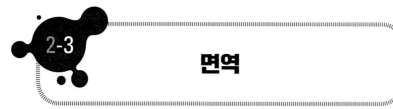

🍊 면역이란(immunity)?

면역이란(immunity) 인간과 동물의 몸(신체)이 외부로부터 침입하는 미생물, 세균이 조직이나 체내에 생긴 불필요한 산물들과 특이하게 반응하여 항체를 만들며, 이것을 제거하여 그 개체의 항상성을 유지하는 현상이다. 즉, 면역반응이란 아군(self)과 적군(nonself)을 식별하는 기구이며, 적군을 항원으로 인식하고 특이하게 항체를 만들어서 이에 대응하는 반응이라 할 수 있다.

예를 들어 6·25 한국전쟁 이후 북한의 대남적화통일 전략에 의한 무장간첩의 남파, 파괴 공작, 요인 암살, 시위의 선동 등이 꾸준히 이어온 가운데, 1968년 1월 21일 북한 보위성 정찰국 소속의 무장공비 31명이 청와대를 기습한 사건이 발생했다. 그중 한 사람인 김신조는 생포되고 그 외 30명은 전원 사살되었다. 그 후 1968년 4월 1일, 향토에 비군이 창설되었다.

이 사건은 생체에서 반응하는 면역 체계와 너무나 흡사한 사건으로 생각할 수 있다. 현재는 대부분 제거된 것 같지만 휴전선을 비롯한, 해안가 3면을 철책으로 두르고 무장공비 등 적국(敵國)의 불순분자들이 침투할 수 없게 철통 방어를 하고 있다. 인체도 마찬가지다. 피부를 경계로 끊임없이 호시탐탐 생체 속으로 침투를 노리는 바이러스며, 세균 등 각종 미생물을 방어하는 체제가 철저하게 구축되어 있는 것이다. 그러나 철통같은 방어 체제가 뚫리는 사고가 발생하고 아군과 적군을 식별하는 능력이 미약해서 방어 체계가 무너지는 경우가 종종 생겨서 문제가 생기는 것이다.

툭하면 감기 걸리는 사람들이 있다. 방어망이 견고하지 못하기 때문이다. 인체를 공격하고 싶어 하는 미생물이 무수하게 많지만 그중에서도 사시사철 한시도 침투의 야욕을 멈추지 않는 무리가 있다. 감기 바이러스다.

한국은 감기(感氣, 고뿔), 중국은 감모(感冒, ganmao), 영미권은 common cold 감기를 한국에서는 감기(感氣), 중국에서는 감모(感冒, ganmao)라 쓴다. 순우리말로는 '고뿔'이라 하며, 영미권에선 'common cold'라 부르거나, 줄여서 'cold'라 한다. 의사들이 사용하는 전문용어로는 '상기도 감염'(upper respiratory tract infection, URI)이라고 한다.

감기의 가장 흔한 원인인 라이노바이러스(Rhinovirus)의 경우는 신체 접촉에 의하여 전파되는 경우가 흔하다. 이 바이러스는 주로 콧속의 점막에서 증식하며, 콧물 속에 고농도로 존재한다. 따라서 감기에 걸린 환자가 손으로 콧물을 닦은 후에 다른 사람과 악수를 하면 손에서 손으로 바이러스가 전해지고, 이 사람이 손으로 코나 눈을 만지게 되면 전염될 수 있는 것이다.

그러나 이 바이러스가 자리를 잡았다고 해서 감기가 걸리는 것은 아니고 감기 걸린 사람으로부터 선물로(?) 라이노바이러스(Rhinovirus)를

생명과학 이야기

받았다고 할 경우, 방어 체계가 철통같으면 아무리 선물이라고 하더라도 받아들여지지 않는다. 바이러스가 피부같이 견고한 성벽은 부수고 기어오르지 못하지만 콧속은 비교적 방어벽이 허술해서 바이러스가 만만하게 보게 된다.

✳ 유비무환(有備無患)의 시스템

유비무환(有備無患)이라고 할까? 콧속에는 워낙 공격을 많이 받는 곳이니 출동 시스템이 민감하게 반응하며 타격 작전이 전개되지만, 안보 체제가 허술해서 적을 식별하는 능력이나 퇴치 무기가 미약하면 적이 침투해서 상당한 희생을 치르고 서야 진압하게 되는 것이다. 희생을 치르게 되기는 하지만 안보 체제의 재점검을 통해 새로운 방어 체계가 생기게 마련이다.

생체의 면역 시스템에서 항원과 항체가 있다. 항원(抗原, antigen)이란 1968년 1월 눈 덮인 대관령 일대에서 총질하며 살상으로 난동을 부린 무장공비 일당에 비유할 수 있다. 항체(抗體-antibody)란 그 후에 창설된 향토예비군이라고 할 수 있다. 그러나 무장공비 몇 명이 나라를 발칵 뒤집어 놓은 후에 항체에 해당하는 예비군까지 창설하였지만 감기 정도의 바이러스는 잡범 정도로 간주되기 때문에 통상적으로 보안(保安) 임무를 맡고 있는 경찰 조직으로 비유할 수 있는 백혈구(白血球)나 림프구가 처리하게 되기 때문에 항체라고 할 수 있는 별도의 조직을 만들지는 않는다.

감기의 일반적인 증상은 재채기, 콧물, 코의 울혈 등이다. 또 목이 그렁거리고 아프고 가래가 나온다. 기침, 발열, 두통, 피로가 주된 증상이다. 심하고 드문 경우에 결막염이 동반될 수 있다. 또 몸이 쑤실 수도 있다.

🍎 히스타민(histamine)이라는 유기물

이와 같은 증상에는 빠른 방어 행위를 하기 위하여 분비하는 히스타민(histamine)이라는 유기물이 있다. 상처나 염증이 있는 곳이 붉게 부어오르며 통증을 느끼게 되는 염증 반응(inflammation)이 일어나게 하는 물질이다. 체내에서 히스타민의 작용은 아직 완전히 밝혀지지 않았지만, 주요한 것으로는 모세혈관이나 소동맥 등 혈관을 확장시키는 작용을 해서 쉽게 백혈구와 혈장 단백질들이 혈관 벽을 통과해 상처 부위 조직으로 이동, 병균과 싸워 상처 부위를 치료하게 되는 것이다. 전쟁터에서 탱크나 군용차량이 이동하려면 길이 있어야 하듯, 경찰관이나 예비군 격인 백혈구와 혈장 단백질이 출동할 수 있게 길을 터 주는 역할을 히스타민이 하는 일이다.

이와 같은 일련(一連)의 매뉴얼이 매끄럽게 진행돼야 하는데 그렇지 않은 경우가 있게 마련이다. 적을 진압한 경험을 살려서 아예 바이러스가 발을 못 붙이게 하기도 하지만, 엊그제 들어왔던 도둑을 방어하는 대책을 세우지 못하고 또 털리는 사태가 빈번하게 발생한다는 것이다. 감기를 달고 다니는 사람의 이야기다.

면역력은 한 나라의 군사력에 비유할 수 있다. 강한 군사력을 유지하기 위해서는 주기적으로 적당한 강도의 전쟁 훈련을 치러야 한다. 그래야만 나라의 긴장이 적당히 유지되고 전쟁 경험을 축적하며 꾸준히 힘을 강화할 수 있기 때문이다. 감기 등 호흡기 질환도 이런 전쟁

생명과학 이야기

시스템과 같다. 감기 전문의는 "1년에 2-3회, 그리고 일주일 이내로 겪는 감기라면 만병의 근원이 아니라 면역력을 강화해 주는 고마운 손님"이라며 "감기에 걸리면 평소에 너무 과로하거나 과식하지 않았는지, 스트레스에 어떻게 대응했는지 반성하고 면역력을 닦고 조이는 기회로 삼아야 한다"고 강조한다. 그렇게 작은 감기를 건강하게 앓으면 나중에 큰 병이 나더라도 견뎌낼 힘이 생길 수 있으니 크게 염려하지 말라고 타이르고 있다.

☀ 감기가 '만병의 근원'이 아니라 '만병의 방파제'가 될 수 있다

감기가 '만병의 근원'이 아니라 '만병의 방파제'가 될 수 있다는 말이다. 감기로 대표되는 호흡기 질환은 우리 몸의 휴식을 유도한다. 열이 나고 온몸이 쑤시니 움직이기 싫어지고 어두운 데서 자고 싶어진다. 식욕이 나지 않으니 식사량이 줄고 위장은 덜 움직인다. 이는 바이러스를 퇴치하는 데만 모든 기운을 집중하고 육체 활동이나 위장 활동에 소비되는 에너지를 최소화하기 위해서다.

이처럼 몸이 시키는 대로 하면 감기는 빨리 나을 수 있고, 나은 후에는 면역력이 강해진다. 그런데 생활에 바쁜 사람들은 약을 먹고 그 증상을 억눌러 몸을 계속 쓰려고 한다. 게다가 몸이 허해졌다고 영양 보충을 한다며 고기류를 먹으려 노력한다. 그러면 증상이 억눌려 당장 덜 고생하고 지나가는 것 같고, 잘 먹은 포만감에 힘이 나는 것 같지만 역시 몸은 정직하다. 또다시 감기에 걸려 잦은 감기로 고생하거나 식체, 장염 등이 감기 끝에 이어지기 십상이라는 것이다.

아픈 동안에는 위장도 쉬게 해야 한다. 몸의 에너지를 감기를 이겨 내는 데 집중하기 위해 기름진 것, 면류, 고기류 등과 과식은 피해야 한다. 소화가 잘되는 부드러운 음식으로 평소의 70% 정도만 먹고 푹 쉬는 것이 감기를 이겨낼 수 있는 가장 현명한 대응책이라고 말한다. 면역력이라는 것이 특별한 영양제나 내복약으로 배양되는 것이 아니고, 건전한 생활 습관으로 자연스러운 방어 체제를 구축하라는 것이다.

🍊 냉수마찰과 감기

필자는 근 40여 년간 기상과 동시에 사시사철 냉수로 샤워를 한다. 누가 시킨 것도 아니고 건강법으로 생각하고 한 것도 아니다. 전기도 들어오지 않던 농촌 지역에 살다 보니 아침 조깅(jogging) 후에 땀에 젖은 몸을 닦는 방법이 냉수를 퍼서 끼얹을 수밖에 없었기 때문이다. 냉수 샤워를 하고 수건으로 물기를 닦기 위해 온몸을 문질러 대면 냉기로 몸이 오그라드는 것이 아니라 열이 활활 나듯 추위가 싹 가시고 기분이 상쾌해지는 것을 느끼면서, 버릇이 돼 버렸다.

그런데 생각지도 않던 신체의 변화가 왔다. 이전에는 추위를 몹시 타서 내복을 겹겹이 껴입고 다녔는데 냉수 샤워가 생활화된 이후에는 추위가 별로 느껴지지 않아서 내복을 다 벗어 던져 버렸고 툭하면 감기가 걸려서 쿨럭거렸는데 언제 감기를 앓았느냐는 듯 감기가 멀어져 갔다. 이와 같은 나의 체질의 변화가 냉수마찰로부터 온 것인지 다른 원인에 의한 것인지는 검증하지 못한 것이지만 분명한 것은 확실히 냉수마찰 이후 신체 변화가 생겼다.

이 괴이한 습관을 이따금 자랑삼아 떠들어 대면 "큰일 날 일을 하

생명과학 이야기

는 것"이라며 객기 부리지 말라고 충고하는 사람, 미지근한 물로 하는 것이 바람직한 방법이라고 하는 사람, 허풍으로 듣는 사람 등 반응이 가지각색이다. 자랑할 것이 없는 잡사(雜事)에 속하는 것이겠지만 주변에서 비슷한 습관으로 건강을 유지하고 있다고 동조하는 사람들도 종종 있다.

'냉수마찰' 하면 등소평이 떠오른다. 93세를 산 등소평은 낙관적인 성격에 평생 동안 냉수마찰을 하는 등 평범한 건강법을 실천해 온 것으로 알려져 있다. '냉수마찰과 면역과의 연관성'에 관한 연구는 확인하지 못했으나, 필자의 잡학(雜學)에 가까운 지식으로 풀이하면 면역력을 높이는 긍정적인 연관성이 있을 것으로 생각된다.

✺ 면역력의 강화

전문가들도 지속적인 냉수마찰은 면역력을 높이는 좋은 방법으로 평가하고 있다. 냉수의 자극으로 일어나는 체내 온열 생산 중추의 흥분은 피부로부터의 체열 발산을 방지하기 위해 피부혈관의 수축, 근육의 긴장을 촉진시킨다. 특히 마찰에 의한 자극은 피부의 지각신경을 흥분시켜 피부혈관을 확장시키고, 피부의 혈액 및 림프순환을 활발하게 하여 피부의 영양을 좋게 하는 동시에 피부면의 노폐물을 제거하게 된다. 냉수 자극과 마찰의 자극을 반복시킴으로써 피부혈관의 수축과 확장도 반복하도록 하여 피부혈관의 순환이 효과적으로 나타나도록 돕는 것이며, 내분비선으로부터의 아드레날린이나 갑상선호르몬의 분비가 증가해 세포의 대사를 촉진시키게 된다는 것이다.

꾸준히 냉수마찰을 해온 사람이라면 차가운 기운으로부터 오는 감기 바이러스를 예방하는 저항력이나 면역 기능이 체내에 생겨 있기 때문에 감기에 걸릴 가능성이 높지 않지만, 그렇지 않은 사람이라면 오히려 조심해야 한다는 충고도 있다.

냉수마찰이 감기 예방의 한 가지 방법일 수 있지만 적극 권장할 수 있는 검증된 요법은 분명히 아니다. 장기간 지속적으로 하면 효과가 있는 것은 분명하나 이를 악물고 객기에 가깝게 강행하는 것은 위험 부담이 따를 수밖에 없을 것이다. 혈액이 림프액과 함께 핵심적인 조직인데 혈액 및 림프액의 순환을 활발하게 해주는 냉수마찰이 해로울 리가 없다. 전문가들이 권하는 기본적인 수칙을 지키면서 냉수마찰을 습관화한다면 면역력을 높이는 효과가 있을 것이라는 확신이 드는 것이다.

🍎 감기와 예방접종

감기를 앓고 나면 항체가 생기게 되고 같은 감기 바이러스가 재차 방문하면 단번에 알아차려서 퇴치할 수 있으나 같은 종류의 바이러스의 재차, 방문의 기회는 흔하지 않다는 것이다. 감기 바이러스의 종류가 많고 쉽게 변이(變異)를 일으켜서 식별할 수 없기 때문에 속수무책이다.

일반적으로 사람들은 평생 감기를 떨쳐 버리지 못하고 1년에도 몇 차례씩 감기를 앓게 된다. 더구나 아이들은 감기를 경험한 사례도 많지 않고 면역력이 약하기 때문에 1년에 5-6회 정도 감기에 걸리게 되는 것이다. 지나치게 청결하고 쾌적한 환경에서 자란 아이들보다 시골 같은 자연환경 속에서 마구 뛰어놀며 자란 아이들이 감기를 비롯한

생명과학 이야기

각종 질병에 강한 것은 열악한 환경이 면역력을 강화시킨 결과인 것이다. 감기 종류가 한 가지라면 이미 싸움은 끝났을 텐데 감기 바이러스라는 무리들이 변신의 귀재라 난감 할 수밖에 없는 것이다.

세계보건기구(WHO)는 그해 유행할 독감 바이러스를 예측하고 이에 따라 독감 백신을 생산한다. 그런데 간혹 그 예측이 빗나가는 경우에 독감 감염자 수가 확연히 급증하는 경우가 생긴다. 이는 독감 백신이 효과가 있다는 방증이기도 하다. 대부분의 국가가 독감 백신 주사를 권장하고 있지만 100% 안전하다고 할 수 없다는 것은 감안해야 한다.

예방접종은 수동예방접종(受動豫防接種)과 능동예방접종(能動豫防接種)으로 나누어지는데 수동예방접종은 외부에서 생산된 면역 물질을 그대로 주입하여 일시적인 면역력을 가지게 하는 것이다. 능동예방접종은 몸에 주입되는 예방접종 약재에 따라서 특정 질병에 대한 면역력을 스스로 갖게 하는 방법으로 독감 예방접종을 비롯한 대부분의 예방접종이 이에 해당된다. 예를 들자면, 수동예방접종은 돈은 있고 국방력이 약한 나라에서 용병(傭兵)을 끌어들여 전쟁을 치르거나 내부의 적을 소탕하는 방법으로 국방력을 유지하는 것이고, 능동예방접종은 스스로 위기에 대처하는 힘을 기르게 하는 방법이라고 할 수 있다.

☀ 생체의 방어 체계

생명체는 지구상에 출현하면서부터 적과의 숱한 전쟁을 치르며 방어 시스템을 갖추었는데 식물의 껍질과 곤충류의 외골격, 포유류의 피부가 일반적인 방어 시스템이며, 이를 학술적 용어로는 비특이성 방어(nonspecific defense)망 또는 선천성(innate) 방어망이라고 한다. 예를 들어, 피부는 바이러스나 세균이 몸속으로 침투하는 것을 막아주는 보호벽이다. 이와 다르게 만리장성이나 철책 같은 방어 시설을 뚫고 들어오는 것이 아니라 교묘(巧妙)하게 내부로 침투하는 불순분자가 있지 않은가? 이슬람의 수니파 과격 무장단체 IS는 국경선을 넘나드는 것이 아니라 세뇌시킨 인간을 침투시키니 식별해서 색출하고 분쇄하기가 쉽지 않은 것이다. 국경선의 철책이 무슨 소용이 있는가? 암세포가 IS 같은 성질을 가졌다고 생각할 수 있다.

이런 종류를 방어하는 생체의 방어 체계를 특이적 방어(specific defense)라고 한다. 예를 들어, 바이러스 같은 병원체가 혈액을 통해 생체 내로 들어오면 항체가 만들어져서 재진입하는 바이러스는 체포(결합반응)해서 파괴시킬 수 있는 것이다. 암세포는 적의 레이다 망에 잡히지 않는 스텔스기와 같다고나 할까? 위장술(僞裝術)이 능란해서 아직까지 능동적인 방어망을 갖추게 하는 데는 성공하지 못하고 있는 실정이다.

🍊 항체(antibody)

면역력을 국방력에 비유한다면 전투력을 갖춘 병사(兵士)에 해당하는 것은 항체(抗體)다. 전쟁터의 병사는 군복과 철모, 군화, 보호 장비와 총을 갖추는 정도로 전쟁터에 서게 되듯이 항체도 그 모습을 묘사할 수 있다. 군대에 육·해·공군이 있다. 이들이 정규군에 해당한다면 내부 적을 소탕하는 일차적인 임무는 경찰관이나 더 나아가면 예비군이 감당하게 되는데 백혈구나 식세포 같은 것이 그런 역할을 한다고 할 수 있는 것이다.

생명과학 이야기

항체는 생화학 물질의 성분으로 분류하면 제각각 다르고 복잡하다. 대표적인 항체 유기물의 하나가 면역글로불린(immunoglobulin)이다. 약자로 G(IgG)로 표시된다. 혈액액의 희멀건 빛깔의 액체 속에 있는 단백질의 한 종류다. 달걀의 흰자와 유사하다고 할 수 있다, 이 면역글로불린이 몸속에 잠입한 간첩이며 불순분자를 식별하고 색출하는 능력을 갖추고 있다. 불순분자를 생화학 용어로 항원(抗原)이라 하는 것이다.

혈액형의 A형 피를 B형 피와 섞어 놓으면 응집한다. 이런 반응을 항원항체응집반응이라고 한다. 면역글로불린이 똑똑해서 자기 식구인가 아닌가를 잽싸게 알아차리고 A형과 B형이 엉기듯이 불순분자가 침입하면 옮아매서 사멸해 버리는 것이다. 이와 같은 시스템의 가동이 잘되는 사람이면 면역력이 좋은 사람이고, 식별 능력이 미약해서 정작 잡아 족쳐야 할 불순분자는 색출하지 못하고 엉뚱한 물질에 과잉 반응하는 것을 알레르기(독일어로 allergie) 또는 앨러지(영어로 allergy)라고 하는 것이다.

면역 시스템의 과민반응이 알레르기다. 보통 사람에게는 별 영향이 없는 물질이, 특정한 사람에게만 두드러기, 가려움, 콧물, 기침 등의 이상 과민 반응이 일어나는 것이다. 잡아야 할 간첩은 안 잡고 죄 없는 사람 잡아다 고문하고 족쳐서 간첩을 만드는 것은 국가의 면역력이 취약해서 벌어지는 악폐(惡弊)이며 알레르기 형상이다.

글로불린은 단백질이며 항체 역할을 하는 것인데 이것은 열쇠(key) 모양 자기가 맡을 자물통(lock)을 갖게 된다. 항체는 열쇠를 쇠로 깎아서 만들듯 자기가 맡을 항원에 맞게 특정 단백질을 만들어 낸 것이다. 그러나 항체는 열쇠가 자물통을 여는(open) 역할은 하지 못하고 외부에서 침입한 불순분자를 꼭 가둬서 꼼짝 못하게 하는 것으로 임무를 수행하는 것이다.

☀ 백혈구

면역 이야기에 백혈구가 빠진다는 것은 '고무줄 없는 팬티'라고 표현할 수 있을 것 같다. 면역 체계를 샅샅이 뒤지자면 생체의 모든 구성요소 모두가 직간접으로 관여하는 것이지만 백혈구는 최전방에서 백병전을 치르고 있는 (戰士)이다. 군인(soldier)이며 경찰(police)이다.

적혈구나 백혈구는 골수에서 생성되는데 혈구를 만드는 능력을 가진 세포를 학술적 용어로는 '다능 간세포(幹細胞)'라고 하며, 줄기세포라고 해도 잘못된 표현은 아니다. 골수에 있는 골수 모세포가 자라는 동안 변형을 해서 적혈구, 백혈구, 혈소판 등으로 분화되는 것이다. 그런데 이 혈구공장이 종종 고장이 생기지 않는가?

혈구공장의 문제는 여러 가지라 일일이 다 열거할 수 없지만 그중하나인 백혈병을 예로 들자면 백혈병(白血病, leukaemia)은 백혈구가 제대로 성숙하지 못한 상태로 혈구공장을 빠져나와 혈액 속을 휘젓고 다니게 되므로 다른 혈구들의 기능을 위축시키는 병이다. 또한 이 백혈구는 정상 백혈구보다 훨씬 크기 때문에 정상적인 혈구의 수를 감소시키고, 면역 기능은 물론 산소 운반이나 영양 공급과 같은 기본적인 혈액의 기능을 수행할 수 없게 한다. 또한 비정상적인 백혈구는 자가 면역질환과 유사한 반응을 일으켜 정상 조직을 파괴하기도 한다. 방사능 물질을 가까이할 경우 걸릴 가능성이 높아진다는 것은 잘 알려진 사실이다.

자가면역질환이란 우리 몸을 보호하기 위한 면역 체계의 혼란이다. 면역세포가 우리 몸에 침입한 균을 공격하는 것이 아니라 우리 자신의 세포를 공격하는 질환을 일컫는다. 아군끼리 전쟁을 벌이는 것이다. 외부 공격을 막아내야 할 군대가 자기 국민을 공격하는 안타까운 모습인 것이다. 실제로 6·25전쟁 과정에서 이런 상황이 벌어져서 민간인들의 피해가 많았으며, 그 후유증이 가시지 않고 있기도 하다.

면역력을 담당하는 백혈구는 크게 과립구(顆粒球), 림프구로 나뉜다. 면역력이 높은 상태를 유지하려면 과립구(顆粒球)가 54-62%, 림프구가 35-41%를 유지해야 한다. 즉, 과립구와 림프구 비율을 적절하게 유지하는 것이 면역력을 유지하는 관건이다. 이 비율이 사람마다 다르고 수시로 변하기 때문에 백혈구의 숫자와 변화를 통해 건강 상태를 진단하는 기준으로 사용되고 있다.

과립구는 호중구와 호산구, 호염구로 나눈다. 백혈구가 적혈구처럼 뚜렷한 모양을 갖추고 있지 않고 좋아하는 용액도 달라서 중성(中性) 용액을 좋아하는 백혈구를 호중구(好中球), 산성(酸性)을 호산구(好酸球), 염기성(鹽基性)을 호염구(好鹽球)라고 하는 것이다. 이와 같은 과립구는 노화되어 죽은 세포, 진균, 대장균 등 비교적 큰 물질을 처리한다. 백혈구 가운데 가장 큰 단구는 대식세포로서 탐식·소화 작용을 통해 몸에 들어온 외부 물질을 제거한다.

과학 지식이란 전체적인 건강을 위해 잘 다뤄야 하는 지혜이자 도구다. 과학적 본질의 이해 없이 과학적 지식을 각색(脚色)해서 과학적인 지식인 양 유포되고 있는 것을 경계해야 한다.

면역의 본질에서 생체의 구성 요소가 어느 하나 중요하지 않은 것이 없지만 백혈구의 일종인 림프구는 샅샅이 알아야 면역을 이해하고 건강에 바람직한 대처를 할 수 있다고 생각된다. 백혈구는 약 5,000-8,000개(1mm³)가 들어 있으며, 그 95%는 과립구와 임파구가 차지하고 있다. 과립구와 림파구(lymphocyte)는 적으로부터 몸을 지키는 일을 하지만 역할이 다르다. 과립구는 둥그스름한 모양을 갖추고 있지만 림프구는 아메바처럼 일정한 형태가 없다. 과립구는 진균과 대장균, 오래되어 죽은 세포의 시체 등과 같이 체내에 침입한 이물(異物)을 먹어 처리하는 일을 담당하고 혈액 1㎣ 속에 3,600-4,000개가 들어 있는데 백혈구 전체의 54-60%를 차지한다.

과립구는 증식 능력이 대단히 커 긴급 사태가 발생할 시, 2-3시간에 전체의 2배로 증가한다. 부상으로 조직에 염증이 생기면 과립구가 1만-2만 개/㎣에 이르러 백혈구 전체의 90%를 차지하는 경우도 있다. 과립구가 정상 값을 넘으면 충수염(흔히 맹장염이라 함)이나 폐렴, 편도선염 등 염증성 질병이 생겼다는 의심이 커진다. 수십 년 전까지만 해도 배가 아파 쩔쩔 매는 환자를 진단할 때에, 현미경을 통해 백혈구 수를 세는 방법을 사용하기도 하였다.

과립구의 수명은 2-3일로 매우 짧다. 과립구는 역할을 다하면 조직의 점막을 죽는 장소로 택하여, 이곳에서 활성산소를 방출하고 일생을 마친다. 림프구는 이물(異物)을 항원이라고 인식하면 항원의 독성을 없애는 항체라고 부르는 단백질을 만들어 대항한다. 임파구는 백혈구의 약 35-41%를 차지하며, 혈액 1㎣ 속에 2,200-3,000개 정도가 들어 있다.

생명과학 이야기

🍊 림프구의 주특기

림프구는 또 주특기(主特技)에 따라 T세포(T cell), B세포(B cell), NK세포(Natural killer cell, NK cell) NKT세포 등으로 나눈다. 필자가 군인이었을 때 의무병으로서 전쟁터에서 환자를 나르는 들것병 주특기인 '801'이었다. T세포, B세포, NK세포, NKT세포니 하는 것은 사람들이 갖다 붙인 이름이지만 혹 생체를 주관하는 분이 있다면 멋진 주특기명이 있을 것이며, 아마도 DNA 총무처(?)의 문서를 뒤져봐야 할 것 같다(?).

T세포는 골수에서 만들어져서 가슴샘(Thymus)에서 성숙되는데, 가슴샘-흉선(胸腺)의 영어, 'Thymus'의 첫 글자, T를 따서 'T세포'라고 하는 것이다. T세포가 처음 만들어졌을 때는 전투 능력이 없지만 훈련소에 해당하는 가슴샘을 거치면서 전투력을 갖게 되는 것이다.

가슴샘에서 성숙된 T세포도 그 기능이 세분화돼서, 도움 T세포(Helper T cell), 독성 T세포, 자연살상 T세포, 기억 T세포로 나눈다. 도움 T세포는 효과 T세포 중 다른 백혈구들의 분화 및 활성화를 조절함으로써 체액성 면역을 촉진하는 역할을 한다.

독성 T세포는 그랜자임(granzyme)이나 퍼포린(perforin)이라고 하는 단백질 형태의 세포 독성 물질을 만들어 바이러스에 감염된 세포나 종양 세포 등을 죽이는 신비한 세포이다. 세포 표면에 주특기명, CD8라는 단백질을 가지고 있기 때문에 CD8 T세포라고도 한다. 보조 T세포와는 반대로 세포성 면역을 매개하여 바이러스 및 암세포를 제거하며, 자연살상 T세포는 인터페론, 인터루킨 등 사이토카인(cytokine)을 분비하여 면역 반응을 조절한다. 사이토카인(cytokine)은 면역 세포가 분비하는 단백질을 통틀어 일컫는 말이다. 인터페론에 의한 종양 치료의 중요 기전으로는 세포독성 T-림프구를 자극하고 주요 조직 적합 복합체 항원을 활성화시키는 것이다. 이 외에도 자연 살해 세포와 대식 세포를 자극하는 면역 증강 효과가 있고, 내피세포 증식과 신생 혈관 억제 효과를 나타내며, 암세포에 대한 직접적인 증식 억제 작용을 하는 것으로 알려져 있다.

인터페론은 또 알파(α), 베타(β), 감마(γ) 세 가지로 구분되며, 감마(γ)는 T-림프구 및 자연 살해 세포(natural killer cell, NK cell)에서만 합성되고 있으나, DNA를 이용한 유전공학 기법으로 인공 인터페론을 생산하여 면역 관련 질병을 치료하고 있는 것이다.

기억 T세포는 항원을 인지한 T세포가 분화 및 선별 과정을 거친 뒤 장기간 생존하고 있다가 나중에 항원이 재차 침입하였을 때 빠르게 활성화되어 효과 T세포의 기능을 할 수 있는 잠재적 능력을 가진 세포를 말한다.

B세포(B細胞, B cell)는 림프구 중 항체를 생산하는 세포이다. 면역 반응에서 외부로부터 침입하는 항원에 대항하여 항체를 만들어 낸다. 원래 B세포는 조류의 총배설강 주변에 있는 파브리키우스 주머니(bursa of Fabricius)에서 처음 발견되었기 때문에 주머니(bursa)의 첫 글자를 따서 B세포라고 이름을 붙였다. 사람을 포함한 포유류의 경우 골수(bone marrow)에서 유래되므로 골수의 첫 글자를 따서 B세포라고 부르기도 한다. 인간에서는 혈중 림프구의 약 10-15%, 림프절 내 림프구의 약 20-25%, 비장(脾臟) 속에 림프구의 약 40-45%가 B세포이다.

B세포는 대량의 항체(면역글로불린 또는 감마글로불린으로도 불림)를 생산한

다. 또한 보체계(補體系)를 활성화시키는데 보체계는 항체 및 다른 면역체계 구성 요소가 침입 항원을 파괴하도록 도와주는 일련의 효소이다. 이들은 중성구 및 대식세포를 끌어들이고 활성화시키며, 바이러스를 중성화시키고, 해로운 유기체를 해체시켜서 생체의 안전을 도모하는 역할을 하는 것이다.

🌟 NK세포(NK cell, Natural killer cell)

NK세포(NK cell, Natural killer cell)는 선천 면역을 담당하는 중요한 세포이다. 체내에는 총 약 1억 개의 NK세포가 있으며 T세포와 달리 간이나 골수에서 성숙한다. 바이러스 감염 세포나 종양 세포를 공격하는 것으로 알려져 있다. 그 방법은, 먼저 비정상 세포를 인지하면 퍼포린(perforin)을 세포막에 뿌려 세포막을 녹임으로써 세포막에 구멍을 내고, 그랜자임(granzyme)이라는 효소를 세포막 내에 살포(撒布)해서 세포질을 해체함으로써, 세포자살(細胞自殺, apoptosis)을 일으키거나, 세포 내부에 물과 염분을 주입해서 네크로시스를 일으킨다. 구멍을 뚫는 면역 관련 단백질인 퍼포린(perforin)은 바이러스 감염 및 암세포를 제거하는 데 필수적인 인자이며, 자연 살해 세포 및 세포독성 T세포로부터 분비된다.

세포의 죽음에는 크게 두 가지가 있다. 사람이 갑자기 교통사고를 당하거나 흉기에 찔려 비명횡사하는 것처럼 세포도 갑작스럽게 죽음을 맞을 때가 있다. 칼에 베이거나 불에 데어 세포가 손상되었을 때, 혹은 암세포가 증식해 정상 세포가 침입을 당했을 때다. 세포가 외부의 영향으로 어쩔 수 없이 죽음을 맞는 것이다. 이때 세포 안팎에서는 수만 배에 이르는 삼투압 차이가 나면서 엄청난 양의 물이 세포 속으로 유입돼 세포가 터져 죽는다. 터진 세포에서 내용물이 흘러나오고 염증 반응이 일어나 주위 세포들까지 해를 입기도 한다. 이러한 타의적인 죽음을 네크로시스(necrosis)라고 한다.

🍎 세포가 자살한다

반면, '세포 자살'을 뜻하는 아포토시스(apoptosis)는 수명이 다하거나 병에 걸린 세포가 스스로 자연스럽게 죽음을 선택하는 경우다. 우리 몸에서 세포 자살이 일어나는 경우는 두 가지 정도인데, 우선 발생과 분화 과정에서 불필요한 부분을 없애기 위해서 일어난다. 올챙이가 개구리가 되면서 꼬리가 없어지는 과정이나 사람의 손이 생기는 과정이 대표적이다. 태아의 손이 발생할 때 몸통에서 열 손가락이 차례로 자라는 것이 아니라 주걱 모양의 동그란 손이 먼저 나온다. 그러고 나서 손가락이 되지 않는 부위가 서서히 소멸되면서 비로소 열 개의 손가락이 드러난다.

만약 세포 자살이 없었다면 지구상의 모든 생물은 독특하고 다양한 형태를 갖추는 대신 밋밋하고 동그란 세포 덩어리에 지나지 않았을 것이다. 그러나 대부분의 세포 자살은 세포가 심각하게 훼손돼 암세포로 변질될 가능성이 있을 때 일어난다. 방사선, 화학약품, 바이러스 감염 등으로 유전자 변형이 일어나면 세포는 이를 감지하고 자신이 암세포로 변해 개체 전체에 해를 입히기 전에 자살을 결정한다.

생체에서 이루어지는 일은 지극히 순리적이다. 인간 사회에서는 누가 봐도 그 자리에 있어서는 안 될 사람인데 끈질기게 버티는 경우를 보게 된다. 이런 경우에 타의에 의해서 내쫓기는 것을 네크로시스(necrosis)라고 할 수 있고, 알아서 자진 사퇴하는 것을 아포토시스(apoptosis)라고 비유할 수 있다. 최근에 그런 일이 벌어지고 있다.

림프구만 뒤지기도 힘든데 B세포에, T세포, NK세포에다, 헷갈리게 NKT라는 세포가 또 있다. T세포와 구조와 비슷한데 T세포는 직접 사살할 수 있는 M1 소총 같은 총기를 휴대하고 있지만, NKT세포는 M1카빈(carbine) 같은 총기를 가지고 있어서 바이러스 등, 적을 만나면 직접 총질을 할 수 있다는 것이 다르다.

필자는 군 복무 당시 들것병이라 소총을 지급받지 못했다. 대신 왼팔에 적십자 표시 완장을 두르고 다녔다. 적십자 표시 완장을 적(敵)군이 보면 총질을 않는 것인지… 좌우간 NKT세포는 T세포의 일종으로 NK세포보다는 크기가 작고(NK세포는 대림프구로 분류되며 림프구 중에서 크기가 가장 크다), 적을 인식하면 직접적으로 공격할 수도 있다. NKT세포는 그의 무기인 사이토카인(cytokine)을 분비해서 B세포, T세포, NK세포의 활성을 도와주고 또 적을 사살할 수 있다. 그러나 사이토카인(cytokine)을 분비해서 면역 체계에 기여하고 있는 것이 밝혀지긴 하였으나 확실한 메커니즘은 계속 추적 중에 있는 상태다.

🔆 면역계의 Control tower

세상의 모든 조직이 Control tower가 있게 마련인데 생체의 면역계 Control tower는 뇌(腦)의 신경계이며, 중간 단계의 Control tower는 자율신경계다. 자율신경계도 교감신경계와 부교감신경계로 나눈다. B세포, T세포, HK세포, NKT세포 모두가 자율신경계의 지배를 받아야 한다. 긴장하거나 흥분한 상태에서는 교감신경이 작용하여 에너지의 생성이 증가하고 심장 박동 속도와 호흡 운동 속도가 빨라진다. 또 혈압이 높아지며, 간에서는 글리코젠이 포도당으로 분해되어 혈당량이 높아지고 소화 작용은 억제된다.

평상시 상태에서는 부교감신경이 작용하여 심장 박동 속도와 호흡 운동 속도가 느려진다. 또, 혈압이 낮아지며 소화 작용은 촉진된다. 부교감신경은 신체를 이완시키고 영양적으로 기능할 준비를 시켜 주고, 교감신경은 내장 기관의 활동을 억제하고 근육 쪽으로 혈액을 많이 보내게 한다.

림프구 중, 정상인의 과립구가 60% 정도이고 임파구는 35% 정도라고 언급하였다. 과립구가 많아지면 상대적으로 림프구는 줄어들고 과립구가 적어지면 상대적으로 임파구는 많아진다. 과립구든, 림프구든, 골수에서 만들어지는 것이지만 교감신경이 흥분해야만 과립구가 많이 만들어지고, 부교감 신경이 흥분해야만 림프구가 많이 만들어지는 것이다. 과립구 표면에는 교감신경의 흥분으로 분비되는 아드레날린(Adrenalin, 노르에피네프린이라고도 함)을 받아들이는 수용체가 백만 개 이상 존재하기 때문이다. 교감신경이 흥분해야만 과립구가 활성화되어 식균 작용이 시작된다는 것이다. 또한 임파구 세포막에는 아세틸콜린(Acetylcholine) 수용체가 백만 개 이상 존재한다. 그래서 부교감신경이 흥분해야만 임파구가 활성화되고 면역 기능이 시작되는 메커니즘을 갖고 있는 것이다.

스트레스는 교감신경을 흥분시키고 웃음은 부교감신경을 흥분시킨다. 몸집 큰 세균인 포도상구균은 교감신경을 흥분시키고, 몸집 적은

생명과학 이야기

바이러스는 부교감신경을 흥분시킨다. 술은 적게 마시면 부교감신경이 흥분하고, 많이 들어가면 교감신경이 흥분하게 된다. 이처럼 생리변화를 일으키거나 병을 유발하는 모든 자극 인자는 교감신경성 아니면 부교감신경성으로 나눌 수가 있는 것이며, 사람의 성격도 아드레날린형, 아세틸콜린형으로 나누어 설명하기도 한다. 놀부가 전형적인 아드레날린형이라면 흥부는 아세틸콜린형이라고나 할까?

🍊 웃음과 면역

"스트레스를 받지 않아야 합니다."라는 말을 종종 듣는다. 세상에 스트레스를 받고 싶은 사람이 어디 있을까? 그보다는 스트레스에 대처하는 습관적인 태도가 중요하다. 면역력이 높아야 각종 질병에 잘 걸리지 않고 건강할 수 있다는 것은 다 아는 소리다. 문제는 면역력을 높이는 연구도 있고 내로라하는 전문가들의 주장도 있다. 그중에 다소 과학적이지 않을 것 같은 '웃음'의 치유법을 권유한다.

'웃음'을 프로그램으로 만들어 면역력을 높이는 몇 개의 연구 사례가 있다. 일본 오사카 의대 이와세 박사 팀은 최근 웃음 치료가 암세포를 잡아먹는 자연살해세포(NK세포)를 14% 증가시키고, 미국 하버드 의대 연구 팀은 "1-5분 정도 웃으면 NK세포가 5-6시간 동안 지속적으로 증가한다"는 연구 결과를 발표했다. 미국 로마린다 의대도 비슷한 실험에서 웃음으로 인해 NK세포가 24-40% 정도 상승했다는 연구 결과를 내놓았다.

웃음은 교감신경(긴장)과 부교감신경(릴렉스)을 시소처럼 안정한 상태로 교차시키기 때문에 백혈구가 활성화(power up)된다는 것이다. 스트레스나 긴장을 받으면 교감신경이 우위(優位)가 되고, 이때 세균이나 죽은 세포를 먹어 치우는 과립구가 늘어나는데 이는 수명이 평균 2일로 자폭 시 다량의 활성산소를 발생해 각종 질병 발생의 부작용이 따르게 된다. 반대로 긴장을 풀면 부교감신경 우위가 되고 T세포, B세포 등의 임파구가 활성화되어 면역력이 증가하게 되어 있다.

이 외에도 스트레스는 뇌의 시상하부를 자극, 부신피질호르몬(일명 스테로이드 호르몬)을 분비케 하는데 이는 흉선을 위축해 T세포의 성숙을 방해하며, 이미 만들어진 T세포를 파괴하는 등 면역반응을 전반적으로 억제한다.

1960년대 초, 로버트 구드라는 의사는 환자에게 최면술을 걸어 면역계가 어떤 영향을 받는가를 확인키로 했다. 그는 최면 상태에 있는 사람의 양팔에 알레르기 환자의 혈청을 주입한 후 다시 알레르겐을 주사했다. 이론상, 양팔에는 모두 알레르기 반응이 일어나 똑같이 붉게 부어야 한다. 하지만 그는 마지막으로 피험자에게 다음과 같은 암시를 걸었다. "당신의 한쪽 팔에는 반응이 일어난다. 그러나 다른 한쪽은 안 일어난다." 결과는 의사의 암시대로였다.

이 실험은 면역계가 마음의 작용만으로도 간단히 조작된다는 사실을 시사한다. 마음을 강하게 먹으면 면역계까지도 생각대로 된다는 뜻이다. 화를 잘 내는 사람, 타인과 감정적인 충돌을 빚기 쉬운 사람, 원기가 없는 사람은 질병에 잘 걸리거나 증상이 악화되기 쉽다고 한다. 항상 웃는 얼굴로 "감기 따위에는 안 걸려", "암 따위에는 지지 않아", "나의 NK세포는 남보다 강해"라고 말하라고 권고한다. 이 이상 효율적인 면역력 향상 작전은 없다는 것이다.

✸ 교원병(膠原病)-류머티즘

교원병(collagen disease)은 교원섬유에 변화를 동반하는 만성 관절 류머티즘을 말한다. 스웨덴의 노먼 커즌스(Norman Cousins, 1915-1990) 박사는 어느 날 갑자기 전신성 교원병(膠原病)에 걸렸는데 온몸에 통증이 느껴지면서 마치 불에라도 덴 것처럼 염증이 발생했다. 의사는 치유할 가망성이 없다고 두 손을 들었지만 커즌스는 포기하지 않았다. 직접 의학 서적과 논문을 읽고 연구한 후, 스테로이드 제제를 모두 끊어 버렸다. 그다음 코미디 영화나 유머 서적을 닥치는 대로 읽고 웃음으로 자신의 치유 능력을 향상시켜 결국 교원병에서 벗어났다고 한다. 노먼 커즌스는『웃음의 치유력』의 저자로 알려진 저널리스트(journalist)다.

웃음이 스트레스를 해소하고 건강한 생리작용을 촉진한다는 것은 널리 알려진 사실이다. 웃음의 치유력에 관해서 깊은 관심을 가지고 연구한 사람 중에서 노먼 커즌스를 빼놓을 수 없다. 비록 억지로 웃어도 면역세포의 작용은 활발해진다고 한다. 항상 싱글벙글, 플러스 사고로 사는 것이 면역력을 높이는 비결이라 하겠다.

류머티즘이란 관절, 뼈 및 근육 등에 통증을 초래하는 모든 질환을 말하며, 결체조직 질환 또는 교원병이란 용어도 사용되었으나 지금은 류머티즘이란 용어를 주로 사용하고 있다. 노만 커즌스에게 걸린 병도 류머티즘 질환이다. 류머티즘 질환은 100여 가지나 되는 질병으로 구분할 수 있으며, 환자의 임상 증상과 검사 소견을 종합하여 정확한 진단을 내려야 한다. 임상에서 흔히 류머티즘과 류마티스 관절염이 혼동되고 있는데, 류마티스 관절염은 100여 가지나 되는 류머티즘 질환 중의 대표적인 질환의 하나일 뿐이다.

🍑 가슴샘(흉선-胸腺, thymus)

일반인(common people)들이 잘 모르고 있는 인체의 기관(器官) 중에 가슴샘(흉선-胸腺, thymus)이 있다. 면역계의 특별한 기관이자 척추동물의 내분비샘 가운데 하나이다. 가슴샘은 가슴 한가운데 위치하는 가슴뼈(흉골)의 바로 뒤, 좌우 폐의 사이, 심장의 바로 앞에 존재하는 면역 기관으로, 가슴샘이라고도 하며, T림프구가 생성되는 장소이다.

가슴샘은 좌엽과 우엽의 2엽으로 되어 있으며, 편평한 삼각형 모양이다. 가슴샘의 크기는 태어날 때 12-15g이던 것이, 사춘기에 30-40g으로 최대 크기에 도달했다가, 점차 퇴화하여 70대에는 약 6g 정도로 된다. 나이가 들면서 가슴샘의 크기가 작아짐에 따라 가슴샘의 기능도 또한 감소하는 것으로 알려져 있다.

가슴샘에서는 골수에서 만들어져 외부에서 침입한 바이러스 등 이물질(異物質)에 대처 능력을 갖추지 못한 T림프구를 훈련시키는 신병 훈련소 같은 역할을 하는 기관이다. 가슴샘을 거쳐야 무기가 지급되고 전투 능력을 갖게 되는 것이다. 가슴샘은 가슴샘 호르몬을 분비하는 내분비샘의 기능도 있는데, 가슴샘 호르몬은 미성숙 림프구가 T림프구로 분화하고 성숙하는 과정에 관여한다.

가슴샘 호르몬의 분비량은 20대 이후부터 점차 감소하기 시작하는데, 가슴샘 호르몬의 분비량이 줄어들면, 면역력이 약해지고 바이러스 감염, 자가 면역(自家 免疫) 질환, 그리고 암 등에 걸리기 쉽게 된다. 그런 까닭에 가슴샘 호르몬은 이전부터 B형 간염, C형 간염, 류머티

생명과학 이야기

즘 관절염, 여러 가지 자가 면역 질환 및 암에 대한 치료제로 쓰이고 있다.

건강하게 오래 살고 싶은 것은 인류의 오랜 숙원 중 하나다. 천년만 년 불로장생의 심리가 진시황뿐이겠는가? 인간은 누구나 원천적으로 장수하고 싶어 하기에 과학자들도 자연히 수명을 늘릴 실마리가 있다 하면 파고들게 마련이다. 가슴샘에도 수명을 늘릴 단서가 있다고 보는 기관이다.

☀ 질병 치료는 몸의 항상성(恒常性)

가슴샘(흉선)에서 생성되는 한 호르몬이 면역력을 강화하고 이에 따라 건강 수명도 늘릴 수 있다는 연구 결과가 여러 개 나왔다. 미국 예일대 의대 연구진은 실험 결과 가슴샘에서 분비되는 FGF21(fibroblast growth factor 21) 호르몬이 쥐의 수명을 40%까지 늘리고, 이 호르몬 분비를 증가시키면 나이가 들어감에 따라 약화되는 면역력을 강화할 수 있다는 연구를 '미국국립과학원회보'(PNAS)에 발표한 바 있다. 이 호르몬은 "비만과 암, 당뇨병 등 질병으로 고통받고 있는 노인들의 면역 기능을 크게 향상시켜 수명을 40% 이상 연장해 주는 역할을 할 것"이라고 설명했다.

우리 몸의 세포들은 수명이 있다. 매일 일정한 양의 세포가 죽어 나가고 그만큼의 세포가 생겨난다. 위장세포의 수명은 대단히 짧아 2시간 30분밖에 되지 않는다. 면역을 담당하는 백혈구는 48시간 정도이다. 반면 적혈구는 120일, 뇌세포는 60년 정도 된다. 체세포의 평균 수명은 25-30일 정도이다. 세포의 재생 주기는 피부 28일, 두피 60일, 인체 장기 120-200일, 손발톱의 뿌리 부분까지 성장하는 데 6개월이 걸린다.

질병을 치료하는 것은 약이나 수술이 아니다. 질병을 만든 것도 나의 몸이고 질병을 치유하는 것도 나의 몸이다. 결국, 질병 치료는 몸의 항상성(恒常性)을 되찾는 것이다. 항상성은 외부 환경이 변하더라도 인체 내부의 환경은 일정하게 유지하려는 성질이다. 신경계와 호르몬의 작용을 통하여 유지되며 최고 조절 중추는 간뇌의 시상하부이다. 몸이 항상성을 되찾으면 질병이 치유된다. 어떤 질환을 앓더라도 질병에 집중하지 말고, 몸과 마음의 조화와 균형에 집중하여야 한다. 몸이 항상성(恒常性)을 되찾으면 스스로 면역 체계를 가동하여 질병을 치유한다.

🍎 Health=Balance이다

면역 체계는 질병으로부터 몸의 보호 작용을 하는 세포와 내장기관의 균형 잡힌 네트워크를 말한다. 이러한 방어 세포들은 편도나 비장, 림프절, 골수, 흉선(가슴샘) 등의 신체 여러 기관에 존재한다. 질병을 유발하는 외부 침입자를 발견하면 이를 파괴하기 위해 항체가 만들어진다. 면역 체계가 제대로 가동되지 않으면, 우리 몸은 무방비 상태가 되고 만다. 무조건 약부터 먹지 말고, 면역 체계를 강화시킬 수 있는 운동, 다이어트, 건강한 식사, 충분한 수면 등의 방법을 써야 한다. 매일 적당한 운동을 하면 감염 퇴치를 위한 몸의 세포 숫자가 크게 증가한다. 과체중이나 비만은 질병의 위험을 높이는데, 과도한 지방세포는 신체 조직에 손상을 주는 염증을 초래한다.

당분이나 포화지방을 너무 많이 섭취하면 세균을 퇴치하는 면역 세

생명과학 이야기

포를 억제한다. 너무 짜거나 단 음식을 피하고 항산화제가 풍부한 좋은 음식을 적당히 먹어야 한다. 부족한 수면은 질병을 퇴치하는 몸의 능력을 떨어뜨린다. 최소한 7시간 이상은 수면을 취해야 한다.

우리는 중요한 기본을 무시하고, 별난데서 비결을 찾으려고 한다. Health=Balance이다. 자연은 무리를 허락하지 않는다. 면역력은 내 몸이 만든 천연약이다. 감기는 큰 질병을 막는 방파제이다. 인간은 미지에 대한 과장된 두려움이 있다. 건강은 상태가 아니라 태도이다. 건강은 삶의 기쁨 속에서 피어난다. 두려움은 삶의 즐거움을 만들지 못한다. 누구도 건강을 장담하기는 힘들다. 그러나 답은 가까이 있다. 내 몸은 진화(적응)의 산물이다. 배가 고프면 먹고 싶은 것을 자신에 맞게 배고프지 않을 정도만 즐겁게 먹어야 산다.

나를 치유하는 몸의 소리에 귀를 열어라. 회복한 항상성(恒常性)은 면역 체계를 잘 가동하여 우리들에게 온전한 생명, 온전한 몸, 온전한 삶을 선물한다. 건강 증진 과정은 개인이 최적의 신체적 정신적 건강 수준을 유지하도록 행동을 변화시키고, 이를 달성하기 위한 태도와 인지를 발달시키는 것이라고 생각한다. 즉 좋은 습관을 갖도록 관련된 지식을 습득하여 행위를 변화시키며, 환경적 지원을 통해 통합적으로 생활양식이 변화되도록 지속적인 개인의 노력 속에서 정답을 찾을 수 있는 것이다. 더구나 면역력은 더 말할 나위가 없는 것이 아니겠는가?

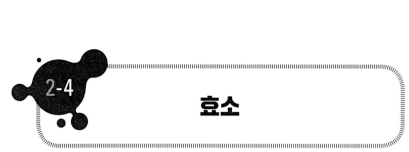

효소

🍎 **프랑스의 과학자 레오뮈르**(1683-1757)

　한국에 효소(酵素) 열풍이 일어나고 있는 것 같다. 집집마다 식물성 원료와 설탕을 혼합해서 숙성 과정을 거치고 있는 효소단지를 진열하고 있다고 한다. 몇 개월여 전부터 필자의 집, 장독대에도 몇 개의 효소 단지가 자리를 차지하였다. 과학 교사를 한 필자의 견해로는 매스컴의 과다한 선전의 여파로 벌어지는 열풍일 뿐 간장, 된장 등 한국의 전통 발효 식품과는 거리가 멀고 과학적 근거가 명확하지 않을 것으로 생각된다. 그런 의미에서 과학에서 밝힌 효소의 정체를 기술(記述)해 보고자 하는 것이다.

　많은 효소 중에 소화기관에서 작용하는 효소가 직접적으로 인지하기가 쉬울 것 같아 소화효소부터 언급하려고 한다. 330여 년 전에 프랑스 과학자 레오뮈르(1683-1757)는 동물의 소화기능에 관한 연구를 하고 있었다. 당시에 소화에 관하여 두 가지 주장이 있었다고 한다. 생물학자 보렐리는 치아의 저작(咀嚼)과 음식물을 잘게 부스는 소화기관의 작용이라고 주장했고, 실비우스라는 학자는 화학작용이라고 주장하였다고 한다.

생명과학 이야기

레오뮈르는 이런 논쟁에 얽매이지 않고 독자적인 실험을 하였다. 양쪽으로 구멍이 뚫린 작은 쇠 파이프에 고기 조각을 넣고 금속 통으로 양쪽 구멍을 덮은 후에 독수리에게 강제로 먹였다. 먹은 것 중에 소화된 것만 소화기관으로 통과시키고 소화되지 않은 것은 토해내는 독수리의 습성을 이용한 것이다. 독수리를 비롯한 새들은 삼켰던 먹이를 토해 내서 어린 새끼에게 먹여 준다. 독수리가 토해낸 금속 통의 고기 조각을 조사해 보니 고기의 일부가 녹아 있었으며, 이는 기계적인 작용이 아니라 독수리 위 속의 위액이라는 결론을 얻은 것이다. 그는 독수리에게 해면을 삼키게 한 후에 다시 토해 내게 한 위액 속에서 고기 조각이 녹은 것을 보고 위액의 소화 기능을 확인하게 된 것이다.

현재에 와서 생각하면 에피소드 같은 이야기이지만 당시에는 획기적인 연구 결과인 것이다. 당시에는 연구가들이 아니라도 침이나 위액이 음식물을 삼킨다는 것을 어렴풋이는 알고 있었을 것이다. 대표적인 효소 음료라고 할 수 있는 맥주의 역사가 기원전 4-5천 년으로 거슬러 올라가는 것을 보면 인류가 효소를 알고 이용한 것은 너무나 오래된 일이다. 액체 속에 있는 효소의 정체를 눈으로 확인할 수 없었을 뿐이다.

☀ 효소의 크기는 1억분의 1mm

연구하는 사람들이나 아는 일이지만 효소의 크기는 1억분의 1mm로 보고 있으며 무색투명하니 과학자라 해도 첨단 장비가 아니고는 확인할 수 없는 존재다. 효소의 종류를 3,000여 종으로 추산하고 있으나 계속 새로운 효소가 발견되고 있으니 얼마나 많은 효소가 있는

지는 아무도 모른다.

3,000여 종 이상이나 되는 효소가 하는 일이 각기 다르다. 효소의 license가 각각 다르다는 것이다. 모두가 잘 알고 있는 침 속에 있는 아밀라아제(amylase)는 소화효소 중의 하나로, 녹말을 말토스와 덱스트린으로 분해하는 라이선스(license)를 갖고 있지만 고기 같은 단백질에는 손을 댈 수가 없다. 말토스와 텍스트린이 화학 용어라 간략한 해설을 하면 둘 다 넓은 의미로 탄수화물의 종류다.

또 탄수화물이란, 탄소와 물이 결합한 화학물질이다. 탄수화물은 탄소동화작용으로 최초에 합성된 포도당, 영어로 글루코스(glucose)가 계속적인 화학반응을 통해 성질이 다른 탄수화물로 변화해 간다. 포도당 두 개가 결합하면 2당류라는 유기물이 되는데 말토스(maltose)와 덱스트린(dextrin)은 쉽게 설명해서 포도당 두 개가 결합해서 생성된 탄수화물이며, 단맛이 나서 설탕 보조제 역할도 한다.

일반적으로 덱스트린은 생소하지만 말토스는 엿당(맥아당)이라고 하면 다 아는 유기물이다. 밥에다 물을 붓고 엿기름(맥아)을 범벅을 해서 삭히면 달콤한 식혜나 엿이 만들어지지 않는가? 엿기름 제조의 역사도 엄청나게 오래됐다. 4문명의 발상지의 하나인 메소포타미아의 바빌로니아에서 BC 4,000년 무렵의 기록에서 보리를 쌓고 물을 뿌린 다음 발근되었을 때, 햇볕에 펼쳐 말린 것을 식용으로 활용하였다는 기록이 있으니 선인들이 이미 엿기름의 효용성은 알고 있었던 것이다.

🍑 아밀라아제(amylase)

필자의 생각이지만 효소의 역사를 엿기름에서부터 시작된 것으로

생명과학 이야기

보고 엿기름부터 거론하는 것이다. 밥을 오래 씹으면 달콤해진다. 녹말 같은 탄수화물이 침에 있는 소화효소 아밀라아제(amylase)가 2당류인 말토스로 분해하였고, 수용성인 말토스라는 엿당이 미각을 자극하기 때문이다. 엿당이 위로 내려가지만 위에서는 본체만체하고 위(胃)의 유문(幽門)을 통과해서 12지장으로 내려 보낸다. 12라는 숫자는 라틴어의 12라는 의미의 'duodenum'에서 온 것이며 12지장의 길이가 손가락 12개를 옆으로 뉘어 놓은 것 같아서 붙인 이름이라고 한다. 실제로는 이보다 약간 긴 20-30cm다. 위에서만 일하는 license를 가진 효소가 있다. 펩신(pepsin)이다. 330여 년 전 프랑스 과학자 레오뮈르가 위액이 고기 조각을 녹인다는 것 정도는 알았지만 그 정체는 밝히지 못했다.

❋ 테오도어 슈반(Theodor Schwann, 1810-1882)

독일의 생리학자, 테오도어 슈반(Theodor Schwann, 1810-1882)은 1836년 소화 과정을 연구하다가 위(胃)에서 소화와 관계있는 물질을 발견하고 펩신이라고 이름 지었으며, 살아 있는 조직에서 일어나는 화학적 변화를 '물질대사'라고 정의하였다.

'테오도어 슈반' 하면은 식물의 세포설을 주장한 슐라이덴과 함께 1839년에 동물도 식물처럼 세포로 되어 있다는 동물의 세포설을 주장한 학자로 유명하다. 또한 식도 상부의 가로무늬근을 발견했으며, 신경섬유인 축삭돌기를 싸고 있는 수초를 발견하기도 했다. 펩신의 존재를 확인한 것뿐만 아니라 펩신을 분리하는 데 성공하였으니 대단한 업적을 남긴 것이다.

펩신이라는 효소가 위벽에서 통째로 나오는 것이 아니고 펩시노겐 (pepsinogen)이라는 원자재(原資材) 형태로 나오는데 이것이 효소인 펩신이 되기 위해서는 몇 개의 과정을 거쳐야 한다. 위벽의 표면은 주름이 굉장히 많은 구조인데 그 표면에서 안쪽으로 움푹 들어간 부분에 위샘 조직이 있다. 위샘 조직의 세포들도, 종류가 주세포, 부세포, 뮤신 (점액)을 분비하는 점액세포 등으로 나뉘는데 각각의 세포에서 분비되는 물질들이 세포의 위벽 밖으로 나오는 것이며 점액이 위벽의 표면을 덮고 있기 때문에 위샘 조직에서 분비되는 염산이 위를 상하게 하지 않는 것이다. 염산이 위샘 조직에서 분비되면 펩시노겐이라는 물질이 염산의 작용을 받아 효소인 펩신으로 변하고 펩신은 위 속에 들어온 단백질을 분해하게 되는 것이다.

🍎 펩신의 단백질 분해

그러나 펩신이 단백질을 분해하지만 작은창자에서 흡수할 수 있을 정도로 완벽하게 부셔놓는 것이 아니라 토막을 쳐 놓은 정도에 그치는 것이며, 그다음 단계는 단백질을 자질구레하게 손질하는 트립신이라는 license의 효소가 인계를 받아 잔손질을 하게 된다. 트립신(trip-sin)은 췌장(膵臟-pancreas, 이자라고도 함)에서 생산하는 효소인데 췌장은 복막 뒤에 위치하고 있으며, 기관 자체도 복막에 덕지덕지 붙어 있는 지방 덩어리처럼 생겨서 찾기가 힘들고 해부를 할 경우 복막을 걷어 내면서 같이 걷어 내기 일쑤라고 한다.

췌장에서는 강력한 소화효소가 나오고 당뇨병과 관련이 있는 그 유명한 인슐린이라는 호르몬도 나온다. 인슐린을 거론하면 길어지기 때

생명과학 이야기

문에 제쳐 놓고 췌장에서 나오는 소화효소만 살펴본다. 췌장은 리파아제, 아밀라아제, 트립신, 키모트립신 등 3대 영양소인 탄수화물, 단백질, 지방을 손질할 수 있는 license를 다 가지고 있는 기관이다. 소화의 중추적인 역할을 담당하고 있다.

또한 췌관 세포에서 다량의 중탄산 이온(HCO3-)을 생성, 분비함으로써 위산을 중화하여 각종 소화효소가 화학적 활성을 유지할 수 있는 적절한 장관 내 환경을 제공하고 있다. 췌장에서 나오는 췌관(膵管)과 쓸개주머니(담낭)에서 나오는 총담관(總膽管)이 연결되어서 12지장으로 출구가 열려 있다. 쓸개액과 췌장에서 나오는 소화액은 총관을 통해 12지장으로 배출하는데 출구가 자동문(auto)으로 되어 있어 12지장에 음식물이 들어와야만 열리게 되어 있다. 음식물이 없으면 닫혀 있어서 휴무다. 그러나 담석증으로 쓸개를 들어내면 자동 기능을 상실하고 쓸개즙이 계속적으로 흐르게 되므로 소화 기능이 약화되는 것이다. 이들 소화효소가 췌장에서 분비되어 장으로 흘러들어 가기 전까지는 효소의 원자재(原資材) 형태인 트립시노겐이라는 화학물질이지만 12지장 점막에서 나오는 엔테로키나아제(장액)에 의해 트립신으로 활성화되어서 장에 들어온 단백질을 분해하는 것이다.

장에서 나오는 중요한 효소 세 개를 언급해 보면 2당류인 엿당을 포도당으로 분해하는 말타아제(Maltase), 젖당을 포도당과 갈락토오스로 분해하는 락타아제, 단백질의 중간 산물인 펩톤을 아미노산으로 분해하는 펩티다아제 등이 있다. 극히 개괄적인 내용이지만 이상이 입과 위, 12지장에서 활동하는 효소들이며, 이들 효소에 의해 분해된 포도당, 아미노산, 지방산과 글리세린은 작은창자의 융털 돌기에서 흡수되어 각기 전용통로를 따라 생체의 구석구석으로 퍼져 나가는 것이다. 수용성인 포도당과 아미노산은 융털 돌기의 모세혈관으로 흡수되어 지방의 최종 분해물인 지방산과 글리세린은 지용성이라 융털 돌기의 암죽관에 흡수되고 림프관과 가슴림프관, 심장, 온몸으로 퍼져 나가는 것이다.

🌼 대장의 역할

대장에는 소장에서 인계받은 약 1.5리터의 액체성 내용물이 계속 유입된다. 대장은 흡수가 덜 된 잔여 탄수화물로부터 칼로리를 추출하는 일 외에는 소화 과정에서 별다른 역할을 하지 않는다. 대장 내에 살고 있는 혐기성 세균은 대장의 전 단계에서 소화시키지 못한 탄수화물을 발효시켜 지방산을 생성하고, 섬유질을 발효시켜 수소와 메탄가스를 발생시키고, 단백질을 발효시켜 인돌, 페놀, 황화수소 등을 형성하게 되는데, 이 소량의 가스로 인해 변이 특징적인 냄새를 가지게 되는 것이다. 대장의 점막에는 단순한 장선이 있어 진한 알칼리성의 대장액을 분비하는데, 점액이 많고 소화효소는 전혀 함유하지 않는다. 대장액의 작용은 점막의 보호와 점막표면을 윤활성으로 하여 내용물의 이송을 원활하게 한다. 대장액의 분비는 기계적 자극, 골반 신경자극, pilocarpine의 투여에 의해 촉진되고 대장에는 대장균, aerobacta aerogenes, 장구균, 포도상구균, 웰스균 등의 많은 수의 세균이 있다.

소장에서 소화되지 않은 당질은 위의 세균에 의해 발효되어 젖산, 초산, 낙산, 프로피온산, 알코올, 또는 이산화탄소, 수소, 메탄 등의 가스를 생산한다. 단백질과 지방이 세균의 분해로 부패된다. 단백질과 아미노산이 탈아미노기작용, 탈탄산작용을 받으면 황화수소, 인돌(indole), 스카톨(skatol) 등을 발생시키고 변의 특유한 냄새를 발생하게 하는 것이다.

🌱 광합성과 효소

한 가지 종류의 효소는 상대할 수 있는 고객도 하나다. 3천여 종이 넘는 효소가 각기 다른 유기물에 관여해서 변화를 유도한다는 것이다. 효소가 장사꾼은 아니지만 과일 장사, 옷 장사, 생선 장사 다르듯 다룰 수 있는 상대는 다르다. 효소는 유기물을 변화시키는 단백질이다. 유기물은 기본적으로 탄소동화작용(광합성)을 통해 생성되었기에 '탄소-C'라는 원소가 들어간 물질이라는 것을 생각해야 한다. 이 탄소를 가지고 유기물을 만들어 내는 공법(工法)이 광합성이다.

광합성 과정에 개입하는 효소는 소화효소와는 성질이 다르다. 소화효소는 물의 도움을 받아야 하지만 광합성에 관여하는 효소는 물과 관계없이 촉매작용을 한다. 효소 기능성에 따라 여섯 가지로 분류할 수 있다. 지난주에 다루었던 소화효소는 물 분자를 첨가시켜 고분자 유기물을 저분자 유기물로 분해하는 가수분해 효소다. 아밀라아제, 펩신 등이 가수분해효소다. 그 외에 전이효소, 분해·부가효소, 이성질화효소, 합성(연결)효소 등이 있다. 금주에는 광합성과 호흡에 깊이 관여하는 산화환원효소를 중심으로 언급하려고 한다.

식물의 광합성에는 산화환원효소가 관여한다. 기본적으로 생명체는 광합성으로 태양에너지를 뭉쳐 놓은 유기물이다. 물(H_2O)과 이산화탄소(CO²)로 포도당이라는 에너지 유기물을 만드는 것이다. 포도당은 영어로 glucose(글루코스)다. 광합성에서 물과 이산화탄소를 진흙에 물을 부어 흙벽돌 찍어내듯 간단히 되는 것이 아니라 정교한 공정이 진행되게 되며, 공정의 단계마다 효소가 끼어들어야 완성품인 포도당이 만들어지게 된다. 태양에너지를 끌어 들일 때에 복잡한 물리 화학적 반응이 일어나게 되며, 이 과정에 많은 효소가 작용하게 되고 산화환원효소가 광합성의 첫 단계에서부터 끼어들게 된다.

✳ 산화환원반응

산화환원반응이란 어떤 물질에 이온 상태로 있는 전자가 '붙었다, 떨어졌다' 하며 화학반응을 하는 것이다. 이온 상태란 물질을 구성하고 있는 전자가 제자리를 지키지 않고 빈자리를 남기고 떠나거나, 가지고 있는 전자만으로도 충분한데 전자를 몇 개씩 덤으로 가지게 되는 경우, 이온 상태가 되는 것이며, 이때 이 물질은 전하(電荷)를 띠게 되는 것이다. 물리적현상의 설명은 길어지므로 간략하게 설명해서 전자가 붙게 되는 것을 환원, 전자 떨어져 나가면서 산화수가 감소한 것을 환원 혹은 산화라고 정의할 수 있다. 광합성이라는 화학반응은 식물의 엽록체에서 일어나는데 태양의 빛 에너지로 원료인 물($H2O$)과 이산화탄소($CO²$)로 포도당($C6H12O6$)을 만드는 것이다. 이 과정에서 산화환원반응이 일어나는 것이고, 산화환원효소가 중요한 역할을 한다.

광합성에 관여하는 유가화합물이 있다. 니코틴아마이드 아데닌 다이뉴클레오타이드(Nicotinamide Adenine Dinucleotide, NAD)라는 긴 이름의 유기물이다. 줄여서 NAD라고 하는 것인데 니코틴아마이드(Nicotinamide)라는 인산기와 아데닌(Adenine)라는 5탄당, 다이뉴클레오타이드 (Dinucleotide)라는 핵산(核酸), 이들 세 가지 물질이 공유결합된 화학물이 며, 유기물의 이름이 교과서에나 등장하는 생화학 용어다. 이 낯선 화 학물이 효소의 보조 역할을 한다. 효소와 성질이 약간 다르기 때문에 조효소라고도 한다. NAD가 화학반응을 해서, 인산(Phosphate-H3PO4)을 끌어다 붙이면 NADP가 되는데 이 두 개는 생체에 아주 중요한 조효 소다. 인산(Phosphate)을 '붙였다, 떼었다'를 반복하면서 에너지를 거래하 는 화합물이다. 아데닌(Adenine)이라는 탄소 다섯 개가 결합된 5탄당의 유기물이 있다. 이 아데닌도 NAD와 마찬가지로 인산을 거래하는 화 합물이다.

🍊 'synthase'라는 ATP 합성효소의 중요성

아데닌이 인산(Phosphate-H3PO4) 한 개와 합성된 것을 AMP, 두 개가 붙으면 ADP, 세 개면 ATP라 하는데 인산이 에너지를 달고 다니며, 생 체의 필요한 부분에 공급하게 되는 것이다. 이 화학반응에도 효소가 있어야 하며, 효소 이름은 'synthase'라는 ATP 합성효소다. ATP 1분 자의 열량(熱量)은 7.3kcal/mol로 추산하고 있다.

ATP는 근육 속에 많이 있다. 팔운동을 많이 해서 근육이 발달하였 다면 ATP 저장소를 많이 만든 결과다. 보디빌더(bodybuilder)들이 과시 하는 근육이 미관(美觀)을 위해 근육이 발달하는 것이 아니라 근육운 동에 필요한 ATP 저장소를 확장시키기 위해 근육이 점차 발달하게 되는 것이다. ATP는 에너지의 현찰(現札)이다. 모든 생체활동은 ATP가 가지고 있던 에너지 때문에 이루어지는 것이다. 지방도 에너지이지만 부동산(不動産) 같아서, 꺼내 쓰기가 쉽지 않으며, 몇 단계의 화학반응을 거쳐서 최종적으로 ATP나 NADP가 된다. 단백질도 에너지화되는 것이지만 최종적으로 ATP화 해야 되는 것이다. 소화기관에서 많은 소화효소를 동원해서 법석을 떨며 소화 작용을 하는 것도 ATP 같은 현금 확보를 위한 과정이라고 보면 된다. 식물이 광합성이라는 화학작용을 통해 탄수화물을 만들고 이 1차 공정물에 질소를 끌어다 붙이면 단백질이 되는 것이고, 이들을 원자재(原資材)로 사용하여 중소기업 수준의 생체 조직에서 효소라는 기술자들이 생체의 에너지로 저장해 쌓아둔 것이 단백질 조직의 근육이며, 지방(脂肪) 조직이다.

☀ 에너지의 현찰(現札), ATP

흔히 소화와 관련된 아밀라아제 정도의 효소 이름은 알고 있지만 ATP니, NADP니 하는 산화 환원과 관련된 효소의 이름은 대중적이지도 않고, 이들 효소에 관한 지식에 관심을 가질 필요도 없을지 모른다. 세포 내에는 수천 또는 수만 가지의 생화학 반응이 끊임없이 일어나고 있으며, 한 가지 종류의 반응마다 각각 다른 종류의 효소가 작용하고 있다. 다 중요한 물질이지만 ATP 같은 유기물질은 모두가 잘 알고 있는 아밀라아제보다 그 역할이 너무나 방대하고 오묘한 물질이다.

이 유기물이 만들어지고 분해될 때에도 에누리 없이 효소가 있어야 가능하다. 하나의 세포 속에서 도는 수많은 종류의 효소가 합성되어야 하며, 효소도 수명이 있기 때문에 새로운 효소가 끊임없이 만들어져야 한다. 재미있게도 효소들의 합성도 효소의 작용이 없이는 불가

생명과학 이야기

능하다. 그 외에도 세로토닌과 같은 신경전달물질(neurotransmitter), 면역을 담당하는 항체(antibody) 및 인체의 활력을 주는 물질의 합성도 모두 효소 없이는 불가능하다.

ATP는 전자 제품에 사용하는 건전지(dry cell)나 마찬가지다. ATP에는 생체 활동에 언제고 사용할 수 있는 다량의 자유에너지(free energy)가 저장되어 있는데, 인체는 하루에 거의 60-70kg 정도의 ATP를 합성한다. 만약 ATP 합성 활동이 미약하면 원기가 부족할 뿐만 아니라, 아침에 침대에서 일어날 때부터 기분이 상쾌하지 않고, 저녁에 직장에서 돌아와 TV 앞에 앉아 있으면 자신도 모르게 곯아떨어지는 현상이 생긴다. 이와 같이 인체의 활력(vitality)에 중요한 역할을 하는 ATP도 결국 'ATP 합성효소(ATP synthase)'라는 효소에 의하여 합성되는 것이다.

🍎 외근직효소-소화효소, 내근직효소-ATP synthase 등

소화효소는 세포 밖에서 작용함으로 '외근직(外勤職)'이라고 한다면, ATP synthase 같은 '세포 내부에서 일을 하는 ATP synthase 같은 효소는 '내근직 효소'라고 말할 수 있다. 이들 효소들이 없으면 생명 현상이 유지될 수 없을 뿐만 아니라, 이들 효소 중 몇 가지만 결핍되거나 양이 부족해도 질병에 걸린다는 사실이다. 효소는 실로 생명의 지킴이이다.

그런데 최근 한국에서 효소에 대한 붐이 한창 일어나고 있는 상황에서 매우 중요하면서도 대부분의 독자들이 모르고 있는 사실은, 세포 내부에서 일하는 효소들은 하나같이 그 세포 자체 내에서 생산되고 바로 그 세포 안에서 활용된다는 점이다. 즉, 외부로부터 공급되는 것이 아니라는 점이다. 다시 말하면, 식품을 통하여 섭취하는 효소는 세포 내부에서 일하는 효소의 종류와 전혀 다를 뿐만 아니라, 세포 외부로부터 유입될 수도 없다는 말이다. 생체에 흡수된 유기물을 분해하는 과정 중에 세포 내에서 작용하는 효소인 산화환원효소가 역할을 할뿐더러 이들 재료를 생산하게 되는 광합성 과정에도 똑같이 산화환원효소가 끼어들게 되는 것이다.

소화 작용이 이루어지려면 재료가 있어야 되는데 그 재료라는 것이 거의가 광합성의 산물이다. 이 과정이 너무나 복잡하고 오묘해서 과학자들에게는 보통 골칫거리가 아니다. 과학자들은 이를 상세히 밝히고 또 이를 인공적으로 진행시키려는 시도를 오래전부터 해 왔다. 광합성 같은 것을 인공적으로 해낸다면 천지개벽의 현상이 될 수도 있는 것이기 때문이다.

광합성으로 생성된 탄수화물인 포도당(글루코스)에 저장되어 있는 광(光)에너지가 생체에서 사용되려면 복잡한 화학반응을 거쳐야 하는데 중요한 과정 두 개가 있다.

첫 번째 반응이 탄소 여섯 개의 6탄당인, 포도당($C_6H_{12}O_6$)이 탄소 세 개짜리 3탄당으로 쪼개지는 반응을 해당 과정이라고 하는데, 포도당 1분자가 3탄당인, 피루브산($CH_3COCOOH$) 두 개가 되고 이 과정에서 ATP synthase라는 효소의 도움으로 ATP도 생성된다.

해당 과정으로 분해된 피루브산은 다음 단계인, '시트르산' 회로라는 반응을 거치며 총 38개의 ATP를 생성하게 된다. 이 반응은 세포 안에 있는 미토콘드리아(mitochondria)에서 일어나며 화학반응이라 복잡한 단계가 있으며, 호흡기관을 통해 흡입된 산소(O_2)가 효소의 도움을 받아 포도당을 산화시키는, 다시 말해 연소시키는 과정이지만 격렬한 불꽃이 아니고 서서히 이루어지는 화학반응인 것이다. 모든 생체에, 포도당 1분자는 38개의 ATP를 만들고 ATP가 가지고 있던 에너지로 체온이 유지되고 생체활동이 이루어지는 것이다. 이 과정에 관여하는 탈수소효소, 탈탄산효소, 전자전달계효소 등 수많은 효소들이 단계마다 관여하고 있다. 결국 장황한 설명은 ATP로 귀착되었는데 이 ATP를 오래전에 제약회사들이 추출하는 데 성공해서 정제며 주사액 등으로 시판하고 있다.

✸ 자연계의 구성 요소

자연계는 모든 구성 요소가 역할을 다하며 균형을 유지해 간다. 무한에 가까운 태양에너지는 생명력이 없는 물과 산소, 탄산가스, 질소, 탄산염(炭酸鹽), 인산염(燐酸鹽) 등으로 생명체를 탄생시켜서 지상의 생태계(生態系)를 구성하였다. 과학계는 지구의 나이는 45.4±0.5억(위키백과)이고, 생명체의 원조라고 할 수 있는 박테리아가 36억 년 전에 출현하였다고 추론(推論)하고 있다.

광합성으로 독립영양을 하는 박테리아가 출현하면서 지구에는 산소(O_2) 양이 증가하게 되고 광선에 의해 누적된 산소(O_2) 분자는 해리(解離)되어서 산소(O)원자가 되는데 이 산소원자-O가 대기층을 이루고 있던 산소(O_2)분자와 결합하여 오존-O_3을 생성하게 된다. 이 오존층은 원시의 지구 환경을 생물체의 천국으로 변화시킨 결정적 계기를 만든 것으로 보고 있다. 대기권의 20-25km 상공에 형성된 오존-O_3층은 생명체에 치명적인 자외선을 흡수함으로써 생명체가 생존할 수 있는 최적의 조건을 구축하게 된다.

그 후 수십억 년간에 걸쳐서 원시 지구의 바닷물에서 출현한 박테리아 형태의 미생물들이 바닷물, 햇빛과 산소(O_2)의 기본 자료와 함께 물속에 녹아 있는 무기물(mineral)과의 접촉반응을 통해 생체 조직을 변화 발전시켜 온 것이다. 원시 지구의 바닷물에서 출현한 박테리아에서 인간의 선조가 오기까지의 과정을 길게 설명하지 않더라고 수긍할 수밖에 없는 사실이 있다. 인간의 체액이나 양수(羊水)의 농도가 0.9%인데 현재의 바닷물의 농도가 3.5%로 진해지긴 하였지만 원시 지구의 바닷물의 농도도 0.9%이며, 생물을 구성하는 원소의 구성 원소 비율은 아주 작은 미생물에서 사람, 식물 등 그 종류에 관계없이 거의 비슷하다는 사실이다.

🍎 바닷물(원시 지구)의 농도-0.9%

생물체는 독특한 물질로 이루어져 있지 않고 지각을 형성하고 있는 대표적인 원소들이 농도 0.9의 물속에서 화학적인 반응을 통해 유기물을 형성시킨 결과물이다. 대표적인 화학반응은 에너지가 필요하고 촉매가 끼어들게 마련이다. 식품이 어떤 종류의 원소 등으로 구성되어 있는가를 알려면 이를 태워보게 된다. 산소나 수소, 탄소는 증발해 버리고 타고 남은 잔유물을 회분(灰分, ash)이라고 하는데 이 회분을 분석해서 식품의 특성을 분석하게 된다.

그 간에 회분(灰分) 분석 등 과학적으로 밝혀낸 생물체의 구성 원소를 필수원소와 미량원소로 분류한다. 질소·인·칼륨·탄소·수소·마그네슘·황 등은 '필수원소'로 분류하고 철·붕소·망간·아연·구리·몰리브덴 등을 '미량원소'로 분류하고 있다. 물속이나 땅속에 있는 이와 같은 물질을 일차적으로 식물이 흡수하는데 흡수된 물질이 화학반응을 하여야 생체에 필요한 유기물이 되는 것이다. 그런데 대부분의 화학반응에는 촉매가 있어야 하고 생체 조직에서 일어나는 화학반응에 촉매 역할을 효소가 하는 것이다. 35-36억 년 전부터 유기화학 실험을 통해 새로운 물질을 생성시키며 생물체를 변화 발전시켜 온 최첨단 유기체(有機體)가 인간이라고 할 수 있는 것이다. 이 유기체의 유통기간이 인간의 수명(壽命)이 아니겠는가?

☀ 미토콘드리아에서 벌이는 해당(解糖)작용

화학반응에는 반응속도가 있다. 화학반응을 통해 신물질을 만들기도 하지만 생성되었던 물질을 분해도 하여야 한다. 만드는 과정의 예(例)가 '광합성'이라면 '소화작용'은 분해하는 과정이다. 햇빛을 이용한 광합성으로 에너지 덩어리인 유기물을 만들어 놓으면 동물들은 또 열심히 이를 분해해서 제자리로 돌려놓아야 한다. 유기물을 분해하는 과정이 과격한 것은 불꽃을 일으키는 연소(燃燒)이고, 미토콘드리아에서 벌리는 해당(解糖)작용도 유기물을 서서히 분해시키는 화학작용이다. 불꽃을 내며 격렬하게 반응하는 연소는 속도가 빨라서 순식간에 끝나 버리지만 생체에서 일어나는 산화 화학반응은 느린 속도로 서서히 일어나면서 생명 현상이 연출되는 것이다.

최근 한국인들의 관심이 집중되고 있는 효소는 햇빛에너지로 결합돼 있는 유기물을 가지고 화학반응을 통해 이러저러한 변형품을 만들어 가며 생명 현상을 연출하려고 하는 것이다. 대부분의 화학반응에는 효소가 개입해야 유기질이 서서히 분해되면서 에너지를 유효적절하게 활용할 수 있게 된다. '인간의 먹거리로서 유효하게 이용할 수 있느냐?' 하는 관점으로 유기물을 바로 보기 때문에 부패(腐敗)니, 발효(醱酵)니 하며 자연생태계에서 일어나는 화학작용을 구분해서 생각하게 되지만 두 가지 화학반응은 극과 극의 화학반응이 아니고 자연계의 물질 순환으로 볼 때 없어서는 안 될 필수적인 화학반응이다.

🍊 부패와 발효

한국식품과학회(Korean Society of Food Science and Technology)가 발간한 『식품과학사전』의 정의에 따르면, '부패(putrefaction)'란 "유기물이 미생물(또는 효소)의 작용에 따라 악취를 내며 분해되는 과정 또는 그런 현상, 주로 단백질 식품 또는 지방질 식품이 무산소성 세균에 의하여 불완전 분해를 하고 여러 가지 아민(amine)이나 황화수소 따위의 악취가 나는 가스를 발생하는 현상이다"라고 설명되어 있다.

반면, '발효(fermentation)'란 "미생물(또는 효소)이 유기 화합물을 분해하여 알코올류, 유기산류, 이산화탄소 따위를 생산하는 과정, 좁은 뜻으로는 산소가 없거나 아주 적은 상태에서 미생물이(또는 효소)이 탄수화물을 분해하여, 외부 전자 수용체의 관여 없이 에너지를 생산하는 과정을 이른다. 예를 들면 에탄올이나 젖산 발효에서 포도당 한 분자가 발효되면 ATP 두 분자가 생성된다. 술, 빵, 김치, 식초, 향 화합물, 된장, 간장, 치즈, 발효 음료 따위를 만드는 데에 쓴다"라고 표현되어 있다.

마지막으로, '효소(enzyme)'란 "생물의 세포 안에서 합성되어 생체 속

생명과학 이야기

에서 일어나는 거의 모든 화학 반응의 촉매 구실을 하는 고분자 화합물을 통틀어 이르는 말, 화학적으로는 단순 단백질 또는 복합 단백질에 속한다. 특정 물질의 화학 반응에만 참여하는 특이성을 가지고 있다. 예를 들면 단백질 분해 효소는 단백질 외에 다른 성분을 분해할 수 없다"라고 되어 있다. '유산균' 하면 인간에게 무언가 유익함을 주는 박테리아로 친근감 있게 다가오지만 유산균은 인간을 위해서 존재하는 것도 아니고 유기물을 분해하며 생성해 내는 유산(乳酸)을 이용하기 위해서다.

☀ 유산균

대부분의 박테리아는 유산(乳酸)이 녹아 있는 산성(酸性) 환경을 좋아하지 않는다. 유산균이 시큼한 유산을 만들어 내는 것은 먹이 경쟁에서 다른 박테리아를 물리치기 위한 기막힌 생존 전략이다. 우리말로하면 '젖산', 영어로 '락트산'(Lactic acid)이라고 한다. 유산이 사람 살리려고 장속에서 살림 차리고 법석대는 것이 아니라는 사실을 알아야 한다. 결론적으로 말하자면 유산균도 지나치면 분명히 해롭다. 유산균도 과유불급(過猶不及)이 안 통할 리 없다. 유산균 과다 섭취 시에는 큰 부작용이 알려진 것은 없으나 설사가 나고, 가스가 많이 차고 거북한 느낌이 든다든가, 오히려 변비가 심해진다는 등은 널리 알려진 사례이다. 유산균이 살아가며 부산물로 생성해 낸 유기물이 향도 좋고 인체에 유익하게 작용하니 유산균을 '터줏대감 모시듯' 하고 있다.

유산균이 유산을 만들어 내기도 하지만 인체의 근육 속에서는 유산균과 관계없이 인체의 에너지를 생산하는 과정에서 근육세포 안의

ATP 양이 증가되는데, 이때 산소가 공급되지 않으면서 젖산이 발생된다. 즉 산소 양이 많으면 젖산이 생성되지 않고, 무산소 운동의 수준에서 ATP 반응과 함께 젖산이 축적되면 근육 통증과 피로를 일으키는 '피로 물질'이 되는 것이다. 이와 같이 근육세포 내에 축적된 젖산(Lactate)이 암세포를 키우고 전이(轉移)를 촉진하는 것으로 나타났다는 연구 결과도 있다. 젖산(유산)이 유산균을 살리고 섭취하여 재활용하면 좋은 것이지만 근육 속에 쌓이면 악영향을 줄 수 있다는 것이다.

🍎 프로바이오틱스(Probiotics)

유산균은 엄밀히는 락토바실러스(Lactobacillus)라는 속명(屬名)에 소속된 종류를 통틀어서 말하는 것인데 다양한 종류가 속해 있다. 대표적으로 락토바실러스 카제이(L.casei), 락토바실러스 애시도필러스(L.acidophilus), 락토바실러스 불가리쿠스(L.bulgaricus), 비피도박테리움 롱굼(B.longum), 비피도박테리움 비피둠(B.bifidum), 액티레귤라리스(Actiregularis) 등 다양한 종류의 유산균들이 존재한다.

최근에는 부족한 유익균을 보충해 질병의 예방과 치료를 돕고 건강을 증진시키려는 노력이 의학계에서 활발히 진행되고 있고 매스컴을 통해 선전됨으로써 유산균 열풍으로 번지고 있다. 대장 내에 유산균의 부족으로 야기되는 질병 등의 문제를 해결하기 위한 대안으로 지목되고 있는 것이 프로바이오틱스(Probiotics)다. 프로바이오틱스는 '유산균과 비유산균을 포함한 건강에 이로움을 주는 살아 있는 모든 균'을 의미한다.

세계보건기구(WHO)는 프로바이오틱스를 '충분한 양을 섭취했을 때 건강에 좋은 효과를 주는 살아 있는 균'으로 정의하고 있다. 우리나라 식약청의 '건강기능식품 공전'에도 유산균이 아닌 '프로바이오틱스'가 유익균의 공식 명칭으로 사용되고 있다. 유산균의 확장·진화된 형태인 셈이다. 항생제가 균의 생장을 억제하거나 없애는 효과를 내는 반면, 프로바이오틱스는 균이 가지고 있는 성질 중 서로를 돕는 '공생과 상생'을 이용해 건강을 도모하는 것이다. 장내 유익균을 배양해서 치료하기 때문에 항생제와 달리 생체 친화적이다.

대장에 유산균을 비롯한 유익균이 서식하지 못해서 사경을 헤매고 있는 환자에게 건강한 사람의 '똥'을 대장에 이식해서 치료한 사례가 있다. 문제는 건강한 사람의 '똥'을 검증하는 것도 간단하지 않고 채취하는 데도 복잡하기 때문에 유익균을 배양해서 대장에 침투시키려는 것이 '프로바이오틱스'다. 이와 같은 목적으로 많은 제품을 만들어 광고하고 있지만 유익균을 대장에 안착시키는 것이 너무나 복잡하다는 것이다. 회사마다 이 난제를 해결하기 위해 연구의 연구를 거듭하고 있고, 획기적인 제품을 만들었다고 광고하고 있는 회사도 있다.

유익균을 캡슐에 담아 친환경인 물질로 3중 4중의 코팅으로 위와 대장의 소화기관의 소화 분해 과정을 안전하게 통과해서 대장에 정착시킬 수 있게 되었다는 기사 겸 광고가 있다. 효소도 "프로바이오틱스"와 동일한 문제로 생체 내에서 자체적으로 생성된 효소와 차이가 없이 외부투입으로 효과를 기대하기에는 너무나 복잡한 메커니즘이 있다는 것이다.

✳ 효소식품

효소식품은 곡류와 채소, 과일, 해조류 중에서 영양이 우수하고 유용성이 인정된 식품 원료에 효모와 유산균, 국균 등 미생물을 가해 발효시킨 뒤 먹기 적당하도록 가공한 식품을 말한다. 현재 시중에 팔리고 있는 효소 식품이 정말 좋은 효과를 나타내는지 의구심을 가진 사람이 적지 않다.

효소 요법 전문가들은 "효소는 우리 몸속 신진대사를 돕는 우수한 촉매제여서 부족하기 쉬운 효소를 먹는 것을 통해 보충해야 한다"고 주장한다. 반면 많은 과학자들이 "효소의 효능이 과학적으로 입증되지 않았기에 효소 열풍은 난센스"라고 맞서고 있다. 게다가 얼마 전 한국소비자원 조사에 따르면 시중에 판매되는 효소식품 가운데 대다수 제품이 효소 함량이 매우 낮았다. 한국소비자원은 "일부 효소 식품은 100g당 당분 함량이 39.3g으로 콜라 등 탄산음료(9.1g)의 4배 수준"이라고 했다. 한마디로 일부 효소식품은 설탕 범벅이라는 입장이다.

대다수 과학자들은 효소식품에 대해 부정적이다. 리처드 랭엄 미국 하버드대 인간진화생물학과 교수는 자신의 저서 『요리 본능』(사이언스북스)에서 "음식에 들어 있는 효소가 체내 소화나 세포작용에 기여한다는 것은 허튼 소리에 불과하다"고 잘라 말했다. 효소 분자 자체가 위와 소장에서 소화되기 때문이다.

🍎 살아 있는 모든 것이 종당에는 흙으로

랭엄 교수는 "설사 식물효소가 체내에서 소화되지 않는다 해도 이들 효소의 대사기능이 해당 식물에 맞게 특화돼 있어 인체 내에서는 아무런 기능을 할 수 없다"고 했다. 효소식품은 효능을 밝히지 못해 '건강기능식품'이 아니라 '일반식품'으로 분류돼 있다. 강희철 세브란스병원 가정의학과 교수는 "효소식품은 그 효능이 명확히 밝혀지지 않아 건강기능식품이 아니라 일반식품으로 분류돼 있다"며 "효소만 먹는다면 우리 몸에 동물성 영양 성분이 부족해 오히려 건강을 해칠 수 있다"고 했다. 인체에서 효소가 부족해지는 것은 운동 부족, 스트레스, 노화 등으로 효소가 만들어지는 조건이 나빠지기 때문이어서 몸속에 효소를 늘리려면 규칙적인 운동으로 적절하게 스트레스를 풀어 몸 자체를 살리는 것이 더욱 효과적이라는 것이다.

고창남 강동경희대한방병원 한방내과 교수는 "효소는 열에 약해 45도가 넘으면 살 수 없는데 소화기관이 건강한 사람의 경우 싱싱한 과일이나 채소를 먹으면 자연스럽게 효소를 다량 섭취하게 된다"며 "특히 한국인은 된장, 고추장, 간장, 김치 등을 통해 효소를 섭취할 수 있어 효소 부족을 크게 염려하지 않아도 된다"고 했다.

매사가 다 그렇지만 바보상자라고 하는 TV를 비롯한 각종 매스컴의 검증되지 않은 편집된 지식에 현혹(眩惑)되는 것을 경계해야 한다. 인간이 자연계의 섭리를 꿰뚫어 보기가 어려운 일이지만 소화며, 발효며, 효소며, 부패 등의 화학작용이 자연 생태계의 평형(平衡)을 이루는 과정의 한 부분이라는 것을 이해할 필요가 있지 않을까? 왜냐하면 살아 있는 모든 것이 종당에는 흙으로 돌아가기 때문이다.

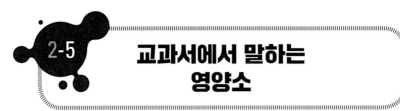

2-5 교과서에서 말하는 영양소

☀ 영양소와 건강론

일상적인 대화 내용 중에 건강에 관한 것은 거의 빼놓을 수 없는 화제가 되고 있지만 과학적 관점에서는 근거 없는 주장이 대부분이다. 과학 교과서는 검증된 지식을 망라하여 학습하는 것이기에 가장 보편적인 지식이라고 봐야 한다. 교과서에서 말하는 건강론은 그리 복잡하지 않다.

단백질과 탄수화물, 지방, 비타민 무기염류(나트륨, 칼륨, 칼슘, 인, 염소, 마그네슘, 황, 철, 요오드 등) 물로 이루어진 것이 우리 몸이며 이런 것들을 필요한 양만큼 섭취하면 에너지가 발생되고 생체 활동이 유지되는 것이다. 사람이 활동하지 않고 가만히 누워있는 상태에서도 에너지가 필요한 것이며, 이를 기초대사량이라고 한다. 보통 성인의 경우, 남성은 체중 1kg당 1시간에 1칼로리를, 여성은 0.9칼로리를 소모한다고 보고 있다. 이 기초대사량에 각자의 활동에 따라 에너지를 합산한 것을 음식으로 섭취하면 우리의 몸은 정상적으로 돌아가게 되어 있는 것이다.

음식으로 섭취하는 영양소를 다섯 가지 들고 있다. 탄수화물, 단백질, 지방, 미네랄, 비타민 등의 영양소가 있으며, 이를 섭취하면 위와 장에서 소화되어 영양소의 목적에 따라 칼로리로 변하기도 하고, 인

생명과학 이야기

체에 필요한 조직이나 장기로 운반되어 이용되는 것이다. 이 과정에서 화학반응이 일어나게 되는데, 다양한 화학반응을 하기 위해서는 효소라는 물질이 개입하게 된다. 이 효소라는 물질의 원료는 단백질의 기본 단위인 아미노산과 비타민, 미네랄(무기염류)이다. 단백질과 지방, 탄수화물을 주 영양소라 하고 에너지원으로 쓰이지는 않지만 몸을 구성하거나 생리 기능을 조절하는 비타민, 미네랄(무기염류), 물을 부 영양소라고 한다.

우리가 일상적으로 먹고 있는 쌀과, 밀가루, 감자, 고구마 등이 탄소화물 식품이고 어느 것이나 소화하게 되면 최종적으로 포도당($C_6H_{12}O_6$)이 되는 것이며, 탄수화물 1g당 약 4kcal의 열량을 낸다고 보고 있다.

다음은 지방인데 지방은 한 분자의 글리세롤($C_3H_5(OH)_3$)과 세 분자의 지방산($C_nH_{2n+2}O_2$)이 결합된 화합물이다. 지방의 열량은 약 9kcal로서 탄수화물과 함께 중요한 에너지원으로 이용된다. 지방산을 함유하며 당이나, 단백질, 인 등과 결합한 화합물을 지질(脂質)이라고 하는데, 세포막의 성분인 인지질, 늘 건강 관련 화제로 오르고 내리는 콜레스테롤이나 성호르몬 등이다.

육류나 콩 등에 들어있는 단백질은 우리 몸의 세포막, 근육, 헤모글로빈 및 효소, 항체, 호르몬의 중요한 구성 성분이 된다. 단백질은 1g당 4kcal의 열량을 낼 수 있지만 체내에 충분한 양의 탄수화물이나 지방이 저장되어 있을 때에는 에너지원으로 거의 이용되지 않는 것이다.

단백질은 20여 종의 아미노산으로 구성되며 구성되는 아미노산의 따라 그 종류를 구분하기도 한다.

비타민은 에너지원으로 쓰이거나 몸을 구성하지는 않지만 적은 양으로 생리작용을 조절하고 특히 효소의 작용을 도와줌으로써 물질대사를 촉진하는 데 기여하고 있다. 또한 체내에서 합성되지 않기 때문에 반드시 음식물을 통해 섭취해야 하며, 부족하면 결핍증이 나타나므로 매일 적당량을 섭취해야 하는 것이다.

우리 몸의 약 65%를 차지하는 물은 혈액, 림프 등 체액의 주성분이고, 각종 영양소를 비롯한 여러 종류의 물질을 녹여서 생체 내의 화학반응을 일어나게 하는 것이다.

마지막으로 미네랄(무기염류)인데 몸의 구성 성분이 되거나 생리 기능을 조절하여 물질대사가 원활하게 일어날 수 있도록 한다. 이러한 미네랄은 물에 용해된 상태로 흡수되며, 몸에 불필요한 양은 오줌과 땀으로 몸 밖으로 배출되게 되는 것이다.

다른 야생동물도 인간과 거의 비슷하게 영양소가 들어 있는 먹이를 섭취하고 에너지를 얻어 생체 활동을 하며 살아간다. 그들은 인간처럼 요리를 하지 않고 자연물을 음식으로 하는 것이다. 인간이 요리를 발명하게 되면서 건강 문제가 복잡하게 나타나게 된 것으로 학자들은 보고 있다. 원시시대에는 인간도 야생동물과 요리하지 않은 자연 속의 동식물이 음식 재료였다. 인간의 요리가 발명된 후 먹기 좋은 맛있는 음식을 과식하게 됨으로써 비만과 질병 등의 문제가 발생하게 된 것에 주목해야 된다.

음식의 본질을 따져 보면 물과 탄수화물, 지방이 99%이고 나머지는 극히 일부이다. 겉모습과 풍미는 바뀌지만 본질은 같다. 한국인의 성인 남녀의 평균 1일 소모 열량은 일반적으로 2,000-2,500kcal 정도이

생명과학 이야기

다. 각자의 체중과 신장 활동 등을 고려하여 계산하면 자기에게 필요한 열량을 쉽게 알 수 있으며 이 기준에 맞게 음식을 섭취하면 되는 것이다. 가장 나쁜 것이 독이고, 그다음 나쁜 것은 약이며, 다음은 건강식품이라고 말한다. 건강식품 다음은 음식이다. 음식은 매일 먹어야 하고 어쩌다 가끔 먹으면 좋은 것이 건강식품인 것이다. 약은 독을 약하게 희석해서 사용하는 것이기에 특수한 경우에만 먹어야 되는 것이다.

교과서에서 말하는 음식과 건강 관계로 볼 때 균형 있게 음식물을 선택해서 과식하지 않으면 건강을 유지하게 되는 것이다. 과식으로 인해서 비만이 생기는 것이고 질병이 발생하는 것인데 우리 몸에 특별나게 좋은 음식은 있을 수 없는 것이다. 대표적으로 정력에 좋다는 해구신(海狗腎)은 과학적인 근거도 없고, 그 증거를 누구도 보여주지 못하였다. 원숭이 골을 먹는다고 기억력이 되살아나는 것이 아니며, 뱀탕을 먹어서 원기가 왕성해졌다는 것을 실증시킨 사람은 없다. 소화되면 단백질과 지방 등 일반 육류 식품과 별반 다르지 않을 텐데 낭설(浪說)에 현혹(眩惑)되고 있는 것이다.

음식은 문화의 산물이라고 하는데 그 말이 맞다. 소문난 맛집의 음식이 영양학적으로 우수해서 아니라 입에 당기는 맛에 끌려서 사람들이 모여드는 것이 아닌가? 우리나라의 김치가 우수한 식품이기는 하지만 식품으로서의 우수성보다 김치 담글 때 김장 문화가 여러 세대에 걸쳐 김치 나눔을 통해 공동체 연대감을 높이고 소통을 촉진함으로써 무형 문화유산의 가치를 높이는 데 기여한 점을 높이 평가해 세계무형문화유산에 등재하게 된 것이다. 김치의 영양학적인 우수성도 있지만 소금으로 요리된 김치의 나트륨은 과다 섭취에서 오는 위암 등의 부작용도 함께 인식하여야 한다.

영양이 부족할 때 밥은 보약이다. 보통 때 먹는 밥은 그냥 밥이다. 그러나 과잉 섭취하면 밥도 독이다. 현대인에게는 영양이 부족하지 않다. 음식은 그저 음식이다. 교과서에서 말하는 과학 상식으로 건강을 지켜도 부족함은 없다고 본다.

식물의 생명과학

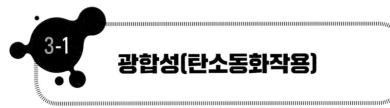
🍒 **"12H2O + 6CO2 + 빛에너지=>
C6 H12O6 + 6H2O + 6O2"**

스웨덴 왕립 과학아카데미는 10월 9일, 2013년 노벨 화학상 공동 수상자로 마틴 카플러스 하버드대 교수, 마이클 레빗 스탠포드대 교수, 에리에 워셜 UCLA 교수를 선정했다. 이들은 복잡한 화학반응 과정을 컴퓨터로 분석할 수 있도록 한 공로를 인정받았다. 이들의 분석 방법 덕분에 식물 잎사귀의 광합성 작용 등 복잡한 화학반응 체계를 자세히 분석할 수 있게 되었다는 것이다.

식물의 탄소 작용은 햇빛 에너지를 화학적으로 고정하여 지구상의 거의 모든 생물의 에너지를 영구 지속적으로 공급하는 참으로 위대하고 신비스러운 식물의 기능이며, 시작에서부터 완성되기까지 너무나 복잡한 단계를 거치게 되므로 이와 관련된 연구로 그동안 여러 명의 노벨 수상자가 나왔으며, 에리에 워셜 박사는 광합성의 화학작용이 일어나는 실제 과정을 거울에 비추듯 기록할 수 있는 컴퓨터 모형 개발로 수상자가 되었다.

탄소동화작용이란 녹색식물이 뿌리 등을 이용하여 빨아들인 물과 잎에서 흡수한 이산화탄소를 재료로 해서 햇빛 에너지를 이용, 유기물인 포도당을 만들어 내는 작용이다. 화학반응식은 "12H2O + 6CO2 + 빛에너지=> C6 H12O6 + 6H2O + 6O2"로 간단하게 표시할 수 있지만 지구상에 어마어마하게 많은 물과 탄산가스(이산화탄소)로 유기물인 포도당을 만들어 낸다는 것이 너무나 심오하고 엄청난 기능이기 때문에 과학자들이 이 과정의 단계를 상세하게 밝혀 보기 위한 연구를 계속하고 있는 것이다.

이 과정이 속속들이 밝혀지고 인공적으로 이 반응을 진행시킬 수 있다고 가정하면 세상이 바뀌는 결과를 상상할 수 있는 것이다. 공장에서 유기물을 만들 수 있게 되는 것인데 이렇게 되면 농장이 필요 없이 천재지변을 걱정하지 않는 식량 생산을 공장에서 해결할 수 있게 된다는 것이다. 확대 해석하면 생명의 신비를 과학적으로 밝혀내는 결과라고도 할 수 있다. 모든 생물들이 생존하려면 에너지가 있어야 하는데 태양이 있는 한 무궁무진하게 에너지를 생산할 수 있다고 가정할 수 있기 때문이다.

✺ 엽록소와 혈색소

생물은 식물들이 탄소동화작용으로 만들어 낸 포도당을 호흡기관을 통해 빨아들인 산소로 연소시키며, 이때 발생하는 에너지로 살아가는 것이다. 호흡의 화학반응식은 탄소동화작용의 반대로 표시된다.

"C6 H12O6 + 6H2O + 6O2 => 12H2O + 6CO2 + 에너지"

호흡작용으로 포도당을 연소시키는 일을 생체 세포 내의 미토콘드리아(Mitochondria)라는 작은 입자 안에서 이루어지며, 탄소동화작용은 식물의 엽록체에서 이루어지는 것인데 엽록체 안에 엽록소(Chlorophyll)

라는 물질이 녹색을 반사시키기 때문에 식물의 이파리가 녹색으로 보이는 것이고, 동물의 피가 적색을 띠는 것은 적혈구 안의 혈색소(Hemoglobin) 때문이다. 그 화학적 구조가 비슷하나 엽록소의 중심 원소는 Mg(마그네슘)이고, 호흡작용을 하는 혈색소는 중심 원소가 Fe(철)이라는 차이로 녹색과 적색으로 보이는 것이기도 하다.

태양의 빛은 광합성을 통해 포도당이라는 최초의 유기물을 만들고, 이 포도당이 복잡한 화학반응을 거치며 수많은 종류의 탄수화물을 만들고, 이 탄수화물이 질소(N)와 결합하는 화학반응을 거치며 단백질의 기본 구조인 아미노산을 만들고, 아미노산의 복합반응으로 복잡한 단백질을 만들어 생명체를 구성해 가는 것이다.

빛은 에너지이며 이 에너지를 가시적으로 저장하여 에너지를 간직한 물질을 태워 가며 활동하는 것이 생명체이다. 엽록소는 그 생명체의 원초적인 물질을 만들어 내고 있는 것이다. 어쩌면 창조의 수수께끼가 광합성이라는 과정 속에 있지 않을까, 하는 궁금증 때문에 과학자들이 더더욱 관심을 갖는지도 모른다. 인공 광합성 연구가 계속되고 있으며, 공해와 무관한 유기물 생산, 암 치료 등에 광합성의 원리를 응용한 연구가 활발하게 이루어지고 있는 것이다. 이와 같은 광합성 연구를 통해 노벨상 수상자도 계속 배출될 것이 틀림없다.

한국 학생들이 수학, 과학 등 전 세계의 수재들이 겨루는 올림피아드에서 금메달을 따는 쾌거를 이룩하고 있지만 노벨상 수상자는 나오지 않고 있다. 그 원인이 복잡하게 얽혀 있어서 간단하게 단정적으로 언급할 수 없는 일이나 근본적으로 한국의 교육 풍토에 있다는 것을 부인할 수 없다. 문제 풀이의 달인을 양성하는 교육이 아니라 창의성

생명과학 이야기

을 길러 주는 교육 풍토가 조성되어야 노벨 수상자도 배출될 것이다. 창의적인 교육을 통하여 미래의 노벨상을 꿈꾸는 학생들이 한국과 호주에서 많이 배출되었으면 하는 바람이다.

🍎 텃밭 농사

호주에서 많은 한국 가정이 텃밭 농사를 한다. 고추, 상추, 들깨, 토마토, 호박 등 다양한 종류로 텃밭을 가꾸며 먹거리도 해결하고 여가를 선용하는 즐거움을 맛보고 있다. 만나면 텃밭 농사 이야기로 꽃을 피운다. 필자도 뒷뜰에 조그만 텃밭을 만들어 고추, 상추, 호박 등을 가꾸며 수확도 하고 생명의 신비에 놀라기도 한다. 금년에 호박 농사가 작년만 못하다. 가뭄 때문이기도 하고 연작, 밑거름 등 복합적인 원인이 있을 것이다. 호박꽃이 피면 벌들이 찾아오는데 그들을 100% 믿지 못해 최근에 아침마다 중매쟁이 노릇을 한다.

현재 식물계(kingdom)에는 26만여 종의 식물이 있으며, 이끼류나 고사리 등, 꽃이 피지 않는 2만 6천여 종의 민꽃식물을 제외하고 식물의 90%는 꽃이 핀다. 꽃은 식물의 생식기다. 종류에 따라 꽃의 구조도 다양해서 일일이 열거할 수 없지만 텃밭에서 흔히 볼 수 있는 호박꽃은 암꽃과 수꽃이 따로 피고, 암술, 수술, 꽃잎, 꽃받침으로 되어 있다. 호박은 그 후손을 남기기 위한, 생식 작용을 위해서 암꽃이 신랑에 해당하는 꽃가루를 받아들여야 하는데 이 일을 스스로 하지 못하고 중매쟁이를 끼어야 이루어지는 것이다.

※ 한국의 과학자가 'PLA2(phospholipase A2)' 라고 하는 유전자

꽃가루가 암술 머리에 앉으면 씨앗에서 뿌리가 나오듯 꽃가루관이 자라면서 암술 대궁 속을 파고 들어간다. 이 과정에 특정 DNA로부터 전달받은, 암호(暗號)에 의해서 꽃가루관이 만들어지는 것이며 한국의 과학자가 'PLA2(phospholipase A2)'라고 하는 유전자가 역할을 한다는 것을 밝혀내어 과학계의 최대 뉴스가 되었다.

중매쟁이를 통해 신랑을 모셔 왔다고 해도 100% 합궁(合宮)에 성공하는 것이 아니며 성공하기까지 복잡한 과정이 있는 것이다. 꽃가루는 정핵을 가진 하나의 세포로서 난자가 있는 궁궐인 씨방까지 들어가야 하는데 입구도 없고 복도도 없어서 터널을 뚫듯 꽃가루관이라는 파이프를 만들어 신부가 기다리고 있는 내궁(內宮)으로 정핵(정자)을 안내하는 것이다. 에너지가 부족한 꽃가루는 중도에서 멈추기도 하며, 정력이 왕성한 꽃가루라야 신부를 만나게 되는 것이다. 수많은 꽃가루 가운데 극히 일부만 난세포와 수정이 되는 것이며, 이것은 동물의 몇억 마리의 정자 중에 단 하나만이 난자에 진입하게 되는 것과 같은 과정이라고 할 수 있다. 꽃가루관을 타고 내려가던 정핵은 중도에서 핵분열을 하여 두 개의 정핵이 되며, 하나는 난핵과 합쳐서 밑씨가

생명과학 이야기

되고, 다른 하나는 극핵과 합쳐 배젖을 만든다.

🍎 중복수정(重複受精)

동물의 수정과 다른 두 쌍의 배우자가 합궁한다고 해서 중복수정(重複受精)이라고 한다. 식물들은 능동적으로 배우자를 찾아다니지 못하는 대신에, 기상천외(奇想天外)의 방법들을 동원해서 배우자를 맞아들이고 있다. 분꽃은 노란색 줄무늬가 있는데 꽃가루를 날라 줄 곤충의 안착을 유도하는 활주로 역할을 하게 된다고 하며, 오프리스라는 난초는 꽃 모양을 암벌처럼 만들어서 수벌이 암벌로 착각하고, 교미 행위를 하려고 발버둥 치는 동안에 꽃가루받이가 이루어지게 한다는 것이다. 휘발성이 강한 꽃향기를 뿜어내서 멀리 있는 매개 동물을 유인하는 등 후손을 남기기 위해, 고등 정신을 발휘하는 것이 아닌가 하는 생각이 들게 한다.

생물의 계통발생 진화론을 빌리면 속씨식물의 수정작용으로 씨를 만들고 씨가 싹이 트며 대를 이어 가는 생활사는 수억 년간 진화해온 과정을 재현하는 것으로 설명하고 있다. 동물의 발생 과정은 계통발생 진화론을 설명하는 보편적인 논거이다.

인간의 경우도 난자와 정자가 수정하는 순간부터 출생하는 순간까지 태아가 겪는 약 10개월은 지구에 생명체가 출현한 이후 약 36억 년의 진화 과정을 축소판으로 진행시킨 결과라는 것이다. 생물학은 그 분야가 다양해서 생물학자라 해도 극히 일부분의 전문가라고 할 수 있다.

🌸 화분학(花粉學, polynology)

식물의 꽃가루만 연구하는 화분학(花粉學-polynology)이라는 독립된 분야가 있다. 식물의 꽃가루의 형태나 발생, 수정(受精), 기구(機構-mechanism) 또는 그 물리, 화학적 성질을 연구하고 있는 것이다.

화학, 의학 분야에서는 꽃가루 속의 단백질이나 꽃가루 알레르기가 주요 연구 과제이며, 양봉에서는 밀원식물의 연구, 꿀의 영양가, 성분 분석 등이 연구의 주된 과제이다. 임학에서는 삼림의 변천, 우량 품종의 교배, 품종 개량 등에 화분학을 응용하며, 고고학에서는 유적 등의 흙에 함유된 꽃가루에 의해 당시의 식물의 생활상, 고대 기후를 판단한다.

이렇듯 꽃가루만 가지고 평생을 매달리는 학자들도 수없이 많다. 꽃가루도 하나의 생명체이다. 꽃가루받이는 오랜 역사를 간직하며 생태계의 중요한 역학을 해 온 것인데 최근에 이르러 위기를 맞고 있다. 곤충들이 농약, 공기 오염 등 공해로 삶의 터전을 상실하고 개체수가 계속적으로 감소하고 있다는 것이다. 2006년 가을부터 미국 전역의 꿀벌이 사라지고 있다고 한다. 600만 개에 달하던 벌통 수가 200만 개로 줄었다고 한다.

지난해 5월, 유엔 식량농업기구(FAO) 발표에 의하면 꿀벌이 세계의 농업에 기여하는 가치는 2,030억$(약 224조 원)이고, 미국의 꽃가루받이 활동에 의지하는 농업은 200억$(약 21조 8천억 원)라고 발표한 일이 있다. 남의 이야기가 아니며 세계인에게 던지는 메시지다.

'꽃가루' 하면 식물의 생태를 생각하는 것이 아니라, 꽃가루 알레르

생명과학 이야기

기를 근심하게 되었다. 알레르기 환자가 증가하기 시작한 것은 한국의 경우 1980년대 이후부터라고 하며 현재 연 600만 명 정도의 환자가 발생하는 것으로 보고 있다.

농촌에서 어린 시절을 보내며 호박꽃을 많이 보았지만 사람들이 꽃가루 묻혀 주는 것을 본 일이 없다. 꿀벌보다 크고 몸에 털이 수북한 호박벌이 꽃만 피면 찾아와 깊숙하게 머리를 처박고 꿀을 빠는 데 정신이 없는 것을 꽃잎으로 포획해서 빠져 나오려고 윙윙거리는 소리를 들으며 괴롭히는 장난질을 하였었다. 그 많던 호박벌을 보기가 힘들어져 간다는 것이다. 사라져 가는 꿀벌과, 꽃가루 알레르기 환자 수 증가와의 밀접한 상관계수가 있는 것 같아 암울한 마음을 금할 수 없다.

3-3 고사리에 관하여

🍎 고사리 천국, 호주

한국의 5월은 산 빛깔이 연두색으로 물들며 녹음이 짙어가는 계절이다. 필자는 어린 시절에 봄이면 할머니가 산나물 채취하는 데를 따라다니던 추억이 있다. 산나물이 한참일 5월은 남다른 향수에 젖게 한다. 호주에 와서도 그때의 기억을 되살리며 혹시 비슷한 산나물이 없나 하고 살피게 된다. 거목처럼 뻗어 올라간 나무 고사리를 비롯해

산비탈에 뒤덮여 있는 고사리 군락지를 보면서 호주는 고사리 천국이라고 생각하였다.

생물학의 분류 방법으로 꽃이 피고 종자가 생기는 식물을 현화식물 혹은 종자식물이라고 하고 꽃이 피지 않고 포자로 번식하는 고사리 같은 종류를 민꽃식물 혹은 포자식물이라고 한다. 고사리 종류들의 잎이 양(羊)의 이빨 같다고 해서 양치식물이라고 한다. 인류 문명의 결정적인 영향을 주고 있는 석탄은 고생대에 번창하였던 양치식물 등이 퇴적되어 형성된 것으로 약 4억 년 전에는 고사리 같은 양치식물의 전성기였다고 한다. 꽃도 피지 않는 식물이지만 그 어느 식물보다 끈질긴 생명력을 가지고 있다고 할 수 있다.

고사리는 세대교번(世代交番)이라는 생활사(生活史)로 살아간다. 고사리는 꽃이 피지 않는 대신에 잎 뒤에서 포자가 형성되고 포자가 땅에 떨어져, 싹이 터서 전엽체라는 생식세대(배우체세대라고도 함)가 독립적인 생활을 하며, 장정기(藏精器), 장란기(藏卵器)라는 생식기관을 만들고 정자와 난자의 수정 과정을 거친 수정란이 발아하여 포자체세대라고 하는 고사리로 성장하게 되는 것이다. 양성생식을 통한 자손 번식과는 너무나 다른 방법으로 종족을 유지하며 수억 년을 살아오고 있다.

🌸 양치식물

지구상에는 25만 종의 식물이 전 세계에 살고 있는 것으로 보고 있으며, 이 중에서 고사리 같은 양치식물은 약 12,000여 종이고 약 75%가 열대지방에서 자란다고 한다. 유럽에는 152종, 북미 406종 등이 알려져 있으며, 중국에 4,000여 종, 일본 720여 종, 대만 565종, 태국

620종, 필리핀 943종, 뉴질랜드에 200여 종이 보고되고 있다. 한반도에는 약 350-400여 종류 이상일 것으로 추정하고 있다.

양치식물의 포자는 아주 작고 미세해서 가루처럼 보이는데 이 포자 가루들은 포자낭이라는 주머니에 담겨 있다가 산포(散布)가 되면 적절한 곳에서 뿌리를 내리고 성장하게 된다. 들여다볼수록 참 신기한 식물이다. 요즘은 이 양치식물을 먹거리뿐만 아니라 실내나 실외 조경용으로 심고 가꾸는 사람들이 늘어나고 있다. 한국의 수목원이나 식물원에도 양치식물원을 조성하는 곳이 많아졌다. 호주에는 양치식물의 종류가 많아서 자연 자체가 양치식물원 같다.

고사리의 어원(語源)에 관하여 몇 가지 설(說)이 있으나 '고'는 '굽었다'는 '곡(曲)'과 풀이라는 '사리'의 합성어 '곡사리'가 변해서 '고사리'가 된 것이라는 주장이 옳은 것 같다. 땅 위로 솟아오르는 고사리의 새싹은 갓난아기의 주먹 쥔 손과 같아서 고사리손이라는 표현을 한다. 어린 고사리가 아기 주먹처럼 둥그스름한 모양을 드러내면 불과 몇 시간 만에, 급성장하며 활짝 피지 않은, 머리가 굽어 있는 어린 고사리를 채취하게 되는 것이다.

고사리를 식용하는 나라는 한국과 중국의 일부 지방 외에 알려진 나라가 없다. 그 이유는 고사리의 독성 때문이다. 서양에서는 고사리를 독성을 함유한 식물로 인식되어 왔기 때문에 식용으로 시도하지 않는 것이다. 고사리에는 발암성으로 알려진 브라겐톡신과 비타민 B1을 분해시키는 아네우리나제라는 성분 때문인데 가열하면 파괴되기 때문에 식용할 수 있는 것이다.

고사리를 풀과 함께 뜯어 먹은 소가, 설사, 고열, 출혈, 폐사에 이르는 과정을 보며 목장에서는 목초지에 고사리가 돋아 있으면 질색을 하게 된다. 그러나 고사리를 끓는 물에 삶아 내면 브라겐톡신이나 아네우리나제 같은 독성이 파괴되는 것을 확인할 수 있다. 가열하지 않은 고사리 절편(切片)을 어항에 넣으면 물고기들이 죽으며, 두 번, 세 번 삶은 고사리 절편을 넣었을 때는 아무 장애를 주지 않는 것을 관찰할 수 있다. 고사리의 독성을 이용하여 진딧물 살충제로도 사용하고, 고사리로 염색한 방충망에는 개미들이 모여들지 않는 것이 확인되기도 하였다.

고사리가 식용으로서는 단백질 함유량도 많고 칼슘, 칼륨 등 무기질이 풍부한 우수한 식품이며, 한방(漢方)에서는 이뇨제, 해열제, 지사제 등으로도 처방하여 왔다. 고사리가 오랜 세월 동안 한민족의 식품으로 자리 잡고 소비가 증가하게 되면서 자연산으로는 턱없이 부족하게 되었고 중국산을 수입하여 충당하고 있다.

🍑 고사리 시장

한국의 법률상으로 산나물 채취가 금지되어 있고, 위반하면 벌금을 물게 돼 있으나 단속하지 않고 제주도 등 지방단체에서는 고사리 축제를 열고 있다. 호주도 유사한 법령이 있을 것이다. 한국의 고사리 소비량을 4천여 톤으로 보고 있으며, 가격으로 1,000억 원 정도로 추산하고 있고 90%가 중국에서 수입되고 있다고 한다. 고사리의 가격도 비싼 편이고 중국산의 불신 풍조로 한국의 토종 고사리를 재배하는 농가가 증가하고 있다고 한다.

식용 고사리의 서식지를 관찰하여 보면 햇빛이 잘 드는 지형임을 알 수 있다. 한국에서는 산기슭이나 뫼(묘, 墓) 잔등에 고사리가 많이 있다. 시드니 지역에서도 철로(鐵路)변이나, 비탈진 산기슭, 호수 주변에 고사리 군락지가 형성되어 있다.

산불이 나면 고사리가 번창한다. 햇빛이 들지 않는 나무 숲속에서 성장하지 못하던 고사리가 공간이 확 트이고 거름기가 잔뜩 배인 불탄 자리는 고사리가 성장하기에는 안성맞춤이기 때문이다. 산불 난 자리는 2년 차 되는 해에 고사리가 어김없이 번창한다.

중국에서는 고사리가 식용보다 약용으로 알려져 왔으며 관련 문헌(文獻)이 많다. 중국『본초도감』에 '고사리는 맛이 달고 성질은 차며 열을 내리고 장을 윤택하게 한다'고 나와 있다. 또한 '담을 삭이고 소변을 잘 나오게 하며 정신을 안정시키는 효능이 있고 이질, 황달, 고혈압, 장풍열독 등에 효과가 있다'고 서술하고 있다. 『동의보감』에는 '고사리가 성질이 차고 활(滑)하며 맛이 달다, 열을 내리고 이뇨작용이 있으나 오래 먹으면 양기가 줄게 되고 다리가 약해진다'고 서술되어 있다.

한 연구자의 성분 분석에 의하면 생체의 면역계(免疫係-immune)에 결정적 기여를 하는 보체계(補體系-complement system)를 활성화하는 성분이 다량으로 함유되어 있다고 한다. 면역계는 생체 내에 침입한 병원체에 대항해서 항원 항체 반응을 하며 무력화시키는 시스템인데 이 반응을 강력하게 활성화시키는 기능을 보체계(補體系-complement system)라고 한다. 보체계는 결국 특수 성분이 하는 것이며, 고사리에 이 보체계 성분이 있다는 것을 확인한 것이다.

호주에도 고사리를 연구하는 학자들이 있겠지만 식용적 가치에는 별 관심이 가지 않을 것 같다. 한국에서 '고사리는 산에서 나는 쇠고기'라 불릴 만큼 단백질이 풍부하고 유용한 성분이 계속 밝혀지고 있다. 고사리 천국인 호주는 고사리를 연구하기에는 좋은 환경을 갖추고 있다. 한국인 고사리 학자가 나오면 호주 사회에 고사리가 인간에게 유용한 식물인 것을 인식시킬 수 있을 것 같다.

식물은 어느 것이나 꽃이 피고 씨앗이 있어야만 번식할 수 있다는 고정관념을 깨뜨리고 세대교변이라는 특이한 생활사로 수억 년을 생존해 오는 고사리의 생활사를 보며 오묘한 생명현상에 다시 한번 놀라움을 갖게 한다.

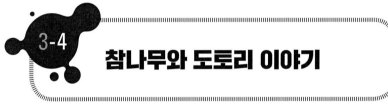

3-4 참나무와 도토리 이야기

도토리의 어원은 '저의율(猪矣栗)' 猪-돼지 栗-밤, '돼지가 먹는 밤'이라는 뜻에서 만들어진 것인데, 예전에는 '돼지'를 '돝'이라고 하였으며, 이 말이 명사형 접미사 '이'가 붙으면서 도토리가 된 것이라고 밝히고 있다. 도토리는 다람쥐의 식량으로만 알고 있지만 야생 산돼지들의 식량이기도 했다. 스페인 에서는 멧돼지 종류인 이베리코 흑돼지를 도토리로 사육해서 특이한 맛과 영양으로 유명해지며 전 세계의 미식가들의 인기를 끌고 있는 것이다.

도토리는 우리나라에서 식품으로서의 오랜 역사를 가지고 있다. 기원전 5000년 전후로 추정되는 강동구의 암사동 선사 유적지에서 탄화(炭火)된 도토리가 발견되었고, 창원 신석기 유적지에서는 도토리 저장고가 발견되었다. 이와 같은 기록으로 봐도 도토리는 오래전부터 야생동물은 물론 인간들의 식량이었다. 역사서에 도토리에 관한 기록은 신라시대에도 있고 고려시대에도 있으며 이조시대에 와서는 도토리를 거둬들여 저장하였다가 흉년이 들면 이를 풀어 기근을 해결하게 하였다는 기록이 있다.

도토리는 참나무의 열매다. 참나무는 참나무속(屬)에 딸린 졸참나무, 굴참나무, 갈참나무, 물참나무 등을 통틀어 말하는 것으로 모두 도토리가 달린다. 도토리가 구황(救荒) 음식이 될 수 있는 것은 한반도 곳곳에 서식하는 탓도 있지만 생태적인 특성과도 밀접한 관계가 있다. 참나무는 5월에 개화해서 9월경에 결실이 완성되는데 개화기인 5월의 기상이 도토리 작황(作況)에 결정적인 영향을 주기 때문이다. 개화기인 5월에 비가 많이 와서 장마라도 지면 참나무는 제대로 수정이 될 수 없기 때문에 5월에 장마 지는 해에는 도토리가 많이 열리지 않는 것이며, 5월에 비가 오지 않고 가물면 모를 제때에 심지 못해 벼농사를 낭패하게 되고 흉년이 될 수밖에 없었다. 이런 흉년에 도토리는 소중한 식량이 될 수밖에 없었던 것이다.

한국은 지방마다 참나무 종류가 조금씩 다른데, 필자의 고향엔 상수리나무가 많았다, 어렸을 때 상수리나무라는 말은 사용하지 않았으나 후에서야 도토리와 상수리는 다르다는 것을 알 수 있었다. 상수리는 경기도 지방의 전설에서 유래되었다는 설(說)이 있다. 어떤 왕이 전쟁 중에 피란하다가 굶어서 배가 고픈 중에 신하가 마을에서 도토리

묵을 얻어다 바쳤다고 한다. 어찌나 맛있게 먹었는지 전쟁이 끝난 후에도 궁궐에서 도토리묵을 찾게 되었다. 도토리묵은 항상 수라상의 상석(上席)에 자리 잡게 되면서, 이 음식을 '수라상 상석의 음식'이라는 뜻의 상수리라고 이름하였다고 한다. 상수리나무는 도토리가 달리는 다른 나무와 형태가 다르긴 하지만 열매를 굳이 상수리라고 하지 않아도 무리는 없는 것이다.

상수리나무의 잎은 길쭉한 것이 밤나무 잎과 비슷하다. 굴참나무가 상수리나무와 밤나무의 이파리와 비슷하나 굴참나무는 잎 뒷면에 털이 있다. 굴참나무와 상수리나무가 다른 참나무들과 특이하게 다른 것은 5월에 핀 꽃이 이듬해 10월경에야 결실이 된다는 것이다. 다른 참나무들은 5월에 개화하였다가 9월에서 10월 사이에 결실을 한다.

한국의 곳곳에 도토리묵 음식점이 있다. 그런데 도토리가 거의 수입한 것이라고 한다. 다람쥐 등 야생동물의 먹이를 빼앗는 것이라고 해서 도토리 줍기를 금지하고 있기 때문에 한국산 도토리묵은 어렵게 되었다. 최근에 한국산림과학연구원에서 참나무를 농가의 소득원으로 권장하기 위해 도토리가 많이 달리는 신품종을 개발하였다고 한다. 상수리나무와 졸참나무인데 기존의 나무보다 도토리가 2-3배가 많이 달린다고 하며, 희망하는 농가에 보급해서 도토리 수확으로 소득을 높여 주겠다는 것이다.

참나무가 한국의 대표 수종이 될 수 있는 것은 기후도 적합하고 도토리가 발아도 잘되고 열매에 영양이 많아서 처음부터 곧은 뿌리로 튼튼하게 자리 잡으며 빠른 성장을 하기 때문이다. 땅속으로 깊게 뻗은 뿌리는 수분 흡수력이 우수하고, 껍질이 두꺼워서 산불에 강하며

생명과학 이야기

추위에도 강해서 적응력이 뛰어나기 때문에 한국의 대표적인 수종이되고 있는 것이다.

세계에서 도토리가 달리는 참나무 종류는 400여 종이 되고, 한국에는 11종이 있다고 알려졌다. 나무껍질이 굵다는 굴참나무, 나무는 웅장하지만 잎이 졸장부처럼 작다는 뜻으로 졸참나무, 떡을 쪄 먹는다는 떡갈나무, 잎사귀를 짚신 밑바닥 깔창으로 사용한다고 해서 신갈나무 등이 참나무속이며 도토리가 달리는 것들이다.

시드니 일대에도, Parks에 참나무들이 꽤 있는 것을 보게 되었고, 나무 모양이 한국의 떡갈나무와 비슷하며, 도토리 모양도 길쭉한 게 거의 같은 모양이다. 도토리묵이 되나 하고 전분을 내어 묵을 쑤어 봤더니 떫은맛이 덜할 뿐이지 양질의 도토리묵이 되었다. 그 후 수소문해서 참나무 있는 곳을 꽤 여러 군데 알게 되었고, 여러 해에 걸쳐 도토리를 주워 모아 특식으로 묵을 쒀 먹기도 하고 선물도 하며 고향에서 즐겨 먹던 도토리묵의 향수를 달래고 있다.

호주의 참나무는 토종이 아니고 외래종이다. 시드니 지역에서 두 가지 종류의 참나무를 보았다. 시드니 공항 가는 방향에 있는 Central Park에 아름드리 참나무가 그라운드 가장자리에 빽빽하게 서 있으며, 도토리는 많이 달리지만 나무 종류도 다르고 묵이 일반 도토리묵과는 판이하게 별맛이 없었다.

영어로 참나무를 'oak tree', 도토리를 'acorn'이라고 하는데 공원의 도토리나무 밑에서 도토리를 줍다 보면 종종 행인(行人)들의 질문을 받게 된다. 짧은 영어로 묵 쑤는 요리법을 설명하느라고 진땀을 빼곤 하는데, 인쇄물을 준비해 가지고 가야겠다는 생각도 하였다. 타스마니아에도 참나무가 꽤 많다, 2년 전, 타스마니아의 한 Park에 쓸어 담을 정도로 많은 도토리가 떨어져 있어 주워 온 일이 있다.

호주의 대표 수종인 유칼립투스도 산불이 나면 껍질 안에 휴면하고 있던 어린잎이 성장하면서 화상 입은 나무를 회복시켜 재생하게 하듯 참나무도 재생력을 갖추고 있는 나무다. 기원전, 유럽의 켈트족이 만들었던 달력에 월(月)의 상징을 나무로 하였다고 한다. 1월은 자작나무, 2월은 마가목, 3월은 물푸레나무, 4월은 오리나무, 5월은 버드나무, 6월 산사나무, 7월 참나무, 8월 호랑가시나무, 9월 포도나무, 10월 담쟁이, 11월 부들, 12월 딱총나무였다고 한다. 7월을 참나무로 한 것은 식물의 성장력이 왕성하고 에너지가 넘치는 참나무가 적합하기 때문이었을 것으로 보고 있다.

참나무는 정조 관념이 좀 희박하다고 하여야 할까? 다른 종류와 교잡이 비교적 잘 이루어져 잡종이 많이 생기는 나무로 알려져 있다. 제주도의 물참나무도, 참나무와 신갈나무의 변종으로 보고 있다. 나무가 어느 것이나 거짓말할 이가 없겠지만 유독 '참' 자를 붙인 것은 도토리를 인간들에게 음식으로 제공하고 겨울에는 장작으로 혹독한 추위를 견딜 수 있게 해 주니 참말로 고마운 나무라는 의미로 불린 것 같다.

서양인들은 묵을 별로 좋아하지 않는 것 같다. 도토리 자체가 거의 완벽한 자연의 산물이고, 최근에 도토리묵이 인기를 끌면서 식품으로서의 가치를 분석한 결과가 많이 나왔다. 어떤 식품이건 부정적 이미지는 드러내지 않으려고 하는 것이지만 도토리묵의 큰 결점은 드러나지 않고 있다. 요리 전문가들이 도토리 전분으로 세계인들의 입맛에

생명과학 이야기

맞는 웰빙 식품으로 개발하였으면 하는 바람과 함께, 한국에서 개발한 다수확 품종을 들여다가 땅 넓은 호주에, 참나무 단지를 만들면 어떨까 생각해 보는 것이다.

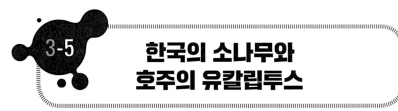

3-5 한국의 소나무와 호주의 유칼립투스

추석의 아이콘은 송편이다. 3-4년 전에 앞집에서 공터에 리기다소나무 묘목을 심었다. 경사지에 땅이 비옥해서인지 성장이 빨라 3m 정도로 자랐고, 균형 잡힌 수형에 봄 날씨가 되면서 물이 올라 싱싱해 보인다. 이번 추석에 그 나무의 솔잎을 따다 송편을 쪄서 차례(茶禮)를 지냈으나 솔 향이 별로 나지 않아 실망하였다. 시드니의 주택가나 공원에도 소나무 종류는 있지만 한국 소나무는 찾아볼 수 없고 대부분 리기다소나무다.

한국 소나무는 천박한 땅에도 잘 자라고 수명이 오래가고 소나무 향내가 진하게 풍긴다. 목재의 재질이 좋아서 한옥 건축에 으뜸으로 쳤지만 나무가 곧게 뻗지 않고 구부러지는 게 단점이며, 나무가 잘리면 새순이 돋지 않는다. 반면에 리기다소나무는 움이 잘 나오고 줄기에도 새순이 돋는다. 한국 소나무, 잣나무와 리기다소나무는 비슷한데 자세히 관찰하면 확연하게 다르다. 한국 소나무는 잎이 두 개씩 붙어 있고, 잣나무는 다섯 개, 리기다소나무는 세 개다. 호주 곳곳에 대규모 소나무 조림지를 볼 수 있는데 거의가 북미산 리기다소나무다. 나무껍질도 한국 소나무는 붉은빛을 띠고 리기다소나무는 검은색이며 잣나무는 흑갈색이다.

솔방울을 학술 용어로 구과(毬果)라고 하며 소나무류를 구과식물이라고 한다. 한국 소나무는 솔방울이 적고 규칙적인 반면에 리기다소나무는 불규칙하고 많이 달린다. 소나무류의 잎이 지지 않고 늘 푸른 것 같아 상록수라고 하지만 2년 만에 잎이 떨어지지 때문에 1년 된 잎이 있어 항상 푸르게 보인다.

나무를 땔감으로 하던 50-60년 전에 한국의 산들이 남벌(濫伐)로 민둥산이 되고, 장마 때가 되면 토사가 쓸려 내려 강을 침식하는 등 재해가 속출하였다. 당시 정부는 거의 강압적으로 농촌 인력을 동원하여 사방공사(산림녹화사업)라고 해서 리기다소나무, 오리나무, 아까시나무를 심고 산림법을 강화하여 벌목을 억제하며 산을 가꾸었다. 이때 심었던 나무들은 산림으로서의 가치보다는 척박한 땅에도 잘 자라는 나무들이었으며, 산을 푸르게 하는 것이 급선무였다. 한국 소나무도 척박한 땅에 잘 자라지만 재생력이 없어서, 산림녹화용으로 식재하지 못했다. 그런 연유로 고산지대를 제외한 야산에는 현재까지도 한국 소나무보다 리기다소나무가 많다. 필자의 선친께서도 나무 가꾸는 데 정성을 쏟았는데 속성수인 낙엽송과 리기다소나무를 30여 년 가꿔서 사랑채를 짓고 사시다가 돌아가셨다.

한국인이면 애국가에 "남산 위에 저 소나무…"로부터, 사육신인 성삼문의 시조(時調) "이 몸이 죽어 가서 무엇이 될꼬 하니, 봉래(蓬萊)산 제일봉에 낙락장송(落落長松) 되어 있어 백설이 만건곤(滿乾坤)할 제 독야청

청(獨也靑靑)하리라"를 모를 사람이 있겠는가?

인간의 문화가 자연 속에서 이루어지기에 어느 나무보다 많은 소나무는 한국의 상징적인 나무가 될 수밖에 필연성이 있다. 굶주리던 시절에 물이 오른 소나무를 베어 속껍질을 먹기도 하고 일부 지방에서는 멥쌀가루와 섞어 송기떡이라고 해서 떡을 해 먹기도 하였다. 한국인의 기근을 달래 주며 겨레와 함께하고 있는 나무이기도 하다.

예로부터 오래 살거나 죽지 않는 것이라고 생각했던 십장생(十長生) 중에 소나무도 포함시켜 장수의 상징으로 삼으면서 최고의 그림 소재가 되었고, 명작으로 꼽히는 문학작품에도 곳곳에 소나무의 주옥같은 묘사들이 있다. 최명희의 『혼불』에 등장하는 '고리배미 마을'의 소나무 숲을 다음과 같이 묘사하고 있다. "마을 초입에 성성한 바람소리를 내며 검푸른 구름머리를 이루고 있는 솔밭, 적송 숲이었다. 이 솔밭은 고리배미의 장관이요 명물이었다".

고리배미 마을만이 아니고 솔밭으로 유명한 곳은 많다. 서울에서 안양을 거쳐 내려오는 경수 간 국도, 수원시 초입의 지지대고개를 넘으면 약 5km 정도의 노송지대(老松地帶)가 있다. 1800년대 후반인 정조대왕 때 조성된 소나무 길인데 개발 후유증으로 노송은 몇 그루 남지 않았으나 보존 노력으로 전형적인 한국 소나무의 멋을 보이는 노송들이 국도 양편으로 서 있다. 여주에 있는 세종대왕릉은 1977년 성역화 사업에 힘입어 유물전시관인 세종전과 야외전시장 등이 갖추어지고 주변의 환경을 잘 정비하여 관광 명소가 되었으며, 무엇보다 주변의 노송들은 찾는 이들의 마음을 포근하게 해 주고 역사의 정취를 흠씬 느끼게 한다.

소나무는 북향이나 서향을 선호하므로 동해안 쪽 고산 계곡에 빼어난 소나무 숲이 많다. 영동고속도로가 터널을 뚫기 전에는 대관령을 넘어서면 구절양장(九折羊腸)의 고갯길 주변에 소나무 숲은 미지의 관광지를 찾는 설렘을 갖게 한다. 태백산맥 자락에 자라는 길게 뻗은 재질이 우수한 한국 소나무를 금강송이라고 해서 차별성을 강조하고 있다. 울진군 서면 소광리 일대의 소나무 군락지는 1959년에 육종림으로 지정, 보호 관리하다가 2009년부터 탐방 신청을 받아 1일 80명의 제한된 인원이 탐방할 수 있게 공개하고 있다고 하며 인기가 대단한 것 같다. 2274ha에 수령이 50-500년 된 금강송 160여만 그루가 하늘을 찌를 듯 빽빽하게 들어서 있다니 장관이 아니겠는가? 인체에 그 좋다는 피톤치드가 사계절 쏟아질 것이다.

호주를 대표하는 나무 유칼립투스는 특이한 향이 있는 기름을 배출한다. 이 기름으로 향수, 비누, 의약품, 세제와 같은 많은 생산품으로 유용하게 쓰이고 있지만 나무 자체로서는 기름 성분의 살균 살충 작용으로 자기방어 생존 전략이다. 유칼립투스 군락지에는 이 기름의 증발 현상으로 산 전체가 푸른빛이 감돈다고 해서 'Blue Mountains'라는 산 이름이 생긴 것이라고 한다. 소나무도 유칼립투스와는 성분이 다른 것이지만 송진이라는 기름을 함유하고 내뿜으면서 향기로운 솔 향을 방출하고 있는 것이다. 소나무 숲에서 풍기는 솔 향을 마시면 신선이 된 것 같은 환상에 빠지게 한다.

오랜 세월 한국인은 태어날 때 금줄을 다는 것부터 시작해서 송기떡을 해 먹고 소나무 대들보로 집을 지으며, 죽어서는 소나무 칠성판 위에 누워 소나무 관과 함께 생을 마감하였다.

생명과학 이야기

나라마다 그 지역의 생태적 특성에 맞는 나무들이 산을 뒤덮고 있다. 호주는 대륙 전체가 유칼립투스로 뒤덮인 것처럼 보인다. 호주의 문화를 유칼립투스 문화라고 해도 과언이 아닐 것이다. 호주에 처음 왔을 때 시가지의 전신주가 유칼립투스 나무로 세워져 있는 것이 이색적으로 느껴졌고, 주택가에 다듬어지지 않은 나무들이 중구난방으로 서 있는 것 같아서 세련미가 없는 게 아닌가 생각하였다. 밤 깎듯이 말끔하게 다듬어 놓은 한국의 정원수와 대조적이다. 핀란드는 산들이 온통 자작나무 숲이었다. 캐나다는 단풍나무, 일본에는 삼나무 문화가 있다.

껍질을 벗고 눈이 부신 회백색의 몸통을 드러내며 곧게 뻗어 올라간 호주의 유칼립투스가 귀공자 같다면 한국의 적송 무리는 붉은 갑옷을 입고 말 위에 높이 앉아 출정하는 승리에 찬 용사들의 모습이라고 할까? 풍기는 이미지는 서로 다르다. 호주의 유칼립투스는 인간 외에 자연 속에 강적이 별로 없이 태평성대(太平聖代)를 누리고 있으나, 한국 소나무는 중병을 앓고 있는 것 같다. 송충이, 솔잎혹파리, 소나무재선충 등의 만연으로 치명적인 병충해 피해를 입고 있으며, 생태적인 천이(遷移) 현상으로 참나무와의 싸움에서 밀리고 있다는 것이 학자들의 견해이다.

호주 정부는 일찍이 호주 대륙의 원산지 동식물이 멸종될까 봐 갖가지 정책으로 보호하려고 안간힘을 쓰고 있다. 집 안에 있는 나무 하나도 재래종(native tree)이면 허가 없이 베어 버릴 수 없게 하는 것을 한국은 타산지석(他山之石)으로 삼아야 한다. 유칼립투스가 호주 대륙에만 있는 특수성도 있고 재목으로나 잎, 기름 등 나무 전체를 보고처럼 간주하고 육성과 연구에 많은 노력을 기울이고 있는 것을 보면 한국 소나무도 유칼립투스 못지않게 유용한 특성을 갖추고 있는 나무임에 분명하다. 특이한 소나무 향과 함께 재질이 아름다워 궁궐, 사찰 등의 건축재나 가구재로 활용되어 왔고, 그 부산물은 또 얼마나 다양한가? 살아 있는 소나무 뿌리에서만 자라는 송이버섯, 송홧가루, 송진, 솔잎 차 등 개발 여하에 따라 나라 경제의 상당한 축을 담당할 잠재력을 갖고 있는 것이다. 한국 소나무나 호주의 유칼립투스, 모두 인간과의 상생관계를 위해 존중하고 아껴 주어야 할 지구상의 주인들이다.

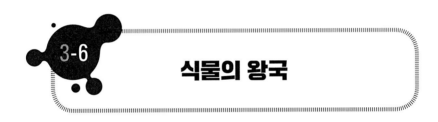

식물의 왕국

🍎 박테리아에서 조류(藻類)로 진화

한국인이면 한국 KBS의 〈동물의 왕국〉이나 〈동물의 세계〉 등 자연 다큐멘터리를 통해 야생동물의 세계를 알고 이해의 폭이 넓어졌겠지만 '식물의 왕국' 하면 선뜻 수긍하지 않을 것 같다. 식물의 세계는 역동적인 동물의 세계와는 다르게 정적이기에 생명체로서 대하는 태도가 소홀하게 된다. 더구나 인간의 관점으로 사고할 수밖에 없는 속성 때문에 자연을 객관적으로 바라보기란 어려우며, 지구는 인간의 왕국이거나 동물의 왕국이라고 생각하는 것이 가장 현실적으로 느껴

생명과학 이야기

지게 되는 것이다.

생각의 폭을 넓히기 위해 외계 생명체라는 입장으로 지구를 조명해본 시도는 많이 있다. 그러나 전문가답게 집중적으로 매달리지 않아도 극히 상식적인 선에서 자연을 바라보고 식물을 조명하는 것은 가능하다. 더구나 거의 매일 TV 등 각종 매스컴이 알기 쉽게 자연을 조명하고 있다. 매일 접하게 되는 TV에서 지구의 모습을 비춰 주며 우주 공간에서 바라본 지구는 매끄럽게 손질한 축구공 같다는 객관적 사실을 확인하고 있다.

인지 능력이 있는 외계 생명체가 지구를 탐색하게 된다면 첫 번째로 지구가 둥글다는 것과 그 색깔이 바다의 푸른 빛깔과 육지의 초록색을 주목할 수밖에 없을 것이다. 이런 이미지로 지구를 관찰하고 갔다면 지구는 푸르고 초록색의 행성이라고 기록하게 될 것이 아니겠는가?

지구의 초록색, 다른 표현으로 녹색의 정체는 무엇인가? 이는 식물의 엽록체에 있는 엽록소의 색깔이다. 이 색소 때문에 지구는 녹색을 띠게 되는 것이다. 엽록체는 식물만이 가지고 있는 것이며, 엽록체의 작용 때문에 동물이나 인간이 생존해 간다. 식물이 온갖 동물과 인간을 먹여 살리고 있다. 그러니 "지구의 왕족은 식물이다"라고 할 수 있는 것이다.

생명의 기원을 따져 올라가 보면 식물이 동물들의 조상이라는 것에 대해서 이론(異論)을 제기할 수 없다. 최초의 생물은 간단한 세포로 이루어진 박테리아 같은 것이었다. 무생물에서 이 최초의 생물이 나타나기까지는 수십억 년 이상의 시간이 걸렸을 것이다. 남아프리카에서는

30억 년 전 선캄브리아기의 지층에서 박테리아로 보이는 화석이 발견되었다. 이는 지금까지 발견된 화석 중에서 가장 오래된 것이다. 시간이 흘러 20억 년 전쯤의 지층에서는 더 확실한 화석이 발견되었다. 캐나다 온타리아주 남부에 있는 20억 년 전 선캄브리아기 지층에서 나온 박테리아와 물에 사는 수초의 일종인 조류의 화석이다. 이 무렵의 생물계는 100만 년이라는 오랜 시간을 단위로 진화해 갔다. 이 박테리아나 조류는 이윽고 엽록소와 빛에 의해 이산화탄소를 동화하여 산소를 만들 수 있는 생물, 즉 녹색식물로 진화해 온 것이다.

☀ 환경과 생명의 진화

생물 발생 이전의 지구에는 유리산소가 존재하지 않았기 때문에 처음 출현한 생물은 산소 없이 유기물을 분해하여 에너지를 얻는 발효형 미생물이었다고 생각된다. 발효에 의해 이산화탄소가 증가하면, 다음으로 이 이산화탄소를 이용하여 빛 에너지로 유기물을 합성(광합성)할 수 있는 '식물'이 나타난다. 이것은 참으로 엄청난 사건이었다. 태양으로부터 쏟아져 내려오는 무진장한 에너지를 포도당($C_6H_{12}O_6$)이라고 하는 유기물에 뭉쳐 놓는다는 것을 어떤 사건에 비유할 수 있겠는가? 이 덕택에 식물이건 꿈틀거리는 동물이건, 똑똑하다는 인간이건 간에 생존해 가며 자손을 번식시켜 가고 있는 것이다. 광합성이 되면서 산소가 발생하니 산소에 의한 에너지 획득 수단으로 하는 동물이 발생했다고 생각되고 있는 것이다. 말하자면 환경의 변화가 생물을 변화시키고, 반대로 생물이 환경을 변화시키는(환경의 생물화) 양자의 밀접한 상호작용을 볼 수 있다. 생물과 자연을 합쳐 생태계라고 하는데, 구조의

생명과학 이야기

발전과 함께 생물은 보다 높은 단계의 생물로 진화한 것으로 보고 있는 것이다.

지구상의 생명현상의 모든 활동은 식물로부터 시작되었다. 그런 의미에서 식물은 동물의 조상인 것이다. 그러나 동물이나 인간은 이 세상을 그들의 관점에서 보고 지구를 지배하고 있는 줄 알지만 지구는 엄연히 식물의 행성이며, 식물의 지배 속에 살아가고 있다는 사실이다. 인간들이 숲을 불태우고 나무를 베어 내며 이 지구를 호령하며 살고 있는 줄 착각하지만 식물 쪽에서 보면 우리를 가소롭다고 여길 게 분명하다. 인간 포함해서 지구상의 동물의 무게를 모두 합친다 해도 식물의 무게에 비하면 조족지혈(鳥足之血)이니 말이다. "아무리 날뛰어봤자 아직까지 지구는 우리가(식물이) 꽉 잡고 있는 행성이다"라고 할 것이다. 식물이 주도권을 빼앗길 가능성은 거의 없다.

🍎 유전자 개수로 따지면 동물과 식물은 비슷하다

식물의 분자로 유전학을 연구하는 '식물분자유전학자'들은 동물이 식물보다 뛰어난 생물체라는 생각은 가당치 않다고 주장한다. 유전자 개수로 따지면 동물과 식물은 비슷하다. 생명을 이루는 성분이나 생화학의 복잡성도 비슷하다. 동식물은 그저 서로 다른 생존·번식 전략을 취할 뿐이라고 했다. 빛·온도·습도 같은 환경 변화에 대해선 식물이 오히려 더 민감하고 유연하게 반응하는 생명 체계를 갖추고 있다는 것이다. 주변의 풀과 나무들을 보면 한 치의 오차도 없이 계절의 변화를 눈치채고 대비한다. 포스텍 생명과학과 남홍길 교수는 다음과 같이 말한다.(한겨레 '사이언스온' 기자와의 대담에서).

"동물과 식물은 생존과 번식의 측면에서 차이가 있는 것이다. 식물은 고착생활을 하며 광합성을 하지만 동물은 이동하며 다른 생물을 먹이를 섭취한다. 식물은 각 부분들에서 영양분을 만들면서 전체의 생존을 도모하는데, 동물이나 곤충이 공격할 때 앉아서 당해야 하기 때문에, 중요 부분은 분산시켜 단번에 전체가 망하는 위험을 피하는 생존 전략을 취하는 것이다. 그러다 보니 생체회로가 더 유연해지는 것이다. 다른 차이라는 것이 이와 같은 번식 전략 때문인 것이다. 동물은 태아 때에 거의 모든 기관이 만들어져 태어나는데, 식물은 씨앗에 프로그램만 있지 기관들은 만들지는 않는다. 자라면서 환경 조건에 맞춰 줄기, 잎, 꽃 같은 기관들을 만들어 간다. 생체회로가 유연하지 않다면 그럴 수 없지 않은가?"

동물의 새끼들은 태어나면서 독립적으로 자연과 부딪치며 생존해가기란 쉽지가 않지만 식물들은 씨앗 하나 만들어 놓는 것으로 부모의 역할은 끝이다. 식물은 자식들에게 After service가 없다는 것이다. 동물들은 목숨을 바쳐 가며 새끼를 키우고, 인간은 근 20여 년간을 자식 농사에 뼛골이 빠진다. 식물들은 씨앗에 자연에 대처하는 DNA 매뉴얼(manual)이 있어서 유연하게 생존 전략을 펼쳐 가고 있는 것이다. 상식적으로 따져 봐도 식물이 동물보다 탁월한 기능을 가진 것은 너무나 많다.

☀ 백스터 효과

국내 연구자들은 식물의 통증 반응을 선뜻 받아들이지 않지만 가능성을 인정한다. 강원대 권오길 교수(생물학)는 조심스럽게 식물이 통

생명과학 이야기

증을 느낄 수 있다고 말했다. "식물의 신경세포를 확인하지 않은 상태에서 뭐라고 말하는 어렵다. 하지만 식물이 외부 자극에 반응하는 것을 기계적 작용이라 단정하는 것도 무리가 따른다. 식물은 수준 높은 방어 체계를 가지고 있지만 아직 과학적으로 해명하지 못했기 때문이다. 식물 유전자의 실체를 완전히 파악하는 게 남아 있는 과제다"라고 언급하였다.

식물이 오랜 세월에 걸쳐 만들어낸 방어 체계를 규명하지 않은 상태에서 통증을 느끼는지의 여부를 한마디로 말할 수 없다는 얘기다. 식물의 정신세계와 관련해서 널리 알려진 것이지만 '백스터 효과'라는 이야기가 있다. 미국의 거짓말 탐지기 전문 검사 백스터(Cleve Backster, 1924-2013)는 미국의 수사관 학교에서 수강생을 대상으로 거짓말 탐지기 교육을 하고 있었는데 거짓말 탐지기를 이용하여 사무실에 있는 화분에 야자나무처럼 생긴, 백합과의 관목인, 줄무늬 드러시너(Dracaena massangenana)라는 나무가 거짓말 탐지기에 어떻게 반응하는가를 실험해 보고 싶은 충동을 느끼고 장난삼아 간단한 실험을 하였다. 탐지기를 드러시너 나무에 연결시키고 몇 가지 실험을 하는 중에 백스터가 마음먹고 있는 것을 감지한다는 것을 알았으며, 좀 자극적인 실험으로 잎사귀를 불태워 보겠다고 마음먹고 성냥을 가져오는 순간 미처 불을 붙이기도 전에 거짓말 탐지기의 검류계 바늘이 움직이며 그래프 곡선이 상승하더라는 것이다.

이 실험으로 나무가 사람 속을 꿰뚫어 보고 있다는 확신을 갖게 되었으며, 좀 더 진전된 실험으로 범인을 알아보는 실험을 하였다. 두 가지 식물을 방 안에 넣어 놓고 방 안에 누군가 들어가서 두 식물 중 한 그루를 무참히 짓밟아 죽인 후, 나머지 한 그루의 식물이 범인을 식별할 수 있는지를 실험하고자 한 것이다. 백스터는 수강생 중 여섯 명을 뽑아 여섯 명 중 한 명에게 쪽지를 주었다. 쪽지에는 실내에 있는 두 식물 중 하나를 뿌리째 뽑아 짓밟고, 완전히 박살을 내서 죽이라는 내용이 적혀 있었다. 눈을 가리고 비밀리에 행한 실험인지라 범인 이외에는 백스터는 물론 누구도 식물을 박살 낸 범인을 알 수 없게 한 것이다.

참혹하게 죽은 나무를 지켜본, 살아 있는 나무에는 탐지기를 연결하고, 수강생을 한 사람씩 나무 앞을 지나가게 하였다. 그러자 범인 아닌 사람이 접근하였을 때는 아무런 반응도 없던 나무가, 나무를 박살 낸 범인이 나무 곁으로 다가가자 그 식물에 연결된 탐지기의 바늘이 격렬하게 움직이기 시작한 것이다. 이 실험으로 식물도 기억한다는 것을 입증한 것이라고 단정하였다. 이 실험 결과는 과학적인 사실로 인정받지 못하고 있지만 '백스터 효과'라는 말로 널리 회자(膾炙)되고 있다.

🍑 식물의 방어 전략

식물들은 생존과 종족 번식을 위해 기발한 전략을 구사하고 있고, 식물을 먹고 사는 동물은 식물의 방어망을 뚫으려는 사생결단의 경쟁을 하여 왔다. 고추의 매운맛을 내는 캡사이신이나, 맵고 눈물을 흘리게 만드는 양파 등의 황(S) 물질은 곤충·해충들이 기피하게 만드는 물질이다. 그러나 이런 식물의 전략이 인간에게는 통하지 않는다. 인체에 유익한 것이라고 많이 먹지 않아 걱정이니 식물 입장에서는 기가 찰 노릇이 아닌가?

생명과학 이야기

독일 막스플랑크연구소 이안 볼드윈 박사 팀은 담배(Nicotiana attenuata)의 꽃이 처음 곤충을 유혹할 때 벤질아세톤(BA, Benzylaceton)이라는 향기 물질을 낸다는 사실을 발견했다. 그런데 곤충이 꿀을 빨기 시작하자 이번에는 꿀에서 쓴맛을 내는 니코틴(Nicotine)이 섞여 나왔다. 연구팀은 담배의 유전자를 조작해 각각 BA 또는 니코틴만 내는 담배 꽃을 만들었다. 그 결과 BA만 내는 꽃은 찾아오는 곤충의 수가 늘었지만 꽃에 머무는 시간도 늘어 다른 꽃보다 곤충에게 더 많은 꿀을 빼앗겼다. 니코틴만 내는 꽃에는 곤충이 찾아와도 금방 날아갔다. 식물은 곤충을 유혹하거나 쫓아내기 위해 곤충이 좋아하거나 싫어하는 화학물질을 필요할 때 정확한 양을 생산할 수 있고, 화학물질로 향기와 맛을 조절해 더 많은 곤충이 다녀가게 하는 기능을 가지고 있다는 것이다. 담배는 곤충들에게 '적당히 먹고 얼른 꺼져 버리라'는 신호를 니코틴(Nicotine)으로 하는 것이다. 사자성어(四字成語)로 "달면 삼키고 쓰면 뱉는다"는, 감탄고토(甘呑苦吐) 전략이라고 할까? 그래서 식물은 똑똑하다는 소리를 듣게 한다. 검증되지 않은 흥미 위주의 과학 지식에 매몰되는 것을 과학자들은 경계하지만 식물은 상식을 뛰어넘는 놀라운 기능이 있다. 생명 현상으로 식물을 관찰하면서 접근해 보면 겸손해지지 않을 수 없다는 것이다.

『식물의 잃어버린 언어(The Lost Language of Plants)』의 저자 스티븐 해로드 뷰터는 인간의 자연과의 상호작용은 야생의 자연을 이해하지 않고서는 인간으로서의 우리 자신도 이해할 수 없다고 단언적으로 말한다. 인간의 내면에는 생명 사랑의 기본적인 유전적 기질이 있으며, 그 시작은 다른 생명체들과의 정서적 유대를 인정하는 데서 출발하는 것이고, 구체적인 경험을 통해서 활성화될 수 있다고 한다. 생명 사랑과 생태 지식의 습득이 자연스럽게 이루어지지 않으면 식물의 왕국인 지구에서 동물이나 인간이 존속하기란 점점 힘들어질 것이라고 경고하고 있다.

☀ 식물의 언어 상실의 더 큰 의미

백스터가 확인하였다는 트레시너 나무의 범인을 알아보는 인식 능력이나 곤충을 유인도 하고 쫓아내기도 하는 담배의 교활하기까지 한 이와 같은 식물의 기능들은 지엽적일 수도 있다. 식물이 지구 생태계에 전하려는 메시지는 더 큰 차원에 있다는 것을 깨달아야 한다. 인류의 시작을 500만 년 전이라고 본다면 500만 년 전에 탄생한 인류는 숲에서 많은 시간을 보내며 자연 속의 동식물과 함께 자연환경에 적합하게 진화해 온 것이다. 인류의 신체는 자연 속의 숲 환경에 맞게 만들어졌다는 것이다. 인류가 지구의 주인 행세를 시작한 것은 고작 200년 남짓하다는 것이다. 도시 생활을 시작한 지가 200년에 불과하기 때문에 도시 환경에 맞게 변화되지 않았기 때문에 도심 속에서보다는 여전히 나무와 풀이 있는 숲이라는 환경에서 편안함을 느낀다는 것이다. 의학이 아무리 발달하였다고 하여도 현대인이 겪고 있는 각가지 질병의 치료도 숲에서 찾아야 한다는 주장들을 하고 있다. 식물들은 화학물질을 수단으로 해서 지구의 동식물 및 인간들과 메시지를 주고받으며 생태계의 평화를 정착시키는 것이다. 그러나 인간들이 식물과 동물들과의 협조 내지 공조 체제를 파기하고 군주 행세를 하며 마구 짓밟아 버리는 바람에 식물들의 언어가 사라지고 지구 생태계의 평화는 수명을 다하고 있다는 것이다.

1만 년 전에 초기 인류가 지구촌을 지배하기 시작하면서 아보카도를 즐겨 먹던 맘모스 등 대형 동물들이 멸종되고 씨를 옮겨주던 동물이 없으니 따라서 아보카도도 야생으로 후손을 유지시킬 능력을 상실하고 만 것이며 이는 한 가지 예일 뿐이다. 자연 생태계가 이런 패턴으로 유구한 세월을 평화롭게 살아오던 지구촌에서 자취를 감추는 생물종들이 계속적으로 늘어나고 있는 것이다.

🍑 여섯 번째 대 멸종이 온다는데

현재 지구상에는 과거 어느 때보다 많은 생물 종들이 살고 있으나 인간의 활동으로 많은 생물들이 멸종되고 있다. 멸종(滅種)이란 한 생물 종의 개체수가 감소하다가 결국에는 지구상에서 완전히 사라져 버리는 것을 의미한다. 멸종도 위기의 전조 현상이지만 35억 년 전에 지구상에 생물이 출현한 이래 대 멸종(大滅種)이라고 지칭하는 엄청난 재해가 다섯 번이나 있었고, 여섯 번째 대 멸종이 임박했다고 과학자들은 경고하고 있다. 대 멸종이란 학술적으로는 생존했던 종의 70% 이상이 한꺼번에 멸종한 사건을 지칭하는 말이다.

2014년 발간된 과학저널 『네이처(Nature)』는 자연 생태계에 대한 인간의 무분별한 행동과 개발 때문에 동물의 멸종 속도는 6,000만 년 전보다 무려 1,000배나 빠르게 진행되고 있다고 한다. 그래서 학계에서는 여섯 번째 대 멸종이 빠르게는 500년, 길게 보아 1만 년 내에 나타날 것으로 추정하고 있다. 다섯 번의 대 멸종에서 예외 없이 최상위 포식자가 멸종된 사실로 미루어 보아 여섯 번째 대 멸종이 발생한다면 현재 지구상에서 최상위 포식자인 인간도 예외가 될 수 없다는 것이다.

여섯 번째 대 멸종의 주요 원인은 인간의 자연에 대한 지나친 개입 및 개발에 따른 생물 종의 서식지 파괴와 유실, 지나친 포획 활동과 벌목 등을 들 수 있다. 그와 함께 산업화와 도시화에 따른 환경오염과 지구 온난화도 대 멸종의 주요 원인이다. 식물들이 그들의 언어인 화학물질을 지속적으로 생성해서 지구 생태계의 평화를 유지시켜 왔지만 수백만 년 전에 인간이라는 별종이 나타나면서 그들의 언어가 무용지물이 되고 지구상의 생물들도 갈팡질팡하다가 자취를 감출 수밖에 없게 된 것이다. 원인을 꼽자면 끝도 없겠지만 한마디로 표현하면 다양성 보존에 대한 이해와 연구 부족이다. '위기가 곧 기회'라는 말을 상기하며 인류가 주동이 되어 앞당겨지고 있는 여섯 번째 대 멸종에 대비해야 한다. 생물 종의 멸종을 막는 일이 바로 인류의 멸종을 막는 지름길이기 때문이다.

3-7 십자화과(十字花科, Brassicaceae) 채소

🍈 고랭지 채소

한국에서 무·배추의 주산지는 고랭지인 강원도의 산간 지역이다. 시

생명과학 이야기

드니에서는 배추라면 퀸즈랜드 것을 찾게 되는데 주산단지를 가보지 못하였지만 강원도 대관령 근처와 비슷한 조건의 산간 지역인 고랭지일 것이다.

필자의 집 뒤뜰에 30여 평 남짓한 텃밭을 만들어 소꿉놀이하듯 채소를 가꾸고 있다. 지난 5월 하순경 고춧대를 뽑아 낸 자리에 무·상추·시금치·갓·치커리 등을 파종하였다. 3개월이 다 돼 가는 현재, 싱싱하게 채소밭이 제법 어울렸다. 그중에 갓은 자주색 이파리를 땅갈피에 붙이고 모지락스럽게 자라고 있다. 이따금씩 갓 잎을 뜯어 쌈을 싸 먹으며 눈물이 핑 돌 정도의 톡 쏘는 맛을 즐기고 있다.

갓이 겨자(mustard) 못지않게 눈물 찔끔 나게 하는 성분은 십자화과(十字花科) 식물의 특성이다. 영어로 glucosinolates라고 한다. 한국어로 번역된 말은 없다. 갓 이파리가 부서지면 myrosinase라는 효소가 나오는데 이 효소와 glucosinolates가 부딪치면 맵고 자극적인 겨자유로 변하면서 코가 맹맹하고 눈물까지 자극하는 맹랑한 물질이 되는 것이다. 겨자도 대표적인 십자화과 식물이다.

☀ 여수 돌산 갓김치

10여 년 전에 전남 여수시를 관광하며 향일암이라는 곳을 찾았던 일이 있다. 향일암(向日庵)은 여수시 돌산읍에 있는 암자로 '해를 향한 암자'라는 뜻이다. 깎아지른 바다 절벽이며 시원하게 펼쳐지는 풍경도 절경이지만 무엇보다 암자로 오르는 길가에서 아낙네들이 파는 갓김치가 인상적이었다.

여수시 돌산읍은 여수반도와 다리로 연결된 섬인데 갓 재배 특산지로 유명해졌고, 여수 돌산 갓김치는 한국인이면 모르는 사람이 없을 정도가 되었다. 필자의 뒤뜰에서 자라는 갓은 커 봤자 20cm 내외밖에 안 되는 것 같은데, 돌산 갓은 큰 것이 1m 가까이 된다고 하니 명산지가 될 만한 조건을 갖추고 있는 것 같다.

갓의 맵고 톡 쏘는 맛은 인간의 미각을 자극하기 위한 것이 아니라 야생시대에 초식동물의 공격을 피하기 위한 전략으로 만들어진 성분인데 사람들은 이것을 못 먹어서 환장(換腸)하니 십자화과 측에서 생각한다면 기가 찰 노릇일 것이다.

시드니의 7-8월은 한국의 엄동설한에 해당하는 시기다. 갓은 연중 재배가 가능하지만 10월 상·중순에 재배하는 것이 수량과 품질 면에서 뛰어나다는 것을 보면 시드니는 5월경에 파종하는 것이 적기일 것 같다. 요즘 시드니 날씨가 급강하하는 바람에 사람들이 방한복으로 무장하고 난로를 피고 법석을 떠는데, 갓이며 치커리 등 십자화과 식물은 제철을 만난 것이다. 제철을 만난 겨울 채소를 보며 한국의 이른 봄에 상징적인 식물인 냉이가 생각난다.

🍎 산과 들의 식물 이름

필자는 한국식물분류학의 기초를 닦으신 식물학자 중의 한 분인 고 이덕봉 교수의 강의를 들으며 희한한 시험을 치른 일이 있다. 식물 30가지 이상의 표본을 가지고 와서 학생들에게 그 이름을 말해 보라는 것이었다. 필자에게는 이거야말로 '식은 죽 먹기'처럼 쉬운 것이었다. 어린 시절, 산나물을 채취하시던 할머니를 따라 다니며 산나물 이름이며 풀이름을 제법 많이 알고 있었던 터인데 이것이 시험문제로 나오게 되리라고는 꿈엔들 생각할 수 있었겠는가? '그때부터 쉬지 않고 약초며, 산나물, 풀이름 들에 매달렸으면 나름대로의 학문적인 체계를 이루었을 것이 아니었겠는가?' 하는 회한이 있다.

시골에 살던 사람이면 집 근처에 있던 풀과 나무 이름은 거의 모르는 것이 없을 것이다. 그 많은 식물 중에서도 십자화과 식물은 생활과 문화에의 밀접한 관계 때문에 애지중지(愛之重之)하는 식물 종류에 속한다. 성경 공부에 매달리신 분들은 '십자화과' 하면 십자가(十字架)를 연상하며 눈이 번쩍 뜨일지 모르나 십자가(十字架)와는 전혀 상관없는 것이다. 꽃이 십자로 피는 식물이라는 뜻이다. 길가나 논둑이며 울타리 밑에서 솟아오르는 잡초들을 뽑아 버리기에 바빴지 꽃 모양을 살펴볼 겨를이 없었을 것이다.

☀ 봄나물의 상징, 냉이

한국의 들과 산야에 깔려 있는 냉이가 대표적인 십자화과 식물이다. '냉이'라는 이름이 그 이유는 모르겠으나 나이(年齡)와 관련된 것은 분명하다. 냉이의 이름이 지역마다 나시, 나이, 나싱이, 나생이, 나싱구, 나싱개, 나승개 등 다양하며 경기도 지방에선 흔히 '나생이'라고 한다.

'냉이' 하면 날씨가 냉랭해지는 늦가을에서부터 이른 봄에 땅갈피에 착 달아붙어 있는 진초록색의 냉이를 뿌리와 함께 캐서 된장국을 끓이면 그 맛이 좀 쌉쌀하긴 하지만 맛과 향은 매력적이다. 이런 인기 때문에 최근에는 재배를 해서 유기농산물이라며 시장에 내다 팔기에 이르렀다. 냉이의 종류도 냉이, 물냉이, 말냉이, 논냉이, 좁쌀냉이 등 무려 20여 가지나 된다. 옛날 분들이 야생식물을 이용하였기에 경험을 통해 효능을 확인한 것이지만 냉이도 거의 약용식물 수준으로 평가하였다.

냉이는 채소 중에서 단백질 함량이 가장 많고, 칼슘과 철분 등 무기질 함량이 풍부할 뿐만 아니라 비타민 B1과 C가 매우 많아 소화기관이 약하고 몸이 허약한 사람이나 출혈 환자에게도 좋다고 알려져 있다. 또 냉이는 잎 부분에 비타민 A와 C, B2가 풍부해 면역력 향상과 피로 예방에 좋다. 뿌리의 쌉쌀한 맛은 식욕을 자극시켜 소화효소 분비를 도우며, 콜린 성분이 풍부해 고지혈증 개선에 도움이 된다고 말하고 있다.

몸에 좋은 성분이 냉이에만 있을 리 없지만 한국에서 봄나물로 냉이를 꼽았다. 냉이나물과 관련된 가사, 시, 노래가 많다. 냉이와 관련된 시(詩)도 많고, 고등학교 국어 시간에 공부하였던 농가월령가(農家月令歌)에도 냉잇국 이야기가 언급되고 있다.

🍑 농가월령가(農家月令歌)

농가월령가(農家月令歌)는 계절의 변화와 농사꾼의 일상을 실감 있게 표현하였을뿐더러 음식이며 산과 들의 야채와 텃밭 주변의 채소들을 눈에 보는 듯하게 묘사하고 있다. 그중, 1월과 2월, 3월에는 특히 나물 이야기가 많이 나온다.

정월령(1월), 정월은 초봄이라 입춘, 우수의 절기로다. 산속 골짜기에는 얼음과 눈이 남아 있으나, 넓은 들과 벌판에는 경치가 변하기 시작하도다. 어와, 우리 임금님께서 백성을 사랑하고 농사를 중히 여기시어, 농사를 권장하시는 말씀을 방방곡곡에 알리시니, 슬프다 농부들이여, 아무리 무지하다고 한들 네 자신의 이해관계를 제쳐 놓고라도 임금님의 뜻을 어기겠느냐? 밭과 논을 반반씩 균형 있게 힘대로 하오리다. 일 년의 풍년과 흉년을 예측하지는 못한다 해도, 사람의 힘을 다 쏟으면 자연의 재앙을 면하나니, 제각각 서로 권면하여 게을리 굴지 마라. … 정월 대보름날 달을 보아 그해의 홍수와 가뭄을 안다 하니, 농사짓는 노인의 경험이라 대강은 짐작하네. 정월 초하룻날 세배하는 것은 인정이 두터운 풍속이라. 새 옷을 떨쳐입고 친척과 이웃을 서로 찾아 남녀노소 아이들까지 몇 사람씩 떼를 지어 다닐 적에, 설빔 새 옷이 와삭 버석거리고 울긋불긋하여 빛깔이 화려하다. 남자는 연을 띄우고 여자애들은 널을 뛰고, 윷을 놀아 내기하니 소년들의 놀이로다. 설날 사당에 인사를 드리니 떡국과 술과 과일이 제물이로다. 움파와 미나리를 무 싹에다 곁들이면, 보기에 새롭고 싱싱하니 오신채를 부러워하겠는가? 보름날 약밥을 지어 먹고 차례를 지내는 것은 신라 때의 풍속이라. 지난해에 캐어 말린 산나물을 삶아서 무쳐 내니 고기 맛과 바꾸겠는가? 귀 밝으라고 마시는 약술이며, 부스럼 삭으라고 먹는 생밤이라. 먼저 불러서 더위팔기와 달맞이 횃불 켜기는, 옛날부터 전해오는 풍속이요 아이들 놀이로다.

이월령(2월), 산채는 일렀으니 들나물 캐어 먹세. 고들빼기, 씀바귀며 소루쟁이 물쑥이라. 달래김치 냉잇국은 비위를 깨치나니.” 그리고 삼월령(3월)의 “울밑에 호박이요, 처맛가에 박 심고, 담 근처에 동아 심어 가자하여 올려 보세. 무·배추·아욱·상추·고추·가지·파·마늘을 색색이 분별하여 빈 땅 없이 심어놓고, 갯버들 베어다가 개바자 둘러막아 계견을 방비하면 자연히 무성하리. 외밭은 따로 하여 거름을 많이 하소. 농가의 여름반찬 이밖에 또 있는가.

옛날 문장이기에 난해하지만 농촌의 정경을 한눈에 보는 듯하다. 월령가에서 거론하고 있는 고들빼기, 씀바귀며 소루쟁이, 물쑥은 야생이지만 한민족의 식생활에 불가분의 관계를 맺어오고 있는 것을 말해주며, 현재는 재배하는 채소 종류가 수없이 많아졌지만 지역을 불문하고 무·배추·아욱·상추·고추·가지·파·마늘은 가장 기본적인 채소였음을 말해준다.

생명과학 이야기

☀ 고추냉이(와사비)와 곤약

십자화과 식물 중에서 일본인들이 개발해서 식품화한 와사비가 있다. 와사비가 일본어라 와사비라고 하기가 께름칙해서 한국어로 고쳐서 '고추냉이'라고 부르고 있다.

고추냉이가 상품화된 것은 그리 오래되지 않은 것 같다. 1960년대에 짧은 기간 동안 춘천의 농사시험장에 근무한 적이 있었는데 그때 일본의 와사비와 곤약꾸를 시험 재배하는 것을 본 일이 있다. 두 가지가 이름도 그렇고 그 당시 한국 사회에서는 생소한 것이었는데 상품성이 있다는 것을 예상하였던 것 같다. 고추냉이(와사비)가 고랭지에서나 재배가 가능한 까다로운 성질 때문에 재배를 꺼려 왔으나 강원도 농업기술원이 재배 기술을 개발해서 보급시킨 덕분에 재배 농가가 늘고 수요가 증가하고 있다고 하니 50여 년 전에 구상하던 사업이 이제야 빛을 보는 것이 아닌가 하는 생각을 하게 된다.

일본인들은 고추냉이를 재배해서 잎을 먹는 것이 아니라 뿌리를 갈아서 와사비를 만들어 파는 것이다. 회(膾)라면 사족을 못 쓰는 일본 사람들이 고추냉이 뿌리를 으깨서 치약처럼 튜브(tube)에 넣어 마구 쏟아 내는 바람에 지구촌 사람들의 입맛을 버려(?)놓은 것이 아닐까.

한국의 고추냉이(와사비)는 뿌리보다는 이파리를 쌈으로 먹으며 불고기 음식점에서 인기가 있다고 한다. 천남성과(Araceae)에 속하는 식물로 한국어로는 '구약나물'이라고도 하고, 감자처럼 생긴 뿌리를 먹기 때문에 '구약감자'라고도 한다. 냄새도 나고 해서 날것으로 먹기는 곤란 하나 요리를 하면 별미가 있기 때문에 일본에서는 와사비와 함께 인기 식품이며, 곤약과 관련된 업체가 1,800여 곳이나 되고, 시장 규모도 2조 5000억 원이 넘는다고 한다. 뿌리를 갈아서 응고제(석회유)를 섞어 끓이면 곤약이 된다. 묵처럼 말랑말랑하게 탄력이 있으면서 쫄깃한 맛을 내는 것으로 이것을 일본어로 '곤약'이라고 한다. 한국의 재배 농가는 얼마 되지 않으나 식품회사에서 수입한 구약나물 뿌리로 국수류의 식품을 만들어 선보이고 있다.

곤약에는 '그루코만난(Glucomannan)'이라는 성분이 많이 들어 있다. 식이섬유의 일종인 글루코만난은 수분을 대량으로 빨아들여 부풀어 오르는 성질이 있어서 곤약을 먹으면 쉽게 포만감을 느낀다. 또 몸 안에서 부피가 커지면서 장운동을 촉진해 변을 보기 쉽게 해 준다. 보통 다이어트를 위해 식사량을 줄이면 변비가 생기기 쉽지만 곤약은 변비 예방에 좋기 때문에 다이어트용 식품으로 각광받고 있는 것이다.

고추냉이(와사비)와 겨자가 헷갈릴 수 가 있으나 완전히 다른 식물이다. 고추냉이(와사비)는 광릉에서 채집 보고된 Wasabia koreana와 Wasabia japonica가 있는데 일본에서 식품으로 이용하는 것이 이 Wasabia japonica다. 식물분류학자들 사이에서 겨자냉이로 부르는 것이 타당하다는 주장도 있지만 결론이 나지 않은 상태라고 한다. 어쨌거나 W. koreana나 W. japonica는 십자화과 소속이며, 성경에서 인용하고 있는 겨자는 완전히 다른 식물이다.

너희가 만일 믿음이 한 겨자씨만큼만 있으면

겨자도 십자화과 식물이지만 학명이 Brassica cernua로 잎과 줄기를 식용으로 하지만 노란 빛깔의 씨앗을 갈아서 조미료 겨자를 만든다. 성경에(마태복음 17장 20절) "가라사대 너희 믿음이 적은 연고니라 진실로 너희에게 이르노니 너희가 만일 믿음이 한 겨자씨(σιναπι, 시나피)만큼만 있으면 이 산을 명하여 여기서 저기로 옮기라 하여도 옮길 것이요 또 너희가 못할 것이 없으리라"라는 구절이 있다.

한국의 기독교인들이 성지순례로 이스라엘의 예루살렘 지역을 여행하며 성경과 설교를 통해 수없이 들은 그 작디작은 겨자씨를 확인하고 싶어 하는 것 같다. 겨자는 성지 전역에서 잘 자라지만 특히 갈릴리 지방에서 많이 자라며, 2-3월에 이 지방으로 여행하면 온 산과 들판을 노랗게 물들인 겨자 꽃을 볼 수 있다고 한다. 한인(韓人)들은 어린 싹을 뜯어 김치를 담그거나 살짝 쪄서 말린 후 나물로 먹기도 한다고 한다. 모양이나 맛이 갓과 비슷하므로 갓으로 부르는 사람도 있다.

겨자는 크게 검은 겨자(Brassica nigra)와 흰 겨자(Sinapis alba)가 있다. 두 가지 모두 키가 비슷한 데다 십자화(十字花)의 노란 꽃이 피므로 구분하기 힘들지만, 잔털과 씨방의 모양을 보면 구분이 된다. 즉 검은 겨자는 식물이 매끈하여 잔털이 없고, 씨앗은 한 꼬투리 안에 5-10개가 들어 있어서 흰 겨자 씨앗보다 더 작다. 이에 비해 흰 겨자는 몸에 잔털이 나 있고, 씨앗은 끝이 뾰족한 작은 꼬투리에 2-3개 정도 들어 있다. 대부분의 학자들은 검은 겨자를 성경에 나오는 작은 겨자씨로 지목하고 있으나, 실제 갈릴리에서 자라는 것은 대부분 흰 겨자라고 한다.

겨자씨는 지름이 1-2mm이며 한국의 유채씨와 비슷하다. 겨자는 포기로 자라며 군락을 이루는데, 키는 2-3m 정도로 어른 키보다 크다. 한국인들이 겨자의 씨앗에 깊은 관심이 있는 것을 알고 겨자씨보다 더 작은 야생 담배씨를 봉투에 담아 "겨자씨! 겨자씨!" 하며 판다고도 한다. 성경의 비유는 겨자의 생태적 특성과는 관계없이 작은 씨앗의 위대함을 언급한 것이지만 씨앗을 직접 보고 만지며 성경 말씀의 의미를 되새기려는 신앙심에서 나온 것일 것이다.

✺ 겨자와 배추의 관계

겨자와 배추는 십자화과 식물이면서 속(屬)명이 같다. 혈연으로 치면 4촌 사이는 된다고 할까? 겨자의 학명은 Brassica cernua이고, 배추의 학명은 Brassica pekinensis인데 'pekinensis'는 '북경산'이라는 뜻이다. 배추의 원산지는 터키, 시리아 등 근동 지방으로 알려졌으며, 중국으로 전파되어 개량되었기 때문에 김장배추가 영어로 chines cabbage가 된 것이다.

십자화과 식물들은 거의가 다 식품으로서 사랑받고 있지만 그중에서도 배추는 한국에서 군계일학(群鷄一鶴)의 부동의 위치를 차지하고 있다. 배추야 chines cabbage라고 하지만 한국의 배추김치를 어느 누가 흉내 내겠는가? 김치가 한국의 자존심이 되면서 일본인들이 기무치 어쩌고 하는 것까지 아니꼽게 생각하기에 이르렀다. 김치가 세계적으로 보급되고 다른 나라 사람들이 김치를 맛있게 먹는 것, 마치 우리 한국의 위대함을 전파하는 것처럼 느껴질 때도 있다. 한국 매스컴에서 추켜세우기에 바쁜 한류(韓類) 열풍 속에 김치 예찬도 빠지지 않지만 냉정하게 배추 포기를 들여다볼 필요가 있다고 생각한다.

배추김치가 다른 인종의 입맛까지 자극하게 된 것은 그리 오래되지 않은 것 같다. 길어 봤자 고작 100년이 될까 말까 하다는 것이 학자들의 견해다. 필자가 어렸을 때만 해도 통이 안은 배추 포기를 보지 못

생명과학 이야기

했다. 중국 사람들이 한국보다 훨씬 먼저 배추의 우수 품종을 개발해서 식품으로 발전시켜 왔지만 고춧가루와 무채, 젓갈류까지 버무려 발효 과정까지 거치며 배추김치 같은 것을 만들어 낼 줄은 몰랐다. 중국인이나 다른 인종들도 절여 먹는 것은 알았지만 맵디매운 고춧가루와 매치(match)시켜서 매혹적인 미각을 창출한 것이 자랑거리라고 할 수 있다. 음식은 변하는 것이고 그 변화에는 재료도 재료지만 조합과 창의적인 생각의 숙성이 더 중요한 법이다.

🍊 배추 신품종 개발

1960년대 후반에 학교 실습지에다가 배추 농사를 해 본 경험이 있다. 현재는 배추 품종이며 재배 방법이 다양하게 발전과 변화를 거듭해서 사시사철 우수한 배추가 생산되지만 50여 년 전만 해도 대관령을 비롯한 산간 지역에서 노지 재배로 배추를 생산하였다. 노지재배의 경우, 파종 시기가 생산에 큰 영향을 주었다. 배추는 화아가 형성되면 생식 성장을 위해서 이파리 만들기를 멈추기 때문에 결구(포기안기)가 제대로 되지 않는다. 화아(花芽)를 형성시키는 평균기온이 15℃이며 지방에 따라 평균기온 15℃되는 날로부터 역산해서 35일 전에 파종하여야 하는데 이때가 경기지방의 경우 8월 1-5일 사이다. 그 이전에 파종이 어려운 것은 진딧물의 창궐(猖獗)로 유묘기에 피해가 극심하기 때문이다. 진딧물은 8월에 들어서면서 활동을 접는다. 그 지방의 평균기온이 15℃가 되는 날부터 35일 전에 파종하여야 한다. 만일 이보다 늦게 파종하면 충분히 결구되지 못하므로 상품성이 떨어진다. 그러나 현재 한국에선 화아 형성이나 기온을 뛰어넘는 배추 신품종이 나오고 재배 기간이 75일은 되어야 하던 것을 55일에서 60일 만에 수확하는 것에서부터 봄이나 여름 계절에 관계없이 전천후 품종까지 등장하였다고 한다.

한국의 배추 품종을 검색해 보니 2001년 현재 한국에 등록된 품종 수가 438개로 나와 있다. 그 이후에도 등록된 새 품종이 있을 것이며, 종묘회사에서도 인기 품종 개량이 계속되고 있을뿐더러 농촌진흥청도 매년 신품종을 발표하고 있는 것이다. 지난해 농촌진흥청에서 신품종 2종류가 발표된 것이 있다. "품종 '원교20044호'는 중국에서 수집한 주황색 배추 '홍자2호'를 소포자 배양해 육성했다. 무게(1.3kg)가 대조 품종인 불암3호의 무게(2.1kg)보다 가볍다. 속잎의 숫자도 35매로 절반 정도 적어 매우 작은 구를 이룬다. 속잎의 빛깔이 은은한 귤색으로 독특하고 크기도 크지 않아 중국 수출에 유리하다". '원교20045호'는 국내 재배 품종인 '아시아노랑미니'를 소포자 배양해 육성한 새 품종이다. 속잎은 67매로 노란빛을 띠며 무게가 1.8kg 정도로 작고 단단하다. 숙기도 빨라 핵가족이 이용하기에 알맞은 것으로 평가된다". 퀸즈랜드 배추만 바라보다가 눈이 번쩍 뜨이는 뉴스다.

십자화과(Brassicaceae)의 애기장대(Arabidopsis thalianae)

생명과학 이야기

✳ 총각무

바늘과 실이라고 하여야 할까? 배추 하면 무를 지나칠 수는 없는 일. 한국인이면 애 어른 할 것 없이 무를 싫어하는 사람도 없을 것이다. 겨울에 1.5m 이상의 무 구덩이를 파고 지붕을 덮어 얼지 않게 저장하였다가 겨울 내내 꼬챙이로 찍어내서 음식을 해 먹었다. 무는 배추김치와 함께 농촌 사람들의 겨울 양식 역할을 하였다.

무도 배추와 마찬가지로 중국으로부터 들어왔으며 일제강점기 이후에 일본인들이 보급한 일본 무는 '왜무'라고 해서 단무지용으로 많이 이용하였다. 무 품종도 신품종이 계속 나오기 때문에 품종별 언급은 할 수 없으나 시드니의 식품점에 나오는 무는 대별해서 3-4종류는 되는 것 같다. 한국 식품점에서 길쭉한 단무지용 무, 총각무, 밑동이 크게 부푼 김장용 무, 물김치를 담그는 열무 등이 주류를 이루고 있는 것 같다.

열무라는 어원은 '여리다'와 '무'의 두 단어 합성어로서 '여린'이 줄어서 '열', 그리고 '무'가 합쳐진 것이다. 온라인에 총각무에 관한 해설이 있었다. 총각은 한자어로 '總角'이다. 지금은 '결혼하지 않은 성인 남자'를 가리키지만 처음부터 그랬던 것은 아니다. 총(總)은 '거느리다, 묶다', 각(角)은 '뿔'을 뜻한다. 그러니 총각은 '머리를 땋아서 뿔처럼 묶는 것'이고, 총각무의 총각은 '머리처럼 땋아서 묶을 수 있는 무청'으로 볼 수 있다(조항범, 정말 궁금한 우리말 100가지). 총각김치는 무 머리 위에 무 이파리가 묶인 것처럼 달린다.

십자화과 식물 중에서 한국인의 식생활과 관련된 몇 종류를 살펴보았지만 이제까지 학계에 보고된 십자화과 식물이 200속 1,800여 종이고, 한국에는 22속 50여 종이 식물분류학회에 보고되어 있다.

🫐 냉이와 꽃다지

냉이와 꽃다지는 한국의 대표적인 봄꽃의 하나이다. "동무들아 오너라 봄맞이 가자 / 너도 나도 바구니 옆에 끼고서 / 달래 냉이 꽃다지 모두 캐오자 / 종다리도 높이 떠 노래 부르네" '봄맞이 가자'라는 동요의 가사다.

꽃다지란 이름은 작은 꽃이 다닥다닥(닥지닥지) 붙어 피는 모습에서 붙여진 이름으로 순수하며 정겨운 우리 이름이다. 이른 봄 햇빛이 잘 드는 밭, 논두렁, 산기슭에서 노란색 꽃을 피운다. 높이는 10-20센티 미터 정도이다. 특이하게도 꽃다지는 오동통한 이파리가 닥지닥지 붙어 있고, 잎과 줄기에는 별 모양의 짧은 털이 빽빽이 나 있다. 지방에 따라서는 냉이와 함께 봄나물로 뜯어 먹고 있으나 필자의 고향에서는 먹지 않았다. 이른 봄, 밭을 갈아엎기 전에 냉이와 함께 지천으로 나서 노란 꽃을 피우는 봄의 전령(傳令)이다.

브로콜리, 케일, 양배추, 강화도의 아이콘 순무 등이 십자화과 식물이다. 건강과의 관련은 언급하지 못했지만 십자화과 채소 예찬론자 중에는 의사를 만날 수 없게 하는 채소라고 하는 이도 있다. 한국인이면 조석으로 만나야 하는 식물임에는 틀림없을 것 같다.

식물을 연구하는 학자들이라면 빼놓을 수 없게 된 십자화과 소속의 한 종(種)이 있다. 잡초 중에 잡초인 '애기장대'가 바로 그것이다. 냉이나 꽃다지도 작은 식물이지만 코딱지만 하게 작아서 거들떠보지도

생명과학 이야기

않던 존재인데 생물 연구 하는 사람이면 애기장대를 살피지 않을 수 없게 되었다.

✳ 애기장대(Arabidopsis thliana)

애기장대(Arabidopsis thliana)는 배추, 무와 함께 십자화과에 속하는 쌍떡잎식물로, 성체의 폭이 5센티미터, 키가 60센티미터 정도밖에 되지 않아 눈에 잘 띄지 않지만 한국에서도 엄연히 자생하고 있는 식물이다. 생장 주기가 4-6주 정도로 매우 짧아 다른 식물에 비해 빠른 속도로 연구를 수행할 수 있으며, 자가수분이 가능하기 때문에 곤충이나 바람 같은 수분 매개자가 없는 온실에서도 키울 수 있다.

1990년대 초 중반부터 '애기장대'를 이용한 논문이 폭발적으로 늘어나고 있다. 거들떠보지도 않던 잡초였던 '애기장대'가 폭발적으로 증가한 데는 뚜렷한 이유가 있다. '애기장대'는 게놈(고유 염색체의 한 조) 크기가 작고 유전자가 많으며 유전자(DNA) 분석이 완전히 끝난 식물이다. 생활사가 짧아서 파종하고 짧으면 6주 만에 1,500개가량의 씨를 얻을 수 있으니 연구자들에게는 안성맞춤이 아닐 수 없는 것이다. 꽃대가 장대처럼 올라오는데 그 자그만 식물의 장대 뻗는 것이 신기해서 '애기장대'라는 이름을 붙인 게 아닌가 생각된다. 장대 크기가 15-35cm이고, 잎이 깔린 넓이가 5cm이니 재배 공간에 크게 신경 쓸 필요가 없다는 것이다.

'애기장대학회'가 있고 전 세계 6천여 개의 실험실에서 1만 6천여 명의 연구자들이 매년 2,500편이 넘는 논문을 쏟아 내는 것으로 알려져 있다. 연구에 이용하는 생물을 '모델생물'이라고 하는데 대표적으로 멘델의 완두콩이 가장 먼저 알려진 것이고 쥐, 초파리, 효모, 대장균 등이 모델생물의 예이다.

애기장대는 배추와 6촌쯤 되는 가까운 친척이다. 배추가 인간이라는 부잣집으로 양자(?)를 가서 우대받으며 자손 번식의 번영을 누리고 있는 반면, 애기장대는 생물학자들이 애지중지하는 생물학의 마스코트로 자리 잡았다. 1960년대에 생물 공부를 하며 애기장대는 보도 듣도 못하였는데 최근의 연구 동향을 보면 애기장대에 매달린 학자들은 부지기수인 것 같다. 모델생물의 정립은 생명과학자들이 문제의 해결 방안을 가장 효율적으로 찾고자 노력한 결과물로, 식물학자들은 애기장대라는 간단하면서도 훌륭한 길잡이를 이용하여 단시간에 식물 생명과학의 비약적인 발전을 이룩할 수 있었다.

그러나 모델생물이라고 해서 실제 상황을 완벽하게 발현해 보일 수 없다는 것이다. 유전학의 아버지로 불리는 멘델은 실험과 실증이라는 과학적 연구 방법의 모범이다. 무려 만 그루의 완두를 재배하여 13,000여 건에 이르는 데이터를 해석한 그의 연구는, 과학자의 자질을 논할 때 귀감이 되는 표본이다.

재미있는 사실은 멘델의 유전법칙이라는 용어가 멘델의 사후에 붙여진 이름이라는 것. 멘델은 유전이나 유전자라는 단어조차 몰랐고, 이후 세 명의 연구자에 의해 거의 동시에 재발견된 유전법칙을 가지고 서로 먼저 발견했다고 다투다가 해결 방안으로서 멘델을 유전학의 아버지로 추인하게 되면서 '멘델의 유전법칙'이라 명명된 것이다.

🌰 조팝나무

멘델이 발견한 유전 현상이 모든 생물에 다 같으리라는 생각으로 조팝나무로 실험하여 보았지만 완두를 가지고 실험하였을 때 관찰되던 유전 현상을 찾아볼 수 없어서 실망한 나머지 연구를 중단하고 수도원장이라는 경영자로 자리를 옮기기도 하였다는 일화가 있다. 멘델은 조팝나무가 완두처럼 유성생식이 아니라 무수정 식물임을 몰랐기 때문이었다.

4-5월이면 한국의 들판이나 언덕배기엔 에누리 없이 흰 떡가루를 붙여 놓은 것 같은 꽃이 장관인 야트막한 나무가 눈길을 끈다. 조팝나무(Spiraea prunifolia)다. 4-5월에 가느다란 가지마다 휘어질 듯 흰 눈가루를 뿌려 놓은 것처럼 수백 수천 개가 무리 지어 핀다. 흰빛이 너무 눈부셔 언뜻 보면 때늦게 남아 있는 잔설을 보는 듯도 하다. 조팝나무도 종류가 많아서 하얀색뿐만 아니라 핑크색도 있고 관상목으로 인기가 있는 것 같다. '조팝'은 '조밥'의 제주도 방언에서 온 것으로 꽃이 피기 전에는 알알이 꼭 좁쌀만 하게 봉오리를 맺어, 보는 이들이 조밥 같다고 '조팝나무'라 불렀다 한다.

비슷한 이름의 '이팝나무'가 있다. '이팝나무'도 '조팝나무'처럼 4-5월에 꽃이 피는데 꽃이 만발하면 벼농사가 잘되어 쌀밥을 먹게 되는 데서 이팝(이밥, 즉 쌀밥)이라 불리게 되었다는 설이 있다. 애기장대 언급하다가 곁길로 흘렀으나 대부분 산림으로 경작지가 협소하던 시절에 산천초목들이 우선적으로 식용이 가능한 것인가를 가름하다 보니 '조팝'이니 '이팝'까지 끌어다 붙인 것이 아닌가 생각하게 된다.

잡초 중에 잡초였을 애기장대가 덩치가 너무 작으니 국 끓여 먹을 생각을 하지 않았을 텐데 애기장대(Arabidopsis thliana, 생물학자들이 애기장대는 16세기에 독일의 Harz 산맥에서 Johannes Thai에 의해 발견)가 되었다.

앞에서도 언급한 바와 같이 십자화과 채소는 인간을 병원에 가지 않게 만드는 식물이라고 하였고, 연구자들에 따르면 십자화과 채소류 가운데 케일이나 브로콜리, 양배추, 배추 등은 높은 항암 효과를 가지는 것으로 알려졌다. 브로콜리에 있는 '설포라판'이란 식품 화합물은 간에서 발암물질을 제거하는 효소를 활성화해 체내에서 발암물질을 분해·제거하는 구실을 한다는 것은 일반적인 상식이 되었다.

그러나 이 외에도 지금까지 밝혀진 채소의 항암 성분은 이루 헤아리기 어려울 정도로 많다. 채소에 들어 있는 유효 성분을 생각하면 채식은 암 퇴치에 주요한 구실을 하는 게 마땅하다. 그런데 채소의 항암 능력을 뒷받침하려는 장기 임상 실험은 뚜렷한 결론을 내리지 못하고 있다는 것도 알아야 한다. 지구 생명체의 다양성은 무궁무진하며, 그 속에는 아직 우리가 찾아내지도, 이해하지도 못한 흥미로운 생명 현상들이 숨겨져 있다. 이것이 바로 우리가 자연에서 눈을 떼지 못하는 이유이기도 하다.

생명과학 이야기

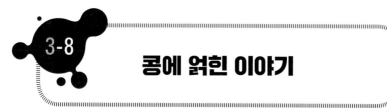

콩에 얽힌 이야기

🍊 콩 농사의 시작

한민족의 오랜 역사 속에서 벼와 보리, 콩 등은 불가분의 관계를 유지해 온 농작물인데 복고풍(復古風)이 불었다고 할까? 근래에 와서 관심이 부쩍 높아지고 콩과 관련된 연구며 식품 개발, 콩 농사 이야기 등 그 인기가 상한가를 기록하고 있는 것 같다.

콩의 원산지는 중국의 동북부에서 한반도라는 것이 정설이다. 충청북도 청원의 소로리 유적지에서 기원전 13000년경으로 보이는 쌀과 함께 콩과의 꽃가루가 발견되었다. 특히 중국 최초의 농서(農書)라고 하는『제민요술』에서는 콩을 '고려대두'라고 기록하고 있는 것 등 한반도 기원설을 뒷받침하는 기록은 많다.

또 대두가 유럽에 최초로 전래된 것은 18세기 초반이고, 미국에 최초로 전래된 것은 19세기 중반이다. 그렇다고 그전에 서양에 콩이 전혀 없었던 건 당연히 아니고, 렌즈 콩, 병아리 콩, 완두콩 등은 고대 이집트 기록에도 나올 정도로 유럽, 아프리카에서도 오래전부터 먹어 왔다. 그러나 한민족만큼 콩에 매달려 온 민족은 없는 것 같다. 그러기에 메주며, 두부, 된장, 간장, 고추장, 콩나물, 숙주나물 등 콩과 관련된 수많은 식품이 창출되었고, 계속 새로운 식품이 개발되고 있는 것이다.

보통 그냥 '콩'이라고 하면 대두를 지칭하는 것이다. '두(豆)'는 원래 제사 지낼 때 제물을 담는 '豆'라는 제기를 상형화(象形化)한 것이다. 글자 '묘' 위의 'ㅡ' 자는 담아 놓은 제물을 가리키고, 아래 부분 '쇼'는 다리가 달린 그릇 모양인데 이 '豆'라는 제기가 '콩'을 뜻하는 글자로 가차(假借-substitution)된 것이라고 한다. 제사 의식(儀式)도 변질되고 제기도 변형되어 '豆'라는 제기를 볼 수는 없으나 제기(祭器) '豆'는 나무로 만들었고 뚜껑이 있는 것으로 김치나, 젓, 고기 국 등 국물이 있는 제물을 담는 중간 부분이 붕긋해서 콩 모양을 연상하게 한다. 이 '豆'의 이름을 따서 메주도 만들고 가장 많이 볼 수 있는 흰콩을 대두(大豆)라 하고 팥을 소두(小豆)라고 하는 것이다. 그런데 한 민족은 콩을 태(太)라고도 불렀다. 한자 뜻풀이로는 으뜸이란 뜻이다. 서리태, 서목태 등 콩 중에서도 약성(藥性)이 뛰어난 콩에는 태를 붙였다.

생명과학 이야기

✿ 질소 비료 공장을 차린 콩

콩에 포함된 단백질의 양(40%)은 농작물 중에서 으뜸이다. 우리네 선조들은 일찍부터 콩의 우수한 효능을 체험을 통해 알았다. 콩을 '밭에서 나는 고기'라고 부르며 항시 밥에다 콩을 넣어 먹음으로써 건강을 유지해 왔다. 신선한 채소가 없는 겨울철에 콩나물을 길러 먹음으로써 충분한 비타민을 섭취해온 것도 놀라운 지혜가 아닐 수 없다.

탄수화물이나 지방의 구성 원소는 C(탄소), 수소(H), 산소(O)인데 단백질은 이 세 가지 원소에다가 질소(N)를 끌어다 붙인 물질이다. 이 과정에 생명의 기원이 되는 메커니즘이 있다고 보고 있는 것이다. 우리가 흔히 '공기' 하면 산소부터 생각하지만 공기 중에는 산소가 20.99%고 질소가 5분의 4에 가까운 78.03%로 월등히 많다. 질소가 화학적 구조상 2개의 원자가 결합한 분자-'N2'의 상태로 존재하는 질소는 삼중 결합을 포함하고 있어 3000℃ 이상으로 가열해도 약간의 해리가 일어날 뿐이다. 상온에서 반응성이 크지 않지만 고온에서는 대부분의 비금속, 금속과 반응할 수 있어서 천둥 번개 칠 때 자연 방전 시에 에너지가 매우 높은 상태에서 공기 속의 질소가 질산이온(NO3-)이나 아질산이온(NO2-)으로 산화하는 것이다. 이렇게 만들어진 질산은 물에 잘 녹기 때문에 빗물과 함께 지표에 떨어져 토양 속에 고정된 질소의 농도를 높임으로써 식물의 성장을 돕는다.

🍎 농업혁명을 일으킨
프리츠 하버와 카를 보슈

질소를 제쳐 놓고 생명체의 기원에 관한 연구는 한 발짝도 나갈 수 없다. 원시대기(무기물)→ 단순유기물 → 복잡유기물 → 유기물복합체 → 원시생명체가 된 것이라는 오파린(1894-1980)의 가설이나 이를 증명하고자 했던 미국의 화학자, 생물학자인 밀러(1930-2007)는 질소(N)가 탄소(C), 수소(H), 산소(O)가 방전하는 에너지로 단백질의 기본단위인 아미노산(NH2CHRnCOOH)이 만들어지는 과정을 보여주려고 하였던 것이다. 두 과학자의 가설이나 실험이 생명의 기원을 입증하지는 못하였지만 그 중심에는 질소(N)라는 원소가 있음을 주목해야 한다. 수 십억 년의 지구의 구성 성분의 변화 속에서 질소(N)가 끼어들어 지구상에 생명체가 생기는 엄청난 사건이 발생하였다는 것을 아무도 부인할 수 없는 것이다. 질소가 생명체의 기원인 단백질이 되고 단백질 생산의 챔피언 격인 콩을 제쳐 놓고 인간의 먹거리를 생각할 수 없게 되어 있다. 어떤 식물이고 빼 놓을 수 없이 질소(N)라는 성분은 필수 원소지만 농작물에 질소가 없으면 농작물 수확을 기대할 수 없다.

인구는 증가하고 식량이 턱없이 모자라 인류의 장래를 비관하고 있었는데 20세기 초에 독일의 프리츠 하버Fritz Haber, 1868-1934)와 카를 보슈(Carl Bosch, 1874-1940)가 인류 역사에 엄청난 영향을 끼친 화학 연구 업적을 남기게 된다. 공기 중에 질소분자(N2)를 고정시켜서 암모니아를 만드는 공정을 발명한 것이다. 인공적으로 암모니아가 합성됨으로써 이 근심을 씻어 낼 수 있게 되었다는 것이다. 오늘날 세계 인구

생명과학 이야기

가 70억을 넘어가도 기아에 굶주리는 인구가 극소수에 그치게 할 수 있게 한 것이다. 암모니아 비료가 보급되면서 세계의 옥수수 생산량이 6배로 증가하는 가시적인 성과에 세계인들은 놀라지 않을 수 없었다. 공기 중에서 빵을 만드는 기술이 탄생한 것이라고 열광한 것이다.

🍎 콩의 질소 비료 공장

그러나 콩은 이미 오래전부터 조용하게 자체 비료 공장을 차리고 공기 중에 무진장으로 섞여 있는 질소를 끌어 들여 단백질이라는 생명의 물질을 만들어 여유만만하게 생존하여 왔다. 콩과 식물은 박테리아와 협력하여 그 까다로운 질소 분자 'N2'를 쪼개서 단백질을 만드는 특허권을 가지고 있었다. 토양에서 공급되는 무기 원소 가운데 식물이 많은 양을 필요로 하여 부족하기 쉬운 것으로 질소(N), 인(P), 칼륨(K)을 들 수 있다. 이것을 '비료의 3요소'라고도 하고, 이 3요소 다음으로 칼슘(Ca)을 포함시켜 '비료의 4요소'라고도 한다.

논에서 재배하는 벼는 빗물을 통해 자연 속에 있는 유용한 성분도 공급받을 수 있지만 기타 농작물은 작물 특성에 맞게 비료가 공급되어야 소기의 수확을 할 수 있는 것이다. 그런 면에서 콩은 100% 충족되는 것은 아니지만 자체적으로 질소 비료를 만들어 쓰기 때문에 질소 비료는 적게 주어도 만족할 만한 수확을 할 수 있다.

지난해 연말에 인기 가수 이효리의 콩 농사 이야기가 뉴스에 나온 적이 있었다. 제주도의 전원주택에서 텃밭 농사로 꽤 많은 콩을 수확해서 유기 농산물이라고 광고 문구를 붙여 시장에 내다 판 것이 문제가 된 사건이었다. 이효리는 비료를 별반 주지 않았을 것이고 농약도 뿌리지 않았을 텐데 유기농 콩이라고 확신하였을 것이라는 짐작이 간다. 다만 유기 농산물이라는 당국의 인증 절차를 밟지 않은 것인데, 어느 준법정신 투철한 의인(義人)이 고발하여 호된 질책을 받았다(계도처분). 콩 농사가 기업농에 가까운 대규모는 몰라도 소량 수확을 할 경우에는 논두렁 등에 별반 거름을 하지 않고 콩을 재배하여 왔다.

☀ 뿌리혹박테리아

필자는 몇 년 전에 넝쿨 콩을 울타리 밑에 여기저기 심어 큰 공을 들이지 않고 쏠쏠하게 수확하며 콩 가꾸는 재미를 보고 있다. 이 넝쿨 콩은 1년생 식물이지만 뽑아 버리지 않으면 이듬해 다시 움이 나서 성장하며 수확량은 떨어지나 콩 꼬투리가 달리기도 한다. 넝쿨 콩이 심겨졌던 자리에는 거의 대형 고구마만 한 크기의 혹 모양의 덩어리가 들어앉아 있다. 이것이 콩과 식물의 특징인 뿌리혹박테리아 덩어리다. 이 박테리아들이 공기 중의 질소를 아질산염(NO_2-)이나 질산염(NO_3-)으로 고정시켜 콩에 전달하면 콩은 이를 원료로 해서 단백질의 기본 단위인 DNA, 아미노산 등을 만들고 화학반응을 거치며 효소 등 생명체의 원형질을 만들어 가는 것이다.

한국 정부에서 쌀 생산 조정 정책의 일환으로 논에서 콩을 재배하도록 권장하고 있다. 지원책도 속속 내놓고 있다. 한 예로 올해부터 논에 벼 이외의 작물을 재배할 경우 소득 보전을 위해 ha당 300만 원을 지원한다고 한다. 또 식품업체들이 한국 토종 콩을 이용한 콩 제품의 다양화 작업이 활발해지면서 콩 농사가 활발해지고 있다고 한다. 콩 제품 회사와 계약재배를 통해 콩 생산 농가에 소득이 보장되고, 이

생명과학 이야기

를 통해 다시 재배 면적이 늘어나 콩의 공급이 원활해지는 선순환 구조가 이뤄질 것으로 기대하고 있다는 것이다.

콩은 단백질 덩어리다. 단백질(蛋白質)의 한자어 '蛋白'은 '새알의 흰 부분'이란 뜻이다. 즉 알의 흰자위에 많이 들어 있는 물질이란 의미이다. 또 단백질을 의미하는 영어 protein은 '중요한 것', '최초의 물질'이란 의미를 갖고 있다. 생명체의 최초의 물질이라는 뜻이기도 하다. 콩이라는 식물이 비료 공장까지 차려 놓고 단백질을 생산하고 있으니 얼마나 신비스러운 일인가?

🍎 알아 두어야 한 콩의 성분

세상사가 다 그렇지만 콩의 단백질도 100%가 다 인간에게 유익할 수 만은 없다. 콩에는 비린내가 나고 단백질의 소화효소인 트립신의 활동을 저해하는 리폭시게네이즈(lipoxyginase)라는 효소와 피틴산(Phytic acid)이라는 성분이 들어 있다. 비린내 나는 날콩을 먹으면 체질에 따라서는 설사를 하기도 하는데 이런 원인은 콩이 가지고 있는 리폭시게네이즈가 단백질 소화효소인 트립신(Trypsin)의 작용을 저해하기 때문이다. 콩을 날로 먹으면 소화 흡수가 거의 되지 않고 다른 무기질의 흡수를 방해하며 폭풍 설사를 유발한다. 리폭시게네이즈 같은 비린내가 나지 않는 새로운 콩 품종도 개발되었다고 하니 콩 비린내가 싫은 사람은 기대해도 좋을 듯하다.

콩과 현미 등에 많이 들어 있는 피틴산은 유해(有害)함과 유익(有益)함이 크게 엇갈리는 성분이다. 예를 든다면, 현미에는 백미에 거의 들어 있지 않은 피틴산을 대량 함유하고 있는데 이는 모든 씨앗들이 자기 방어 물질(부패 방지 물질)을 갖고 있듯이 현미도 피틴산으로 무장하고 있어서 부패하지 않기 때문에 장기간 보관도 할 수 있는 것이다. 이 피틴산이 인간의 건강 문제는 알 바가 아니기 때문에 인간의 생리작용에 부작용을 일으키게 되는 것은 당연하다고 볼 수 있는 것이다.

현미의 피틴산이 찌꺼기 활성산소, 농약성분, 중금속, 환경호르몬 등을 제거하는 유익함이 있는 반면에, 인체에 필요한 철분이나 칼슘, 아연, 망간 등도 함께 제거해서 미네랄 결핍을 초래하는 유해성도 있다. 통상적으로 건강에 좋다고 주장하는 것은 극히 일부분의 선 기능(善 機能)의 광고라는 관점으로 접근할 필요가 있는 것이다. 현미는 겉껍질(왕겨)만을 벗긴 쌀로 아직 씨의 형태를 갖추고 있어서 재배하면 싹이 나온다. 싹을 틔워 벼 모를 키우기 위한 만반의 준비가 갖추어진 상태니 온갖 영양소가 듬뿍 들어 있는 것은 너무나 당연하다. 사람 먹으라고 저장한 것이 아니기에 조리하기가 어렵고 맛이 있을 리가 없는 것이다. 콩이 나무랄 데 없는 식품이지만 피틴산을 비롯해서 많은 함정을 가지고 있다.

✺ 이소프라빈(Isoflavin)

콩에는 이미 언급한 피틴산과 함께 이소프라빈(Isoflavin)이라는 물질이 있다. '콩' 하면 피틴산보다는 이소프라빈을 염두(念頭)에 두어야 한다. 이소프라빈은 식물성 에스트로겐(phytoestrogen)으로 장내 세균에 의해 활성화되는 식물의 화학성분(phytochemical)이다. 이소프라빈은 몇 단계 화학 변화를 거치며 제니스테인(genistein), 다이드제인(daidzein), 글리시테인(glycitein)이라는 활성 물질이 되는데 이들의 하는 일이 여성호르몬인 에스트로겐과 같다.

콩의 이소프라빈에 관한 연구 결과는 많다. 이소프라빈은 유방암에 걸릴 확률을 낮추고, 또한 여성들의 폐경 이후 나타나는 증상을 약화(弱化)시키며 혈당 콜레스테롤을 35%로 낮춘다는 연구 결과도 있다. 동물성 단백질인 우유단백질(casein)이 혈중 콜레스테롤을 높이는 데 비해, 식물성 단백질인 아이소프라빈은 반대로 낮추는 작용을 한다. 양질의 콩 단백질을 섭취하는 것이 혈중 콜레스테롤을 낮추는 데 도움이 된다.

미국의 경우 폐경기를 맞은 15% 정도의 여성들은 에스트로겐(estrogen) 투여라는 호르몬 요법을 받는다고 한다. 하지만 에스트로겐 투여가 생식기관의 암 발생 가능성을 높인다는 보고도 있어, 점차 에스트로겐 대체 물질로 자연식품인 콩이 거론되고 있는 실정이다.

에스트로겐은 뼈의 칼슘 용출을 막고 칼슘 흡수율을 높여 주는 비타민 D 활성에 관여하기도 하면서 골다공증의 위험 수위를 낮춰준다. 에스트로겐과 같은 역할을 하는 물질이 바로 콩에 있는 에스트로겐

이라는 의미로 '식물-phyto' + 'estrogen' 피토에스트로겐(phytoestrogen)
이라고 한다. 이소플라본은 부작용이 전혀 없는 여성 호르몬으로 각
광받고 있다. 또한 프라본의 일종인 제니스테인은 항암효과가 우수한
것으로 보고되고 있다.

그러나 콩도 현미와 마찬가지로 인간을 마냥 이롭게만 하는 게 아니
라는 것을 알아야 한다. 이를 뒷받침할 수 있는 널리 알려진 사례가
하나 있다.

베트남전에서 공격 헬기를 조종했던 퇴역 미군 장교 제임스 프라이
스는 몸에 이상 징후가 나타나기 시작하였다. 턱수염이 자라는 속도
가 느려졌고 팔다리와 가슴의 털도 빠지며 건강한 남자라면 당연한
아침의 발기도 멈춘 것이다. 의료진과 과학자들이 공동으로 그의 증
상의 원인을 다각적으로 분석하여 밝혀낸 결과는 두유(豆乳)였다. 그는
매일 3.5리터에 가까운 두유를 마셨다고 한다. 두유 속의 이소프라빈
이 여성 호르몬인 에스트로겐 역할을 하며 그를 여성으로 만들어 가
고 있었던 것이다. 의료진의 처방과 두유 복용을 멈추면서 그는 정상
으로 돌아올 수 있었다.

얼마 전까지만 해도 범법 행위로 교도소에 가는 것을 "콩밥 먹으러
간다"고 하였었는데 교도소에 수감된 남성의 성 기능을 약화시키려는
의도였는지는 모르겠으나 과도한 두(豆)제 식품 섭취는 남성들에게 성
기능을 멈추게 하는 치명적(?)인 타격을 안겨 줄 수 있는 것이다.

🫘 콩 단백질의 효용성

식품으로서의 콩이 약점이 있는 것도 사실이지만 단백질 보조식품으로 콩을 능가할 수 있는 것은 별로 없다. 콩의 단백질의 양도 농작물 중에서 최고이며, 구성 아미노산의 종류 역시 육류와 견주어도 손색이 없다. 콩의 단백질은 식물성 단백질인데, 동물성 단백질과 달리 식물성 단백질은 혈압을 낮춰줘 고혈압 예방에 도움이 된다.

우유와 계란은 필요한 단백질을 골고루 갖추고 있어서 완전 단백질 (complete protein) 덩어리라고 평가하고 있으나 나쁜 콜레스테롤이라고 하는 포화지방산을 함유하고 있어서 지속적으로 과식하면 혈관 벽에 축적되어 심혈관 질환을 유발한다는 위험성이 있는 반면에, 콩 식품은 이런 염려를 할 필요가 없다. 콩에 함유하고 있는 필수 아미노산이 한두 개 부족하지만 소량의 동물성 단백질을 첨가하면 불균형을 해소할 수 있으므로 자신 있게 권유하고 있는 것이다.

식품의 종류에 따라 단백질을 구성하고 있는 아미노산의 종류와 함량이 다르다. 어떤 식품의 단백질이 우리 몸이 필요로 하는 모든 필수 아미노산을 골고루 적당한 비율로 함유하고 있으면, 이 단백질을 완전 단백질(complete protein)이라 하며 우유, 계란 등이 이에 속한다. 동물성 단백질은 보통 필수아미노산이 충분히 함유되어 있지만 식물성 단백질은 대부분 한 개 이상의 필수아미노산이 부족하다. 불완전단백질이라 하여도 두 개 이상의 식물성 단백질을 섭취하거나 소량의 동물성 단백질을 첨가하면 필수아미노산의 불균형을 해소할 수 있다. 그러므로 단백질 음식은 편식하지 않고 고르게 여러 가지를 섞어서 먹는 것이 중요하다.

콩은 종류에 따라 성분이나 용도 등이 다른 것으로 알려져 있다. 대두(大豆)라고 부르는 메주콩에는 체내 콜레스테롤 함량을 떨어뜨리는 이소프라본이 0.2-0.3% 들어 있다. 또한 여성호르몬 분비가 많은 젊은 여성이 메주콩을 섭취하면 여성호르몬의 흡수를 막아 유방암 발병률을 줄일 수 있으며, 갱년기 여성에게는 여성호르몬처럼 작용해 갱년기 증세를 완화할 수 있다고 한다.

대두와 같은 영양 성분을 가지고 있는 검은콩은 검은색을 내는 색소 안토시아닌 덕분에 강력한 항산화 효과가 있으며, 단백질 40%, 불포화지방산 20%, 탄수화물이 11% 정도 들어 있어 어린이 발육에 좋다. 체내 독소를 풀어 주고 신장 기능을 도와 소변 기능을 원활하게 하며 부기를 가라앉힌다. 통풍, 당뇨병, 심장병이 있는 사람은 식초에 검은콩을 3:1 비율로 하루 절여 두었다 먹으면 상당한 효과가 있다고 알려져 있다.

강낭콩의 푸른 꼬투리에는 비타민과 미네랄, 식이섬유, 단백질 등이 풍부해 요리 재료로 많이 사용한다. 주성분은 녹말이지만 단백질도 많은 편이다. 밥 지을 때 넣으면 강낭콩에 들어 있는 비타민 B1·B2·B6 등이 쌀밥의 체내 대사를 돕는다.

크기가 작은 녹두 콩은 몸 속 열독을 없애 주며, 염증성 질환을 소염시킨다고 알려져 있다. 피부 미백 효과가 있어 화장품 재료로도 많이 사용한다. 녹두에는 철과 카로틴이 풍부해 어린이 성장과 발육을 돕는다. 체내에서 피를 만드는 작용을 하므로 한방에서는 몸이 허약하거나 발육이 늦은 아이에게 녹두 음식을 먹이면 좋다고 한다.

콩은 전 세계에서 인기를 끌고 있는 식품이다. 완두콩에는 두뇌 활동을 돕는 비타민 B1이 들어 있어 종일 책상에 앉아 아이디어 작업을 하는 사람에게 좋다. 단, 녹두 콩에는 소량의 청산이 들어 있으니 과식을 경계하고 있다. 한방에서는 완두콩이 위 기능을 좋게 해 속이 더부룩하고 울렁거리거나 설사 날 때 완두콩 수프나 완두콩 죽을 먹으면 좋다고 한다.

☀ 친구와 장과 술은 오래 묵을수록 좋다

한민족은 콩으로 장(醬) 문화라고 할 수 있는 된장, 간장, 고추장, 청국장 등 독특한 식품을 개발하여 왔다. 일본이나 중국에도 유사한 제품은 있으나 한국의 장(醬)류와는 현저한 차이가 있다. 한국의 된장은 콩으로만 만들고 있으나, 일본에서는 콩과 쌀누룩으로 빚어 왜된장이라고 하는 미소(味噌, みそ)를 만들어 먹고 있다.

우리가 즐겨 먹는 청국장은 삶은 콩을 짚에 감싸서 구들방의 뜨끈한 아랫목에 모셔 놓고 발효시키는 '즉석 된장'이다. 볏짚에 붙어 있는 야생 고초균(Bacillus Subtilis)이 번식으로 실 모양의 끈끈한 점물질(粘物質)이 생성되는 것인데 일종의 항생물질로 간주하고 있다. 장기적으로 먹는 저장식품인 된장과 다르게 즉석 된장이지만 그 영양가와 항암 효과는 대단하다고 평가받고 있다.

한국의 청국장과 비슷한 일본의 낫토는 용기에 삶은 콩을 담고 낫토(고초균)를 순수하게 접종하여 용기 포장을 하여 발효시키는 반면에, 청국장은 발효시킨 후에 부 재료를 혼합하여 항아리에 담아 사용하는 것이 다르다. 일본의 낫토(納豆, なっとう)는 낫토라는 단일균을 배양해서

발효시키기 때문에 제조 방법이나 맛이며 질의 균질성을 유지할 수 있다. 세계적 건강 전문지인 미국 『헬스』는 2006년에 '세계의 5대 건강식품' 중 하나로 일본의 낫토를 선정했다. 청국장도 자화자찬을 뛰어넘어 모두에게 인정받기 위해 가야 할 길은 먼 것 같다.

된장, 청국장, 고추장 등 장(醬) 문화 속에서 살아오다 보니 관련된 속담도 많다. "광 속에서 인심 나고 장독에서 맛 난다", "장맛 보고 딸 준다.", "고을 정치는 술로 알고, 집안일은 장맛으로 안다", "친구와 장과술은 오래 묵을수록 좋다" "장 단(甘味) 집에는 가도, 말(言) 단 집에는 가지 말라" 하였다. 이런 속담들의 유효성(有效性)을 거의 상실한 시대가 된 것 같다.

Black Heath 의 Rhododandron 축제

꽃을 좋아하는 여자분들은 연중행사로 브랙히스[Blackheath]에 있는 로도댄드런 가든[Rhododendron Garden]을 찾는 것 같다. 꽃송이가 만개해 화사한 자태를 뽐내고 있으면 남자들은 바라보며 빙긋이 웃는 것으로 끝나지만 여자분들은 이거 가지고는 안 된다. "어머나! 아유 예뻐라!" 하고 온갖 감탄사를 쏟아내야 속이 확 풀리는 것 같다. 거의 매년 이곳을 찾기는 하였지만 본인의 의지보다는 여자들이 들썩이는데 휩쓸려 가서 Garden의 꽃구경을 하였으나 금년에는 진우회(The

생명과학 이야기

Fraternity Brethren of Truth Inc) 회원 자격으로 clean up 활동을 하며 Rho-dodendron Garden을 살펴보았다. Blackheath Station에서 합류한 회원들이 진우회 유니폼을 걸쳐 입고 clean up 활동을 하니 행인들은 금세 진우회의 의미를 알아차리는지 미소로 격려를 보내는 것 같았다. 온화한 날씨에 바람까지 살랑살랑 불어서 문자 그대로 'It's beautiful day'였다. 10월 중하순경이 Rhododendron flowers의 절정기인 것 같다. 온갖 꽃나무들이 마음껏 꽃잎을 터뜨리고 있었다. Garden 안에 쓰레기 같은 것은 찾아볼 수가 없었고, 회원들은 찬란한 꽃 색깔에 흠뻑 빠지고 있었다.

한국의 화원(Garden)은 보도며 나무 주변을 깔끔하게 다듬어 놓아서 정돈미(整頓美)가 있는 반면에, 호주의 화원은 산비탈의 경사지를 있는 그대로 이용해서 꽃나무들이 자생하고 있는 것처럼 보이게 꾸며 놓는 것 같다. Rhododendron Garden도 자연 지형을 변형하지 않고 나무들을 심어서 자생하고 있는 것이 아닌가 착각할 정도이다. 또한 나무마다 학명(學名) 표찰을 세워 놓아서 식물의 초보적인 지식이 있는 사람이면 누구나 쉽게 나무의 정보를 이해할 수 있게 해 놓았다.

Garden 내에 있는 철쭉꽃 종류는 대부분 일본에서 육종된 품종인 것처럼 보였다. 학명에 Japanic 기록이 많이 눈에 띄었기 때문이다. Rhododendron과 철쭉꽃은 진달래과(Eriacaceae)에 속하는 종류이지만 철쭉류(Azaleas)는 지역에 따라서 기온이 내려가면 낙엽이 지고, Rhododendron은 상록수(evergreen)라는 것이다. 블루마운틴 일대의 Rhododendron은 자생종이 아니고 유입된 종임에 틀림없으나 어느 지역에서 들여온 것인지는 확인하지 못하였다. 미국의 서부 워싱턴에

Rhododendron이 자생하고 있다고 한다.

Rhododendron의 어원은 그리스어의 '장미-rodon', '나무(tree)-den-dron'에서 유래한 것이라고 한다. 장미나무라는 뜻이다. Bluemoun-tains 일대에는 거목처럼 높이 자란 Rhododandron 나무가 꽃송이로 뒤덮여서 잎이며 나뭇가지가 보이지 않는다. Rhododandron은 고산지대 식물이다. 히말라야 산 밑에 있는 나라, 네팔(Nepal)의 국화(國花)는 Rhododendron이다. Blackheath가 해발 1,065m로 시드니 지역에서는 고산지대다. 블루마운틴스를 벗어난 시드니 저지대에서 Rhodo-dendron을 볼 수 없는 것은 그런 이유다.

한국의 철쭉은 Rhododendron과 가까운 혈연(?)관계다. 한국의 봄꽃으로 진달래가 제일 먼저 피는데 진달래가 지고 나면 철쭉꽃이 피기 시작한다. 철쭉꽃의 자생지가 고산지대이기에 4월 하순에서 5월 초 사이에는 한국의 명산지에서 철쭉꽃 축제가 열린다. 전남 장흥의 명산인 제암산에는 약 30만 평의 철쭉 군락지가 있으며, 해발 1,165m 지리산 바래봉에는 30여만 평의 철쭉 군락지가 있다. Blackheath에 있는 Rhododendron Garden은 1970년대에 인공적으로 조성한 화원이지만 한국에는 자연의 철쭉들이 펼치는 꽃의 향연이다. Rhodo-dendron이나 철쭉꽃 종류가 진달래과(Ericacea)에 속하는 식물이다.

한국의 진달래나 영산홍, 철쭉은 자세하게 관찰하지 않으면 혼동하기 쉬운 식물이기도 하다. 분류학적으로 복잡한 차이점이 있지만 몇 가지 쉬운 방법이 있다. 세 종류가 꽃 모양은 비슷하지만 꽃 속의 수술이 진달래와 철쭉은 열 개고, 영산홍은 다섯 개라는 것이다. 세 종류 중에서 진달래는 4월에 이파리보다 꽃이 먼저 피고 철쭉이나 영산

생명과학 이야기

홍은 5월에 핀다. 철쭉은 꽃송이가 여러 개지만 진달래나 영산홍은 한 가지에 꽃 한 송이가 핀다.

블루마운틴에서 볼 수 있는 철쭉 종류를 구분하기 위해서 Rhododendron이라고 하였지만 철쭉과 영산홍, 진달래나 브블루마운틴의 Rhododendron 모두가 식물 분류학상의 속명(屬名-genus)이 같다. 이들은 모두 'Rhododendron++++'나 'Rhododendron'을 줄여서 R 자만 표기하기도 한다(예로 제주진달래-제주진달래(R.mucronulatum)).

Blackheath의 Rhododendron 공식 명칭은 'The Campbell Rhododendron Gardens'이다. Campbell은 사람 이름 같은데 확인하지 못했다. 굳이 한국어로 번역하자면 '캠벨 철쭉원'이라고 해야 할 것 같다.

이날 진우회의 김봉환 고문이 무분별한 플라스틱류 투기(投棄)로 강가나 바닷가에 서식하는 조류의 소화기관에 플라스틱류가 꽉 차 있어 심각한 지경에 이르렀다는 연구 결과 소개와 함께 회원들의 활동 의미를 새삼 강조하는 마무리 발언이 있었다. 한구석이라도 깨끗한 자연을 보전하며 대중들에게 공동 인식을 촉구하는 캠페인은 참으로 바람직한 활동임에 틀림없다. 자연에 관한 이해의 폭을 넓혀 가는 것도 우리들의 지구를 가꾸고 보존하는 데 가장 기본적인 자세가 아닐까 생각해 봤다.

🍊 겨울 꽃의 백미(百媚)

　필자의 집 입구에 동백나무 한 그루가 있어서 5월 초순인 이맘때 즈음에는 빨간색 꽃망울을 화사하게 터뜨린다. 이 나무가 2층 다이닝 룸 창문을 통해 내려다보게 되는데 아침 식사를 하는 시간에 꿀을 빨아 먹는 새 honeyeater(?)를 비롯해 몇 종류의 새들이 분주하게 꽃송이를 비집고 다니는 것을 보게 된다. 필자의 고향인 경기 지방엔 동백나무를 볼 기회가 없었는데 시드니의 주택가에는 동백나무가 정원수로 많이 심겨져 있어서 온대(溫帶)지방에 사는 것을 실감한다.

　동백(冬柏)이라는 이름 자체가 겨울(冬)의 '우두머리-맏(伯)'라는 뜻이다. 한국에서 동백꽃이 자취를 감추면서 봄을 맞게 되지만 시드니는 봄이 아닌 가을에 꽃이 피고, 이름뿐인 겨울이긴 하지만 때로는 눈을 흠뻑 맞으면서도 빨간 빛깔의 아름다운 꽃잎을 드러내는 동백꽃은 한국에서 겨울 꽃의 백미(百媚)로 칭송받기에 부족함이 없을 것이다. 시드니의 겨울은 어쩌다가 기온이 급강하 하는 경우도 있지만 가을인지 봄인지 분간하지 못할 정도로 따뜻한 날도 많으니 다른 대륙에서 이주(移住)한 나무들이 헷갈려서 개화기의 혼란을 겪고 있는 것 같다.

　동백나무를 가운데 두고 철쭉나무 두 그루가 서있는데 한국 같으면 진달래와 함께 봄에나 꽃을 피워야 할 철쭉꽃이 동백꽃을 시샘이나 하려는 듯 연분홍색의 꽃잎을 활짝 피우니 인간들과는 전혀 다른 인식 세계를 가지고 있다. 3월경부터 한두 송이 꽃을 피우기 시작하던 동백꽃이 5월에 들어서면서 만개하였고, 아직도 꽃망울이 많은 것으로 봐서 계속해서 꽃송이를 장식하게 될 것 같다.

✿ 동백(冬柏)이라는 이름

'동백(冬伯)'이라는 말 자체가 겨울의 으뜸이라는 의미다. '伯'이라는 한자가 '맏-elder', '우두머리'라는 뜻이다. 한국의 농촌진흥청은 금년(2015년)에 엄동설한에 꽃을 피워내는 동백을 1월의 꽃으로 선종한다고 발표한 바가 있다. 동백은 청렴과 절조의 의미를 가지고 있다. 꽃말은 '그 누구보다 당신을 사랑합니다'이다.

동백나무는 차나무과에 속하는 식물이다. 한국, 중국, 인도차이나 반도, 일본 등 아시아 지역에 200여 종이 서식한다. 한국은 서해 어청도부터 동해 울릉도까지 주로 바닷가에 많이 볼 수 있는 나무다. 동백꽃의 꽃봉오리를 말려서 차로 마시기도 하는데 쓴맛과 매운맛이 나며 어혈을 없애주고 부종을 내린다고 해서 한방(韓方)에서 약재(藥材)로도 사용하기 때문에 산다화(山茶花)라고도 한다. 밑에서 가지가 갈라져 관목으로 되는 것이 많다. 전체에 털이 없다. 나무껍질은 회갈색이고 매끄러우며 작은 가지는 갈색이다. 꽃잎이 수평으로 활짝 펴지는 뜰동백이라는 유사종(類似種)도 있다.

🌰 Camellia japonica Linne

시드니의 nursery에는 동백 묘목을 많이 판매하고 있는데 표찰(標札)에 camellia라고 이름을 붙여 놓았다. 생물의 종(種)은 새 생물 분류 단계의 '속(屬)genus+종(種)species+명명자(命名者)'로 표기하는 것인데, 동백나무의 학명이 'Camellia japonica Linne'이다. Camellia는 동백나무의 속(屬)이며, japonica는 종(種)이고, Linne는 명명자 이름이다. 식물학의 시조라고 할 수 있는 스웨덴 사람, Linne가 2명 법이라는 생물의 종을 나타내는 방법을 창안해서 세계가 공통적으로 사용하게 되었다. 그가 『식물의 종(種)』을 저술하면서 다룬, 약 4,000종의 동물, 5,000종의 식물Camellia에 명명자(命名者)로 그의 이름을 넣었으니 생물 종명(種名)에는 Linne가 많을 수밖에 없다.

동백나무의 학명은 'Camellia japonica L.'로 속명인 Camellia는 게오르그 카멜(Georg Joseph Kamel, 1661-1706)에서 유래된 것이며, 게오르그 카멜은 체코슬로바키아 식물학자이자 선교사로 17세기에 필리핀에서 동아시아의 식물을 연구하며, 동백나무를 유럽에 소개한 사람이다. 린네가 동백나무를 학계에 발표하면서 동백나무의 속명(屬名)을 카멜리아(Camellia)라 붙여 카멜(Kamell)의 동백나무 연구 업적을 기렸다. Camellia속은 동남아시아에 약 100종이 분포되어 있는데, 그중 우리나라에는 동백나무와 중국 원산의 차나무(Camellia sinensis ⟨L.⟩ Kuntze)가 자생하고 있다. 영어로 동백나무는 Camellia다.

생명과학 이야기

☀ 김유정의 소설 『동백꽃』

한국인에게 '동백꽃' 하면 이미자의 히트곡 '동백 아가씨', 동백나무로 뒤덮인 전남 여수의 '동도'와 함께 강원도 춘천 출신 김유정의 소설 『동백꽃』을 연상하게 된다. 동백 아가씨나 오동도는 동백나무와 연관이 있지만 소설에 나오는 동백꽃은 주로 해안가에 서식하는 동백나무와는 전혀 다른 나무다. 강원도에서는 산수유 꽃 색깔과 비슷한 노란색 꽃이 피는 생강나무를 산동백이라고 하는데 이 나무 이름에서 소설 제목을 설정한 것으로 보고 있다.

생강나무는 잎이나 가지를 꺾으면 생강 냄새가 나서 생강나무라 부르는 것이다, 생강나무로는 차를 끓여 먹기도 하고, 열매는 기름을 짜서 머리 기름으로도 사용하였다. 김유정의 소설에는 생강나무를 동백나무라고 하며, 주인공들의 로맨스가 동백꽃과 함께 정감 있게 묘사되어 있다.

"거지반 집께 다 내려와서 나는 호드기 소리를 듣고 발이 딱 멈추었다. 산기슭에 늘려 있는 굵은 바윗돌 틈에 노란 동백꽃이 소보록하니 깔렸다. 그 틈에 끼어 앉아서 점순이가 청승 맞게스리 호드기를 불고 있는 것이다. 그보다 더 놀란 것은 그 앞에서 또 푸드득, 푸드득, 하고 들리는 닭의 횃소리다. 필연코 요년이 나의 약을 올리느라고 또 닭을 집어내다가 내가 내려올 길목에다 쌈을 시켜놓고 … 그리고 뭣에 떠다밀렸는지 나의 어깨를 짚은 채 그대로 퍽 쓰러진다. 그 바람에 나의 몸뚱이도 겹쳐서 쓰러지며 한창 피어 퍼드러진 노란 동백꽃 속으로 폭 파묻혀버렸다. 알싸한 그리고 향긋한 그 냄새에 나는 땅이 꺼지는

듯이 온 정신이 그만 아찔하였다."(김유정의 『동백꽃』에서)

🍊 조매화(鳥媒花)

동백꽃에는 아카시아 못지않게 꿀이 많다. 한국에서는 동백꽃이 만발하는 겨울에 곤충들이 활동할 수 없으며 대신해서 참새와 비슷하게 생긴 동박새가 꿀도 빨아 먹고 꽃가루를 매개 하는 역할을 한다. 그래서 동백꽃을 조매화(鳥媒花)라고도 하는 것이다. 호주에는 꽃들이 유난히 많은 탓인지 꿀을 빨아 먹는 새들이 않다. 그런 연유에서인지 새 종류 중에 꿀을 먹는 새라고 해서 'honeyeater'라고 불리는 새들이 많다. 꿀벌들이 동백꽃 꿀을 모아 주지 못하니 사람들이 동백꽃 꿀을 맛볼 수 없다.

동백꽃은 문학작품이며 노래 등으로 사랑받고 있다. 두보와 함께 중국 역사상 가장 위대한 시인으로 꼽히는 이태백의 시집에도 신라의 해홍화(동백꽃)에 대해서 기록하고 있는 것으로 봐서 한국의 동백꽃은 오래전부터 명성이 알려져 왔음을 짐작케 한다.

동백기름은 여인의 머리를 맵시 있게 매만져 주는 머릿기름으로 동백나무로 깎은 얼레빗과 동백기름을 이고 산골 무주구천동에서 땅끝 두만강까지 행상을 다니던 방물장수 이야기도 있다.

제주도에서는 동백나무를 집 안에 심으면 도둑이 잘 든다고 믿어 집 안에 심지 않는 나무로 알려지고 있으며, 꽃이 떨어질 때 통꽃이므로 꽃잎이 지는 것이 아니라 꽃송이가 꼭지째 쑥 빠져 떨어지는 것이 흡사 사형당할 때 목이 잘려 떨어지는 것과 같은 불길한 인상이라 해서 이를 멀리한다고 전해지고 있다. 시드니에는 5월 들어 동백꽃이 지기 시작하는데 꽃잎을 날리기도 하지만 꽃송이가 칼로 도려낸 것처럼 바닥에 떨어져 있는 것을 발견 할 수 있다.

☀ 한국의 동백꽃 명소

한국에는 천연기념물로 지정된 여러 곳의 동백나무숲이 있다. 충남 서천군 서면 마량리의 동백나무숲은 3백 년 전에 마량첨사가 바다에 밀려온 꽃 뭉치 꿈을 꾸고 바닷가에 가보니 꿈에 본 꽃을 발견하고 그 꽃을 가꾸어온 것이 바로 이 동백나무숲이 되었다고 전해져 오고 있다. 경남 거제의 동백섬이라 불리는 지심도는 거제도 지세포에서 동쪽으로 6km 떨어진 해상에 자리하고 있으며, 해안선 길이 3.7km, 면적 0.36㎢밖에 안 되는 작은 섬이지만 지심도가 유명세를 타는 이유는 오직 하나, 동백꽃 때문이다. 여수 오동도 동백에는 어부 남편을 기다리다가 도둑을 피해 바다에 몸을 던진 여인의 전설이 전한다. 오동도로 들어가는 길이 768m의 방파제 길은 '한국의 아름다운 길 100선'에 선정된 바 있다. 서남부의 해안 전북 고창 선운사에는 수령 500년 정도의 동백나무 3,000여 그루가 숲을 이루고 있다.

"선운사 고랑으로 / 선운사 동백꽃을 보러 갔더니 / 동백꽃은 아직 일러 피지 않았고 / 막걸리집 여자의 육자배기 가락에 / 작년 것만 시방도 남았습니다 / 그것도 목이 쉬어 남았습니다"(미당 서정주의 시 '선운사 동구'), "선운사에 가신 적이 있나요 / 바람 불어 설운 날에 말이에요 / 동백꽃을 보신 적이 있나요 / 눈물처럼 후드득 지는 꽃 말이에요"(송창식의 노래 '선운사') 등의 시와 노래로 유명하며 천연기념물로 보호받고 있는 곳이다.

광양 옥룡사지 동백꽃 광양시 옥룡면 추산리에는 통일신라시대의
승려 도선국사가 35년간 머물렀다는 옥룡사지가 있다. 옥룡사의 흔적
은 찾기 어렵지만 도선국사가 땅의 기운을 보강하기 위해 심었다고 전
해지는 동백나무 7천여 그루가 꽃 대궐을 보여준다. 동백꽃을 보며 울
컥 고향 생각에 젖는 것을 어쩌랴!

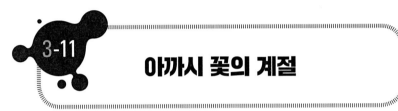

아까시 꽃의 계절

호주 곳곳에 있는 일본인들의 흔적

동백나무의 학명은 'Camellia japonica'다. 종묘상(nursery)에서 파는
동백나무 묘목에는 'Camellia'라고 표지(標識)를 붙여 놓았다. 근대화에
훨씬 앞선 일본은 원예 분야에도 세계 각국에 많은 영향을 끼쳤음을
확인할 수 있다. 동백나무 학명만 해도 'Camellia japonica'다. 자포니
카(japonica) 하면 인도를 비롯한 동남아인들이 선호하는, 쌀알이 길쭉
하고 끈기가 없는 인디카(indica)와 대비되는 쌀 품종을 생각하게 된다.
japonica 쌀은 한국인이 더 많이 먹을 것 같은데 쌀 품종도 일본에서
개량한 것이니 일본 쌀이라는 이미지로 세계인들은 인식할 것이다.

박목월의 유명한 시(詩) '청노루'에 나오는 '느릅나무'도 'Ulmus
japonica'다.

생명과학 이야기

"머언 산 청운사(靑雲寺) 낡은 기와집, 산은 자하산(紫霞山) 봄눈 녹으면, 느릅나무(Ulmus japonica) 속잎 피는 열두 구비를, 청노루 맑은 눈에 도는 구름."

어찌 쌀이나 느릅나무뿐이랴? 호주에 와 보니 주택가나 공원에 일본에서 개량한 리기다소나무며, 꽃나무, 철쭉 종류 등 일본에서 도입된 품종으로 보이는 관상수들이 구석구석에 심겨져 있는 것을 보며 일본인들의 상혼(商魂)을 실감하였다. 동백나무도 일본에서 개량한 품종일 것이다.

시드니의 동백나무는 원예 조경용으로 식재된 것이며, 한국의 동백나무가 시드니의 동백나무와 다른 것은 자생지에서 수백 년의 수령으로 군락지를 이루고 있다는 것이다. 시드니의 동백나무는 곧게 자랐거나 울타리 나무로 심어서 잎으로 뒤덮여 줄기가 안 보이나 한국 자생지의 동백나무는 이파리보다는 연륜(年輪)을 말해주듯 아름드리 굵은 줄기가 뒤틀려 있다.

☀ 동백나무 열매

가을에 수확하게 되는 둥그스름한 동백나무 열매는 길이 2-3cm로 붉은색으로 익으면 세 갈래로 갈라지면서 속에 든 검은 갈색의 세 개의 씨가 나온다. 동백나무 열매가 어렸을 때는 녹색이지만 시간이 흐르면서 짙은 자주색으로 변하며 완전히 여물면 겉껍질 속에 암갈색의 씨가 세 개 들어 있다. 동백 씨는 잣 씨보다 굵고 돌 밤보다는 작다. 3면으로 된 씨는 2면은 둥글고 1면은 납작한 타원형에 가깝고 배면(背面)에 모서리가 있으며, 길이는 약 2cm, 지름은 1.5cm이다.

동백나무 열매를 200도 고온에서 볶아서 착유하면 향이 고소하고 맛이 좋은 동백기름을 얻게 되는데 모든 음식을 만들 때 이용할 수 있으며, 불포화지방산인 올레인산(오메가)이 85% 이상 함유되어 있어 몸에 좋다. 특히 동백오일(미용)은 피부 진정 효과와 노화 방지에 좋고 보습력도 뛰어나다는 연구 결과가 있고, 화장품으로도 이용되고 있다. 전통적으로 동백기름은 머릿기름으로 이름을 날렸으며 검은 머리에 생기와 광택을 주고 자외선을 차단하기 때문에 두피 보호에 좋은 것으로 알려져 있다. 일본에서는 아토피 피부염에 효과가 탁월한 것으로 인식하고 있다.

실제로 최근 연구 결과에 따르면 동백기름은 가려움증을 유발하는 황색 포도상구균의 증식을 억제하기 때문에 피부 가려움과 알레르기 피부에 좋은 것으로 결과가 나왔다. 제주에서는 예로부터 집집마다 동백기름을 보관하였다가 목욕할 때 비누 대신 사용하기도 하고, 등잔불 기름으로도 사용하였다. 동백기름이 윤활유로도 가능하기 때문에 재봉틀 기름으로 사용하였을 뿐만 아니라 2차 대전 때는 일본 관리들이 전쟁용의 비행기, 탱크, 트럭 등의 윤활유로 공출해 가는 만행도 저질렀다. 필자도 초등학교 시절에 아주까리 열매를 따다가 학교에 바치기도 하였다. 동백나무 가지를 꺾어 냄새를 맡으면 레몬과 비슷한 냄새가 난다.

🍒 동백고장보전연구회

동백나무 명승지에서는 마을 주민들이 '동백고장보전연구회'라는 협동조직체를 만들어 동백나무 보존과 유용성을 보급시키는 활동들을

생명과학 이야기

하고 있다. 동백나무 군락지인 제주시 남원읍 신흥2리 마을 주민들은 마을 이름을 '동백마을'로 바꾸면서 선포식과 함께 동백나무와 관련된 사업을 추진해 가고 있다고 한다. 300여 년의 역사를 간직하였다는 동백마을에는 높이 20-40m의 동백나무 고목과 함께 생달나무, 후박나무, 삼나무 및 귤나무 고목들이 어우러져 숲을 이루고 있다.

이 동백마을의 보전사업 상황을 검색해 보니 동백나무가 경제적 가치도 대단하다는 것을 알 수 있었다. 수백 년 된 고목은 50여 그루밖에 안 되지만 2007년도부터 숲 가꾸기 사업이 시작되면서 나무 숫자도 증가하였으며, 동백기름을 생산하는 방앗간까지 갖추고 나무 열매에서 식용 기름, 비누, 오일(미용)을 만들어 판매하게 되었다고 한다. 땅에 떨어진 씨를 주민들이 주워 오면 1kg당 5,000(2013년)원으로 수매하는데 5,500만 원이 주민들의 농가 소득으로 돌아갔으며, 이를 가공해서 순수익 1억 3,000만 원을 올렸다고 한다. 식용 기름의 경우 2013년 2,600병(병당 150㎖ 기준) 생산했다고 한다.

☀ 라트라비아타

동백나무에 관해서는 잘 몰라도 베르디 작곡 오페라 '라트라비아타'의 축배의 노래를 모르는 사람은 없을 듯하다. 교향악단 연주에서 앙코르 곡으로 자주 연주되고 불리는 곡이다. 이 곡은 프랑스 작가 알렉상드르 뒤마 피스의 소설 『La Dame aux camellias(동백꽃을 들고 있는 여인)』을 각색하여 작곡한 것으로 대중들에게 사랑 받는 곡이다.

오페라 라트라비아타(La Traviata)를 일본에서 춘희(椿姬)라고 번역한 것인데 '椿' 자가 '동백 춘' 자고 '姬'가 아가씨라는 뜻으로, 이미자의 노래 제목 '동백 아가씨'라고 번역하고 있으나 '椿' 자를 옥편에서 찾아보면 '참죽나무 춘'이라고 되어 있다. 참죽나무는 낙엽교목으로 동백나무와는 근본적으로 다른데 춘희(椿姬)라고 오페라 제목을 한 것은 오류라는 지적이다. 일제강점기에 일본 사람들이 하는 일을 맹종하다 나온 오류라는 것이며, '동백 아가씨'가 오페라 제목으로 적합하다는 주장이다.

서양에 없던 동백나무가 프랑스 이태리를 비롯한 서양의 각 지방에 퍼지면서 엄동설한에도 정열적인 빨간색의 꽃을 피우는 동백꽃에 서양 사람들을 열광하였다. '라트라비아타'의 주인공 비올레타가 언제나 동백꽃 송이를 달고 다니기 때문에 오페라 공연에서 동백꽃 송이는 필수적인 소품이다.

🍎 코코 샤넬

프랑스 파리를 예술의 도시, 낭만의 도시, 연인의 도시, 빛의 도시 등 파리를 수식하는 형용사 중에 '패션의 도시'를 빼놓을 수 없다. 파리 패션의 전설이 된 코코 샤넬(Coco chanel, 본명은 Gabrielle Bonheur Chanel, 1883-1971)도 빼놓을 수도 없다. 샤넬 이름으로 내놓은 모든 복장의 상의 안쪽에는 코코 샤넬의 마스코트인 순백색의 동백꽃이 브로치로 부착되어 있다. 동백꽃에 애착을 가진 이유를 확인하지 못했지만 동백꽃은 샤넬 제품의 마스코트다. 영국의 빅토리아 여왕과 프랑스의 조세핀 왕후도 정원이나 왕궁을 동백꽃으로 장식하였다고 하니 그 당시에 동백꽃 인기가 절정에 달했던 것 같다. 꽃이 식물로서의 가치만 있는 것이 아니라 창의(創意)의 날개를 펴면 문화적 가치도 무궁무진하

생명과학 이야기

게 창출할 수 있다는 것을 깨닫게 된다.

☀ 아까시나무의 학명은 Robinia pseudoacasia

한국의 5월에는 아까시 꽃을 빼놓을 수 없다. 많은 분들이 '아까시 꽃'이라는 제목부터 고개를 갸우뚱할 것 같다. '아카시아 꽃'이 바른 표기일 것이라고 생각하기 때문이다. 그러나 노래 '과수원 길'에 나오는 '아카시아 꽃'은 잘못된 표기라는 한국임학회의 정정(訂正) 결정이 있었다.

아카시아 나무는 원산지가 호주 동쪽이며, 학명이 'Acasia dealbata'로 노란색 꽃이 피고, 나무 모양이나 이파리가 아까시나무와는 전혀 다르다. 시드니의 nursery에는 여러 종류의 Acasia 묘목을 파는데 잎이며 나무 모양이 한국의 아까시나무와는 전혀 딴판이다.

아까시나무는 1492년 콜럼버스가 신대륙을 발견할 때까지는 세상에 알려지지 않았다고 한다. 아까시나무가 유럽에 도입된 것은 1601년 프랑스 Henry IV 때 약초 식물학자인 Jean Robin이거나 그의 아들 Vespasien Robin에 의한 것으로 알려져 있다. 아까시나무는 학명이 'Robinia pseudoacasia'로 '가짜(pseudo) 아카시아'라는 뜻이다. Robinia는 Robin의 이름을 딴 것이다.

미국에서는 아까시나무를 Locust Tree라고 하는데 이 나무를 지중해 지방에 있는 쥐엄나무같이 생긴 Ole-World Locust Tree(Ceratonia seliqua)의 지방종으로 생각한 것이다. 이것은 잘못된 것이었으나 이 나무의 이름인 black locust가 되어 버렸고, 학명은 속명이 Robinia가 되고 종명은 acacia와 비슷하다고 하여 pseudo-acacia라고 명명한 것이다.

아까시나무인 'Robinia pseudoacacia'를 아카시아라고 누가 맨 먼저 부른 것인지 확인할 수 없지만 번역 과정에서 오류가 생긴 것으로 추정하고 있다. 더구나 국립국어연구원은 기왕에 귀가 닳도록 들어온 '아카시아'를 군이 고칠 필요가 있느냐며 표준국어대사전에 '아카시아'라고 표기하는 바람에 '아까시나무'가 '아카시아'로 굳어져 버렸다. 사정이 이러하니 그 즐겨 부르던 동구 밖 '과수원 길'의 작사자 박화목을 나무랄 수도 없고, 이 사실을 확인한 이상에는 "아카시아 꽃 하얗게 핀…"이라고 부르기도 찜찜하고 그렇다고 '아까시 꽃'이라고 하는 것도 어색하게 되었다.

노래는 그렇다 치고 한국의 나무 이름 헌법재판소에 해당하는 '한국임학회'에서 '아까시나무'라고 부르기로 했으므로 이제부터는 '아까시나무'라고 부르는 것이 옳은 것이다. 아까시나무 꽃이 무슨 죄인가? 아까시나무 꽃의 향긋한 그 향기와는 전혀 관계가 없는 일이기에 한국의 꿀벌들이며 양봉업자들은 제철을 만나 동분서주하고 있을 것이다.

🍑 1891년 한반도로 이주한 아까시나무

아까시나무가 한반도로 이주해서 넓게 뿌리를 내린 것은 그리 오래되지 않았다. 아까시나무를 처음 들여온 사람을 검색해 보니 몇 가지설이 있지만 인천에서 무역회사 지점장으로 있던 '사가끼'란 일본 사람이 1891년에 중국 상해에서 묘목을 구입하여 인천 공원에 심은 이후한반도에 비로소 아까시나무 세상이 펼쳐지게 되었다고 하는 것이 정설인 것 같다.(박상진 교수의 『역사에 새겨진 나무 이야기』에서)

생명과학 이야기

미국을 고향으로 하는 이 나무는 그 후 1910년 일제강점기에 들어오자 심는 양이 많아져 강토의 구석구석을 누비게 되었다. 콩과 식물이기 때문에 토사가 흘러내릴 정도로 황폐해진 민둥산에도 뿌리를 잘 내렸다. 잘라 버려도 금세 싹이 나올 만큼 강한 생명력과 화력이 좋아 땔나무로서의 역할도 컸기 때문이다. 일제강점기와 6·25전쟁, 무분별한 화전과 도벌 등으로 거의 전국의 산들이 민둥산이 된 것을 50여 년 전(1960년대 중반)에 주민을 동원하는 거의 반강제적인 방법으로 '사방공사(砂防工事)'라는 사업을 하며 토양 침식을 막기 위해 석축(石築)을 쌓고 풀과 나무를 심어서 산을 푸르게 가꿨다. 이때 심은 나무 종류가 척박한 땅에 자랄 수 있는 수종인 오리나무나 리기다소나무, 아까시나무 등이었으며 사방공사로 식재된 나무 중에 아직까지도 산의 많은 면적을 차지하고 군락을 이루고 있는 것은 아까시나무일 것이다.

'고향의 봄'이라는 노래에 꽃 피는 산골의 정경 묘사 중에 "복숭아꽃 살구꽃 아기 진달래…"가 있는데 복숭아꽃이나 살구꽃보다는 아까시꽃의 향수가 더 짙게 배어 있지 않을까 생각된다. 필자가 다니던 초등학교에도 거목으로 자란 아까시나무가 교정을 압도하고 있었으며, 졸업 단체 사진도 이 나무 앞에서 찍었다. 아까시 꽃에서 향기가 진동하며 때를 만난 꿀벌들이 윙윙거리고 치렁치렁 매달린 꽃송이가 산들바람에 군무(群舞)를 하면, 학생들의 마음을 사로잡지 않을 수 없었다.

🌸 콩과 식물인 아까시나무

아까시나무는 뿌리혹박테리아와 공생하는 콩과 식물이기에 풀도 자라지 못하는 척박한 땅에도 뿌리를 박고 잘 자라며, 땅을 비옥하게 바꾸는 습성도 있고 뿌리가 넓게 잘 퍼져 나가기 때문에 토사(土砂)의 유실이 예상되는 경사지에 안성맞춤인 나무다.

버큼힐의 필자의 집 앞에 20여 미터 깊이의 계곡 숲이 있는데 4-5년 전, 계곡으로 내려가는 언덕배기에 어떤 사람이 분홍색 꽃이 피고 가시가 없는 아까시나무 두 그루를 심었다. 한 그루는 필자가 가꾸고 있는 도토리나무 바로 곁에다 심어서 필자가 다시 조금 떨어진 쪽으로 옮겨 심었다. 바위와 돌이 받쳐서 제대로 뿌리를 붙일 수 있을까 의심하였는데 4-5년이 지난 현재 족히 7-8m는 자란 것 같고 10m 되는 지점에 뿌리가 뻗어 나가서 새로운 아까시나무 세 그루가 돋아났다. 척박한 땅을 비집고 자라는 데는 유칼립투스를 따를 나무가 없다고 하지만 옆에 빽빽이 서 있는 유칼립투스와 경쟁이라도 하려는 듯 아까시나무 두 그루의 영토 확장 작전을 지켜볼 작정이다.

아까시나무가 한때는 일본인들이 한국의 산을 버려 놓을 속셈으로 의도적으로 퍼뜨린 것이라는 주장도 있었고, 아까시나무 뿌리가 묘소를 뚫고 들어가는 것도 정서상 비난의 원인이었는데 새옹지마(塞翁之馬)라고 할까? 상황이 바뀌고 있는 것이다. 아까시나무 숲이 수종 갱신 사업으로 다른 수종으로 바뀌었으며, 자연 상태에서도 다른 종류의 나무와의 생존 경쟁에 밀려서 감소하는 추세라 한국의 양봉업자들이 위기의식을 느끼게 되었다고 한다.

한국 양봉협회에서는 아까시나무 식재를 권장할 때는 산 면적의 10%를 차지하는 32만ha였으나 9만ha(2014년) 정도로 줄어들었다. 양봉업계의 타격은 물론 아까시 꽃의 꿀을 찾는 벌을 비롯한 곤충의 화분 매개 활동의 저하 등 농업 생태 환경에 미치는 영향은 돈으로 환산할 수 없는 막대한 손실이 예상된다며 관계 당국에 시급한 대책을 요구하고 있는 실정이다. 약 3만 5천의 양봉 농가가 있으며 연간 4,000억 원어치의 매출을 올리고 있고 화분 매개를 통한 공익적 가치가 6조 원 이상이라는 분석도 있다고 한다. 양봉업자들이 6-7년까지만 해도 양봉 1군(꿀벌2-3만 마리)당 25-30kg의 꿀을 생산했으나, 2013년에는 10-15kg으로 줄었다며 고사 위기에 직면했다는 비명이다. 아까시 꽃이 지구 온난화(溫暖化) 영향을 받는 것도 양봉업자들에게 민감하게 작용하고 있다.

🍎 아까시나무의 재평가

아까시나무가 워낙 번식력이 강해서 한국의 산림녹화에 큰 공헌을 하였지만 산 전체가 아까시나무 투성이가 되기도 하니 산주들에게는 천덕꾸러기로 전락하였다. 새옹지마(塞翁之馬)라고 할까? 요즘엔 다시 아까시 꿀을 제공하고 공해에 찌든 공기를 맑은 산소로 걸러주는 효자 나무로 탈바꿈하고 있으니 말이다.

지난달 5월 26일에는 국립산림과학원이 서울 광릉 숲속에서 1ha 면적에 서식하고 있는 133그루의 거대한 아까시나무들을 찾아냈다는 발표가 있었다. 수령(樹齡)이 100년이 넘는 것들이며 가장 큰 나무는 둘레가 2.76m, 높이가 29m 정도에 달했다고 한다. 특히 산림과학원이 이들 나무 한 그루당 연간 이산화탄소 흡수 능력을 분석한 결과, 평균 12.2kg(최고 31.0kg)으로 나왔다며, 이산화탄소를 가장 많이 흡수하는 것으로 알려진 상수리나무 30년생의 연간 14.6kg에 육박한다는 것이다. 일반적으로 나무의 이산화탄소 흡수 능력이 30-40년생을 고비로 급격히 떨어지는 것을 고려하면 100살 이상 된 아까시나무의 이 같은 이산화탄소 흡수 능력은 엄청난 것이다.

강진택 산림과학원 박사는 "1960~1970년대 산림녹화용이나 땔감용으로 널리 심어진 아까시나무는 생장이 워낙 왕성해 생태계를 해치는 나무로 여겨져 왔다"며 "하지만 이번 연구를 계기로 잘만 가꾸면 대경재(大莖材, 줄기의 굵기가 30cm 이상)로 충분히 활용할 수 있고, 지구 온난화 방지 효과도 손색없는 나무로 재평가를 받기 바란다"고 말했다. 이번 발표로 가장 오래된 아까시나무로 꼽았던 성주군 월항면 지방리에 소재하고 있는 수령 84년, 흉고 직경 117cm, 수고 20m인 보호수의 기록을 갱신한 것이다.

아까시나무 숲을 조성해 유명해진 곳들이 있다. 약 30년 전 포항시 흥해읍 오도마을 주변 임야는 해풍에 의해 모래바람만 날리던 특수한 척박지로 황폐되어 있던 곳을 건조와 척박한 땅과 병해충에 강한 아까시나무를 식재하여 짧은 기간 안에 녹화에 성공한 세계적인 사방 모범지다. 30년이 지난 현재는 30cm나 되는 부식토를 생성하여 다른 수종이 함께 자랄 수 있는 환경을 조성하였다.

☀ 아까시나무의 효용성

아까시나무는 꽃과 잎을 먹을 수 있는 몇 안 되는 나무 중 하나이다. 어떤 분이 6·25 때 북한군에게 체포될까 두려워 산속에 피신해 있는 동안 아까시나무 잎을 뜯어 먹으며 연명하였다는 이야기를 들은 적이 있다. 필자도 어렸을 때 아까시의 잎은 먹어 보지 못했어도 호기심에 아까시 꽃은 이따금씩 따 먹은 적이 있다. 한민족이 굶주림에 시달릴 때 구황식물의 역할을 한 게 사실이다. 아까시나무 꽃을 쌀가루에 버무려 쪄서 맛깔스러운 백설기도 해 먹고, 새로 돋아난 싹은 나물로 먹기도 하며, 줄기는 된장이나 고추장 항아리에 박아 두었다가 밑반찬 장아찌로 하였다고 한다.

아까시 잎은 가축들도 좋아한다. 특히 토끼는 아까시 잎을 좋아한다. 토끼를 기르면서 아까시 잎을 열심히 따다 먹인 일이 있다. 아까시나무는 콩과 식물이기에 잎에 단백질 함량이 많다. 아까시 잎은 가축의 사료로도 가능하지만 가시 때문에 소가 성큼 뜯어 먹지 못하나 가지째 꺾어다가 말리면 잎만 떨어지며 양질의 사료가 되는 것이다.

목재는 단단하고 질겨서 가구를 만들면 탄력이 좋아 잘 부러지지 않는다. 서부 개척시대에 아까시나무 목재로 마차를 만들었고, 열차도 아까시나무 목재로 만들었다고 한다. 또 아까시나무 목재로 배를 만들었는데 오래도록 물에 잠겨 있어도 잘 썩지 않는다고 알려져 있다. 우리나라의 경우, 지난 1960년대까지만 해도 서울에 우마차가 다녔다. 그때 우마차의 차체는 모두 아까시나무와 참나무 목재를 사용했다고 한다. 참나무는 단단하지만 무거워서 좋지 않았고, 가볍고도 질긴 아까시나무 목재를 으뜸으로 꼽았다. 마포에서 제작된 우마차는 전국 각지에서 반입된 질 좋은 아까시나무 목재로 만들었다.

한국의 어린이 놀이 시설만 시공하는 모 회사의 광고문을 보니 이 회사는 타 회사와는 달리 유럽산 아까시 원목을 이용해 놀이 시설물을 만든다는 점을 강조하며 광고하고 있다. 특히 아까시나무의 변재(邊材) 부분은 모두 벗겨내도 심재(心材) 부분만을 일일이 수작업으로 가공해 시설물을 제작한다고 강조한다.

현대에 들어와 동서양을 막론하고 아까시나무가 목재로서 이용 가치가 높아지고 있는 추세다. 아름다운 색상과 무늬, 부식에 견디는 힘이 강할뿐더러 강도(强度)도 일반 목재에 비하여 대단히 우수하기 때문이다. 학교나 주택용 마루판과 외부 계단재 등에 널리 이용되고 있는 것이며, 전량을 유럽산 원목에 의존하고 있다.

유럽에서도 아까시나무 조림으로 잘 알려진 나라는 헝가리다. 아까시나무를 빽빽하게 심어서 35년 벌기로 수확하는데 보통 이상의 지력을 가진 경우 1ha당 340㎥ 이상의 엄청난 목재를 수확하고 있다고 한다. 지구 온난화와 여름 건조에도 잘 견디고 질소 비료와 농약 없이 재배할 수 있기 때문에 유럽연합에 의해 친환경적인 수종으로 인정받고 있어서 70%의 보조금까지 주어서 아까시나무 조림을 장려하고 있다.

🍎 땅을 살리는 나무

서울의 난지도 쓰레기 매립장이 시민공원의 숲으로 변하였으며, 대표적인 수종은 아까시나무다. 아까시나무는 둥치를 베어내도 잘라낸 곳에서 새순이 돋아나고 뿌리가 뻗어 나가며 일대를 점령하게 되니 이처럼 생명력이 왕성한 나무도 흔하지 않다. 강원도 태백시 폐광촌에 석회석, 철광 지역은 풀이 나고 나무가 자라지만 석탄 폐석지는 독기가 있어 다른 식물이 일절 자라지 못하여 1m 정도 객토 후 아까시나무와 잣나무로 복구하였는데 잣나무 조림지는 생육이 더디게 진행되거나 뿌리를 내리지 못하여 고사되어 가고 있으며, 주변 환경에도 잡풀도 자라지 못하고 있으나 아까시나무 조림지는 수풀을 형성하여 석탄 폐석의 흔적이 보이지 않게 되었다는 것이다.

아까시 꽃에는 리날룰(linalool)과 오시멘(ocimene)이라는 향이 있어 세계 유수 화장품 회사들이 최고급 향수를 만들고 있고, 아카시아 껌과 비데용 향수에도 첨가되고 있다. 요즘 화석연료의 한계점을 실감하면서 바이오에너지 생산에 관심이 많다. 국내에서 자라는 나무 중에서 단위 면적당 가장 많은 바이오메스(biomass)를 생산하는 수종이 바로 아까시나무다. 아까시나무를 밀식하여 3년 주기로 수확하면 1ha에서 연간 11톤의 바이오메스를 생산할 수 있다고 한다. 우량 목재를 생산하고, 산사태를 막으면서 산림의 흙을 개량해 주고, 연료와 경제성 있는 바이오에너지를 생산하며, 꿀, 녹사료, 향료를 생산한다. 더불어 지구 온난화에 대비할 수 있는 환경 친화적 수종이기도 하다.

필자가 10여 년 전 금강산 관광으로 휴전선을 넘어 금강산까지 가는 짧은 거리의 북한의 모습을 볼 기회가 있었다. 그때가 10월 하순으로 남한 쪽의 밭에는 통이 안은 배추가 수확을 기다리고 있었다. 휴전선을 넘어 북한 지역으로 접어드니 역시 배추밭이 눈에 띄었는데 통이 안은 배추는 찾아볼 수 없었다. 앙상한 배추 잎이 땅갈피에 달라붙어서 배추밭이라고 하기에도 민망한 지경이었다. 야트막한 야산에는 나무라고는 찾아보기 힘들 정도로 벌거숭이 민둥산이었다. 배추 농사가 집단 농장으로 운영되고 거름이 부족하니 제대로 배추가 자랄 리가 없을 것이고, 산에는 추운 겨울에 땔감으로 나무들을 베어 갔을 테니 민둥산이 될 수밖에 없겠다는 생각을 했다. 통일이 된다면 할 일이 많겠지만 모두 아까시 묘목부터 한아름씩 안고 가서 벌거벗은 북한의 산에다 아까시나무를 심어 주고 생명이 숨 쉬는 산천을 가꾸는 일부터 도와야 할 것 같다.

chapter

04

동물의 행동

까치와 까마귀

🍎 호주 까치

　아침 산책 길에는 에누리 없이 마주치는 사람과 개가 있고 새(birds)가 있다. 사람과 개도 제각각 다양한 모습이지만 새 종류가 더 다양한 것 같다. 집을 나서면서 첫 번째로 잔디밭에서 어정거리는 코카투(Cockatoos) 무리와 마주치고 200여 미터쯤 걸어 올라가다 보면 2-3마리의 호주 까치 무리가 잔디밭 위에서 열심히 아침 먹이를 찾고 있는 모습을 보게 된다. 그런데 이 까치 무리의 지절거리는 소리가 한국의 까치와는 생판 다른 발성을 하고, 검은 바탕에 백색 무늬가 한국의 까치와는 영 딴판이란 걸 알아차릴 수 있다. 호주 조류도감을 열람해 보니 한국 까치와는 전혀 다른 새 종류다.

　호주 까치(Australian magpie)는 분류상으로 과(family)에서부터 한국의 까치와 다르다. 호주 까치는 숲제비과다. 숲제비과(Artamidae)는 참새목에 속하는 조류과의 하나다. 오스트레일리아, 인도-태평양 지역 그리고 남아시아에서 발견되는 까마귀를 닮은 명금류이다. 명금류(鳴禽類)는 참새아목(Passeri)에 속하는 노래하는 조류의 총칭이다. 호주에 처음 와서 동이 트는 새벽녘에 생전에 들어 보지 못한 새소리가 들렸다. 낮선 호주 땅에서 살아갈 방도를 모색하느라고 고심하고 있던 때에 유난히 많은 새소리가 영 반갑지만은 않았다. '저런 소리를 '귀신 씻나락 까먹는 소리'라고 하는가?' 하고 엉뚱한 생각을 한 일이 있었다. 그 새소리가 호주 까치 소리였다.

남태평양 지역의 새 종류는 유난히 성대가 발달한 것 같다. 앵무새류가 많고 웬만한 새는 거의가 한 곡조 뽑을 수 있는 성대를 가지고 있는 것 같다. 호주에서 쿠카부라(Kookaburra) 새도 '귀신 씻나락 까먹는 소리'를 한다. 이 새의 그 요란한 소리를 거의 새벽마다 듣는다. 한 마리가 "kook-kook-kook-ka-ka-ka…"로 뽑아 대면 뒤따라서 숲속의 모든 쿠카부라가 요란한 합창으로 숲속의 정적을 깬다. 쿠카부라의 소리를 웃음에서 나오는 소리로 들리는지, full name으로 Laughing Kookaburra(웃는물총새)라고 표기하고 있다.

호주의 새들이 화려한 음성을 갖고 있는 반면, 한국의 까치는 음색이 단조롭다. 그러나 한국 까치의 음량은 까치 종을 통틀어서 가장 큰 것으로 평가하고 있다. 한국 까치의 소리를 표현하자면 "깍-깍-깍…" 아닌가? 이 소리가 반가운 손님이 온다는 희망의 메시지로 들렸는지 한국 까치는 소리와 함께 오랫동안 극진한 사랑을 받아 왔다. 한국 까치는 호주 까치와는 족보부터 전혀 다른 종족이다.

☀ 한국 까치

호주 까치가 숲제비과(Artamidae)인 반면에, 한국 까치는 까마귀과(Corvidae)다. 한국 까치는 종친회(宗親會)를 까마귀와 할 처지다. 필자가 어렸을 때는 "까치 까치 설날은…" 동요와 함께 길조(吉鳥)로 극진한 대우를 받아 왔지만 현재는 생태계도 파괴하고 전신주에 둥지를 틀어 단전(斷電) 사고며 농작물 피해 등 해조(害鳥) 중에 해조로 낙인찍혀 버렸다. 과수 농가 입장에서 원수 중에 원수가 까치다.

까치도 까마귀 못지않게 여섯 살 정도 아이의 지능을 가지고 있다고 보고 있다. 까마귀와 4촌 정도 되는 가까운 사이이니 그 머리 어디 가랴! 웬만한 개나 원숭이보다 더 좋다. 그래서 종종 기겁을 하고 도망가라고 험상궂은 허수아비 세워 놔봤자 아무 소용도 없다. 게다가 성격도 엄청나게 난폭하고 호전적인 녀석들이라 사람 정도나 되어야 슬슬 피하지 독수리에게도 겁 없이 달려들어 사생결단을 하는 새다. 일부 종은 번식기에 사람도 공격한다.

또한 겨울철 비닐하우스 농가에 심대한 피해를 입힌다. 참새 등이 비닐하우스에 한번 들어오면 출구를 못 찾아서 미친듯 날뛰곤 하지만, 까치는 비닐을 살짝 들어 올리고 들어와서 과일을 한입씩 다 쪼아 버리고는 들어온 곳으로 나간다고 한다. 이 뭐… 특히 과일을 쪼아 먹을 때 하나만 먹는 게 아니라 과수원 과일 전부 한 번씩만 쪼아 놓기 때문에 피해가 이만저만이 아닐뿐더러 이 녀석들이 맛있는 과일은 귀신같이 알아차려서 맛난 과일부터 드신다. 과수원 농가의 주적이며, 까치의 피해를 막을 수 있는 여러 대책들이 실시되고는 있다. 그런데 까치가 영악한 것은 학습 효과가 있어서 이런 것에 한 번 당하면 다음에는 잘 당하지 않는다. 군부대에서 가끔 두꺼운 비닐을 찢고 고기를 훔쳐 먹는 모습도 보여주고 있다.

🍎 각국의 까치 이미지

북한에서도 예전부터 까치는 해로운 새로 여겨서 보이는 까치들은 죄다 쏴 죽여 버렸고, 식량난 때에 시달리던 1990년대 중·후반에는 까치들을 보이는 대로 죄다 잡아먹어 버렸다고 한다. 북한에서 까치가 진짜 안 보인다고 한다.

스웨덴의 셀마 라게를뢰프(1858-1940)가 지은 『닐스의 모험』이라는 장편동화가 있다. 스웨덴의 아름다운 자연을 아이들에게 쉽게 이해시켜 주는 동화이다. 이 작품으로 셀마 라게를뢰프는 여성 최초로 1909년 노벨문학상을 받았다. 대강의 스토리는 허구한 날 부모 속을 썩이고, 농장의 동물들이나 괴롭히던 닐스라는 개망나니 소년이 어느 일요일 집에서 우연히 발견한 톰테(스칸디나비아 민담에 나오는 난쟁이)를 괴롭히다가 저주에 걸려 난쟁이가 되어 버리는 것으로 시작한다. 그리고 집에서 키우던 거위 모르텐이 기러기 떼를 따라간답시고 날아가는 것을 붙잡고 따라가 기러기 떼와 스웨덴을 거의 일주하는 모험을 시작한다. 모험을 통해 자연의 소중함과 부모님의 사랑을 깨닫고, 집으로 돌아와서 착한 소년이 되었다는 훈훈한 이야기다.

이 동화에 까마귀, 까치 이야기가 나온다. 까마귀들은 장난꾸러기인 데 반해, 까치는 새들의 알을 노리는 흉조로 나온다. 일부 만화에서는 말썽 피우는 새로 까치가 들어가 있다. 아무거나 가리지 않고 먹는 데다가, 본디 나무에 지어야 할 둥지를 전신주나 엉뚱한 데에 지어 놓아서 인간의 생활에 피해를 주기 때문에 유해 조류로 지정된 것이다. 그리고 이젠 몇몇 지역에선 아예 비둘기 뒤를 이은(?) 새가 되기도 한다. 취한 사람이 토한 걸 비둘기랑 어울려 먹는 까치를 목격한 경우도 있다.

바다 건너 일본이나 땅 끝 유럽에서는 까마귀가 비슷한 역할을 하고 있다. 하지만 까마귀는 유독 한국에서만큼은 기를 못 펴는데, 그 이유가 바로 까치 때문이라고 한다. 한국에서 까마귀 보기는 정말 힘들다. 까마귀는 원래 인간이 생활하는 곳에서 많이 발견되는 새인데, 한국에서 까마귀를 찾으려면 산골짜기로 들어가야 몇 마리 볼 수 있다. 까마귀 소리가 재수 없다고 여기던 인식 때문에 보이는 대로 사냥을 당하던 때문이기도 하다.

필자도 철없던 어린 시절에 까치와 까마귀 집을 습격한 기억이 있다. 까치집은 쉽게 발견되지만 까마귀는 높은 나무 꼭대기에 집을 짓기 때문에 발견하기도 힘들고, 둥지를 습격해서 알을 꺼내기도 힘들다. 총포상을 하는 분이 잡아온 까마귀와 까치 고기를 먹어본 일이 있다. 의외로 까치 고기보다는 까마귀 고기가 훨씬 맛이 있었다. 까치가 역적으로 몰려서인지 최근에는 전체적으로 까치의 수도 줄어서 몇몇 지역에선 까마귀도 활개를 치고 있다고 한다.

✺ 까치는 까마귀를 압도한다

이웃 나라인 일본은 우리와 반대로 까치보다 까마귀가 압도적으로 많이 서식한다. 특히나 까치는 현재 규슈 지역에만 분포하고 다른 지역에선 찾아볼 수 없어 보호종으로 지정돼 있다. 까마귀가 이미 터를 잡고 있었기 때문에 열도 점령에 실패한 것이다.

현재 일본에 소수 남아 있는 까치는 한반도에서 유입됐다고 보는 것

생명과학 이야기

이 정설인데, 유입 시기는 임진왜란으로 당시 사가성 성주 나베시마 나오시게(鍋島直茂)가 조선에서 잡아다가 데려가 번식시킨 것이 현재에 이르렀다고 보고 있다. 일부 지리적으로 가까운 부산에서 자연 유입됐다고 주장한다고 하는데, 철새도 아닌 까치가 바다를 건너갔다고 보기엔 힘들어 받아들여지지 않는 이야기다. 대전에서는 도시의 상징새로 인정되어 비둘기만큼 많이 굴러다니는 새다. 물론 광역시 중에서는 비교적 자연 친화적인 관계로 까치뿐 아니라 참새, 멧비둘기도 흔히 볼 수 있지만… 특히 모 대학 근처에 가면 정말 도심의 비둘기 수준으로 굴러다닌다고 할 정도로 많다.

🍊 추락하는 까치의 위상

1980년대 서울의 상징이 까치였는데, 1988년 서울올림픽을 앞두고 까치를 비둘기처럼 길들여서 키워 보겠다고 포획해서 번식시키려다가 실패한 역사가 있다. 이것은 새의 생태를 고려하지 않은 무책임한 일로, 결국 까치 번식은 실패하고 고작 알 하나 낳은 게 다였다고 한다. 그 알에서 깨어난 새끼도 태어나자마자 죽었다고…. 관공서 공무원들이 무식하면 죄 없는 까치만 죽는다.

1989년 아시아나항공이 제주도에 길조인 까치를 날려 보내자는 운동(제주도에는 까치가 없었다)을 저지르는 한심한 짓을 해서 제주도 생태계가 엉망이 되었다는 소리가 퍼진 일이 있었으나 이는 잘못된 사실로 밝혀졌다. 1989년 일간스포츠 신문사가 창간 기념으로 당시 제주도에는 우리나라의 대표적인 길조인 까치가 없으니 길조를 선물한다는 의미로 제주도에 풀어줬다고 한다. 아시아나항공은 당시 창간 기념행사를 하는 데 있어서 제주도까지 까치 운송을 협찬해 주었다고 한다. 책임을 묻자니 27년 전 방사 당시 제주도 내 전문가들도 찬성했었고, 산림청이나 제주도 역시 후원했던 만큼 업체들에 일방적으로 책임을 묻기가 어렵다고 한다. 다른 토박이 조류를 깊은 산으로 쫓아내고 완전히 정권을 장악한 것으로 보고 있다. 그 당시 53마리를 날렸는데 지금은 10만여 마리로 추산하고 있다. 20년 새 2,000배 가까이 번식했다. 생태학자들은 고유종을 멸종시킬 수도 있다고 우려하고 있고, 제주도의회에서는 소송을 고려 중이다. 주변 섬까지 건너가서 쑥대밭이 되고 있다고 한다.

한반도에서는 까치밥이라고 해서 과일을 수확할 때, 다 따지 않고 한두 개씩 남겨 놓는 풍습이 있다. 이는 고수레와 같은 맥락. 현실은 한두 개씩 남겨 놓고 과일을 다 털어 간다. 한국인에게 까치는 친숙하다. "까치 까치 설날은 어저께고요. 우리 우리 설날은 오늘이래요"라는 동요도 있고, 어린이 때 유치(乳齒)를 빼면 지붕 위에 던지는 풍습도 있었다. 까치가 뺀 이를 가지고 가서 새 이를 준다고 믿었기 때문이다. 그리고 까치밥으로 감나무의 감도 모두 따지 않고 몇 개씩 남겨 두었다.

우리 선조들은 까치를 아주 좋아했다. 옛이야기 중 은혜 갚은 까치 이야기도 있다. 과거를 보러 가던 선비가 수컷 구렁이에게 잡아먹힐 위험에 빠진 까치를 구해 주었다. 나중에 그 선비가 죽은 구렁이의 짝에게 죽게 생겼을 때, 그 까치가 머리로 절의 종을 들이받아 종을 울려서 선비를 구해 주었다는 이야기도 있다. 까치를 싫어하면 이런 이야기도 없었을 것이다.

생명과학 이야기

까치가 울면 반가운 손님이 온다고 하는 이야기는 무엇인가? 그 이유는 까치가 텃새인 데서 찾을 수 있다. 까치는 동네 어귀의 높은 나무에 둥지를 틀고 살아간다. 또 영리하고 눈이 밝다. 그래서 마을에 늘 드나드는 사람이나 짐승을 멀리서도 알아볼 수 있다. 시각뿐 아니라 후각도 뛰어나서 멀리서 낯선 사람이 오면 까치가 높은 곳에서 금방 알아차리는 것이다. 옛날에는 사람의 왕래가 잦지 않았기 때문에 까치가 마을 사람들 얼굴을 모두 알고 있었다. 그래서 외지에서 모르는 사람이 오면 경계심으로 울어댈 수밖에 없는 것이다. 까치가 진짜 반가워서 우는 것은 아니고, 경계의 표시로 울어대는 것인데, 마을 사람들은 이 모습을 보고 까치가 울면 반가운 손님이 온다고 생각했던 것이다.

길조로 알려져 사람들의 사랑을 받았던 까치가 현재는 사람들의 입방아에 오르내리며 천덕꾸러기 신세로 전락하고 있다. 이 같은 현상은 산림 개발 및 도시화를 통해 생태계의 균형이 깨어지면서 까치의 천적이던 맹금류의 수가 줄어들어 번식력이 좋은 까치의 수가 급격하게 증가된 데 원인이 있다. 봄, 여름에 나무의 유해 곤충을 잡아먹는 긍정적인 측면도 있는 데 반해, 딸기·수박·감귤·사과 등의 과실을 쪼아먹어 과수 피해를 발생시키기도 하고, 비닐하우스를 쪼아 구멍을 뚫어 놓는 등 다양한 형태의 재산 피해를 야기하고 있기 때문이다.

일선에는 까치의 농작물 피해를 줄이는 다각적인 연구 및 제품을 출시하고 있지만 학습 능력이 좋은 까치의 접근을 원천적으로 봉쇄하기는 어려운 실정이다. 이 때문에 지방자치단체에서는 농작물의 재배 시기에 따라 까치를 유해 조수로 분류하여 해마다 포획하고 있어 더

이상 길조로 사랑받던 새의 위상은 찾아보기 어렵게 되었다

까마귀(Corvus corone)

까마귀(Crow)는 넓은 의미로 까마귀속(Corvus)을 통틀어 이르는 말이다. 좁은 의미로는, 한국에서 가장 흔하게 볼 수 있는 까마귀인 Corvus corone만을 까마귀라고 부르기도 한다. 크기는 종에 따라 차이가 있다. 까마귀속 중에서 작은 편에 속하는 갈까마귀는 길이가 34-39cm 정도이며, 까마귀 중에서 가장 큰 까마귀는 길이가 63cm에 이른다. 한국에서 가장 흔하게 볼 수 있는 까마귀는 중간 정도의 크기로서, 길이가 48-52cm에 이른다. 까마귀속은 까치속 어치속과 함께 까마귀과를 구성한다. 최근의 연구 결과에 의하면, 일부 까마귀 종은 도구를 단순히 사용하는 것뿐만 아니라, 도구를 스스로 만들거나(도구)를 사용할 수도 있다고 한다. 오늘날 까마귀는 지구상에서 가장(지능)이 높은 동물 중 하나로 여겨지고 있으며, 까마귀 중에서도 갈까마귀는 뇌가 특히 잘 발달되어 있다.

까마귀속에 속하는 동물 종들은 공통적으로 전체가 까만색으로 되어 있으며, 일부분이 흰색이나 회색을 띠고 있는 경우도 있다. 탄탄한 체격에 튼튼한 부리와 다리를 가지고 있다. 외모만으로 암수 구분을 하기는 어렵다. 한마디로 까마귀는 거의 모든 음식을 먹을 수 있는 잡식성 동물이다. 까마귀가 먹는 음식으로는 다른 어린 새, 썩은 시체 등이 있다. 까마귀는 암컷의 경우 세 살, 수컷의 경우 다섯 살이 되면 성적으로 완전하게 성숙하게 된다. 일부 까마귀는 20년까지도 살 수 있으며, 종이나 환경에 따라 그 이상 생존하기도 한다.

생명과학 이야기

🍒 한수산의 소설 『까마귀』

'까마귀' 하면, 한수산(韓水山, 1946-)의 소설 『까마귀』를 지나칠 수 없다. 작가 한수산이 소설 『까마귀』를 쓰게 된 연유(緣由)가 있다. 1981년 5월 28일에 중앙일보에 1년간 연재 중이던 장편소설 『욕망의 거리』로 인해 관련자들이 연행되어 고초를 치른 사건이다. 『욕망의 거리』 필화 사건이라고도 한다.

『욕망의 거리』는 1970년대를 배경으로 남녀 간의 만남과 사랑을 통속적으로 묘사한 전형적인 대중소설이었다. 군데군데 등장하는 군인이나 참전 용사에 대한 묘사가 대통령을 비롯해 당시의 최고위층을 모독하는 동시에 군부 정권에 대한 비판 의식을 담고 있다는 혐의를 받고, 작가 한수산과 문화부장 등 중앙일보사의 관계자들, 한수산의 문단 동료인 시인 박정만이(사령관, 보안사령부?)에 연행되어 고문을 받았다. 국내에서의 창작 작업에 회의를 느낀 한수산은 이후 일본으로 떠나 수년간 머물렀고, 박정만은 고문 후유증에 시달리다 사망했다.

이 사건은 당대에는 언론 통제로 인하여 외부로 알려지지 않았으며, 연재 중인 소설의 극히 일부분에 불과한 지엽적 표현을 독재 정권의 자격지심 때문에 억지로 문제 삼아 비인간적 결과를 낳은 필화 사건으로 평가받고 있다. 작가 한수산이 80년대 초, 필화 사건으로 고초를 겪은 후 한국을 떠나 일본에 약 10여 년 머물렀던 걸로 알고 있는데 이후 2003년에 『까마귀』라는 장편소설을 내놓았다. 일본에서는 『군함도』라는 제목으로 출판이 되었고, 선전하였다는 얘기가 있다.

책 소개를 보니(인터넷 교보문고) 《1989년에 첫 취재를 시작해 15년 동안 매달린 끝에 출간한 중견작가 한수산의 신작소설. 일제 패망기에 나가사키로 징용을 간 뒤 원폭에 희생된 피폭 한국인들의 비극적인 삶을 담고 있다. 그들은 조국을 잃었다는 이유로 조국에서 떠나야 했으며 조선인이라는 이유로 조국을 빼앗은 나라에게도 버림받았다. 소설의 제목은 '1945년 8월의 폭염 속에 썩어가던 피폭 한국인의 시신에 까마귀 떼가 달려들었다'는 증언에서 따온 것. 작가는 "1945년 히로시마(廣島)와 나가사키에 투하된 원폭은 우리에겐 광복의 기쁨을 연상시키지만 그로 인해 1만여 명에 달하는 징용 한국인들의 죽음마저 묻혀버렸다"고 밝히며 이 작품을 통해 이름 없는 젊은 넋들의 사랑과 우정, 분노와 희망을 그리며 역사의 아픔과 상처를 씻어내고 있다.》고 되어 있다.

또 저자는 책 서문에 "조국의 이름으로 살다, 조국의 이름으로 죽어 갔으나, 그 주검조차 조국의 이름으로 버림받아야 했던, 나가사키 피폭 조선인의 영령에게 이 책을 바친다."라고 적고 있는데, 2권까지는 가미카제 특공대 자살 공격 출정, 1944년 12월 7일 나고야 인근 지역에서의 대지진까지 상황만 기술되고 있을 뿐 원폭 애기는 등장하지 않는다.나가사키에는 1945년 8월 9일 원폭이 투하되어 지상 500m 상공에서 폭발하였는데 당시 나가사키 인구 240,000명 중 사망자 73,884명, 부상자 74,909명의 인명 피해를 가져왔으며, 8월 15일 일본은 무조건 항복하게 된 것이며 사망자 중에 강제 징용으로 끌려가 나가사키 앞바다의 작은 섬, 지옥 같은 '군함도'에서 동물보다 더 못한 혹사를 당하다가 죽어간 1만여 명의 한국 젊은이들이 있었다는 것을 작가 한수산은 『까마귀』를 통해 증언하고 있다. 산더미처럼 쌓여 있는 한국인의 시신을 까마귀 떼가 새까맣게 달려들어 뜯어 먹은 것이다. 아무리 머리가 좋은 까마귀라도 슬프디슬픈 이 사연을 알 수 있는가? 까마귀에게는 한국 젊은이들의 시체 더미가 먹잇감의 노적가리였을 뿐이다.

☀ 까마귀 설화

어느 지역이나 까마귀의 서식 지역은 인간의 생활 터전과 가깝기에 예로부터 까마귀와 관련된 설화가 많다. (중국)의 고대 신화에는 속에는 다리가 셋 달린 까마귀, 즉 삼족오(三足烏)가 살고 있다는 내용이 나온다. 이후 삼족오 전설은 우리나라와 일본에도 전해지게 되었으며, 특히 고분 벽화에도 많이 등장하고 있다. 하지만 이와는 별개로, 까마귀는 흉조로 여겨졌다. 까마귀가 우는 것은 죽음이나 불행한 일을 상징한다고 하였는데, 이는 까마귀가 (동물)의 시체를 뜯어먹는 것에서 유래한 것으로 보인다. 한수산의 소설 『까마귀』에서 묘사된 바와 같이 까마귀는 시체 뜯어 먹는 습성이 있는 것 같다. 이와 같은 정서적인 감정 때문에 중국이나 한국에서 까마귀는 흉조로 생각해서 까마귀 짖는 소리를 불길하게 받아들이고 있는 것이다.

새라면 다리가 두 개인데 다리가 셋 인 까마귀를 상징으로 삼은 이유를 들자면 여러 가지가 있다. 태양이 양(陽)이고, 3이 양수(陽數)이므로 자연스레 태양에 사는 까마귀의 발도 세 개라고 여겼기 때문이라고도 하고, 삼신일체사상(三神一體思想), 즉 천(天)·지(地)·인(人)을 의미하는 것으로 해석하는 경우도 있다.

🍎 까마귀 고기 먹으면 잘 까먹는다고?

우리는 무언가를 잘 까먹는 사람에게 "까마귀 고기를 삶아 먹었냐?"라며 비꼴 때가 있다. 덕분에 까마귀는 건망증 심한 새라는 누명을 쓰게 됐다. 하지만 까마귀가 도구를 사용하고, 심지어 물리학 이론까지 이해하고 있다는 사실을 안다면 생각이 달라질 것이다. 한국과 중국에서는 까마귀 고기를 먹으면 건망증이 생긴다며 구전되는 속설이 있다.

그러나 반대로 중국의 의학서에는 까마귀 고기나 알, 또는 털을 먹으면 건망증을 낫게 할 수 있다고도 되어 있다고 한다. 최근 많은 과학적 연구에 따르면 까마귀와 건망증을 둘러싼 이야기는 속설보다 의학서의 이야기가 훨씬 맞는 것 같다. 동물의 왕국에서 까마귀는 아인슈타인과 다빈치에 비견할 정도로 대단히 명석한 두뇌를 소유하고 있다.

☀ 어린이와 맞먹는
문제 해결 능력 지닌 까마귀도 있어

일부 까마귀들은 인간의 얼굴을 기억하고, 특정한 업무를 수행하기 위해서는 도구도 사용한다. 심지어 미래에 일어날 사건을 예견할 수 있는 기이한 능력을 가졌다고 한다. 또한 최근에는 일부 까마귀 종(種)은 5-7세의 어린이와 맞먹는 문제 해결 능력을 지녔다는 연구도 나왔다.

시사주간지 뉴스위크 보도에 따르면 뉴질랜드 오클랜드대학 연구자들이 뉴칼레도니아 까마귀를 대상으로 실험한 결과 이 까마귀들이 까다로운 문제를 해결하는 능력이 있다는 것을 발견했다. 이 까마귀들

생명과학 이야기

은 원래부터 도구를 만들어 쓰는 등 영리하기로 이름이 나 있었다. 그러나 연구 팀은 실험을 통해 다른 차원의 능력을 찾으려는 계획을 세웠다. 연구자들은 이들 까마귀가 '물치환성(water displacement)'을 실제로 이해하는지 확인하는 실험에 들어갔다. 다시 말해서 이솝 우화에 나오는 '까마귀와 물병' 이야기가 현실적으로 가능한지에 대한 실험에 들어갔다.

🍎 이솝 우화 '까마귀와 물병' 가능한 사실로 나타나

이솝 우화에서 갈증이 난 까마귀는 적은 양의 물이 담긴 물병에 조약돌을 계속 집어넣어 수위를 높여 물을 마신다. 연구자들은 바로 이 점에 착안해 까마귀에게 그런 능력이 있는지를 알아보기 위해 뉴칼레도니아 까마귀 여섯 마리를 대상으로 실험을 진행했다. 까마귀들이 물이 찬 유리 실린더에서 먹이가 부리에 닿을 때까지 수위를 올리려고 여러 가지 물체를 집어넣도록 유도하는 것이 목표였다.

연구자들은 우선 여러 종류의 물건들을 물이 담긴 유리 실린더 앞에 놓았다. 일부는 물에 가라앉고 일부는 물위에 뜨는 물체였다. 예를 들어 무거운 고무지우개와 가벼운 폴리스티렌(PS) 물체, 그리고 속이 꽉 찬 정육면체와 속이 빈 정육면체 등이었다. 까마귀들은 물병에 들어 있는 고기 살점을 먹기 위해 무거운 물체나 단단한 정육면체를 물이 찬 유리 실린더 속에 더 넣을 수 있다는 사실을 발견했다. '까마귀와 물병'은 결코 우화만이 아니었다. 까마귀는 충분히 그럴 만한 능력이 있었다.

'새 박사'로 유명한 경희대 윤무부 교수가 늘 주장하는 게 있다. "새를 새대가리라 부르지 말라"는 것이다. 그는 새에 대해 강연할 때 이 말을 절대 빼놓지 않는다. 새는 비록 머리가 작지만 바보 같은 동물이 절대 아니라는 것이다. 일상에서 편견에 치우치기가 쉽다. 때로는 동물에 관한 편견이 자연의 질서를 파괴하는 중대한 오류를 범할 수 있다는 점을 경계해야 한다.

앵무새(Parrots)의 천국

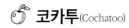

코카투(Cochatoo)

아침 산책 길에 20여 마리의 코카투(Cochatoo) 떼를 매일 만나게 된다. 나무에 앉아 있기도 하지만 대개는 ground 잔디밭 위에서 무엇인가를 열심히 쪼아 먹는데 그들의 주식(主食) 거리가 잔디밭에 있는 것이 분명하다. 필자의 집 앞에는 상당히 넓은 면적의 숲이 있다. 유칼립투스 나무들이 빽빽하게 들어서 있고, 골짜기에는 냇물이 졸졸 흐르며 여우와 토끼, 에키드나 같은 희귀 포유동물을 비롯해서, 겨울철 한밤중이면 한국에서는 점점 사라지고 있는 소쩍새 울음소리가 들려오기도 한다.

코카투 무리도 이 숲속에서 둥지를 틀고 서식하고 있다. 먼동이 트

생명과학 이야기

는 새벽에 숲속에서 잠을 자고 일어난 코카투 무리가 유칼립투스 고사(枯死)목 가지 끝에 올라앉아 하루를 시작하는 모습을 매일 아침 보고 있다. 작년(2015년) 9월 하순 새벽녘에 집 앞을 지나는 굵은 전선(電線) 위에서 코카투 한 쌍이 짝짓기 하는 모습을 유심히 바라본 일이 있다. 앵무새류(parrots)의 부부애는 잘 알려진 일이지만 애정 행위도 다른 새들과 다른 면이 있다고 생각되었다. 암수가 날개를 늘어뜨린 채 시간도 꽤 오래 끌며 격렬한 모습이었다.

해가 지는 저녁나절엔 한 쌍의 코카투가 전선 위에서 kiss라고 봐야 할 행위를 종종 한다. 주둥이를 마주 대고 날개를 펄럭이는 행위를 하는 것이다. 시드니의 주택가를 휘젓고 있는 Cochatoos 무리를 관찰하는 것도 흥미 있는 일이다.

코카투는 관앵무새(Cacatuidae)과에 속하며, 20여 종류가 있는 것으로 알려져 있다. 코카투는 호주 대륙이 주요 분포 지역이며, 뉴질랜드, 뉴기니, 인도네시아. 필피핀 등 남태평양 지역에도 있다. 대부분이 흰색을 띠고 붉은색이나 노란색 무늬가 있으며, 일부는 검은색을 띤 것도 있다. 코카투의 특징은 머리에 관(冠)이 있는 것이다.

관이 없는 종류도 있다. 관이 없는 코카투류(cochatoos)가 깃 색깔이 더 화려하다. 종류가 워낙 많다 보니 전문가라야 정확한 이름을 알 수 있으나 분류학적인 용어로 앵무목(Psittaciformes)에 속하는 앵무새 종류를 Parrots이라고 하는 것이다.

시드니 지역에서 흔히 볼 수 있는 코카투도 분류상으로 앵무목(패럿류)의 한 부류다. 코카투는 단독으로 행동하기보다는 떼를 지어 날아다니며 소란도 떨고 먹이도 찾는다. 코카투는 일부일처(一夫一妻)제로 생활하며 나무 구멍에다 둥지를 튼다.

코카투 앵무류는 주로 흰색이다. 분홍코카투앵무(C.leadbeafern)는 몸길이가 38㎝ 정도이고 분홍색을 띠며, 노란색과 붉은색의 띠가 앞으로 흘러내린 관모에 가로질러 나 있다. 이 종은 오스트레일리아 내륙의 여러 지역에서 서식하며, 가장 아름답지만 훈련시키기는 가장 어려운 코카투 무리다.

코카투 무리 중 가장 크고 가장 큰 부리를 갖는 종은 종려앵무(Probosciger aterrirnus)로 몸길이 65-75㎝이다. 오스트레일리아 북동부, 뉴기니, 제도의 은둔성(隱遁性) 조류로 실과 같은 관우(冠羽)가 있으며, 깃털이 없는 붉은색 뺨은 흥분했을 때 파랗게 변한다.

드물게 말을 잘하는 종류도 있다. 일부는 50년 이상을 산다고 한다. 코카투는 주택가 주변에서도 잘 적응하며 살아가지만 일부 Cockatoos종은 숲이 파괴되고 둥지를 틀 만한 큰 나무가 벌목되거나 사라져서 서식처를 잃고 멸종 위기에 처한 것들도 있다고 한다.

❋ Cockatiels

호주의 새에 관한 도감이나 책을 보면 볏이 있고 덩치가 큰 종류를 Cochatoos라고 하고, 덩치가 작고 볏이 있으며 화려한 색깔의 parrots를 Cockatiels라고도 한다. 이보다 더 세분(細分)해서, Cochatoos, Rosellas, Lolikeets, Parakeets, 네 종류로 나누기도 한다.

며칠 전, 산책 길에서 감을 좋아하는 Rosellas와 비슷한 parrots를 보았다. 도감을 확인해 보니 Galah였다. Galah도 목덜미에서 배 쪽까지 진홍색이고 날개나 꽁지가 회색이며 약 35cm 정도 되기 때문에 자

생명과학 이야기

세하게 살피지 않으면 흔히 보이는 Parrots로 보이기 쉽다. 필자의 집 근처 골목 어귀에 매일 아침 30여 마리의 Galahs 떼가 날아와 조기회(早起會)를 한다. Galahs는 앞쪽에 흰색의 짧은 볏이 있고, 목덜미에서 배 쪽으로 진한 주황색을 띠고 있다.

마을 사람들 이야기에 따르면 Galahs가 모여드는 옆집 주인이 수년 동안 매일 모이를 뿌려 줘서 많은 parrots가 모여들었다고 한다. 그 집 주인은 바뀌었지만 그때 찾아들던 parrots 중에 Galahs 무리만 아침이 되면 날아오는 것이라고 한다.

호주가 앵무새 천국이다 보니 모이 주기 체험장이 곳곳에 있으며, 골드코스트에는 관광 명소가 된 모이 주기 체험장도 있다. 이곳에 길들여진 앵무새(Parrots)는 Rosellas 종류다. Rosellas는 호주 개척기에 Parramatta 옛 지명이었던 'Rose Hill-Rosehiller'에서 유래되었다고 하며, 영국인들이 최초로 parrots를 발견한 장소가 'Rose Hill'이라고 한다.

Rosellas는 과수원을 하는 사람들에게는 원수(怨讐)다. Parrots 중에서도 Rosellas는 감 같은 과일이 익으면 거의 끝장을 내는 악동 짓을 하기 때문이다. 한국의 과수원도 새들의 피해가 있긴 하지만 호주 새들의 과수원 공격과는 비교될 수 없을 것이다. 블루마운틴 기슭의 한 과수원 주인에게 새들의 피해에 관해서 물어보았더니 40%는 새가 먹는다고 진담 반 농담 반의 말을 들은 일이 있다.

Rosellas는 과일이라면 죽자 사자 덤벼드는 데 반해서 꿀 빠는 데만 열중하는 parrots도 있다. 이 종류의 Parrots 중에서 덩치가 작고(대체로 20cm 내외), 주둥이가 특이하게 진홍색인 종류를 Lolikeets라고 한다.

호주의 주택가 앞뜰에 많이 심겨져 있는 Grevillea는 꽃이 마치 병을 닦는 솔(blush)처럼 생겨서 bottle blush flower라고 하는데 꽃에 꿀이 많은 것 같다. 거의 매일 몇 종류의 새들이 이 나무의 꽃봉오리를 뒤지는데 Lolikeets도 정기적으로 훑고 간다.

Lolikeets와 비슷한 Parakeets라는 종류도 있다. 체구가 작고 꿀을 빠는 것보다는 잔디밭이나 초원에서 작은 풀씨를 선호하며 호주 남동쪽 지역에 분포하는 종류다. 호주에는 새 종류가 많을 뿐만 아니라 변종도 많아서 새에 매달리는 전문가가 아니고는 식별하기가 어려우며 그중에도 Parrots류는 복잡한 부류에 속한다고 할 수 있다.

🍑 Parakeets

Parakeets는 한국 사람들에게 잉꼬라고 하면 쉽게 이해 할 수 있는 앵무새(Parrots)류다. '잉꼬'라는 말이 일본어 'inko(鸚哥)'에서 온 것이라 '원앙부부' 혹은 '사랑새'라고 고쳐 부르자는 주장이 있다.

호주가 원산(原産)인 Parakeets가 애완용으로 인기가 있어 세계적으로 널리 사육되고 있고 시장 규모가 어마어마하다. 영어로 budgerigar(bʌdʒərɪgɑːr), 또는 budgie라는 nickname이 따라 다닌다. 몸체가 작고 긴 꼬리에 아름다운 색깔이며, 주로 씨앗을 먹이로 하기 때문에 사육하기가 쉬워서 사육조로 최고 인기를 끄는 것은 당연하다고 할 수 있다. 앵무새(Parrots)를 애완용으로 사육한 것은 꽤 오래된 것 같다.

신라 흥덕왕이 짝을 잃은 앵무새가 슬퍼하다 죽는 것을 보고 노래를 지었다는 설화가(說話歌)는 『삼국유사』 기이편(紀異篇)에 수록되어 있

생명과학 이야기

다. 흥덕왕이 왕위에 오른 지 얼마 안 되어 당나라에 사신으로 다녀온 사람이 앵무새 한 쌍을 가져왔는데, 오래지 않아 암놈은 죽고 수놈이 슬피 우는지라, 왕이 거울을 앞에 걸어주도록 하였다. 수놈은 거울 속의 그림자를 짝으로 생각하여 거울을 쪼았는데 그림자임을 알고 슬피 울다가 죽었다는 것이다. 『삼국사기』에 기록된 바에 따르면, 흥덕왕이 즉위하던 해에 아내인 장화부인(章和夫人)이 죽었는데, 왕은 아내를 잊지 못하고 슬퍼해서 군신들이 재혼할 것을 청하였으나 거절하였다고 한다. 또한, "척조(隻鳥)가 짝을 잃어도 슬퍼하는데 어찌 사람이 짝을 잃었다고 곧 다시 아내를 맞겠느냐."라고 하면서, 시중드는 여자도 가까이하지 않았다고 한다.

✿ 코카투의 부리

코카투 종류는 좋아하는 견과(堅果)를 깨기에 적합한 투박한 부리를 가진 것이 특징이다. 뿌리를 파내거나 나무에서 곤충의 애벌레를 물어내기에 알맞게 진화되어서 반달 형태인 언월도(偃月刀) 모양을 하고 있다. 중국 소설 『삼국지연의』에 장수들의 개성적인 무기가 등장하는데 관우(關羽)는 80근 무게의 청룡언월도(青龍偃月刀)를 휘둘렀다고 한다. 반달과 같이 생긴 칼끝에 기다란 자루가 달린 것이 특징으로, 서양 사람들은 브로드소드(broadsword)의 일종으로 말한다. 삼국지 소설이 없었다면 청룡언월도나, 창두가 뱀처럼 구불구불했고 길이가 1장 8척 (3m 60cm)이라는, 장비의 장팔사모(丈八蛇矛), 여포의 방천화극(方天火戟) 등을 고대 중국의 상징적인 무기들을 알 리가 없었을 것이다.

코카투의 부리를 이와 같은 무기와 비교한다는 것은 무리이지만 새의 부리치고는 강한 힘을 발휘함을 본다. 필자의 앞뜰에 20여 년이 넘는 마카다미아 나무 한 그루가 있으며, 매년 꽤 많은 열매가 달리는데 가장 먼저 이 나무의 nuts를 건드리는 것은 코카투 무리다. 미처 여물기도 전에 코카투 한 떼가 와서 쪼아대고 나면 멍석에 나락 널어놓은 것처럼 바닥이 안 보이게 떨어뜨려 놓는다. 완숙한 마카다미아의 속껍질은 망치나 바이스가 아니면 깨뜨릴 수가 없는데 코카투는 돌처럼 단단한 마카다미아 속껍질을 부리로 쪼아서 깨뜨리고 맛있는 속 알갱이를 빼 먹는 것을 보며 대단한 부리를 가졌다고 감탄하게 한다.

코카투라는 새 이름도, 영어의 vice나 grip처럼 강한 부리(strong beak)라는 의미의 'kakatuwah'에서 유래하였다고 한다. 코카투는 견과류를 비롯해서, 각종 열매, 과일, 감자, 고구마, 곤충 등을 먹이로 하는 잡식성으로 영양분이 있을 만한 것은 다 먹는다

🍎 코카투의 발성(發聲, vocalization)

코카투의 발성(發聲, vocalization)은 시끄럽고 거칠다. 종종 10여 마리 이상의 코카투 떼가 공중에서 난리 난 것처럼 괴성을 지르며 군무(群舞) 비행을 하는 것을 볼 수 있다. 모든 동물의 발성(發聲)에 모두 의미가 담겨 있듯이 과학자들은 코카투의 지저귐(calls)에 담겨 있는 몇 가지의 메시지를 확인하였다. 동료에게 자기의 존재를 알리는 소리며, 둥지의 위험을 경고한다든가, 이동을 위한 예언적 발성 등을 알아냈다. 전문가가 아니라도 상대를 위협하는 코카투의 괴성을 종종 들을 수 있으며, 죽은 나뭇가지를 두들겨서 드럼 치는 소리를 내기도 하는데 먼 거리에 메시지를 전달하는 것이라고 한다. 주위의 소리를 흉내 내

는 데에 탁월하다.

앵무새는 한 번 배운 것을 잘 잊지 않는 습성은 사람들을 번거롭게 하는 수가 종종 있다. 동물학의 고전 떡밥인 '동물들이 언어를 구사할 수 있는가?'라는 질문의 대상이 되는 앵무새는 영리한 만큼 정서도 발달된 동물이다. 게다가 사회적인 동물이기도 해서, 야생 상태의 앵무새는 무리를 짓는 녀석들이 많고 무리를 짓지 않더라도 꼭 짝과 함께 지낸다. 이는 앵무새를 사육할 시 '함께 있어 줄 존재'가 필요하다는 뜻이다. 하루에 적어도 몇 시간은 가족들과 함께 지내야 하고, 혹은 함께 지낼 '짝'이 필요하다. 소통할 대상이 전무하거나, 하루 종일 혼자 지내야 한다거나, 가지고 놀 장난감도 없이 먹고 자고 싸는 일밖에 못하는 신세이거나, 이런 경우가 조금만 지속돼도 매우 높은 확률로 폭풍 비명 혹은 자해로 직결된다고 한다. 자해란 앵무새가 스스로 자기 깃털을 뽑는 것을 말하는데 심하면 죽는 수도 있다고 한다.

이런 비명(悲鳴, scream)이나 자해증(自害症) 때문에 주인이 사육을 포기하는 경우가 많다. 앵무새의 문제가 아니고 주인에게서 비롯된 문제이기에 호기심에 앞서서 존엄한 생명체로 대하며 따뜻한 애정을 쏟을 수 있어야 한다고 한다. 버려지는 반려동물(伴侶動物)들이 다 그러하지만 앵무새 종류도 자기가 버려졌다는 것을 금세 눈치채고 굉장한 슬픔과 우울함을 겪게 되면서 성격이 삐뚤어지게 된다고 한다. 이런 삐뚤어진 앵무새들은 다른 사람에게 재분양된다 해도 새 주인과 가까워지기가 쉽지 않다고 한다.

비슷한 발음으로 단어를 다시 가르쳐야 배웠던 욕을 그나마 잊게 하기 쉽다고 한다. 가르친 사람에게 악의는 없더라도 결과적으로 대단한 민폐다. 윈스턴 처칠은 앵무새를 좋아하였다고 한다. 그는 독일의 나치나 히틀러에게 하는 쌍스러운 욕을 앵무새에게 가르쳐서 방문객을 당황하게 하였다는 것이다. 처칠 사후에 '욕쟁이 찰리'라는 앵무새는 격리시킬 수밖에 없었다고 한다.

☀ 사육조(飼育鳥), Cockatiel

코카투가 애완용으로 사육되며 인기가 있지만 덩치가 크고 사료비(飼料費)가 만만치가 않으나 코카투의 일종인 Cockatiel은 사육조(飼育鳥)로 인기가 높다. 덩치가 비교적 작고 순응과 번식을 잘하기 때문에 잉꼬 다음으로 많이 사육되고 있다.

1793년에 스코트랜드(Scottish)의 작가(writer)이며 박물학자(naturalist)인 Robert Kerr는 호주의 Cockatiel을 서술한 최초의 기록이 있으며, 그 내용은 생물 분류의 기준이라기보다는 작가의 관점으로 본 내용이었다.

유럽인들은 Cockatiel이 너무나 아름다워서 코카투와는 종이 다르다고 생각하여 종(種, species)의 생물분류 단계인 속(屬-genus)에서 갈라진 앵무새의 일종으로 간주(看做)하였다. 생물분류는 종(種-species, 고양이), 속(屬-genus, 고양이속), 과(科-family, 고양이과), 목(目-order, 식육목), 강(綱-class, 포유강), 문(門-division, 척추동물문)의 단계로 분류하고 있다.

유럽인들은 Cockatiel의 속명으로 그리스 신화에 등장하는 아름다운 여신이라는 뜻의 Nymphycus라고 하였던 것이다. 그 후에도 아름다운 앵무새(parrot) 같기도 하고 머리에 관을 가진 것을 보면 코카투와 근친 관계가 있는 것으로 보는 등 논쟁이 오랫동안 계속되어 왔었으나 현재는 Nymphicinae라는 단일 아과(亞科, suborder)로 분류되어 있

생명과학 이야기

다. 어찌 되었던 Cockatiel은 이름에서 나 타나듯 생태 습성이 Cock-atoo와 흡사하며 뛰어난 자태(姿態) 때문에 사람들의 사랑을 받는 반려조(伴侶鳥)가 되었다.

Cockatiels는 Tasmania와 해안가를 제외한 호주 대륙 전역에 서식하고 있는 원생종이다. 과습(過濕)한 해안가보다는 건조한 내륙의 기후에 적응하였다. 규모가 넓고, 밀집되어 있지 않은 유칼립투스 벌판이나 사막에 가까운 초원에서 야생하는 Cockatiels 떼를 목격하게 된다. Cockatiels 떼들도 Cockatoos 떼와 비슷하게 15-20마리가 집단행동을 하지만 가뭄 때는 강가나 호수가 근처에 수천 마리의 Cocka-tiels 떼가 장관을 이룬다. 그들은 물이나 먹이를 찾아서 수시로 70km 이상의 장거리 비행도 한다.

🍒 앵무새의 지능

보통 새들은 몇몇 특별한 경우를 제외하곤 주인이 정을 쏟아도 사람을 잘 따르지 않고 주인을 잘 알아보지도 못하지만, 앵무새들은 주인을 알아보는 데다 찾기 능력, 인지 능력을 보여준다. 때문에 학자들의 오랜 연구 대상이기도 하며, 많은 사람들이 키우고 있다. 중대형 앵무새는 두세 살 아이만큼 지능이 좋다고 하며, 인간의 말을 가장 잘 모사하는 아프리카 회색 앵무새는 다섯 살 아이 정도의 지능을 지녔다고 한다. 인간과의 의사소통도 원활하다. 일부 종의 경우 기관 구조가 사람과 유사하고 혀를 자유자재로 다룰 수 있어서 인간의 말소리, 물 흐르는 소리, 다른 새의 울음소리 등을 흉내 낸다.

앵무새가 수다스럽다는 사실은 익히 알려진 바이다. 그들은 인간의 소리—상스러운 욕설까지도—를 그대로 재현해낼 수 있고, 이러한 이유로 인해서 앵무새가 때로는 스타가 되기도 하였다. 천재 새로 명성을 떨쳤던 알렉스가 2007년 9월, 31세의 나이로 죽었다는 것이 세계적인 뉴스가 된 일이 있었다. 이 앵무새는 두 살 유아 수준의 감정 표현력과 다섯 살 수준의 뛰어난 기억력, 문법과 기호를 이해하는 능력, 자의식, 남의 의도를 파악하는 능력, 모방, 창의력을 갖추었던 것으로 평가받았다. 앵무새는 말할 수 있는 능력 때문에 오래전부터 애완동물로서 인기가 있었다.

✳ 천재 앵무새, 알렉스(Alex)

1977년, 동물심리학자이자 미국 턱선대학(University of Tucson) 연구원인 아이린 페퍼버그(Irene Pepperberg)는 한 살짜리 수컷 아프리카 회색 앵무새 한 마리를 연구실로 데려와 알렉스(Alex)라는 이름을 지어주고 영어 발음을 따라 하도록 가르쳤다. 대화를 시도할 무렵, 동물에겐 사고 능력이 없다는 것이 과학계의 통설이었다. 동물은 자극에 기계적으로 반응하는 수동적 존재일 뿐 스스로 생각하거나 느낄 수 없다는 것이다. 알렉스는 100개보다 조금 더 많은 어휘를 사용하지만 그는 말하는 것을 이해한다는 점에서 특별했다. 예를 들어, 알렉스에게 어떤 물체를 보여주고 그것의 모양이나 색깔 또는 재질에 대해 질문하면 정확하게 분류했다. 알렉스는 접시 위에 있는 파란 물건들의 수를 정확하게 대답했다.

인간은 자신들이 지구상에서 가장 총명한 생물이라고 확신하고 있다. 그래서 어떤 동물이 약간의 지능이라도 보이면 뉴스거리가 됐다.

그러나 그것은 피로감을 풀기 위한 기분 전환용이었을 뿐 동물에 대해 진지한 접근은 없었다. 우리는 뇌의 구조가 우리와 비슷한 영장류와 같은 동물이 다른 동물들보다 좀 더 총명하다는 사실을 마지못해 시인한다.

학자들은 기발한 실험을 통해 동물에게서 이런 능력을 하나하나 찾아내고 있다. 어치는 먹이를 훔치는 녀석이 있다는 것, 감춰둔 먹이가 상할 수 있다는 걸 안다. 양은 얼굴을 식별할 수 있다. 침팬지는 다양한 도구를 사용해 흰개미 집을 쑤시고 무기로 작은 포유동물을 사냥한다. 돌고래는 사람이 취하는 자세를 흉내 낸다. 물을 뿜어 곤충을 사냥하는 물총고기는 노련한 녀석의 사냥법을 관찰해 물줄기 겨누는 법을 터득한다. 그리고 알렉스는 신기할 정도로 말을 잘한다.

30년 동안 연구원들은 여러 번 바뀌었지만 페퍼버그는 꾸준히 알렉스에게 영어를 가르쳤다. 앵무새는 무리와 어울리길 좋아하는 동물이다. 알렉스에겐 연구원들과 어린 앵무새 두 마리가 있었다. 알렉스는 앵무새의 우두머리 행세를 했고, 이따금 페퍼버그에게 화를 내기도 했다. 페퍼버그 이외의 여자들은 소 닭 보듯 했지만 남자 연구원이 들어오면 좋아서 어쩔 줄 몰라 했다고 한다.

앵무새 종류가 말도 할 수 있고 지능도 뛰어난 것은 증명되었지만 까마귀 지능에는 못 따라 간다는 주장이 있다. 천재로 꼽힌 알렉스는 예외이고 일반적으로 앵무새류가 인간 세 살 정도의 지능은 가졌다고 보는 반면, 까마귀는 일곱 살 정도의 지능이라는 주장이 있다.

🍎 누벨 칼레도니 까마귀(Corvus moneduloides)

도구를 만들어 사용할 정도로 영리한 누벨 칼레도니 까마귀(Corvus moneduloides)의 지능은 일부 대영장류를 능가하는 것으로 밝혀졌다고 라이브사이언스 닷컴이 보도한 일이 있었다. 호주 동부 로열티 제도에 사는 이 까마귀들은 야생 상태에서 막대기를 이용해 개미굴 속의 개미를 꺼내 먹는 것으로 유명한데, 뉴질랜드 오클랜드대학 연구진은 새 연구를 통해 이 까마귀들이 시험과 오류가 아닌 '상식'을 이용한다는 사실을 밝혀냈다.

연구진은 커런트 바이올로지 최신 호에 발표한 연구 보고서에서 까마귀의 이런 복잡한 문제 해결 능력은 대영장류의 능력과 맞먹는 것이라고 지적했다. 이들은 까마귀의 부리가 닿지 않는 깊은 구멍에 고기를 넣어놓고 먹이까지는 닿지 않는 짧은 막대기를 가까이에, 먹이까지 닿는 긴 막대기는 까마귀의 부리가 닿지 않는 상자 속에 놓아두었다. 그러자 까마귀들은 작은 막대기를 이용해 긴 막대기를 꺼낸 뒤 다시 긴 막대기를 이용해 먹이를 꺼내는 행동을 보였다.

실험에 동원된 까마귀 일곱 마리 가운데 세 마리는 훈련 없이 첫 번째 시도에서 짧은 막대기를 이용하는 능력을 보였으며, 모든 까마귀가 25차례 이내의 시도로 먹이를 꺼내 먹는 데 성공했다. 이는 지난 2003년 '카푸친원숭이'를 상대로 한 같은 실험 결과를 능가하는 것이라고 연구자들이 밝혔다. 당시 원숭이들 가운데 4분의 3은 50차례의 시도 끝에 작은 막대기를 사용할 수 있었다. 마지막 실험에서 연구진은 길고 짧은 막대기의 위치를 바꿔보았는데 이때 까마귀들은 처음엔

생명과학 이야기

작은 막대기가 든 상자를 들여다보았지만 결국은 직접 긴 막대기를 사용해 먹이를 꺼내 먹었다.

연구진은 이들의 행동은 시험과 오류를 통한 학습이란 단순한 방법이 아니라 유추적 사고, 다시 말해 '상식'을 이용한 것이라고 지적하면서 유추적 사고에는 새로운 상황을 이전의 상황과 본질적으로 같은 것으로 보는 능력이 요구된다고 설명했다. 이들은 "인류 최초의 돌(石) 연장으로 미루어 볼 때 인류 진화의 핵심에는 유추적 사고가 있었음을 알 수 있다. 지구상의 수많은 까마귀 가운데 유독 도구를 사용하는 누벨 칼레도니 까마귀의 능력은 인간 특유의 능력이 대영장류와 함께 이들에게도 나타난 것으로 보인다"고 말했다. 앵무새 종류가 사람의 언어를 흉내 낼 수 있는 것 등으로 봐서 까마귀보다 지능이 높을 것으로 생각할 수 있지만 실제로 검증된 결과는 까마귀의 지능이 훨씬 높다는 것이다.

✺ Parrots의 번식(繁殖, breeding)

야생 앵무새 무리의 번식기는 지역에 따라 다소 차이가 있다. 호주의 남부 지방은 8월과 12월 사이이며, 북부 지방은 우기가 끝난 후인 4월경이 번식기다. 내륙에 서식하는 종류는 번식기가 일정하지 않고 기후 조건에 따라 결정된다. 수컷이 둥지(nest) 틀 장소를 물색하고 부리로 표시를 하게 되며, 암컷에게 소개하는 절차를 밟는다고 한다. 덩치가 큰 Cochatoos는 알을 한 개만 낳는 것이 일반적이며 이미 형성되어 있는 나무 구멍보다는 딱따구리처럼 부리로 구멍을 뚫어서 둥지를 만든다.

Cochatoos는 물이 있고 먹잇감이 가까이 있는 곳에 둥지(nests)를 만든다. 호시탐탐 Cochatoos를 노리는 천적들이 있다. 매나 독수리 종류의 공격도 받고 나무를 기어올라 갈 수 있는 도마뱀(lizards)이 Cochatoos의 알을 노린다. 비단뱀이나 퍼섬(possums)도 그들에게는 귀찮은 존재다. 세밀하게 관찰하여 보면 그들도 삶의 과정 속에서 생로병사(生老病死)에 시달리며 살아가는 것을 엿볼 수 있다. 전염병도 있고 때로는 불구가 되어 천덕꾸러기로 버티고 있기도 하다.

Cockatiels는 4-5개의 알을 낳고 암수가 함께 알도 품고 새끼를 키우는 전형적인 일부일처제의 조류(鳥類)다. 알을 품는 것을, 암컷은 저녁부터 밤사이에 하고 수컷은 이른 아침부터 오후 늦게까지 분담한다고 한다. 18-20일 만에 부화(孵化)하고 4-5주 만에 둥지를 나와서 8-10개월간 부모들의 보호를 받다가 독립하게 된다.

Parakeets(잉꼬)의 암컷은 이틀에 하나씩 4-6개의 알을 지속적으로 낳는다. 암컷은 이 알을 18일 동안 따뜻하게 품어 부화시킨다. 새끼는 부리 끝의 작은 끌처럼 생긴 난치를 이용하여 껍질을 깨고 나온다. 갓 나온 새끼는 아직 부화하지 않은 알 위에 머리를 얹고 쉰다. 이후 새끼는 어미가 소화된 먹이를 입으로 나누어 주는 것을 받아먹고 빠른 속도로 자란다. 부화된 새끼들은 몸을 따뜻하게 하기 위해 서로 얽혀서 붙어 있다. 17일 정도 지나면 새끼는 성숙한 새의 깃털을 갖기 시작하고 생후 21일이 되면 복슬복슬한 모습으로 단장을 한다.

생후 6주가 되면 보금자리를 떠나 새로운 집에 들어갈 채비를 하는데 이때 스스로 씨앗을 쪼아 먹을 수 있으며, 아직 완전한 비행은 할 수 없으나 홰에 불안한 자세로 설 수도 있다. 4개월이 되면 처음으로

생명과학 이야기

깃털을 갈게 되는데 그 깃털은 끝이 뾰족하고 그 자리에 새로운 깃털이 생겨난다. 이때 잉꼬는 구부러진 깃털을 바로 펴기 위해 몸을 잘 다듬는다. 털갈이가 끝나면 완전히 성숙해지고 5개월 정도 지나면 스스로 알을 품을 줄도 알고 잘 날려고 하지도 않고 홰에서 불안해하며 서 있는 모습도 보여 준다.

🍊 귀를 찌르는 듯한 소음과 결벽성(潔癖性)

앵무새의 사육자들이 가장 큰 골칫거리는 앵무새들이 끊임없이 지저대는 소음(騷音)이다. 보통 새의 소리라 하면 산에 놀러갔을 때 들을 수 있는 상쾌한 소리를 생각할 수 있으나, 앵무새는 금속성의 고음을 낸다. 물론 듣기 좋은 지저귐을 하는 몇몇 앵무새도 있지만 대부분의 앵무새는 그렇지 못하다. 해가 뜬 아침과 해가 지는 저녁에는 특히 심하다(앵무새는 최하위 포식자로 아침과 저녁에 서로의 안부를 물어본다고 한다).

소형 앵무새도 아파트나 다세대주택의 경우 옆집의 불평을 들을 수 있으며, 중형 이상의 앵무새는 상상을 초월하는 소음을 낸다. 시드니 스트라스필드역 광장에는 해가 지는 저녁나절 Lorikeets로 보이는 Parrots 떼가 플라타너스 나뭇가지 사이에서 바글거리며 지저대는 아우성은 보통 소음이 아니라고 생각했다. Mobile phone으로 촬영하였지만 선명하지는 않으나 대개는 부부로 보인 한 쌍이 마주대고 지저거리는데 잠자리 들기 전에 부부가 서로 털어놓아야 할 사정이 있는 것 같다. 하루 종일 소음을 내진 않으며, 불을 끄면 거의 바로 잠에 들기 때문에 밤이나 새벽에는 별다른 소음이 없다.

매사 다 그렇지만 앵무새를 키우려면 일단 부지런해야 한다는 것이다. 소형종 한두 마리라면 그렇게 심하게 지저분해지지는 않지만 앵무새의 몸집이 크면 클수록, 앵무새의 숫자가 많으면 많을수록 청소가 장난이 아니라는 것이다. 앵무새는 높은 곳에서 생활하기 때문에 바닥이 더러워지든지 말든지 신경 쓰지 않는다. 새장 밖으로 먹이통의 먹이를 쏟아버리기도 하고, 알곡의 껍질이 날리기도 하며, 파우더를 날려서 밑바닥은 지저분한데 앵무새가 생활하는 높은 공간의 공기에 민감하다. 환경이 나빠지면 신경질을 부리게 되는데 귀를 찌르는 듯한 소음도 내고 큰일 낼 것처럼 폭풍성 비행을 한다고 한다.

개와 고양이 닭, 소 등은 오래전부터 가축화되어 질병이나 습성, 먹이 등에 많은 정보가 있지만 앵무새는 인간과 함께한 지 200년 정도에 불과하기 때문에 인간과 함께하는 습성보다는 야생에서의 습성이 더 높다. 아직까지 밝혀지지 않은 정보가 더 많기 때문에 여러 가지 문제가 발생할 수 있다. 앵무새의 나쁜 습관(지나친 소음, 공격적인 성향 등)이 생겼을 경우에도 조언을 구할 수 있는 곳이 거의 없고, 질병에 걸렸을 때도 앵무새를 케어해줄 수 있는 동물병원이 몇 없어 쉽게 목숨을 잃게 된다고 한다.

🦠 입질

앵무새는 보통 위험한 상황에 놓이면 날개를 이용하여 날아가지만, 분양을 받아 윙컷(앵무새의 날개 깃털을 잘라주는 것)을 한 경우에는 앵무새가 날아 도망갈 수가 없다. 그렇기 때문에 최후의 수단으로 사람을 물 수가 있다는 것이다. 앵무새의 부리는 딱딱한 견과류 껍질을 벗겨 먹을 정도로 단단하며, 부리의 크기가 작은 소형 앵무새의 경우에도 세게

생명과학 이야기

물면 피가 날 정도다. 입질이 없을 수도 있지만 초보 애조인의 경우 처음엔 앵무새가 좋아서 입양하지만, 얼마 견디지 못하고 재분양하는 경우가 많다고 한다. 또한 이 딱딱한 부리는 소중한 무엇인가를 부숴 버릴 수도 있다. 원목 탁자, 피아노, 고가의 가구 등은 앵무새에게는 장난감으로 보이기 때문이다.

3월에 접어들면서 필자의 집 앞에 있는 Macadamia의 nuts의 수확기가 되었는데, Cockatoos는 이 시기를 너무 잘 안다. 매일 한두 차례 몇 마리가 그 단단한 마카다미아 열매를 깨 먹으려고 물어뜯어 떨궈 놓는다. 15% 정도는 망치나 바이스로 깰 수 있는 단단 속껍질을 깨고 속 알맹이를 파먹는다. 그런데 최근에 발견된 현상은 열매의 새싹이 나오게 되는 작은 구멍이 있는데 이 부위를 집중적으로 공격해서 속 알맹이를 파먹는 현상이 생겼다. 나무 아래에 나락 널어놓듯 털어놓은 Macadamias를 주우며 15% 정도는 그들의 지분으로 인정하고 열매를 터는 일을 거들어준 대가로도 충분하다는 생각을 하였다. 앵무새(Parrots) 천국에서나 벌어지는 일이리라.

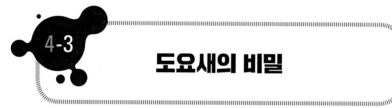

4-3 도요새의 비밀

40여 년 전이다. 어느 이른 봄날 일요일 오후에 체육 선생 K가 공기총을 들고 꿩 사냥을 한다고 시골집에 머무르고 있는 나를 찾아왔다.

그를 따라 개울가를 걸어가는데 다리가 우뚝하게 길고 부리가 긴 새한 마리가 먹이를 찾느라 분주하게 움직이고 있었다. 체육 선생 K는 재빠르게 공기총을 발사하였다. 그러나 그 새는 정통으로 맞지 않았는지 후닥닥 놀라 날라올랐으나 늘어뜨린 다리 하나를 흔들며 사라졌다. 그 후에 이따금씩 불구가 되었을 새의 잔흔(殘痕)이 떠오르며 제지하지 못한 자책감이 들곤 한다. 그즈음에 정광태의 "도요새의 비밀"이라는 노래가 유행하여 도요새가 어떤 새인가 하고 도감도 뒤져 보고 자료를 찾아보니 부상당한 새가 도요새 종류가 틀림없는 듯하였다.

남한강은 필자의 고향인 여주를 관통하여 양평 쪽으로 흘러가며 대신면 보통리에서 이포 나루까지 광활한 벌판이 펼쳐져 있다. 하천 부지였던 이 지역이 해방 전후에서부터 개발되기 시작하여 농지가 되었지만 그전까지는 골짜기에서 내려오는 지천(支川)과 함께 어우러진 갈대숲이 생태계의 낙원이었던 것 같다. 늦가을이 되면 오리 떼나 기러기 떼가 머물다 가는 철새들의 기착지(寄着地)이기도 하였다. 이제는 4대강 사업으로 흔적도 찾을 수 없게 되었고, 별로 이용하지 않는 체육장들로 변한 것 같다.

시드니로 이주한 후, TAFE에서 영어 공부를 하는 중에 도요새와 관련된 텍스트(TEXT)가 있어서 놀란 일이 있다. 허구지만 도요새 이야기는 사실에 근거한 것 같다. Seaford라는 한적한 해안가에 건물이 낡아 비까지 새는 Three Tops 호텔에서 벌어진 에피소드를 카세트로 청취도 하고 비디오 시청도 하며 영어를 익혀가는 프로그램이다.

내용 중에 Three Tops 호텔에 머물고 있는 일본인 새 연구가 Yoshi가, 강기슭을 걷다가 낯익은 새 한 마리를 발견하고 놀라움과

생명과학 이야기

흥분을 감추지 못한다. 일본 홋카이도(Hokkaito)에 서식하는 일본도요새(Japanese snipe)가 거기 있었기 때문이다. 그는 황급히 시드니대학에서 철새 등 새의 생태에 관해 강의를 하고 있는 시베리아 태생의 그의 친구, Boris에게 전화를 한다. Boris는 일본과 호주의 철새보호협정, JAMBA(Japan, Australia Migratory Bird Agreement) 연례회의에서 알게 된 조류학자이다. 황급히 달려온 Boris와 함께 Yoshi는 도요새의 활동 모습을 기록하고 사진을 찍으며 탐조 활동을 한다.

일본도요새(Japanese snipe)는 길게 뻗은 부리와 검은 색깔의 큰 눈을 가지고 있으며, 눈가에서부터 검은색, 줄무늬의 깃털로 덮여 있다. 이 새는 매년 8월 말에 서식지인 일본 홋카이도를 떠나 약 1만 킬로미터 거리의 호주나 뉴질랜드로 날아간다. 날씨가 따뜻하고 먹이가 풍부한 남반구에서 여름을 보내고 다시 북반구의 봄이 되는 3월 하순경에 다시 북반구로 날아간다.

이 텍스트는 영어 공부를 위한 것이지만 줄거리는 인간의 자연환경 파괴로 발생하는 환경문제에 관심을 갖게 하는 데도 학습 목표가 있다. 일본 도요새 무리가 Seaford의 Three Tops Hotel 근처에 해변과 강기슭에서 호주의 여름을 보낼 것이다. 정광태가 '도요새의 비밀'을 노래할 때는 도요새의 활동이 베일에 가려진 듯, 의문투성이었던 것 같다.

그 후에 많은 연구로 도요새의 생태 습성이 속속 파헤쳐지고 있다. 일본도요새는 일본의 홋카이도나 알래스카에서 8월 하순경에 1만 km가 넘는 남태평양의 망망대해를 논스톱으로 비행하여 호주나 뉴질랜드로 날아드는 것이다. 한반도를 기착지로 하는 큰뒷부리도요새는 알래스카지역에서 출발하여 시속 56㎞로 쉬지 않고 6-7일 동안을 비행하여 호주나 뉴질랜드로 날아간다. 도요새 중에서는 큰 편에 속하는 큰뒷부리도요새는 몸무게가 약 500g으로 목적지에 도착하면 몸무게는 반으로 줄어 가죽과 뼈만 남아 지칠 대로 지쳐서 날개를 늘어뜨린 처참한 모습이라고 한다.

뉴질랜드의 마시대학의 배틀리 박사가 미국과 공동으로 도요새에 위성추적장치를 달아 비행 경로를 조사하며 연구를 계속하고 있다. 2007년에 큰뒷부리도요새의 이동경로를 조사하여 발표한 것을 보면 4월 20일경에 뉴질랜드를 출발하여 일주일 후인 4월 26일, 27일에 인천 영종도와 아산만에 도착한 것을 확인할 수 있었다고 한다. 언제부터 도요새들이 그 머나먼 거리를 이동하며 살아왔는지 모르겠으나 개체 수 조사한 것을 보면 그 수가 급격히 줄어들고 있는 것이 문제이다.

영어 텍스트의 도요새 이야기도 Seaford에 찾아드는 일본도요새가 장차 그 지역에 들어서려고 하는 Shopping Centre로 인해서 서식지의 위협을 받게 될 것이라는 것이다. 도요새 전문가 Yoshi와 Boris는 세계습지협약인 람사르(Ramsar Convention)를 근거로 저지운동 장면을 묘사하고 있다. 실제로 한국의 새만금 방조제가 완성된 후에 1만 마리 이상이 날아들던 큰뒷부리도요새가 3천여 마리로 줄어들었다고 한다.

도요새뿐이겠는가? 심각한 환경 파괴의 경고가 시작된 것은 오래된 일 아닌가? 인간의 생명마저 위협받고 있는 것을 피부로 느끼게 되었음에도 불구하고 목전의 이익에 급급하여 오불관언(吾不關焉)의 태도를 취하고 있는 것이다. 물을 퍼 올려 수족관 같은 청계천(淸溪川)에서 구경할 것이 무엇이며, 속속들이 온갖 생명체의 낙원이었던 4대강을 뒤

생명과학 이야기

집어 흐르지 않는 강으로 만들고 자전거 타고 가며 쾌재(快哉)를 부를 수 있는가? 안타까운 일 아닌가?

Blue Mountains의 트랙을 걸으며 나무를 살리려고 track에 구멍을 뚫고 삐뚤삐뚤 길을 낸 것을 보며, 기세등등(氣勢騰騰)한 한국의 정치인들에게 보여주고 호된 질책을 하고 싶은 생각이 들곤 한다. 하찮게 보이는 잡초나 작은 미생물도 그들의 삶을 자세히 들여다보면 생명의 신비가 가득하다. 온갖 생명체들이 의식이 있다면 주장할 것이다. 생명체는 모두 평등하다고….

필자가 영어 시간에 도요새 이야기로 호주에서도 도요새를 볼 수 있겠다고 생각하였는데 벌써 이미 오래전에 도요새에 심취(心醉)하며 도요새 전문가가 되신 분들이 있는 것을 알게 되었다. 그분들은 도요새가 오는 날도 거의 알고 있어서 환영 행사도 연다고 하니 얼마나 마음 설레는 일인가? 9월 초순경에 북반구에 있던 도요새가 도착하는 것 같다. 그 감동적인 장면을 보고 싶다.

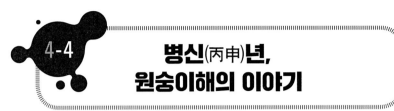

병신(丙申)년,
원숭이해의 이야기

🍎 양력과 음력

이미 한 달 전에 새해를 병신(丙申)이니, 원숭이해니 하며 덕담도 나누고 매스컴이나 SNS에서 시끌벅적 한바탕 떠들은 이야기다. 그러나 병신(丙申)이나 원숭이띠 이야기는 음력(陰曆)의 간지(干支) 순환으로 이어지는 셈법과는 무관하므로 2016년 1월 1일에 병신년이니 원숭이해니 하는 것은 아무 의미가 없는 것이다.

다 아는 바와 같이 해(年), 달(月), 날(日)과 때(時)에다가 간지를 부여해서 우주와 태양계의 운행의 시간을 셈하고 여기에다 재미있게도 상징적인 동물들을 부합시켜 기억하기 좋게 해 놓은 것이 음력이다. '띠'를 양력인 태양년으로 갖다 붙이는 것은 전혀 근거가 없는 견강부회(牽強附會)에 지나지 않는 것이기에 그 모순(矛盾)성을 살펴보고자 한다.

음력은 해(年)를 중심으로 한 지구의 운행을 기준으로 시간을 정한 양력과는 오차가 생기는 것은 당연하지만 음력을 만든 선인(先人)들도 이미 이를 알아차리고 윤달(閏月)을 만들어 그 차이를 보완하며 해(年)가 바뀌고 달(月)이 바뀌면서 생기는 계절의 변화를 거의 정확하게 예측하며 살아왔다. 음력의 1삭망월(朔望月)은 29.53059일이고, 1태양년은 365.2422일이므로 음력 열두 달은 1태양년보다 약 11일이 짧다.

생명과학 이야기

✹ 윤달

그러므로 3년에 한 달, 또는 8년에 석 달의 윤달을 넣지 않으면 안된다. 예로부터 윤달을 두는 방법이 여러 가지로 고안되었다. 그중 19태양년에 7개월의 윤달을 두는 방법을 19년 7윤법(十九年七閏法)이라 하여 가장 많이 쓰이는 방법이다.

19태양년이 235태음월과 같은 일수가 된다.

19태양년 = 365.2422일 × 19 = 6939.6018일

235삭망월 = 29.53059일 × 235 = 6939.6887일 차이

0.0869일 = 2.09시간

여기에서 6,939일을 동양에서는 장(章)이라고 하여 B.C. 600년경인 중국의 춘추시대에 발견되었고, 서양에서는 메톤주기라고 하여 B.C. 433년에 그리스의 메톤에 의하여 발견되었다. 장주기, 즉 메톤주기는 계절과 월상(月相)이 먼저대로 복귀되는 주기이다. 이 사실을 2,500-2,600년경에 밝혀낸 것이다. 선인들이 똑똑하다고 생각하는 현대인과 별 차이가 없었음을 상기시키고 있다.

더 상세한 내용은 지면상 생략하지만 윤달이 있는지를 아는 한 가지 쉬운 방법은 양력 1월 중에 설날(1월 1일)이 들면 그해에 윤달이 있다는 것이다. 이와 같은 몇 가지 기본 상식이 있어야 음력에서 이야기하는 띠를 정확히 알게 된다.

🍎 옛날의 달력(calendar), 책력(册曆)

옛말에 "단오에는 부채를 선물하고, 동지에는 책력을 선물한다"라고

하였다. 요즘도 연말연시에는 달력을 선물하는 일이 일반적이다. 필자의 선친은 매년 그 당시(1940-1950년대) 달력인 책력(册曆)을 사다가 벽에 끈으로 꿰어 매달아 놓고 수시로 펴보며 애지중지하였다. 요즘 사람들은 옛 책력을 달력 정도로만 생각하기 쉽다. 물론 옛 책력에는 달력의 기능도 들어 있다. 그해는 몇 달로 되어 있고 각 달에는 며칠씩 들어 있나, 24절기는 어느 날인가, 또한 국가 기념일은 언제인지 적혀 있다.

그러나 옛 책력에는 그 이상의 정보가 들어 있었다. 역주(曆注)라고 해서, 날마다 해야 할 일과 하지 말아야 할 일상사를 전부 규정해 놓았다. 외출, 씨 뿌리기, 옷 재단, 토목 공사, 이사, 가축의 입식, 제사, 입학, 물건 거래, 치료, 목욕, 기둥 세우기, 상량 등을 하지 말라거나 한다면 몇 시에 해야 좋은지를 날마다 적어 놓았던 것이다. 설날이면 책력의 간지(干支)를 근거로 해서 토정비결을 보는 요긴한 정보지였다.

우리 역사에서 어떤 역법을 사용했는지를 살펴보면, 먼저 백제 무령왕의 지석에 적혀 있는 간지일자로부터 백제가 중국 남조의 송(宋)나라에서 개발한 원가력(元嘉曆)을 썼음이 알려져 있다. 고구려와 신라도 중국으로부터 책력을 받아왔음이 역사서에 기록되어 있다. 당시의 국제 외교 관례가 조공과 책봉 관계였기 때문에 이른바 '정삭(正朔)'을 받는다'고 해서 중국이 사용하는 책력을 그대로 받아다가 국가 표준으로 삼는 것이 일반적이었다.

우리 조상들은 자체의 독창적인 역법을 개발한 것은 아니지만, 외국에서 들어온 역법을 이해하고 자체 계산이 가능하도록 무던히 노력했다고 한다. 822년에 중국 당나라에서 선명력법(宣明曆法)을 개발하였고, 이것이 신라로 도입되어 그 이후 조선 세종이 칠정산(七政算)을 만들 때

생명과학 이야기

까지 표준 역법으로 사용된 것으로 알려져 있다. 중국에서 매년 책력을 받아 오느라 한국의 조상들이 조공 바치고 눈치 보며 속을 태웠을 것이다.

일본의 경우는, 임진왜란 즈음에 칠정산이 전해져서 시부카와 순카이(澁川春海)가 죠오고레키(貞享曆)을 만들기까지 상당 기간 사용하였다. 고려는 송나라의 역법은 물론, 요나라와 금나라의 대명력(大明曆)도 받아들여 정세에 따라 사용하기도 하였으나, 기본적으로는 선명력을 사용했다고 한다. 최근 연구에 따르면, 일본의 경우도 오랫동안 쌓인 선명력의 오차를 해소하기 위해 몇 번에 걸쳐 상수를 바꾼다거나 계산 과정을 일부 수정하는 등의 변화를 주었다고 한다(안상현, 한국천문연구원 선임연구원). 세계가 거의 서양에서 만든 양력으로 통일되다 보니 간지로 짚어가는 육갑(六甲) 셈법은 일부 특수층 외에는 사용하지 않게 되었다.

✺ 나이의 '띠', 生肖-선샤오

새해만 되면 쥐띠니 원숭이띠니 하며 매스컴은 물론 일반인들도 연하카드에 새해 인사에 띠를 거론하며 인사를 한다. 띠를 한문으로 생초(生肖)라고 하는데 중국어 발음은 '선샤오'다. 이 '선샤오'가 '子丑寅卯辰巳午未申酉戌亥'로 나누는 12지(支)에 각기 다른 동물들을 배합시킨 것이다. 어느 해를 숫자로 기억하기보다 쥐(鼠)해니, 소(丑)해니, 호랑이(寅)해니 하며 동물 이름을 붙여 주면 열두 종류 동물 이름만으로 연도(年度)로 기억하게 하는 편리성도 추구한 것이다.

그러나 이것은 필자의 생각이고 서양 사람들도 지구가 1년 주기로 공전하며 외견상으로 하늘의 별자리를 따라 운행되는 것으로 보이기 때문에 이를 황도대(黃道帶, zodiac)라고 하고, 계절마다 보이는 별자리에 숫양(Aries-그리스어)좌니, 황소(Taurus)니, 전갈(Scorpio)좌니 하며 동물의 이름을 붙여 부르면서 점성술(占星術)에 이용하고 있기도 하다. 동양에서는 내용은 다르지만 12지와 함께 음양(陰陽), 오행(五行)의 연결점에서 인간의 운명이나 숙명 같은 것이 결정될 수 있다고 보며 그를 풀이해 주고, 해소 방안을 탐색하게 해 주는 명리학(命理學)이 등장하게 된 것이다. 이 오지랖 넓은 귀신을 본 사람이 아직까지 없는 것 같은데 말이다.

🍎 사주팔자(四柱八字)

소위 사주팔자(四柱八字)란 한 인간이 태어난 해(年), 달(月), 날(日), 때(時) 4개의 간지(干支)를 사주(四柱)라고 하는 것이며, 1개의 간지가 을미(乙未), 병신(丙申)등 두 글자로 되어 있기 때문에 4주(四柱)라고 하는 4간지를 합하면 여덟 자(字)가 되는데 이 팔(八) 속에 한 인간의 숙명과 운명이 함축돼 있다고 보는 것이다. 믿거나 말거나 여기에 매달려 온 지 수천 년이 되었으니 이를 떨쳐 버리기가 쉬운 일인가? 그 상세하고 명확한 설명은 명리학의 전문가들의 몫이지만 음력과 양력의 경계선에 태어나게 된 사람들은 음력에서 이야기하는 띠(선샤오)를 잘못 알고 있을 가능성이 많기 때문에 이를 상식적으로라도 알 필요가 있을 것 같다.

예를 든다면 1953년생의 간지는 계사(癸巳)다. 1953년을 예로 드는 것은 필자가 학교 재직 시에 2년간 담임을 했던 사람들이 대부분 1953년생이기 때문이다. 계사년은 뱀띠다. 간지를 따져서 앞으로 100여 년간의 일월성신 절기를 보는 달력을 만세력(천세력이라고도 한다)이라고 하는데 이 만세력에서 묵은해(舊年)와 새해(新年)의 구분을 정월 초하루를 기준으로 하는 것이 아니라 입춘(立春)으로 하는 것이다. 그러기 때문에 1953년에 태어난 사람이라도 입춘(立春) 전에 태어난 사람은 계사(癸巳)년 뱀띠가 아니라 그 전해인 임진(壬辰)년 용띠라는 것이다.

금년 2016년은 입춘이 양력 2월 4일이라 1월부터 2월 3일 사이에 태어난 아기는 작년 2015년인 을미(乙未)가 년주(年柱)가 되고 띠도 원숭이띠가 아니라 양띠라는 것이다. 보통 사람들이 자신의 띠는 알고 있지만 양력 1-2월 경계에 태어난 사람들이 자기 띠를 잘못 알고 있을 가능성이 많다.

☀ 문화의 허구, 띠, 손 없는 날

상식적으로 '띠'라는 것이 중요하지도 않고 관심을 가질 필요도 없을 수 있지만 서양인들도 재미있어 하는 것을 많이 봤다. 시드니에서는 중독증에 가깝게 사주팔자에 매어 있는 사람을 보지 못했으나 한국에서는 거의 모든 것을 걸다시피 집착하고 있는 사람들이 있었다. 인터넷을 검색해 보니 토정비결이며 사주를 보는 프로그램이 많은 것을 보면 많은 사람들이 접속하며 이를 믿어 보려고 하는 것 같다.

귀신은 일진(日辰)을 모르는 것인지 무시하는 건지… 이사 갈 때 참견하며 훼방 놓는다는 귀신이 있다고 한다. 이 귀신을 '손'이라고 하는데, 10일 중에 8일만 활동한다는 것이다. 이 귀신이 사면팔방 설치며 돌아다닐 때는 이사 가는 것을 피하라는 금기(禁忌)를 굳게 믿는 사람들도 꽤 있다. 이 귀신이 holiday 가는 날을 '손 없는 날'이라고 한다.

여기서 '손 없는 날'의 '손'은 손(hands)를 의미하는 것이 아니라 귀신

(ghost)을 의미한다. 사람의 운수(運數)가 날을 가려 돌아다니는 귀신들의 해코지를 받을 수 있기 때문에 이들이 일터를 비운 사이에 잽싸게 이사(移徙)하라는 것이다. 귀신이 시곗바늘 방향인 1-2일에는 동쪽, 3-4일에는 남쪽, 5-6일에는 서쪽, 7-8일에는 북쪽에서 활동하다가 9, 10, 19, 20, 29, 30일에는 하늘로 holiday를 가고 없는 날이기 때문에 이 날을 택하면 방해꾼이 없어서 일이 잘된다고 굳게 믿는 것이다. 분명한 것은 이 오지랖 넓은 귀신을 본 사람이 아직까지 없다.

🍎 12지(支)와 열두 종류의 동물과의 배합

지난주에 음력과 양력의 기본 개념과 달력(calendar)의 역사와 새해가 음력에서는 새해를 육갑(六甲)에 의한 문자와 이를 근거로 만세력이니 책력이니 하는 동양의 전통적인 달력에 관한 이야기를 서술한 바 있다.

띠(生肖, 선샤오)에 관한 기록은 중국의 동한(東漢, BC 25-200) 시대 것이 가장 오래된 것으로 보고 있다. 쥐, 소, 호랑이, 토끼, 용, 뱀, 말, 양, 원숭이, 닭, 개, 돼지 등 열두 가지 동물을 누가 왜 선정하였는지에 관한 문헌은 찾지 못한 것 같다. 다만 이야깃거리의 설화만 떠돌아다닐 뿐이다.

허구이긴 하지만 띠와 관련된 동물의 설화는 많다. 옛날이야기라는 것이 호랑이 담배 피우고 까막까치 말하는 것을 전제하는 허구라 허무맹랑하지만 해석을 잘 하면 오늘을 사는 우리들에게도 무관하지 않은 것이며, 개국설화(開國說話)는 반신반인(半神半人)이 등장하고 동화에는 동물을 등장시키지 않는 것과 같은 인류 문화의 소산이다. 고금을 통해 동물을 제쳐 놓고 재미있는 이야깃거리가 있겠는가? 먼 옛날부터

'띠'와 관련된 설화는 널리 많이 퍼져 있었고, 그 내용이 허구로 팽개치기에는 넓고 깊은 의미도 내포하고 있다. 띠와 관련된 설화를 동화로 각색하기도 하고 창작된 동화 등으로 12띠 이야기는 중요하게 인용되고 있다.

많은 종류의 설화와 동화 중에 반려동물 중 쥐가 첫 번째로 12지(支)의 첫 번째인 자(子)를 차지한 이유와 '고양이띠'가 빠지게 된 경위를 설명하고 있다.

☀ 쥐에게 속은 고양이

아주 먼 옛날, 신(神)이 동물들에게 '설날 아침에 제일 먼저 세배를 온 순서대로 열두 번째 동물까지는 그 순서에 따라 각각 1년 임기의 동물의 대장으로 해 주겠다'고 하였다. 동물들은 자기들이 제일 먼저 가겠다고 설날이 오는 것을 기다리고 있을 수밖에… 그러던 어느 날, 고양이가 신에게 가는 날짜를 잊어버려 쥐에게 물어보았으나 약삭빠른 쥐가 고양이에게 그 절호의 찬스를 놓칠 수가 있나. 경쟁자 하나를 따돌릴 수 있는 기회인데. 일부러 하루 늦은 다음 날을 가르쳐 주며 고양이에게 사기를 쳤지.

약속한 설날. 우직한 소는 '걷는 것이 느리기 때문에, 먼저 출발해야지' 하고 밤중에 준비를 하여 컴컴한 새벽에 출발했겠다. 외양간 천정에서 이것을 보고 있던 쥐는 아무도 모르게 소의 등에 뛰어 올라탔다. 그런 사실을 전혀 알지 못하는 소가 신(神)의 집에 거의 다다랐고, 신의 집 대문이 열리자마자 소의 등짝에서 팔짝 뛰어 내려와 의기양양 빠른 걸음으로 신 앞에 가서 일등이 되어 버렸다. 그래서 소는 2

번, 그리고 호랑이, 토끼, 용, 뱀, 말, 양, 원숭이, 닭, 개, 돼지 순서로 도착하여 12지가 되었다. 하루 늦게 신 앞에 간 고양이는 이미 12자리의 임자가 결정이 된 것을 알고 사기꾼 쥐를 미워하게 되었다는 것이다.

🍎 열두 동물의 발가락 수

음양오행 속의 동물을 그들의 발가락 수를 통해 12간지 순서를 배치하였다고 하는 설(說)이 있다. 세상의 많은 동물 중 한 몸에 손가락 수와 다른 발가락 수를 갖고 있는 동물은 쥐밖에 없다고 한다. 쥐의 앞발의 발가락은 네 개로 음(陰)의 수이고, 뒷발의 발가락은 다섯 개로 양(陽)의 수이기 때문에 음과 양이 변하는 순간 즉, 하루의 시간이 교차되는 시간에 가장 합당한 동물로 여겨졌기 때문에 날(日)이 바뀌는 시간대인 자(子)시를 생각해서 쥐를 첫 번째로 배치하게 됐다는 주장이다. 다음에 음양이 순서대로 오도록 동물을 배치했다는 것이다. 쥐, 다음이 소(4), 호랑이(5), 토끼(4), 용(5), 뱀(0), 말(7), 양(4), 원숭이(5), 닭(4), 개(5), 돼지(4)의 순이다. 이 순서는 발가락의 숫자가 홀수와 짝수로 서로 교차하여 배열됐음을 알 수 있다.

한국의 12지는 시간신(神)과 방위신(神)의 역할을 함으로써 그 시간과 그 방향에서 오는 사악한 기운을 막는 수호신(守護神)으로 삼았다. 이러한 12지 신상(神像)은 경주의 괘릉이나 김유신 묘에 호위석으로도 등장하고 있다. 이 12지 신상은 땅의 열두 방위에 맞추어 배열돼 있는데, 각기 열두 동물의 얼굴에 몸은 사람으로 나타난다. 신라 원성왕(725-798)의 능으로 추정되는 이 왕릉은 본래 이곳에 있던 작은 연못에 왕

의 유해를 수면상으로 걸어 안장하였다고 하는 속설에 따라 괘릉이라
는 이름으로 널리 알려져 있다.

☀ 띠 동물의 색깔

십이지(十二支)상에 대한 사상은 기록상으로 한족(漢族)에게서 발생하
였음이 일반화된 견해다. 처음엔 십이지가 별의 모양을 모방하였고
또 시간적인 관념에 의하여 12개월의 부호로 쓰였으나, 그 후 방위적
인 성격을 갖게 되면서 십이지를 지상의 방위에 배당했다. 십간과 십
이지를 배합해 60갑자가 합성된 것은 지난 약 2천 년 전 일이다.

십이지를 다시 자(子)를 쥐, 축(丑)을 소, 인(寅)을 호랑이 등 동물로 상
징화시킨 것은 중국 후한(後漢) 때의 사상가인 왕충(王充, BC27-100?)의『논
형(論衡)』이라는 문헌에서 처음으로 비롯됐다고 한다. 그 후 오행가(五行
家)들이 십간과 십이지에다 金, 木, 水, 火, 土의 오행(五行)을 붙이고, 상생
상극의 방법 등을 여러 가지로 복잡하게 배열하여 인생의 운명은 물
론 세상의 안위까지 점치는 법을 만들어 냈다. 이때 10(干)에다 오행(五
行)을 색깔에 따라 청색(갑, 을), 적색(병, 정), 황색(무, 기), 백색(경, 신), 흑색
(임, 계)로 나누고, 각 해의 주기에 따라 흑룡, 백호 등으로 부르게 했으
며, 이것이 오늘날까지 백말띠니, 백호랑이띠니 하며 색깔까지 곁들여
운명에 대해서 이러쿵저러쿵 떠들게 만든 것이다.

금년 2016년은 위에서 열거한 바와 같이 순서대로 12지(支)의 병(丙)
이 10간(干)의 신(申)과 만난 병신(丙申)년이 된 것이며, 12지(支)의 '신(申)'은
원숭이고, 10간(干)의 '병(丙)'의 색이 적색(赤色)이기 때문에 '붉은 원숭이
해'라고 하는 것이다. 인도의 힌두교에서 등장하는 시바(Siva)와 비시누

(Visinu) 신도 열두 가지 괴이한 형상으로 묘사된 모습을 볼 수 있다. 이렇게 볼 때 열두 짐승이 종교철학의 깊은 영역까지 아우르고 있음을 알 수 있다.

아무튼 이러한 띠는 인간의 일생을, 변화하는 기(氣)의 성질에 맞춰 펼쳐 놓은 것이고, 더 나아가 기(氣)의 실체를 신(神)으로 승화시켜서 불교적 해석의 12지상이나 힌두교의 열두 가지 신의 형상으로 표현해낸 것이라 볼 수 있다. 그러므로 열두 짐승을 한 줄에 꿰어 놓으면 인간의 속성을 발견할 수 있거니와 생로병사의 윤회법칙 내지 천지(天地)의 이치까지 이해할 수 있을 것이라는 것이다

'자축인묘진사오미신유술해(子丑寅卯辰巳午未申酉戌亥)'의 12지는 한국인에겐 매우 친숙한 존재다. 하지만 보통 동아시아권 공통의 문화로 여겨지는 12지 동물들은 각 민족이나 나라마다 조금씩 다른 것도 사실이다. 인도에선 호랑이 대신 사자가, 닭 대신 금시조(용을 먹고 산다는 상상의 새. 가루라·가루다)가 12지에 포함된다. 베트남에선 고양이와 금시조가 12지 상징 동물로 들어간다. 고대 이집트와 고대 그리스에선 목우(牧牛), 산양, 사자, 나귀, 게, 뱀, 개, 고양이, 악어, 홍학, 원숭이, 매가 12지를 이뤘다. 띠 동물에 대한 의미와 상징도 세대를 거듭해 전승되어 오는 동안 우리 민족에게 어떤 특수한 의미로 자리 잡게 되었다.

🍎 자연 생태계에서 얻은 삶의 지혜

그리고 그 띠 동물을 통해서 한 해의 운수, 아이들의 성격과 운명, 궁합을 통한 결혼생활을 예측하고자 했다. 예컨대, 양은 온화하고 순하여 그해에는 며느리가 딸을 낳아도 구박을 받지 않는다거나, 잔나비

생명과학 이야기

띠는 원숭이처럼 재주가 많다느니 하는 식의 속설이 그것이다. 또한 쥐해에 태어난 사람은 평생 먹고살 걱정이 없으며, 닭해에 태어난 사람은 마치 닭이 무엇을 파헤쳐야 먹을 것이 나타나듯이 돈을 써야 돈을 번다든가, 소띠가 5, 6월 오전 중에 태어나면 평생 일복이 많고, 범띠 사내아이가 동지섣달 밤에 태어나면 바람기가 심하다는 등의 얘기도 전한다.

궁합을 볼 때에도 신랑과 신부의 띠만 가지고 삼합(三合)이니, 원진(元嗔)이니를 가려 연분의 좋고 나쁨을 따진다. 삼합(三合)이란, 십이지지(十二地支)의 짐승 중 해묘미(亥卯未), 인오술(寅午戌), 사유축(巳酉丑), 신자진(申子辰)의 세 짐승끼리 빛이 도는 원리의 방향으로써 만나게 되는 것이다. 이러한 합(合)의 전체적인 의미는 생명의 빛(光)에 의하여 순리적으로 함께 따라간다는 것이다. 사주(四柱)상에서 삼합(三合)이 서로 만날 때 서로 돕고 좋은 성격이 드러나고 나쁜 성격이 눌러지며, 하나의 노력으로 둘을 얻을 수 있는 좋은 조건의 만남이 된다는 것이다. 즉, 합(合)이 들면 운명(運命)이 대체로 순탄하고, 정신적으로 안정이 되며 성취가 잘된다고 해석하는 것이다.

이와 정반대로 원진(怨嗔)은 쉽게 말해 서로에 대한 훼방작용(毁謗作用)을 의미하며 +(陽)와 -(陰)의 극(極)을 나타낸다고 보는 것이다. 즉, 십이지지(十二地支)에서 원진이 되는 동물끼리 만나게 되면, 서로가 서로를 헐뜯고 방해하게 되는 것이며, 서로에게 치명적인 좋지 않은 작용을 하게 되어 원한(怨恨)을 사게 되므로 원진살(怨嗔殺)이 끼었다고 하는 것이다.

쥐(子)는 양(未)의 배설물을 가장 싫어한다. 양(未)의 배설물이 몸에 조금만 묻어도 몸이 썩어 들어가며, 털이 다 빠져 버려 꼴이 말이 아니게 된다. 쥐(子) 본래의 좋은 성품(性品)보다는 나쁜 성질이 더 두드러지게 되어서 성격상으로 의지력이 약해지고 까닭 없이 아프게 된다고 보는 것이다.

사주에서 나쁘다고 하는 단정(斷定)으로 끝내는 것이 아니라 그 해소 방안을 제시한다. 인간이 태어날 때 선택의 자유가 없는데 팔자가 빼도 박도 못하는 것이라면 할일이 무엇이 있겠는가? 병신년의 어감이나 붉은색이 한국인의 정서에는 친화적이지 않지만 천간에서 말하는 적색은 밑에서 크게 일어나는 불길(火)과 같아 모든 것을 태우는 강력한 양의 기운을 가졌으며, 강하게 뻗어 가는 기운과 열정을 상징하므로 기피할 것도 싫어할 일도 아니다.

☀ 상신일(上申日)

병신(丙申)의 '申'의 훈(訓)은 '납'이다. 예전에는 원숭이를 '납'이라고 했고 새해의 육갑(六甲)으로 따져 첫 번째로 '申'이 들어가는 날을 상신일(上申日)라고 해서 지방에 따라 금기(禁忌) 사항이 많았다. 이날은 일손을 놓고 쉬고, 특히 칼질을 하면 손을 벤다고 해서 칼질은 삼갔다. 여자보다 남자가 먼저 일어나서 문밖에 나가 부엌의 네 귀를 비로 쓴 뒤 다시 마당의 네 귀를 쓸기도 했다. 제주도에서는 '납날'이라고도 하며, 나무를 자르지 않는다고 한다. 이날에 자른 나무를 사용하여 만든 물건에는 좀이 많이 슨다고도 생각하며 기피하였다고 한다. 한편, 경상남도 지방에서는 상신일 뿐 아니라 어느 신일에도 '원숭이'란 말을 입에 담으면 재수가 없다고 하며, 불가피하게 말을 해야 될 경우 '잔나비' 혹

생명과학 이야기

은 '잰나비'라고 바꾸어 말한다. '잔나비'는 몸이 작다는 의미고 '잰나비' 몸짓이 재빠르다는 의미를 부가시키며 원숭이의 이름이 변천하여 온 것으로 보고 있다.

원숭이는 한자어 원성(猿猩)으로 부터 비롯된 것이며, 고릴라의 한국식 표기가 '큰성성이'인데 그 성성이가 '성(猩)' 자를 쓴다. '원숭이'라는 동물은 일본, 중국 남부, 미얀마, 인도 등지에 분포한다. 한반도에는 살지 않기 때문에 한국인은 동물원에나 가야 구경할 수 있는 동물이다. 한반도에서 역사의 기록상으로는 원숭이의 언급은 많이 있다. 대표적으로 『삼국유사』에 한국의 최초의 순교자로 일컬어지는 신라의 이차돈이 순교할 때 나뭇가지가 부러지고 원숭이들이 떼 지어 울었다는 기록이 있지만 사실로 단정할 수 없는 것이고, 확실한 증거로는 구석기 시대의 유적들이다.

🍊 한반도의 원숭이

평양에서 발견된 구석기 시대(50만 년 전)의 유적에서 원숭이, 코끼리 물소, 큰쌍코뿔소 등의 유골이 출토된 바 있다. 1973년에서 1980년까지 7년간 진행한 연세대 박물관 조사단이 4,000여 점의 유물을 발굴하였는데, 이 중에 지금은 없는 짧은꼬리원숭이 뼈가 발견되었다. 1976-1983년 충북 청주시 문의면 노현리 두루봉 동굴에서는 큰원숭이의 아래턱 위턱 뼈가 발견되고, 1986년에는 충북 단양군 가곡면 여천리 삼태산 중턱에 위치한 석회암 동국에서 큰원숭이의 턱뼈가 발견된 바 있다.

이런 사실로 미루어 봐서 최소한 구석기 시대까지는 원숭이가 한반도에서 활개 치고 있었다는 것은 분명한 것이다. 일본 열도가 대륙과 연결되어 있던 시기에 한반도에도 원숭이가 많이 살았을 테지만. 한반도와 일본 열도가 나눠지면서 원숭이가 사라졌다고 추정할 수 있으며, 한반도의 원숭이는 신석기 시대로 넘어 오면서부터는 사라졌다고 보는 것이 정설이다. 섬나라 일본과 달리 한반도에는 맹수들(호랑이, 표범 등)이 많이 살고 있어서 원숭이가 생존하기 힘들었을 것으로 추정하고 있다.

학계에서는 이를 토대로 20-30만 년 전에는 한반도가 원숭이가 서식하기 좋은 아열대 기후였으며, 인간들과 호랑이 등 고양잇과의 먹잇감이었기에 멸종되었을 것으로 보고 있다. 일본은 한반도와는 달리 섬으로 격리되면서 천적이 없기 때문에 현재의 일본 원숭이 모습으로 진화하며 생존해 오고 있는 것으로 보인다.

✺ 영장류(靈長類)

영장류(靈長類)는 분류학적으로 영장목(靈長目)에 속하는 원원류(原猿類 -Prosimians, 원숭이와 유인원을 제외한)와 진원류(眞猿類, 원숭이와 유인원)를 포함하고 있다. 원숭이는 유인원을 제외한 진원류의 영장류로 정의된다. 영장류를 또 정의하자면 사람상과(Superfamlily Hominoidea)에 속하는, 꼬리가 없는 종을 말하며, 이는 사람도 포함된다. 2과 8속 24종으로 나눈다.

'사람상과'란 생소한 학술 용어이지만 생물분류의 단계인 문(門, Phylum, Division), 강(綱, Class), 목(目, Order), 과(科, Family), 속(屬, Genus), 종(種, Species)에 없는 상과(上科-Superfamlily)는 과 보다 반 단계 상위 단계를 설

정한 것이다. 원숭이라면 사람을 제외한 사람상과(Hominadea)의 긴팔원숭이과(Hylobatidae)의 4속(屬, Genus), 17종(種, Species)과 사람과(Superfamlily Hominoidea)로 분류되고 오랑우탄, 고릴라, 침팬지 등을 아울러서 말하는 것이다.

일반인들이 생각하는 유인원(Ape-꼬리 없는 원숭이)이라는 말에 인간은 포함되지 않지만, 사실 생물학적으로 인간 또한 유인원 분류에 포함된다. 포유류 영장목 중에서 사람상과(Superfamlily Hominoidea)에 속하는 동물이 다른 영장류와 구별되는 큰 특징은 위에서도 언급한 바와 같이 꼬리가 없다는 것이다. 영장류도 분류 기준에 따라 여러 가지로 나누어진다.

🍎 직비원류(直鼻猿類)와 곡비원류(曲鼻猿類)

외부 형태로 확연하게 구분되는 것은 코의 모양이다. 곧은 코 모양의 원숭이 무리를 직비원류(直鼻猿類), 굽은 코 모양의 원숭이 무리를 곡비원류(曲鼻猿類)로 분류하고, 직비원류도 신세계원숭이와 구세계원숭이로 나뉜다.

신세계원숭이는 콧구멍이 넓고 두 구멍 사이는 떨어져 있으며 위로 향해 있다. 주로 중앙아메리카와 남아메리카의 나무 위에서 산다. 나무를 잘 타며 일부는 꼬리로 나무를 감을 수 있다. 꼬리감기원숭이·올빼미원숭이·다람쥐원숭이 등이 이에 속한다. 명주같이 결이 고운 털과 긴 꼬리를 가진 마모셋과 타마린 또한 신세계원숭이에 속한다. 반면 구세계원숭이는 콧구멍이 좁고 서로 가까이 붙어 있으며 아래로 향해 있다. 아프리카와 아시아의 숲이나 초원·늪지대 같은 다양한 곳에서 생활한다. 나무를 감을 수 있는 꼬리는 없지만 앉을 때 사용하는 질긴 패드가 엉덩이에 나 있어 앉아서 잠을 잔다. 개코원숭이·망토원숭이·일본원숭이 등이 여기에 속한다.

한편, 영장목의 원숭이 가운데서도 특히 침팬지·고릴라·오랑우탄·긴팔원숭이 등을 묶어 따로 '유인원'이라고 부르기도 한다. 진원류 또한 크게 두 그룹으로 나눈다. 남아메리카와 중앙아메리카에 사는 신세계원숭이 또는 광비원소목(廣鼻猿小目, 코가 넓고 평평한 원숭이류)과 아프리카와 동남아시아에 사는 구세계원숭이 협비원소목(狹鼻猿小目, 코가 좁은 원숭이류)이다. 신세계원숭이는 꼬리감는원숭이, 고함원숭이, 다람쥐원숭이를 포함하고 있다. 협비원류는 구세계원숭이(개코원숭이와 마카크 등)와 긴팔원숭이 그리고 대형 유인원으로 이루어져 있다.

사람은 아프리카와 남아시아, 동아시아를 벗어나 전 세계에 성공적으로 정착한 현존하는 유일한 협비원류이지만, 화석 기록을 통해 기타 여러 종이 유럽에 살았던 것으로 확인된다. 일부 영장류는 2000년대에 발견되었다. 원원류는 원시적인 원숭이류이며, 신생대 제3기(약 6,550만 년 전)에는 번성하였으나 현존하는 원원류는 '살아 있는 화석'이라고 할 수 있을 정도로 진원류와 비교하면 영장류 쪽보다 하위의 포유류로 간주할 수 있는 부류이다. 지능은 낮은 편이고 손발의 발가락 중에는 1-2개의 갈고리발톱이 있다. 인도에서 동남아시아에 걸쳐 분포하며 나무타기쥐가 이에 속한다.

✸ 동물의 지능 순위

'원숭이' 하면 간단할 것 같은데 분류학적으로 따져 보면 복잡다기(複

雜多岐)하다. 원숭이는 원숭이하목에 속하는 영장류 중 유인원을 제외한 나머지를 부르는 이름이다. 납 또는 잔나비라는 말은 원숭이라는 말이 생기기 전에 쓰인 것이다. 오늘날에도 잔나비띠와 같이 일부 쓰인다. 인간의 관점에서 원숭이를 보면 오류와 왜곡으로 가득 찰 수가 있음을 경계하지 않을 수 없다. 사람과 유사한 신체 구조며 모방하는 행동 등 사람 뺨칠 지능을 가진 것으로 착각하기 쉽지만 원숭이 말고도 놀랄 만한 지능적 행동을 하는 동물은 수없이 많다.

인간의 관점에서 동물의 지능을 논의하는 것 자체가 무의미한 것이지만 수치에 길들여진 사람들의 관심을 집중시키기 위해 발표된 사례가 꽤 있다. 영국의 BBC 온라인 매체가 보도한 순위에 의하면, 사람을 제외하고 가장 영리한 동물 1위는 침팬지, 2위는 돌고래, 3위는 오랑우탄, 4위는 문어 그리고 5위는 까마귀가 선정되었다.

생김새와 유전자가 사람과 가장 비슷한 침팬지의 경우 순간 기억력에 있어서는 사람보다 더 뛰어나다. 침팬지의 순간 기억력이 높은 데는 이유가 있다. 나무가 빽빽한 숲에 사는 침팬지들에게는 어느 나무의 과일이 잘 익었는지를 한눈에 알아내는 능력이 생존에 있어 매우 중요하다. 그 위치를 순간적으로 한번만 보아도 머릿속에 지도처럼 새기고 있어야 경쟁자들과 천적들의 틈에서 살아남을 수 있기 때문이다. 침팬지는 다른 동물과 달리 무리를 지어 서열 대상을 쫓아내기도 하며, 훈련을 받은 경우 사람과 그림문자로 대화를 하는 경우도 있다.

문어는 무척추동물 중 가장 지능이 높은 것으로 알려져 있는데 지능의 정도는 미로(迷路)를 통과할 수도 있고, 병을 열 수도 있으며, 장난을 칠 정도라고 한다. 문어의 뇌는 큰 머리 속에 있는 것이 아니라 눈과 마찬가지로 몸통과 다리의 연결부에 있다. 그 큰 머리는 창자가 있는 몸통이다. 까마귀는 조류 중 IQ가 가장 높은 동물이다. 북아메리카에 사는 까마귀는 겨울이 오기 전에 소나무 씨앗 3만여 개를 땅에 파묻은 후 봄이 오면 씨앗이 묻힌 장소를 대부분 찾아낸다고 한다.

🍊 원숭이 사회

1950년대 일본 교토대 영장류연구소 학자들이 미야자키현 고지마(幸島)에 서식하는 야생 원숭이들에게 흙이 묻은 고구마를 나눠 주고 어떻게 먹는지를 관찰했다. 처음에 원숭이들은 고구마를 몸에 문지른 후 먹거나 손으로 고구마에 붙은 흙을 털어내는 등의 꾀를 냈다. 그러던 어느 날 '이모'(イモ)라고 이름 붙여진 생후 18개월 된 암컷 원숭이가 고구마를 강물에 씻어 먹기 시작했다. 그 후 한 달쯤 지나자 이모의 또래 원숭이가, 넉 달 뒤엔 이모의 어미가 이모처럼 고구마를 물에 씻어 먹었다. 나이 든 원숭이와 대다수 수컷들은 여전히 고구마를 씻지 않은 채 먹었다. 하지만 어린 원숭이와 암컷 원숭이를 중심으로 고구마를 씻어 먹는 행태가 조금씩 퍼져 나갔다. 그러던 어느 해, 가뭄이 심해 강물이 마르자 원숭이들은 바닷물에 고구마를 씻어 먹기 시작했다. 염분이 고구마에 더해져 더욱 맛있었기 때문이었는지 원숭이들은 가뭄이 끝난 후에도 계속 바닷물에 고구마를 담가 간을 맞춰 먹었다. 하지만 10년이 지난 후에도 나이 든 원숭이들은 여전히 고구마를 씻지 않았다. 원숭이 사회도 수구(守舊) 꼴통은 어쩔 수 없는 모양이다.

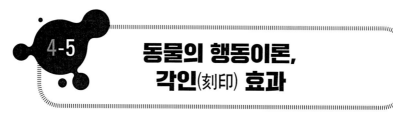

콘라트 로렌츠

콘라트 로렌츠(Konrad Zacharias Lorenz, 1903-1989)의 '각인(刻印) 효과'라는 동물의 행동이론이 있다. 오스트리아의 수도 빈 교외의 알텐베르크라는 마을에서 정형외과 의사인 아돌프 로렌츠의 아들로 태어난 콘라트 로렌츠는 교외의 대저택에 살며 일상 속에서 자연과 수많은 동물들을 만나고 그들을 사랑하게 되면서 그들과 교감도 할 수 있게 된다. 의학 공부를 하면서 동물 관찰에도 몰두해 자신이 관찰한 내용들을 모두 관찰일기로 남겼다. 그의 관찰을 바탕으로 한 첫 논문인『갈가마귀 관찰』이 그가 24세이던 1927년에『조류학회』지에 실리게 된다.

로렌츠는 이 논문으로 인해 평생 스승인 슈트레제만과 하인로트와의 인연을 맺게 되고 학자의 길을 걷게 된다. 로렌츠가 1937년 회색기러기를 키우면서 전문적인 관찰 연구가 시작되었고, 이것은 훗날 비교행동학의 기초를 만들었다. 그는 이 연구에서 '각인(刻印-imprinting)'이라 불리는 현상을 발견한다. 거위 새끼가 알에서 부화했을 때 처음 본 것을 그의 어미로 인식하고 따라다니는 것을 목격한 것이다. 이 발견으로 인해 나온 저술이 동료 연구가인 콜라스 틴버켄니와 함께 집필한『회색기러기가 알을 굴리는 행동에 나타나는 본능동작과 자극에 의한 동작』이다.

☀ 각인(刻印, imprinting)

이런 연구 업적은 동물 행동 연구에 획기적인 것이었으며, 1973년에 카를 폰 프리슈, 니콜라스 틴버겐과 함께 노벨 생리학·의학상을 수상하게 된다. 동물 행동에서 본능이 중요한 역할을 하며, 결정적인 시기에 '각인'이라고 하는 자극과 반응은 본능이 되고 평생 동안의 동물 행동의 지침이 되는 것을 확인한 것이다.

그는 어미 오리가 낳은 알을 두 집단으로 나누어 다르게 부화시켰다. 한 집단의 알은 어미가 부화시키고, 다른 집단의 알은 자신이 직접 부화시켰다. 자신이 직접 부화시킨 집단의 새끼 오리들은 그를 어미로 알고 졸졸 따라다녔다. 그는 오리와 거위 새끼들이 부화된 직후 어떤 결정적인 시기에 그들을 낳아 주었거나 기른 부모를 따라 배운다는 것을 알아차렸다. 결정적인 시기에 동물들(오리나 거위 등)의 부모 역할을 대역(代役)을 통해 '각인'시켜 주면 대역이 사람이거나 다른 동물이든지 혹은 자동차나 비행기 등 각인된 대상을 그들의 부모로 인식하고 꽁무니를 쫓아다니게 되는 것도 확인할 수 있었다.

새끼 오리의 결정적인 시간대는 부화 후 36시간 정도인데, 부화 후 13-16시간대에 가장 민감하게 반응하였다. 결정적 시기 이전에는 유전적인 요인이 작용하고, 그 이후에는 주위 환경이 발달에 영향을 준다고 생각했다. 이처럼 새끼 오리가 어미 역할을 하는 개체를 따르는 추종 행동에 대해 그는 '각인(刻印, imprinting)'이라는 이름을 붙인 것이다. '각인'시키는 방법이 어미의 울음소리나 형상인데 각인된 '울음소리'의 자극을 받거나 형상을 보면 대상과 관계없이 같은 발음이나 형상을

생명과학 이야기

어미라고 여기고 따라다니게 된다.

🍑 조숙류(早熟類)와 만숙류(晩熟類)

물론 어미 역할이 이것으로 끝나지는 않으며 후속적으로 새끼들과 함께 실제 어미와 비슷하게 호수 위를 떠다니기도 하고, 숲속 길을 헤쳐 다니며, 보이는 것들 중에서 먹을 수 있는 것이 무엇인가를 가르쳐 주면 대리모의 역할이 확실하게 된다. 로렌츠가 연구한 기러기나 오리, 닭은 새끼가 부화할 때 깃털이 다 난 상태이며, 새끼들은 부화한 직후 걸어 다니면서 먹이를 먹을 수 있는 조숙류(早熟類)의 새다. 반면 까치나 박새, 비둘기와 같은 새들은 새끼가 알에서 깨어날 당시 깃털도 없고 눈도 안 뜬 상태이며, 새끼가 스스로 돌아다닐 수 있는 시기가 되기까지는 둥지 안에서 어미, 아비가 돌봐주고 먹이를 제공해 주어야 하는, 만숙류(晩熟類)의 새이다.

이 두 종류의 새들 중 어미에 대한 '각인'이 강하고 빠르게 일어나는 쪽은 조숙류의 새들이다. 왜냐하면 부화한 직후 돌아다니면서 혼자서도 먹이를 먹을 수 있는 조류(鳥類)는 어미를 재빨리 알아보고 어미를 따라다니는 것이 자신의 안전을 위해서 매우 중요하기 때문이다. 반면 둥지 안에서 일정 기간 동안 어미가 주는 먹이를 받아먹으면서 천천히 성숙하는 만숙류의 조류는 둥지 안에서 먹이를 주는 개체를 어미로 인식하면 되기 때문에 빨리 어미를 각인하는 것이 덜 중요하다. 따라서 이렇게 천천히 성숙하는 새들이나 포유동물에서는 어미와 아비에 대한 인식이 단순히 각인만이 아닌 여러 복잡한 요인과 과정을 통해서 이루어지게 된다. 로렌츠에게 각인된 회색기러기들은 그를 졸졸 따라다녔으며, 어른이 되어서도 다른 기러기에게 구애하지 않고 로렌츠에게 구애하곤 했다.

☀ 도장 찍기-Prägung

로렌츠는 이러한 현상을 독일어로 '도장 찍기-Prägung'라고도 달리 표현하기도 했다. 부화한 어린 새끼가 시각기관을 통해 인지한 물체를 즉각적으로, 그리고 돌이킬 수 없이 뇌에 도장을 찍는 것처럼 보였기 때문에 붙여진 것이다.

외딴 섬에서 집단 번식하는 것으로 유명한 괭이갈매기도 예외는 아니다. 수천 마리씩 집단 번식하는 괭이갈매기들의 새끼들은 어떻게 제 어미를 찾을 수 있을까. 비슷비슷해 보이지만 새끼들은 태어나면서 각인된 어미의 소리를 듣고 생존해 나간다. 그래서 괭이갈매기 번식지는 언제나 어미가 제 자식을 부르는 소리와 엄마 찾는 새끼들의 소리로 장터처럼 소란스럽다. 만약 어떤 이유로 인해 태어나자마자 어미의 목소리를 배우지 못하면 치열한 생존 현장에서 살아남을 수 없다. 다른 어미를 제 어미인 줄 알고 다가갔다가는 금세 물려 죽기 때문이다. 이런 각인 효과 때문에 파랑새는 어떤 기간 안에 어미로부터 노래하는 것을 습득하지 못하면 노래를 하지 못한다. 성장한 후에 아무리 훈련을 시켜도 어미의 노래를 따라 할 수 없다.

로렌츠의 조국 오스트리아는 당시에 독일의 식민지였으며, 히틀러의 군대에 입대하여 2차 대전에 참전하는 등 나치즘의 영향을 받게 되었고, 나치의 우생학적 인종주의의 논거를 과학적으로 뒷받침한 논문을 발표하기도 하여서 그 후에 논란이 되기도 하였으며, 자신의 행동이 잘못되었음을 시인하고 사과하였다. 말년에 그는 인간을 사회를 구성하는 동물의 하나로 생각하고 그의 생각을 인간 행동에 적응시키기도 했다. 『공격성에 대하여』라는 책에서 그는 사람의 싸움이나 전쟁과 같은 행동은 선천적이지만 인간의 기본적인 본능 욕구에 대해 적절히 이해하고 준비함으로써 환경에 따라 변할 수 있다고 주장했다.

"내가 알아야 할 모든 것을 유치원에서 배웠다(All I Ever Really Needed to Know I Learned in Kindergarten)."

미국의 유니터리언교의 목사이며 작가(作家)이고 교육자인 로버트 풀검(Robert Fulbhum, 1937-)은 1988년에 『내가 알아야 할 모든 것을 유치원에서 배웠다(All I Ever Really Needed to Know I Learned in Kindergarten)』(박종서 역, 김영사: 1989. 2. 10.)라는 책을 내서 세계적인 베스트 작가 대열에 합류하였다. 이 책의 번역본을 읽었지만 너무 평범한 내용이라 다소 실망하였다. 그러나 시간이 갈수록 책 제목과 함께 평범한 이야기 속에 진리가 있고 삶의 메시지가 있음을 되새기게 되었다.

로버트 풀검은 "어떻게 행동하고 어떤 사람이 되어야 할지를 난 유치원에서 배웠다."고 자신 있게 말한다. 대학원에 갈 필요가 없이 유치원 과정으로도 충분하고 행복하고 세상을 평화롭게 할 수 있다는 것이다. 굳이 유치원을 한정해서 강조하는 것은 바람직한 행동을 배우고 알게 되는 것은 많은 지식으로부터 오는 것이 아니라 보고 들은 경험과 습관을 통해서 얻게 되는 것으로 보기 때문이다. 그래서 그는 "네 생애에 가장 큰 단어", "보라!"라는 단어를 내세우며 "네가 알아야 할 것들은 사방에 널려 있다"고 말한다. 그가 말하는 어린이의 행동 지침은 누구나 생활 속에서 부딪치게 되는 극히 일상적인 것들이다. 지식과 이해를 통해 터득하고 실천할 수 있는 것이 아니라 눈앞에 펼쳐지는 것만으로도 알아차릴 수 있는 것들이다.

동물들이 세상을 향해 처음으로 눈을 뜨면서 '각인'되고 도장 찍힌 대상을 평생 동안 쫓아다니게 되는 것처럼 인간의 행동도 대동소이하다는 것을 부인할 수 없다. 대부분의 한국인들은 '각인'이라는 학습이론의 장황(張皇)한 해설을 "세 살 적 버릇 여든까지 간다."는 속담(俗談)으로 끝내려 할 것이다. 유아교육의 중요성은 극히 자연적인 현상이며, 로렌츠의 연구가 아니라도 누구나 다 아는 지식에 속할 수 있다.

🍎 세 살 적 버릇 여든까지 간다

"세 살 적 버릇 여든까지 간다."는 속담이 말해 주듯이 어린 시절의 희로애락(喜怒哀樂)으로 '각인'된 대상은 평생을 가며 삶을 지배한다. 견강부회(牽强附會)일 수 있으나 한국 사회에서 벌어졌던 사례를 유아교육과 비교해 본다.

유아기의 유치원 교육을 제대로 받지 못한 결과이기 때문이라는 의미로 패러디(parody)가 되었던 유명인이 있다. 대한민국의 변호사이자 정치인으로 제33·34대 서울특별시장을 역임한 오세훈(吳世勳, 1961-)이다. 그는 정치인으로서, 서울시장이라는 행정가로서 업적도 있고 인기가 있어서 대권 후보로 거론되는 인물이다. 당시 여소야대의 서울시의회와 오세훈 시장 간에 사사건건 충돌이 빚어지고 있었으며, 서울특별시의회의 무상급식 정책에 대해 이를 반대하는 서울 시민 81만(유효 51만)의 청구와 서울특별시장 오세훈의 발의로, 찬반을 묻는 국민투표가

생명과학 이야기

2011년 8월 24일에 실시되었다. 최종 투표율 25.7%를 기록하여 투표함은 개봉하지 않고 파기되었고, 개표 득표율 33.3%에 미치지 못해서 부결 처리되었다.

2011년 8월 24일, 오세훈은 무상급식 투표율이 개표선에 미달할 경우 사퇴하겠다는 입장을 밝힌 것에 따라 투표 이틀 후인 8월 26일 서울시장직을 사퇴했다. 잘나가던 오세훈 서울시장이 누가 봐도 설득력이 없고 무모한 일을 벌어서 본인과 그가 속한 보수 진영에 치명적인 타격을 입히면서 그의 인기는 급전직하(急轉直下)하였다.

"내 얘기에 동의해 주지 않으면 논의도 할 수 없다"는 특이한 논리를 구사하며 시의회를 뛰쳐나와 참으로 독특하다고밖에 할 수 없는 행태를 보고 시민단체 등에서는 그의 이름을 비틀어 '5(오)세훈'이라는 별명을 붙여 주었다.

오세훈은 서울시장의 사임을 전하면서 무릎 꿇고 눈물까지 닦는 제스처도 썼지만 4년이 지난 현재, 그에 관한 동정(動靜) 기사를 보면 무상급식 반대는 미래를 예견한 행위였고, 세계적인 추세라는 등 조금도 달라지지 않은 태도를 보이고 있다.

☀ MB가 중용한 '똥별'

인간 행동의 변화를 이끌어 낸다는 것은 이론적으로나 실제적으로 영원한 과제일 것 같다. 필자의 고등학교 시절에 사관생도들은 철저한 교육을 통해서 반듯한 인간으로 국가의 간성(干城)으로서의 믿음직한 역할을 하는 것으로 인식하고 있었다. 그러나 막상 입대해서 보니 육사 출신 장교나 간부 후보생 출신이나 별 차이를 발견하지 못하고 실망하던 기억이 있다. 공공연한 부정과 부패를 볼 수 있었기 때문이다.

오늘 아침(2015. 2. 15.), 인터넷 D신문을 검색하다 보니 "MB가 중용한 '똥별'"이라는 다소 자극적이 칼럼 제목이 있었다. 읽어 보니 해군참모총장이었던 J씨가 재직 시에 뇌물 수수와 공금 횡령으로 징역 2년에 집행유예 3년의 2심 판결을 받은 사건을 중심으로 군 장성들의 한심한 작태를 규탄하는 내용이었다. 5년 전인 2010년 3월에 발생한 천안함 사건은 C씨가 임기를 채우고 예편한 지 1주일 만에 터진 것인데 그때 해군의 위기 대응이 왜 그리 부실했고, 사후 보고도 엉터리였는지알 만하고 썩은 장수 밑에서 강한 전투력이 나올 리 없다는 논리였다. 사관학교에서 아무리 철저한 교육과 호된 훈련을 받는다고 유아기부터 '각인'되고 습관화된 기본 행동을 바꾸기는 어려운 것인가 보다.

사회의 지도자나 지식인들이라고 자처하는 이들의 행태를 보면, 새삼스럽게도 인간의 생물학적 나이나, 지능과 지식 등이 중요한 게 아니라는 생각이 든다. 어미가 아닌데도 각인된 대상의 꽁무니를 졸졸쫓아다니는 오리 새끼처럼 어떤 이념이나 신념에 맹종하기가 일쑤이며, 이는 갈등과 분열의 원초(原初)가 되고 있다.

최근에 전 해군참모총장, 전 국가정보원장, 전 유명 항공사 부사장등이 교도소에 수감(收監)되었다. 그들의 형량은 1-2년으로 그리 길지않은데 유치원에 들어갔다는 각오로 그들의 머릿속에 '각인'된 허상(虛像)을 지워 버리게 된다면 전화위복(轉禍爲福)의 기회가 될 것이 아니겠는가?

생명과학 💡 이야기

포식자(捕食者)의
우산(雨傘, umbrella)

　한국인은 '포식자' 하면 KBS의 인기 프로인 〈동물의 왕국〉 영향으로 아프리카의 사자나 하이애나를 연상할 것이다. 한국에는 아프리카의 사자와 겨루어도 호락호락하지 않을 호랑이가 있었다. 기록을 보면 1900년대 초·중반까지 소수이긴 하지만 한반도에 호랑이가 있었다는 기록을 찾을 수 있다. 그러나 현재는 전문가가 아니라도 한반도에 호랑이가 없다는 것은 단언할 수 있다.

　호랑이는 자연생태계의 포식자로서 중요한 역할이 있었다. 지구상에 존재하는 모든 생명체들은 상호 간에 유기적인 관계를 맺고 있다. 사람을 포함한 동물, 식물과 미생물까지 그 유기적인 관계 속에서 상생하게 된다. 따라서 그중 한 요소라도 사라진다면 연쇄적인 죽음이 일어날 수밖에 없고, 최종적으로는 우리 사람들까지도 생존의 위협을 받게 될 것이다.

　호랑이는 생태계에서 최종 포식자의 위치를 점하고 있어 그 영향력이 미치는 범위가 넓고 종 다양성이 가장 풍부한 지역에 주로 분포한다는 특성 때문에 더욱 중요한 것이다. 일찍부터 이런 중요성을 인식하고 있었기 때문에 러시아와 중국에서 멸종 위기에 처한 야생 호랑이를 보호하기 위한 사업을 적극적으로 펼치고 있다. 이는 호기심을 끌기 위한 사업이기보다는 자연생태계 전반에 영향을 미치기 때문에 자연환경을 회생시키기 위한 사업(project)으로 추진되고 있다. 러시아는 "시베리아 야생 호랑이 보호 프로젝트"를 진행하고 있다. 극동의 연해주와 하바롭스크주 일대에 서식하고 있는 약 400-500여 마리의 호랑이들을 보호하기 위하여 밀렵을 단속하고 환경 조성을 하는 내용이다.

야생 늑대와 곰의 복원을 통해 생태계를 살려낸 것으로 인정받고 있는 미국의 옐로스톤 국립공원(Yellowstone National Park)의 사례가 있다. 1995년, 미국 옐로스톤 국립공원에 회색늑대를 복원한 뒤 예상치 못한 일들이 일어나서 세계를 놀라게 했다. 늑대의 주(主) 먹잇감인 말코사슴의 숫자가 줄어든 것이다. 말코사슴의 숫자가 줄어드니까, 말코사슴이 뜯어 먹어 자라지 못하던 풀과 나무들이 무성해지는 등 생태계에 연쇄적인 파급효과로 이어졌다. 늑대가 사냥하고 남기는 말코사슴의 주검은 회색곰부터 까치까지 청소 담당 동물에게 생명의 양식이 되었다. 지구 온난화 영향으로 굶주린 말코사슴이 폐사하는 시기가 늦어지면서 굶주릴 수밖에 없던 참이었는데 늑대는 그들에게 구세주가 된 것이다.

최상위 포식자인 늑대는 식물이 저장하는 탄소의 양을 늘려 기후변화를 완화하는 한편, 이상기후의 영향을 완충하는 구실까지 하게 된다는 분석까지 하기에 이르렀다. 환경 관계 실무자들은 옐로스톤의 늑대처럼 그의 서식영역안의 생태계의 균형을 조정하는 능력을 가진 최상위 포식자를 우산종(umbrella species)이라고 부르기 시작하였다. 우산종인 최상위 포식자의 멸종 및 개체 수의 감소로 인한 생태계의 교란 사례는 부지기수(不知其數)다.

아프리카 일부 지역에서 사자와 표범이 줄어들자 개코원숭이가 늘

생명과학 이야기

어나는 것을 시작으로 일곱 가지 환경 요소가 연관된 것을 확인하였다. 한국에서도 판에 박은 듯한 현상을 확인할 수 있다. 최상위 포식자가 없는 산과 숲에서 멧돼지, 고라니, 노루 떼들의 개체 수가 증가하면서 산과 들의 식물성 먹잇감을 바닥내고 농작물에 달려들 수밖에 없게 된 것이다. 궁여지책(窮餘之策)으로 차위(次位) 단계의 포식자를 보호하고 복원시키려는 사업을 추진하고 있다. 야생 여우나 반달곰의 야생 복원 사업이 진행되고 있으며, 중간 포식자인 담비를 보호하려는 사업이다.

한국 국립환경과학원은 지난해(2013)에 최태영 연구사가 4년간에 걸친 야생 담비의 생태 조사 결과를 발표해서 뉴스의 초점이 되었다. 원격무선 추적장치, 무인센서카메라, 배설물 조사 등을 통해 먹이 분석을 한 것이다. 발표한 내용을 보면, 담비의 먹잇감은 대형 포유류인 멧돼지, 고라니를 비롯해서 청설모, 다람쥐, 두더지, 말벌 등 동물성 먹이가 50.6%고 머루, 다래, 버찌, 감 등 식물성이 49.4%였다는 것이다.

포유류의 경우, 단비 한 무리(3마리)가 연간 고라니나 멧돼지를 아홉 마리 정도 사냥한 것으로 분석했다. 남한 지역에 약 2,000마리의 담비가 서식하고 있는 것으로 추정한다면 고라니나 멧돼지를 연간 약 6,300여 마리 사냥한다는 계산이 나온다. 청설모는 75마리, 말벌도 전체 먹이의 2.4%로 나와 있다.

이들은 모두 농작물의 피해를 주는 동물들이다. 무선 추적 결과 담비의 행동권은 22.3-59.1km²으로 멧돼지 5.1km², 오소리 1.2km²보다 훨씬 넓어 생태계의 우산종으로 충분한 자격을 갖춘 것으로 평가하였다. 몸길이가 60cm 안팎의 담비가 빠른 동작으로 멧돼지나 고라니의 등에 올라타 눈과 귀들을 물어뜯어 쓰러뜨린 뒤에 여러 마리가 공격해 제압한다고 한다.

우산종과는 다른 개념의 핵심종(核心種, Keystone species)이 있다. 한국에서 멸종 위기에 처한 수달이 대표적인 예(例)라고 할 수 있다. 1급수에만 사는 수달은 한국의 하천에서 살기가 어려워졌다. 수달은 수생태계(水生態系)의 최상위 포식자로 알려져 있다. 멸종 위기 1급인 수달은 하천생태계의 종 다양성 등 생태 군집을 균형 있게 조절하고 유지하는 데 결정적인 역할을 하며, 이와 같은 역할이 있는 생물 종류를 핵심종이라고 한다. 수달은 한국의 민물 생태계를 교란시키고 있는 외래종(外來種)인 블루길이나 배스까지도 잡아먹는 것으로 확인되면서 보호에 더욱 힘을 쓰게 되었다.

지난달, 원주지방환경청이 고성군의 봉포호와 천진호에서 민물생태 교란종인 황소개구리 올챙이를 제거하기 위해 가물치 100마리를 방류한다는 뉴스가 있었다. 위해 어류의 인위적인 포획 방법이 아닌 포식자를 이용한 생태학적 방법이며, 가물치의 역할이 확인되면 핵심종의 지위를 확보하는 것이다.

다른 또 하나의 생태학 용어는 깃대종(flagship species)이 있다. 핵심종처럼 생태계에 결정적인 영향을 주지는 않지만 환경 보전의 상태를 나타내거나, 대표가 될 수 있는 동식물 종이다. 경북 울진군에 금강산 못지않은 빼어난 경관(景觀)으로 알려진 왕피천 계곡의 깃대종 두 종류가 있다. 국제적 멸종위기종인 산양(Nemorhaedus caudatus)과 금강소나무다. 산양은 다른 동물의 접근이 어려운 절벽과 절벽 사이나 동굴 등에 서식하면서 생존해 가고 있다. 금강소나무는 유전형질이나 수형,

재질 등이 세계적 명목으로 손색이 없으며 강원, 울진 지역의 고유종으로 자연유산을 등재하기 위해 노력을 기울이고 있는 나무이다.

이 밖에 한국의 깃대종으로 홍천의 열목어, 거제도의 고란초, 전북 무주와 덕유산의 반딧불, 태화강의 각시붕어, 부천의 복사꽃, 담양의 대나무, 청양의 수리부엉이, 일반 할미꽃과는 다르게 고개를 숙이지 않는 정선의 동강할미꽃 등이다.

지구 온난화와 함께 깃대종이 위협받고 있다. 생태계가 급속도로 변하기 때문이다. 수많은 곤충이나 물고기가 자기가 살던 서식처를 이탈하고 다른 곳으로 이동하고 있다. 그 대표적인 것이 꽃매미인데 이것은 원래 중국 남부에서 서식하다가 기온이 점차 올라가자 한국에까지 이동해온 것이다. 꽃매미들이 대량 번식해도 천적이 없기 때문에 막을 길이 없는 것이며, 꽃매미의 기주식물인 수많은 나무들을 고사시키기 때문이다. 그렇게 될 때 한국의 환경 변화는 걷잡을 수 없을 정도로 파괴될 것을 염려하고 있는 것이다.

필자는 70여 년 전 어린 시절에 호랑이나 늑대 같은 최상위 포식자는 보지 못했지만 하위 포식자는 흔하게 볼 수 있었다. 살쾡이, 독수리, 발에 채이다시피 많던 뱀 종류, 족제비, 매, 물총새, 개구리 등등…. 우산종은 고사하고 새로운 깃대종과 핵심종을 보존하려고 발버둥쳐야 할 지경에 이르렀다.

국제공동 연구진의 연구에 따르면 31종의 최상위 포식자들 중 75%는 개체 수가 줄어들고 있고, 17종은 그들의 서식 분포가 반으로 줄었다는 것이다. 지구상에 존재하는 31종의 가장 큰 포식자들의 생태학적 기능과 보전 상태에 대해 국제적 논의가 필요하다는 견해를 제기한 일이 있다. 생태계의 먹이사슬에서 육식동물인 포식자는 그 활동 범위가 좁아지면서 개체 수가 줄어들 수밖에 없다.

　호랑이, 사자 같은 포유류 포식자가 자연환경에서 가장 두려운 존재이지만 역설적이게도 가장 위험에 처한 처지가 되었다. 지난 2세기 동안 개체 수 감소와 분포 범위 축소를 통해 궁지에 몰려 멸종 위협을 받기에 이르렀다. 그 이유는 큰 골격과 내온성(혹은 항온성, endothermy)을 유지하기 위해 많은 양의 먹이로 에너지와 체온에 적합한 드넓은 서식처가 필요하기 때문이다. 이 때문에 포식자들은 인간 그리고 가축과 경쟁을 벌여야 하는데 불가항력(不可抗力)일 수밖에 없다.

　생태학에서 포식자의 역할을 '포식자 매개 공존(predator mediated coexistence)'이라고 표현한다. 포식자가 없어지면 뒤따라 사라지는 것이 나타나며, 지구의 모든 생명체의 생존을 위협하게 된다. 슈바이처 박사의 생명외경(畏敬)의 철학을 떠올리게 한다. 그는 길가의 잡초 하나라도 함부로 짓밟지 말라고 경고하였다. 생명외경(畏敬)이 자라나고 이것이 행동으로 옮겨질 때 세계 및 인생 긍정(肯定)이 이루어질 수 있다고 주장한 것이다.

생명과학 이야기

모기 화석이 중생대 쥐라기 지층에서 발견된 것으로 봐서 모기의 조상은 1억 7천만 년 전에도 살았다는 것을 알 수 있다. 작년(2013)에 미국 몬태나주의 강바닥에서 배에 마른 피가 가득 들어 있는 4,600만 년 전의 암컷 모기 화석을 발견하였다는 뉴스가 있어서 화제가 되기도 했다. "문제의 화석은 매우 희귀한 것으로 이런 종류는 유일한 것"이라고 설명했다. 과학자들은 첨단 장비로 모기 배에서 피의 철 성분을 확인할 수 있었으나 DNA 검출이 불가능해 그 피가 어떤 생명체의 것인지는 확정할 수 없었다고 밝혔다.

인류의 기원을 200만 년 전쯤으로 본다 하여도 모기는 인류보다 훨씬 오래전부터 지구 생명체의 구성 요소로 존재하여 왔다. 그 오랜 세월을 버텨온 생명체인데 절대로 우습게 볼 대상이 아니다. 모기들은 수천만 년 동안의 경험과 시행착오를 거치며 동물의 피 맛을 감별하고 채혈 기법을 터득한, 생명체로서는 최고의 경지에 도달한 것으로 봐야 한다. 인간이 고안해낸 어떤 첨단적인 과학기술로도 따라가지 못할 흡혈기(吸血機)를 가진 것만 봐도 알 수 있다.

피를 빠는 모기의 주둥이는 1개처럼 보이지만 현미경으로 관찰하면 6개로 복잡하게 되어 있다. 피부에 구멍을 뚫는 침 2개, 피부를 써는 톱날 침 2개, 빨아들인 혈액의 응고를 막기 위해 히루딘이라는 항응고체를 주입시키는 타액관(唾液管), 흡혈관(吸血管), 내장 속으로 들어가는 혈액의 중력을 지탱해주는 지지대 역할의 껍데기. 이들은 그 굵기가 머리카락의 1,000분의 1인 아주 가는 정교한 구조로 되어 있다. 이와 같은 첨단 장비를 갖추고 내로라하는 지구상의 생명체와 치열한 경쟁을 하며 자자손손(子子孫孫) 생존해 오고 있는 것이다.

모기는 완전변태를 하는 파리목의 곤충이다. 전 세계적으로 3,000여 종의 모기 종류가 알려져 있으며, 한국에는 52종이 서식하는 것으로 조사되었다.

모기는 고여 있는 물에는 어느 곳이고 알을 낳게 되는데 물 표면에 뜰 수 있는 알덩어리(난괴, 卵塊)를 100-300개 정도의 알을 뗏목 형태로 띄워 놓는다. 모기 종류 중 숲속 모기인 'Ochlerotatus'는 습기가 있는 땅에다 산란하는데 건조하면 휴면 상태를 유지하다가 비가 오면 부화한다.

모기 알은 산란 후 1-2일 만에 부화하며 이 유충을 장구벌레라고 한다. 장구벌레는 siphon이라는 호흡관으로 산소를 흡수하기 위해 주기적으로 수면 위에 떠오른다. 유충은 약 1.5cm까지 성장하고 네 번 허물을 벗은 후 번데기가 된다. 모기 번데기는 다른 곤충의 번데기와는 다르게 활동적이며 방어적으로 몸을 숨기기도 한다. 번데기는 약 4일 만에 우화(羽化)한다.

모기는 암컷만이 흡혈 활동을 하며, 동물을 무는 습성을 가진다. 모기의 흡혈 행동은 이산화탄소, 온도, 습도, 냄새, 색상 그리고 움직임 등이 모두 포함되어 상호 연관적으로 촉발된다. 수컷 모기는 물지 않으며, 꽃의 즙(nectar) 또는 다른 당분원을 섭취한다. 대부분의 모기 암컷과 수컷의 영양분은 식물 즙 섭취를 통해 얻어진다.

모기 종류 중에 Aedes와 Ochlerotatus라는 속의 모기는 지속적으로 흡혈을 시도하는 편이며, 아침 일찍, 혹은 일몰 시 또는 저녁 시간대에 흡혈원을 찾아다닌다. 몇몇은 주간(특히 구름이 많은 날이나 그림자가 있는 지역)에도 활동을 한다. 이들은 집 안으로 잘 들어오지는 않으며, 사람과 같은 포유동물을 선호한다. 이들은 강한 비행능력을 가지고 있어 자신들의 유충 발생지에서 상당히 먼 거리를 이동하여 올 수 있다. Culex라는 종류는 최대 약 3km 정도 이동할 수 있는 것으로 알려져 있다.

집 주변에 서식하는 모기들은 대략 90m 반경 안에서 활동하는 것으로 알려졌다. 대부분의 모기들은 32-60km 거리의 흡혈원(吸血源)까지 알아낼 수 있다고 보고 있으며, 모기의 비행 최장 기록은 160km라고 한다. 암컷 모기는 알을 낳기 위해서 단백질원으로 피를 필요로 하며, 먹이로서 흡혈하는 것은 아니다.

모기가 에이즈(AIDS)를 옮길 수 없다고 보고 있다. 에이즈의 원인 바이러스인 HIV가 혈액과 함께 모기의 체내에 들어오면 소화되어 버리기 때문이다. 모기는 35m 밖에서도 공기 중 이산화탄소의 농도 변화를 인지할 수 있어 이산화탄소는 모기가 흡혈원을 찾는 가장 기본적인 유인 물질이다. 암컷 모기가 이산화타소를 인지하게 되면 지그재그 방식으로 비행하면서 흡혈원의 위치를 찾아간다. 다른 인지원(認知源)은 체취(땀, 젖산 등)와 체온이 있다. 피부 미생물에 의해서 만들어진 냄새는 모기의 흡혈 착륙을 유도하며 이러한 사람 피부에서 만들어지는 냄새 성분으로 350개 이상의 화합물이 추출되었다. 이들 물질에는 유인 물질도 있고 기피 물질도 포함되어 있다.

과학기술 전문 매체(媒體)인 사이언스데일리(Science Daily)는 모기의 유전자 조작이 가능하다는 사실을 밝힌 것 외에도 모기들이 왜 그토록 사람의 체취에 끌리는지에 대한 원인을 규명하고 모기에게 물리지 않는 대처법을 알려주는 단초가 될 연구 결과를 발표한 일이 있다. 록펠러 재단 의학연구소 연구진은 아프리카 등 열대지방에서 유행하며 치명적인 전염병인 뎅기열(뎅기 바이러스(dengue virus)에 의해 발병하는 전염병)을 전염시키는 모기에게서 모기의 후각(嗅覺)과 관련이 있는 오로코(orco)라는 유전자를 찾아냈다. 이 유전자에 돌연변이를 일으켜 모기의 배아(胚芽)에 주입한 후 부화(孵化)시켜 유전자 조작 모기를 만들었으며 그 결과, 이 유전자 조작 모기는 후각과 관련된 신경전달물질이 감소되면서 사람의 냄새를 제대로 맡지 못하는 것을 확인했다는 것이다. 재미있는 사실은 유전자 조작 모기가 사람에게는 달려들려고 하지 않는데 동물들은 선호하였다는 것이다. 이처럼 인간의 냄새를 숨겨 피를 빠는 곤충의 후각을 무력화시킨다는 것이 연구진의 설명이다.

인간이 선천적으로 좋은 향기와 악취를 구별할 줄 안다는 점을 고려해 볼 때 이를 결정하는 유전자가 있을 것으로 추정할 수 있다. 본능적으로 움직이는 곤충의 경우는 당연히 특정한 유전자가 특정한 냄새에 대한 영향을 미치는 것으로 과학계는 판단하고 있다. 따라서 농업 발전에 막대한 피해를 주고 인류의 건강을 저해하는 데 상당한 영향을 미치는 곤충들을 막으려면 곤충의 냄새 감각을 무디게 하는 방법이 가장 좋은 방어 전략이라는 게 연구진의 주장이다.

모기가 미운 것은 사람의 피를 빨며 고통을 주고 전염병을 옮기는 것인데 이 습성을 차단한다면 모기의 나쁜 습성을 뿌리째 뽑는 결과를 기대할 수 있기 때문이다. 중국 사천성의 모기 눈 요리는 세상에 널리 알려진 진기한 요리 중 하나이다. 박쥐의 안식처인 동굴 속에 배설물이 쌓이게 되는데 박쥐의 소화기관은 모기 눈을 소화시키질 못해서 그대로 나오게 된다고 한다. 박쥐의 배설물(똥)을 물에다 담그면 모기 눈만 물에 뜨게 되며 이걸 건져내서 요리하기 때문에 극히 위생적이라고 주장하는 것이다. 상당한 인내심과 용기가 있어야 모기 눈 요리 밥상에 앉을 수 있을 것 같다.

유전자 변형이나 살충제 등으로 모기에 방어 전력으로 이용하는 것은 2차적인 부작용이 따르기 때문에 신중을 기할 수밖에 없으며 천적을 이용한 생물학적 방제법을 모색하는 것이 바람직할 것이다. 자연 자체가 오묘하게 설계된 과학이며 모기의 구석구석이 너무나 정교하게 꾸며져 있어서 첨단 과학에 이용되고 있기도 하다.

미국 플로리다 대학의 지홍선 박사와 빈지앙 박사 팀은 모기의 눈은 사람의 눈과 달리 각막이 매끄럽지 않고 작은 털들이 규칙적으로 나 있어서 빛이 반사되지 않아 밤에 돌아다녀도 천적에게 쉽게 발견되지 않는 것을 착안하여 태양에너지 흡수율이 높은 태양전지를 개발했다. 이런 특성은 햇빛을 받을 때 반사시키지 않고 최대한 흡수해 에너지로 사용하는 태양전지의 조건과 딱 맞는 구조이기 때문이다. 빈지앙 박사는 "기존 태양전지에 비해 제작 과정이 간단할 뿐 아니라 반사율이 2% 미만으로 우수하다"며 "비용이 저렴하기 때문에 조만간 사용화할 예정"이라고 밝혔다.

중국의 달리안 기술대, 첸웨이우 박사는 모기 다리를 전자현미경으로 관찰한 결과 나노미터(nanometre-10<-9>m)의 미세한 털들이 나 있고, 이 털 덕분에 물에 젖지 않고 표면장력이 생겨 물 위에서 자유롭게 이동할 수 있으며, 자기 몸무게의 23배만 한 힘에도 저항해 벽에 오래 붙어 버티게 된다는 것을 알아냈다. 이를 모방해서 물에 떠다니는 로봇을 개발할 예정이라고 한다.

공기 중에는 이산화탄소(CO_2)가 있는데 사람의 입에서는 이보다 훨씬 많은 CO_2가 배출되며 사람이 만든 이산화탄소 분석기는 1ppm 정도의 농도를 감식할 수 있지만 모기는 0.001ppm까지 감지할 수 있어 20m 전방에서도 사람의 위치를 포착하고 공격한다.

모기가 가진 또 하나의 놀라운 기술은 통증을 전혀 느끼지 않게 피를 채혈한다는 점이다. 이 점에 착하여 연구한 끝에 모기 침을 닮은 '아프지 않은 주삿바늘'도 개발되고 있다. 모기가 무는 순간 알아채지 못하는 이유는 침의 크기가 80㎛밖에 안 되는 부드러운 키틴질로 세포에 상처를 내지 않기 때문이다. 모기는 공격할 대상자를 정하면 1분 이상 공을 들여 혈관에 대롱을 꽂고 3분가량 피를 빨아 먹는다. 모기가 사람을 물 때 분비되는 모기의 침은 대롱을 꽂을 때 윤활유 역할도 하는 것이다.

연구진은 4종의 곤충을 대상으로 후각과 관련된 연구 결과도 발표하였는데, 후각에 영향을 미칠 것으로 예상되는 유전자를 제거한 뒤 선호하는 냄새가 있는 공간에 있도록 했으나, 이들 곤충들은 예전의 선호하던 냄새들을 맡지 못하는 것으로 나타났다.

미국 캘리포니아대 아난다산카 레이 교수 팀은 모기가 척추동물이 내뿜는 이산화탄소를 느끼지 못하게 하는 화학물질을 발견해 『네이

생명과학 이야기

처』지에 발표했다. 화학적으로 모기에 대해 '투명인간'이 되는 것이다. '2,3-뷰타네다이온'으로 불리는 이 휘발성 화합물은 말라리아와 같은 치명적인 질병을 옮기는 모기를 퇴치할 새로운 물질로 주목받고 있으며, 이런 물질이 실용화(實用化)된다면 모기의 공격 표적에서 숨을 수 있고 모기 생태계도 파괴시키지 않는 이중효과를 기대할 수 있는 것이다.

모기가 지구상의 구성 요소로서의 상당한 긍정적인 역할도 있다고 보고 있기도 하다. 특히 수서생태계(水棲生態系)에는 모기가 자취를 감추면 난감해질 동물들이 많다. 송사리, 미꾸라지가 대표적으로 모기의 유충이 장구벌레가 없으면 굶어 죽을 판이고, 육상에도 많은 천적이 있지만 잠자리도 모기를 잡아먹으며 모기만 집중적으로 잡아먹는 박쥐도 있지 않은가? 자연이라는 환경을 생각하면 사람이나 모기는 각기 자연의 한 요소이며, 그 역할은 다르다. 모기가 사람의 천적은 아니지만 인간에게 위협적인 동물임에 틀림없다.

빌게이츠가 자신의 블로그에 "세상에서 가장 치명적인 동물"이라는 그래픽을 올려 화제가 된 일이 있다. 말라리아, 뎅기열, 황열병, 뇌염 등을 일으켜 연간 72만 5,000명을 사망에 이르게 하는 모기를 1위에 올려놨고, 2위는 쓸쓸하게도 인간을 꼽았다. 인간은 한 해에 47만 5,000명을 살해하는 것으로 집계하였다. 3위는 5만여 명을 사망에 이르게 하는 뱀(독사)이 차지하였다.

모기와의 전쟁은 인간이 출현하면서 부터 시작되었을 것이다. 모기가 인간보다 먼저 지구상에 나타나 표적물을 골라가며 공격하여 왔기 때문이다. 지금까지의 경과로 봐서는 모기를 박멸한다는 것이 불가능하지 않다는 것을 확인하기에 이르렀지만 논란은 불가피할 것 같다.

방어 체제 구축은 모르나 모기 종의 씨를 말리는 것은 자연 질서를 붕괴시키는 것이므로 재고해야 된다는 주장도 만만치 않기 때문이다.

지난해, 『네이처』지는 세계의 저명한 생물학자와 생태학자들을 대상으로 모기를 멸종시키는 데에 대한 생각을 물었다. 일부 과학자들은 모기가 완전히 사라지면 생태계에 큰 혼란을 불러올 것이라며 반대 의견을 밝혔다. 사실 인간의 피를 빠는 모기는 10여 종에 불과하다며 모기를 먹이로 삼는 조류나 물고기뿐만 아니라 모기가 꽃가루를 옮겨주는 식물들이 생존에 위협을 받으리라는 것이다.

모기는 얄밉게도 선호하는 사람의 체질이 있다. 이산화탄소, 열, 냄새의 발산이 비교적 많은 사람을 좋아하는 것이다. 살이 찐 사람이나, 운동하는 사람, 어린이나 임산부는 이산화탄소의 발생량이 많기 때문에 모기를 더 많이 불러 모으게 된다. 사람들이 자동차 소음, 비행기 소음은 참지만 잠 안 오는 한밤중에 들리는 모기 소리는 도저히 못 참는다. 이것이 모기가 인간의 주적(主敵)으로 자리 잡게 되는 시초가 된 것이 아닐까? 여름철이 되면서 모기와의 전쟁이 시작되었다.

4-8 **진딧물과 무당벌레와 개미의 삼각관계**

🐞 진딧물(Aphid)

뒤뜰 햇빛이 잘 드는 담벼락 옆에 내자가 끔찍이 아끼는 장미가 몇 그루가 있다. 봄이 되면 가지치기를 한 밑둥치에서 장미 새순이 탐스럽게 돋아 오르는데 이 소식을 빨리 알아차리고 에누리 없이 찾아오는 손님이 있다. 진딧물이다. 모르긴 해도 곤충학자 빼고는 진딧물 좋아하는 사람은 없을 것이다. 그러나 어쩌랴? 진딧물은 아랑곳하지 않고 그들의 삶의 터전을 찾아 자자손손 종족 보존의 행로를 이어가고 있다.

대부분 진딧물을 보면 잡아 죽이기에 바빠서 그 생김새를 살필 틈이 없겠지만 확대경으로 관찰하면 날개만 없을 뿐이지 매미와 비슷하다는 것을 알고 깜짝 놀라지 않을 수 없을 것이다. 진딧물은 엄연히 매미 족보에 들어 있는 종족이다. 4촌쯤 되는 가까운 친척은 아니지만 10촌은 되는 것 같다. 매미목(Cicadae)에 족보가 올라 있고, 독자적인 가계로 진딧물과(Aphididae) 종족의 맹주(盟主)가 진딧물이다.

진딧물의 어원은 확인하지 못하였으나 진딧물 떼거리가 진득진득하게 엉켜 있는 것을 보고 붙인 이름인 듯하다. 매미목의 무리들은 이빨이 있는 입이 아니라 주삿바늘처럼 뾰족한 입을 가지고 있으며, 모기가 피 빨아 먹듯이 주삿바늘 같은 주둥이로 식물의 조직을 뚫어서 식물의 즙액을 빨아 먹는다. 진딧물 떼거리의 공격을 받은 식물들은 폐병(결핵) 걸린 사람처럼 시들시들 말라가며 처참한 몰골이 돼 버린다.

☀ 들깨와 재래종 상추

인간이 좋아하는 농작물이라면 진딧물이 달라붙지 않은 것이 없을 정도인데 몇 가지 농작물은 천하의 진딧물도 접근하려고 하지 않는 것이 있다. 들깻잎이나 갓, 재래종 상추는 진딧물이 좋아하지 않는다. 진딧물이 맛에 관한 한 도사인 것 같다.

들깨는 꿀풀과(Lamiaciae)에 속해 있으며 진딧물이 들깨의 향(香)을 지겨워하는 것을 알아서 고추의 진딧물을 예방하기 위해서 간작으로 들깨를 심기도 한다. 진딧물은 갓을 좋아하지 않으며, 한국 재래종 상추에도 진딧물이 접근하지 않는 것으로 밝혀졌다. 그 이유는 쓴맛이 나는 Lactugerin이라는 성분 때문이라고 한다.

국화과(Asteraceae) 소속인 상추는 Lactugerin이라는 알칼리성 성분 때문에 상추쌈을 먹으면 졸리게 된다. 이 성분은 최면 진통 작용을 한다. 진딧물이 이걸 모를 리가 없다. 인터넷에서 자료 검색을 하다 37회 과학전람회의 "농약을 사용 않는 진딧물구제방법에 관한 탐구"(대전 문화초등학교)라는 출품작 소개가 있어 흥미 있게 훑어보았다. 부작용을 걱정하지 않을 상추 즙, 민들레 즙, 할미꽃 즙, 뽕잎 즙, 씀바귀 즙을 만들어 진딧물이 얼마나 버티는가를 관찰한 것인데 뽕잎 즙만 제외하고 나머지 즙만 빨아 먹던 진딧물이 버티지 못하고 굶어 죽었다

생명과학 이야기

고 한다. 특히 상추 즙에는 3회 살포에 90%가 죽었고, 5회 살포하니 100% 사멸하는 것을 관찰할 수 있었다고 한다. 뽕잎에서는 30% 정도가 생존할 수 있었지만 나머지는 정도의 차이는 있었으나 결국에는 전멸하더라는 것이다. 진딧물이 쓰고 자극적인 이파리를 좋아하지 않는 깊은 속셈도 있다.

진딧물이 그 작고 연약한 몸뚱이로 생존해 가려면 전략이 있어야 하는데 독특한 생식 방법과 동업자 끌어 들이기가 그들의 오랜 전략이다. 저들의 배를 채우는 것도 중요하지만 호시탐탐 덤벼드는 적들을 퇴치하기 위해 뇌물 전략을 쓴다. 뇌물이라는 것이 주둥이로 빨아들인 당분이며 이 당분을 흡수하고 혼자 먹기엔 너무나 많은 잉여물를 항문으로 배설하게 되는데 개미란 놈들이 찔끔찔끔 흘리는 진딧물의 배설물에 사족(四足)을 못 쓴다. 개미들에게는 진딧물이 젖소 역할을 하는 것이다.

🍎 7점 무당벌레

개미가 진딧물을 잡아먹으려고 덤벼드는 7점짜리 무당벌레를 쫓아 보내는 경호 업무를 하면서 진딧물에게 진 빚을 다소 갚아 가는 것이다. 생태계에서 이런 관계를 공생(symbiosis)이라고 하는데 공생 관계도 몇 가지 유형이 있다. 진딧물과 개미의 관계처럼 서로 이익이 되는 관계를 상리공생(Mutualism)이라고 한다. 상리공생의 대표적인 예로 악어 새와 악어와의 관계를 든다.

악어새가 악어 이빨을 청소해 주고 안전을 보호받는 상리공생의 전형이라고 하는데 이에 관해서 일부 과학자들의 반론이 있다. 악어의 무기는 이빨인데 닥치는 대로 물어뜯다 보니 이빨이 쉽게 빠지긴 하지만 악어는 새 이빨이 또 쉽게 나온다는 것이며, 악어는 치과에 갈 필요가 없다는 것이다. 그러니 악어새에게 scaling 같은 것을 주문할 필요가 있겠느냐는 것이다.

진딧물과 개미의 관계도 연구는 계속되고 있겠지만 분명한 것은 진딧물 있는 곳에 개미가 틀림없이 서성거린다. 진딧물이 들깻잎이나 갓물을 빨아 먹고 눈물이 찔끔찔끔 나는 액체를 배설한다면 개미 떼가 기겁을 하고 도망갈 것이다. 개미는 진딧물 떼거리들 사이에서 설탕물 배설하기를 기다리는 것이 아니라 촉각으로 진딧물을 자극해서 우유(?)를 빨리 배설하라고 재촉을 한다.

☀ 진딧물의 처녀생식

진딧물은 처녀생식을 한다. 처녀가 애를 낳았다면 시끄러워진다. 구구한 억측과 별별 사례를 들추며 열을 올릴 것이다. 그러나 자연계에서는 흉이 될 것이 없는 생존 방식이다. 생식이라는 것은 생명체의 종족 번식의 본능이다. 진딧물이 이른 봄에 해빙과 함께 알에서 부화하여 활동을 시작하는 것들은 모두가 암놈들뿐이다.

월동란에서 부화해 처음 나오는 암컷 새끼를 '간모'라고 하는데 간모가 자라서 성체가 되면 수컷의 도움 없이 무성생식으로 날개가 없는 (무시형) 암컷만을 낳는다. 간모가 낳는 이 새끼들을 '태생 암컷'이라 이라고 하며, 태생 암컷은 수컷의 도움 없이 홀로 새끼를 낳아 번식하는 '단위생식' 혹은 '처녀생식'을 한다. 한 마리의 태생 암컷은 50-100마리의 새끼를 낳고, 새끼들은 태어난 지 일주일 이내에 다시 성체가 되고 30일까지 하루 다섯 마리의 새끼를 만들어 낸다. 엄청난 번식력을 자랑하지만 실제로는 진딧물을 먹이로 하는 많은 천적과 여러 가지 요인 때문에 진딧물이 기하급수적으로 증가하지는 못한다. 진딧물에게 번식의 장애 요인이 배제된다면 암컷 한 마리로 1년 뒤 5,240억 마리로 불어날 수 있다는 계산이 나온다.

어찌 됐든 깨끗하던 농작물이 며칠 새에 진딧물로 코팅(?)이 되는 것이 다 이런 번식 전략 때문이었다. 그러나 먹이가 감소하면 암컷과 수컷인 새끼를 낳으며 날개 달린 진딧물이 태어난다. 이들은 먹이가 바닥이 난 숙주를 떠나기 위해서 유성생식으로 새끼를 낳는데 이들은 날개를 달고 나오기 때문에 날아오를 수가 있어서 먹잇감이 풍부한 숙주를 찾아간다. 그들은 다른 새 숙주식물에서 날개 없는 형태의 새끼를 낳아 미친 듯이 번식을 하는 것이다. 한 마리의 태생 암컷은 50-100마리의 새끼를 낳고 이 새끼들이 숨 돌릴 새도 없이 계속해서 생산하기 때문에 천문학적인 수의 새끼가 불어난다는 소리를 듣게 돼 있는 것이다.

🍎 우대받는 무당벌레

동물의 번식력 하면 쥐를 꼽는다. 한국에서 1970-1980년대에 '쥐잡기 운동'을 펼친 일이 있었다. 쥐의 생태 습성을 이해하는 간행물을 만들어 쥐의 놀라운 번식력을 홍보하며 박멸 운동을 강력하게 펼쳤다. 쥐가 한배에 10마리씩 연간 5회 새끼를 낳을 경우, 1년 뒤에는 1,350마리로 불어날 수 있다는 놀라운 번식력을 홍보하였다.

쥐는 새끼를 낳은 지 이틀 만에 교미하고 임신하는데 진딧물은 사춘기를 거칠 새도 없이 유아기에 새끼 낳을 준비가 되어 있으니 쥐를 무색하게 한다. 하지만 실제로는 많은 천적과 여러 가지 요인 때문에 진딧물이 기하급수적으로 증가하지는 않는다.

가을이 깊어져 해가 짧아지고 온도가 낮아지면 진딧물도 자연과 세월, 식물의 변화를 감지해 겨울을 준비하기 시작한다. 이때 수컷과 암컷이 나오고 늦가을에 짝짓기를 해서 수정란을 낳는데 이 수정란은 동면을 하다가 기온이 올라가면서 부화하고 새순을 찾아 활동을 시작하게 되는 것이다. 먹이가 풍부한 봄과 여름에는 암컷만 번식시켜 후손을 퍼트려 유전자를 보존하고, 생존이 힘든 시기가 오면 스스로 수컷을 만들어 다가올 봄을 준비하는 진딧물의 생존 지혜가 놀랍다. 생태학자들이 연구를 통해 알을 많이 낳는 것보다 번식을 일찍 시작하는 것이 개체군을 빠르게 성장시킬 수 있는 가장 효과적인 방법이라는 사실을 밝혀냈다.

앞에서도 언급한 바와 같이 자연생태계는 세상이 온통 진딧물투성이가 되도록 내버려두지 않는다. 진딧물이 등장하기를 학수고대(鶴首苦待)하는 동물들이 있다. 무당벌레는 진딧물이 없으면 생존하기조차 힘든 곤충이다. 무당벌레도 종류가 많고 형태도 각양각색이지만 대체로 색깔이 호화스럽다. 무당이 굿할 때 입는 옷을 무복(巫服)이라고 하는데 신(神)을 상징하는 의례복이기에 울긋불긋 요란스러운 것이다. 무당을 연상하며 지은 이름이다. 무당개구리도 무당벌레 못지않게 온몸이 총 천연색이다. 겉 색깔을 찬란하게 치장하는 것은 호시탐탐 노리고 있는 천적들의 시선을 교란시키려는 생존 전략에서 나온 진화의 산물

생명과학 이야기

이라고 할 수 있다.

무당벌레도 그 종류가 수없이 많지만 가장 많이 눈에 뜨이는 것은 등짝에 28개의 검은 점이 있는 것과 7개의 검은 점이 있는 7점 무당벌레다. 두 종류가 먹는 것이 전혀 딴판이다. 28점 무당벌레는 감자나 가지 등 즙액을 빨아 먹는 식물성 해충이고, 7점 무당벌레는 최근에 진딧물을 잡아먹는 익충(益蟲)으로 우대(優待)를 받으며 주가(?)가 치솟은 곤충이다. 무당벌레는 진딧물이 없으면 굶어 죽는다. 7점 무당벌레가 진딧물을 잡아먹는 익충이라는 것이 인식되면서 초등학생들까지 관심을 가지고 사육을 하는데, 먹잇감으로 진딧물 구하기가 만만치 않다.

무당벌레의 영어 이름은 Ladybird 혹은 ladybug라고 한다. 중세기, 농경시대의 유럽에서 농작물에 막심한 피해를 주는 해충 방제로 골치를 앓고 있을 당시 기우제(祈雨祭)를 지내듯 성모 마리아에게 도움을 요청하는 기도를 올렸다고 한다. 기도의 응답이었는지 생각지도 않았던 무당벌레 떼가 나타나 골칫덩어리 진딧물을 닥치는 대로 먹어 치워 주었다니 이런 고마울 데가 어디 있었겠는가? 이를 본 농부들은 무당벌레를 'The Beetles of Our Lady(성모 마리아)'라고 부르기 시작했고, 차츰 'lady beetle'이라는 이름으로 정착되었다. 빨간 날개는 성모 마리아의 외투를 상징하고, 검은 점은 그녀의 기쁨과 슬픔을 의미한다고 한다.

한국에선 됫박벌레라고도 불렀으며, 한자어(漢字語)로는 표주박 '표(瓢)' 자에 벌레 '충(蟲)' 자를 써 표충(瓢蟲)이라 한다. 많은 인종들이 무당벌레를 꽤나 높은 족속의 곤충으로 보고 있는 것 같다. '천(天)' 자 하면

껌뻑 죽는 일본 사람들이 무당벌레의 이름에다 '천(天)' 자를 붙였다. 풀이나 나무의 위쪽으로만 기어오르는 습성과 고운 빛깔에 앙증맞은 모양이 태양을 향해 날아가는 것 같다고 하여 일본에서는 천도(天道)라고 한다고 한다.

무당벌레는 다른 곤충에서는 관찰하기 힘든 유별난 외고집이다. 나뭇가지에 무당벌레를 올려놓고 직각으로 세우면 영락없이 꼭대기로 기어 올라가 앉아 있다가 날아오른다. 무당벌레가 화려한 색깔과 앙증맞고 해충을 잡아먹는 습성 때문에 사랑받고 있지만 지역에 따라서는 골칫거리(nuisance)로 여기고 있다. 농약을 별로 쓰지 않는 네팔이나 방글라데시에는 무당벌레가 엄청나게 많아서 여행객들을 기겁하게 만드는 경우가 있다고 한다. 그런데 그 많은 무당벌레가 페인트 냄새를 좋아 해서 칠을 할 때 달라붙어 페인팅을 망쳐 놓기가 일쑤라고 한다.

☀ 살아 있는 농약

무당벌레는 여름의 폭염(暴炎)이나 겨울의 혹한(酷寒)에는 모든 것을 중지하고 잠을 잔다. 겨울잠, 동면(冬眠)을 하는 동물들은 꽤 있지만 여름에 덥다고 하면(夏眠)까지 하는 동물은 흔하지 않다. 그래서 그런지 무당벌레는 죽은 척하기 대장이다. 조금만 건드려도 무당벌레는 웅크린 채 죽은 척한다.

무당벌레는 고약한 냄새가 나는 노란색 액체 때문에 새들은 거의 잡아먹지 않는다. 하지만 어른벌레나 유충에 기생하여 죽게 하는 기생파리, 고치벌, 좀벌 등의 기생 곤충에 의해서 수가 조절된다. 기생 곤충들은 무당벌레의 애벌레나 어른벌레 몸에 알을 낳는데, 기생당한

생명과학 이야기

숙주는 양분을 빼앗겨 기생 곤충의 애벌레가 빠져나와 번데기가 되면 죽는다. 그 외 침노린재과의 육식곤충인 침노린재, 게거미도 무당벌레의 체액을 빨아 먹는 천적들이다.

무당벌레는 동그랗고 알록달록한 겉모습 때문에 인간에게 친숙한 벌레 중 하나다. 무당벌레의 붉은빛은 천적으로부터 자신을 보호하는 동시에 경계심을 유발하는 데 쓰인다. 농작물에 많이 생기는 진딧물은 여러 마리가 떼 지어 나타나 식물의 즙을 빨아 먹어서 어린 순을 말라죽게 할 뿐만 아니라 바이러스를 매개하여 식물에 병을 일으키기도 한다. 무당벌레는 그런 진딧물의 가장 큰 천적 곤충이라 할 수 있다. 하루 평균 한 마리의 무당벌레가 150마리 이상, 일생 동안 5,000마리 이상을 먹어 치운다고 하니 살아 있는 농약이라 불릴 만도 하다.

진딧물을 배부르게 잡아먹은 무당벌레는 역시 진딧물이 많은 식물 근처에 알을 낳는다. 노란색 타원형의 알을 20-50개 정도 무더기로 낳아 붙이는데, 여기서 곧 애벌레들이 태어난다. 신기하게도 먼저 태어난 애벌레들이 미처 깨어나지 않은 옆의 알을 갉아 먹기도 한다. 어미가 어린 애벌레들이 충분히 자랄 수 있도록 여분의 영양분으로 알을 더 낳은 것이다. 무당벌레는 진딧물을 비롯한 식물 즙액을 흡즙하는 해충들을 주로 먹이로 취한다.

🍊 무당벌레의 냄새

성충은 다양한 점무늬를 갖고 있는 것이 특징적으로 포식자들이 이러한 경고 색을 보고 먹을 생각을 못 하게 한다. 많은 다른 밝은 색을 띤 곤충들처럼 이들도 역겨운 냄새 물질을 발산해서 포식자들이 자신들을 비롯한 비슷한 색을 띤 곤충들을 다시는 공격하지 못하게 한다. 무당벌레는 진딧물만 잡아먹는 것이 아니라 진딧물 못지않게 농작물의 피해를 입히는 깍지벌레나 노린재의 유충도 잡아먹는다. 무당벌레의 유충 때부터 해충을 잡아먹기 때문에 사육한 유충을 방사하는 것이 진딧물 등 해충 박멸의 효과적이다. 무당벌레는 부화하면서 진딧물 등 먹잇감이 풍부한 장소를 택해 산란한다.

19세기 미국 정부에서는 귤나무를 해치는 깍지벌레의 천적인 배달리아라는 무당벌레를 호주에서 수입하여 깍지벌레의 수를 줄인 적이 있다. 이 해충은 감귤 산업을 완전히 망쳐 놓을 기세로 급속히 확산되었는데 이 깍지벌레가 원래 있던 곳인 호주에서는 농작물에 아무런 위협이 되지 않았다는 사실을 알고 한 곤충학자가 호주에는베달리아라는 무당벌레가 천적이라는 것을 알게 되었다. 이 무당벌레, 약 500마리를 캘리포니아로 들여다가 사육하여 방사한 지 1년도 채 안 되어서 깍지벌레가 거의 자취를 감추었고, 그 결과 감귤 과수원을 보호할 수 있었다.

무당벌레는 화려한 겉모습과는 다르게 역겨운 냄새를 풍긴다. 노린재 냄새와는 또 다른 지독한 냄새 때문에 천적이 될 만한 다른 동물들이 건드릴 생각을 하지 못한다. 무당벌레가 천적을 물리치기 위한 냄새지만 포도밭 농장주들에게는 무당벌레가 다른 의미의 유해곤충으로 인식되고 있다. 무당벌레의 지독한 냄새는 포도에 오염되어 포도주 맛을 버려 놓기 때문이다. 이런 연유로 포도 농장에서는 해충(害蟲)으로 박멸 대상이 되니 무당벌레 입장에서는 난감(?)할 수밖에 없는 노릇이다.

☀ 무당벌레의 잡식성

무당벌레의 천적들은 경험을 통해 화려한 색깔을 띤 무당벌레를 피하게 된다. 무당벌레는 위협을 받으면 관절에서 악취가 나고 맛이 지독한 노란 액체를 내뿜는다. 새나 거미 같은 포식자들은 일단 그런 불쾌한 경험을 하고 나면 결코 그 기억을 잊지 못하는데, "자라 보고 놀란 가슴 솥뚜껑 보고 놀란다"고, 무당벌레의 요란스러운 색깔은 포식자들에게 그 사실을 끊임없이 상기시켜 주는 역할을 하는 것이다.

무당벌레의 종류도 워낙 많아서 말썽을 일으키는 무당벌레도 많을 수밖에 없다. 무당벌레 가운데 한 종이 처음에는 해충 방제 목적으로 사용되었지만 나중에 오히려 어느 정도 해충 역할을 하게 된 경우가 있다.

아시아얼룩무늬무당벌레라고도 하는 할리퀸무당벌레는 동북아시아의 원산지에서는 무당벌레의 다른 종들과 아무런 문제 없이 공존하고 있었다. 그런데 이 무당벌레는 진딧물뿐만 아니라 식물에 해를 끼치는 다른 해충들에 대한 식욕이 매우 왕성하기 때문에, 북아메리카와 유럽에 도입되었으나 너무나 식욕이 왕성한 탓인지 그 지역에 자생하는 무당벌레들의 먹이까지 모조리 먹어 치우는 바람에, 안타깝게도 그 지역 고유의 무당벌레들이 멸종 위기에 처하게 되었다는 것이다. 마치 아메리카의 인디언이나 호주의 애버리진이 삶의 터전을 잃은 것과 거의 똑같은 현상이 일어난 것이다.

게다가 개체 수를 조절해 줄 천적도 없는 이 무당벌레들은 자기들이 좋아하는 먹이가 떨어지면 허기를 채우기 위해 그 지역 고유의 무당벌레들과 다른 유익한 곤충들을 잡아먹기까지 한다. 곤충학자들은 이대로 가다가는 일부 무당벌레가 멸종될 것이라고 우려하고 있다. 또한 할리퀸무당벌레는 수확할 때가 된 익은 과일들을 마구 먹어 치우고 가을에는 다가올 겨울의 추위를 피하기 위해 떼를 지어 집 안에 들어와 겨울을 나겠다고 하니 이만저만 골칫거리가 아니라는 것이다. 곤충들의 언어는 냄새다. 냄새로 말한다고 할 수 있다.

🍎 페르몬(pheromone)

무당벌레나 진딧물, 개미는 특색 있는 화학공장을 내장하고 있다고 할 수 있다. 동물끼리의 의사소통에 사용되는 화학 성분을 페르몬(pheromone)이라고 하는데 체외 분비성 물질이며, 경보, 음식 운반, 성적 페로몬 등 행동과 생리를 조절한다. 페로몬도 그 화학적 구조가 다른 게 많기 때문에 여러 종류의 페르몬(pheromone)이 존재하는 것이다.

많은 동물들은 몸에서 발생하는 독특한 냄새, 즉 페로몬을 통해 의사소통을 한다. 예컨대 들쥐는 발바닥에 오줌을 뿌려 그 냄새가 흙에 섞이도록 해 자신의 영토임을 나타낸다. 족제비는 자신의 흔적을 남기기 위해 항문을 땅에 질질 끌고 다니고 열대우림의 개미들은 선발대가 남긴 냄새를 따라 일렬로 행진, 낙오되지 않는다. 그런가 하면 외출하고 돌아온 박쥐는 동굴 안에서 새끼가 이동하면서 뿌려놓은 페로몬 냄새를 따라가 자신의 새끼를 찾는다.

개미의 페르몬은 개미의 사회성을 유지하는 데 절대적인 수단이다. 먹이를 물고 돌아가는 개미를 발견하면 배를 땅에 깐 채 눈높이를 최대한으로 낮추고 개미의 옆모습을 관찰해 보라. 배의 끝부분을 땅에

생명과학 이야기

끌며 걸어가는 모습을 관찰할 수 있다. 개미가 먹이로부터 집까지 냄새 길(chemical trail 또는 order trail)을 그리고 있는 모습이다. 개미가 냄새 길을 그릴 때 사용하는 화학물질은 일종의 페르몬(pheromone)이다. 페르몬의 종류는 무척 다양하다. 머리끝에서 배 끝까지 온갖 크고 작은 화학공장들이 있는 것이다.

☀ 화학 언어

　동물들의 화학 언어가 인간이 사용하는 음성언어에 비해 훨씬 경제적이라고 학자들은 말한다. 개미의 페르몬의 기본 화학구조는 화학용어로 methyl-4-pyrrole-2-carboxylate로 밝혀졌는데 이 화학물질은 얼마나 민감한지 1mg만으로도 지구를 세 바퀴나 돌 만큼 긴 냄새 길을 만들 수 있다고 한다. 냄새 길 페르몬은 또 대단히 휘발성이 강한데 그 또한 경제적이다. 개미가 먹이를 다 거둬들이고 난 후에도 오랫동안 냄새 길이 없어지지 않는다면 그만큼 많은 일개미들이 아직도 먹이가 남아 있는 줄 알고 헛걸음을 할 수 있기 때문에 먹이를 물고 돌아오는 개미들만이 한쪽에서 희미해지기 시작한 냄새 길 위에 페르몬을 더 뿌려 길의 모습을 유지한다. 그러다가 맨 나중에 먹이가 없어 빈 입으로 돌아오는 개미는 더 이상 페르몬을 뿌리지 않음으로써 냄새 길은 자연스레 사라져 버리는 것이다.

　영국 학자들의 흥미 있는 관찰기가 있다. 진딧물은 하루 시간 중 겨우 14% 동안만 개미의 보호를 받지만 그들이 하루 동안 만들어내는 단물(honeydrew)의 84%가 이 시간 동안에 생성된다. 다시 말해서 진딧물이 단물을 만드는 목적은 거의 전적으로 개미를 위해서라는 것이다. 개미 한 마리가 진딧물 한 마리로부터 짜내는 단물의 양은 실제로 얼마 되지 않는다. 그러나 군락 전체로 보면 워낙 많은 일개미들이 제각기 진디들을 사육하며 거둬들이는 덕택에 단물로부터 얻는 영양분은 때로 군락 전체 식량의 75%에 달하기도 한다는 것이다. 개미가 가히 낙농 전문가라 해도 과언이 아니다.

한편, 개미 또한 진딧물을 그저 단순히 보호만 하는 것이 아니다. 양치는 소녀가 양 떼를 풀이 많은 곳으로 몰고 다니듯, 때로는 개미가 진딧물 떼를 이 잎 저 잎 몰고 다니기도 한다고 한다. 식물로부터 보다 많은 즙을 빨아 당길 수 있도록 목동이 소 떼를 몰고 다니듯 푸른 초원으로 인도하는 것이다.

모든 진딧물이 개미와 공생관계를 맺는 것은 아니다. 개미의 보호를 받지 않는 진딧물의 종도 있다. 개미의 보호를 받지 않는 진딧물은 다리도 길고 단물을 배석하는 대롱도 긴 반면, 개미와 공생하는 진딧물은 비교적 짧은 다리에 짧은 대롱을 갖고 있다. 개미의 신세를 지지 않는 진딧물 집단은 치사하고 성가신 생각이 들어 구조를 바꿔 나갔을지 모른다.

🍎 무당벌레의 지독한 냄새

개미들은 진딧물의 애 어른 할 것 없이 무차별 먹어 치우는 무당벌레를 천하에 몹쓸 약탈자로 취급할 것이다. 관찰해 보면 싸움질이 자주 일어나지만 서로 간에 살상(殺傷) 피해는 발생하지 않는다. 양자 간의 싸움에서 패자는 개미가 된다. 무당벌레가 다리 관절에서 분비하는 노란 색깔의 보호액에 견뎌 낼 재간이 없기 때문이다. 농사를 해본

생명과학 이야기

사람이면 대부분 맡아 봤을 무당벌레의 노란 액체의 냄새는 불쾌하기 이를 데 없다. 멋모르고 무당벌레 맛을 본 새들은 다시는 건드릴 생각을 하지 않는다.개미는 무당벌레가 무서워서가 아니라 더러워서 피할 수밖에 없게 돼 있다. 무당벌레도 방어용 화학무기 공장을 가지고 있는 것이다. 그러나 무당벌레가 가지고 있는 화학무기는 방귀벌레의 화학탄에 비하면 조족지혈이다. 방귀벌레가 발포하는 화학탄은 워낙 강력해서 이 곤충의 이름을 폭탄먼지벌레로 바꿨다. 방귀벌레의 화학탄은 냄새로 끝나는 것이 아니고 화상(火傷)까지 입는다는 사실이다.

🌼 방귀벌레-폭탄먼지벌레(Pheropsophus jessoensis)

폭탄먼지벌레(Pheropsophus jessoensis) 복부에 두 개의 방(chambers)이 있는데 한쪽은 과산화수소와 하이드로퀴논, 다른 한쪽은 효소(카탈라아제와 페록시다아제)가 들어 있는데 위협을 감지하거나 당했을 시에 이 물질들이 한곳에서 혼합작용이 순식간에 일어난다. 이 과정에서 p-벤조퀴논이라는 냄새와 독성물질이 분출된다. 한 번 쏘는 것으로 끝나는 것이 아니라 연사(連射)가 가능하며, 최대 29-70번까지 무지 빠른 속도로 난사할 수 있다니 폭탄이라고 하지 않을 수 없다.

사거리는 대략 벌레 크기의 40-60배(60cm 정도)고 착탄 지점도 조준이 가능하며 대부분의 벌레가 이거 한번 맞으면 요단강을 건너간다. 쥐같이 작은 동물도 얼굴 같은 곳에 뿌려지면 치명적이다. 물론 사람이 맞아도 아프고 화상을 입을 수도 있다. 눈에 맞을 경우 매우 위험하다.

과학자들의 연구 결과에 따르면 폭탄먼지벌레는 역류 방지 밸브와 같은 판막을 사용하여 화학 반응 공간으로 화학물질을 주입할 뿐 아니라 특정한 압력에 달해야 열리는 일종의 밸브를 사용하여 화학물질을 배출한다고 한다.

폭탄먼지벌레의 이 분사 기술을 응용하여 자동차 엔진이나 소화기 그리고 흡입기와 같은 약물 투여용 의료 기기 제작에 활용하려고 하고 있다. 세상에 지나쳐 버릴 것이 하나도 없다. 폭탄먼지벌레의 방귀 테크닉이 문명의 이기로 둔갑하는 것도 멀지 않은 것 같다. '악취' 하면 스컹크를 꼽게 되는데 스컹크가 내뿜는 가스는 황이 함유된 티올이라는 물질이고, 눈물이 나게 하는 양파의 화학 성분과 유사한 것으로 시력을 잃을 수 있다고 알려져 있다.

🍎 네덜란드의 곤충 사업

인간 생활에 이(利)로운 것이라면 끝을 봐야 직성이 풀린다. 무당벌레가 신분 상승한 것은 이미 오래된 일이지만 박멸 대상인 진딧물이 무당벌레의 사료로 사육될 때는 문제가 달라진다. 사육되는 진딧물은 우대를 받을 수밖에 없다. 곤충 등 천적을 이용한 생태농업의 선진국으로 네덜란드를 꼽는다.

네덜란드 슈퍼마켓에서 파는 채소의 포장에는 특이한 표시가 있다. 해충을 잡는 데 사용한 곤충과 농약의 사용 비율이다. 농약을 10% 섞은 파프리카(1.2㎏) 가격은 1.27유로(약 1,970원), 100% 천적 곤충 제품은 1.69유로(약 2,620원)다. 곤충을 사용한 제품이 600원 이상 비싸지만 인기라고 한다. 슈퍼마켓에서 농약만 사용한 농산품은 찾을 수 없다고 한다.

이런 현상이 한국과 호주에서도 벌어질 것이다. 곤충 사육이 돈이 되는 것을 알았으니 덤벼들지 않을 수 없게 되었다. 천적으로 이용하기 위해서 무당벌레 같은 곤충을 사육하는 세계적인 회사가 네덜란드에 있으며, 한국에서도 이 회사의 지사가 성업 중이다.

친환경 농작물에 대한 관심이 높아지면서 곤충사업에는 전 세계에서 1만 개가 넘는 업체가 경쟁하고 있는 것으로 알려져 있다. 이 가운데 천적 곤충 분야가 유망한 이유는 잠재력이 무궁무진하기 때문이다. 전 세계적으로 곤충은 130만 종에 이르지만 상업화된 것은 극히 일부에 지나지 않는다. 미국이나 일본에서 곤충을 지상 최대 미개발 자원으로 꼽는 것도 이 때문이다. 심지어 세계 1위 코퍼트가 제품화한 천적 곤충 수도 35종에 불과할 정도다. 따라서 누가 해충을 제거하는 천적을 더 빨리 발견해 이를 대량 생산할 수 있느냐에 성공 여부가 달려 있다.

☀ 곤충사업의 경제성

한국의 곤충 시장은 2011년 1,680억 원에서 2015년 2,980억 원으로 4년 만에 두 배 가깝게 성장했다고 한다. 곤충 산업의 고성장성은 곤충의 쓰임새가 식용, 농약 대체품, 화분(花粉) 매개체, 신약 원료 등으로 빠르게 확장되고 있는 데 따른 것이다.

네덜란드 곤충산업을 이끄는 대표 기업은 코퍼트(Koppert)사다. 세계 천적 곤충 시장 중 50%를 차지하는 1위 업체로 전체 매출액 중 80%가 수출이다. 최근 호황이다 보니 현재 한국 등에 18곳에 해외 지사를 거느리고 있다.

곤충산업은 천적 곤충을 비롯해 약제나 전시, 애완용 등을 포함한 전체 곤충 시장의 규모는 전 세계적으로 1조 원가량으로 추산하고 있다. 한국의 곤충 시장 규모에 관한 농식품부의 발표를 보면(2015년 추정치 기준), 무당벌레를 비롯한 천적 곤충 분야가 300억 원, 학습 애완용 540억 원, 나비 등 지역 축제 560억 원, 식용 사료 의약용 700억 원, 화분 매개용 880억 원으로 추산하고 있다.

한국에서 개발된 천적 곤충이 2008년까지 24종에 불과하였지만 2013년에 40종으로 증가되었으며 계속 확대 되고 있는 추세다. 곤충을 하찮은 벌레로 취급할 수 없게 되었다. 한국의 한 곤충 전문 학자는 "미국의 골드러시 시절 금광을 먼저 발견한 사람이 임자였던 것처럼 곤충산업도 해충에 효과적인 천적 곤충을 빨리 찾아내면 대박 중에 대박이 될 것이다"라고 말한다. 곤충이 황금알을 낳을 수 있다는 것을 알 만한 사람을 알게 되었다.

교육 사회 관련 칼럼

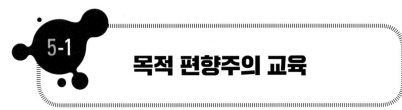

목적 편향주의 교육

🍎 필자가 한국 교단을 떠난 지도

꽤 오래되었기에 현재 상황은 잘 모르겠으나 과거 한국의 교육정책에 있어 교육 목적은 피교육자를 국가나 사회 이념의 신봉자로 만들기 위한 수단으로 사용되었다. 교육기관의 고위직에 오르면 국가가 의도하는 목적에 부합된 교육 지표를 만들고 거기에 따른 교육을 하도록 교육 지침으로 일선 학교에 하달되었으며, 이 교육 지침은 인쇄된 형태로 액자로 만들어져 교장실에 걸어졌다. 이런 방법으로 상위기관의 비위를 맞추기에 급급하였던 것이다. 그뿐 아니라 거기에 일선 학교 교장 선생님의 교육 방침이 더해지고 학부모들의 명문 대학 합격 전략 요청까지 합세하게 되면 그야말로 학교는 더 이상 교육 본질에 맞는 활동은 할 수 없는 상황이기도 하였다.

"민족중흥의 역사적 사명감에 불타는 사람을 길러 내라."

"통일 조국을 이끌어갈 인재를 양성하라."

"국가 의식이 투철한 사람을 기르자."

이러한 구호는 당시 교육 문구들의 구체적인 사례였다. 상급 기관에서는 이러한 지시와 강요가 학생들에게 행동화될 것을 예상하여 추진했겠지만 교육 현장에서는 전시 행정으로 끝나는 경우가 많았다. 또한 학부모들은 대학입시에만 관심이 깊어 야영활동, 학교축제 등과 같은 입시와 관련 없는 학교 행사에는 관심이 없었다. 학생들은 대학 입시의 비중이 낮거나 관련 없는 과목에는 관심을 두지 않았다. 이런 현실은 교육 본질을 외면하고 교육 외적인 데서 교육의 목적을 찾으려한 것에 기인한다.

이런 교육 상황이 오늘날의 일만이 아니다. 과거 서양에서도 문제가 되어 미국의 교육학자 존 듀이(John Dewey)는 교육 목적 불필요론까지 주장하였던 것이다. 그는 교육이란 삶, 그 자체이며 교육을 통해 학습자 스스로가 삶을 즐겁고 풍요롭게 하는 것이라고 깨닫게 되면 다음 행동을 스스로 재구성하여 성장을 자극하는 것이라고 보았다. 교육이 개인이나 집단의 어떤 야욕, 입신양명, 권력 유지 등으로 오용, 악용되는 것은 교육의 본질일 수 없다는 것이다. 어떤 외부적 목적에 교육을 끼워 맞추는 것은 훈련이지 교육이 아니라는 것이다. 개인의 가능성을 실현한다든지 지성이나 이성을 함양하고 애국심을 기르고 민족 중흥에 기여하는 것 등은 교육 자체에 내재해 있는 것인데 이런 것을 구호를 내세우며 강요해서는 안 된다고 본 것이다.

과거에 한국의 교육기관과 학교가 건물 벽에 거창한 교육 구호를 내걸고 구호에 맞는 교육을 하려고 하였다. 그런데 호주의 학교 건물에 이와 유사한 교육 구호를 내건 것을 보지 못했다. 정권 유지에 자신이 없는 국가일수록 요란하게 구호를 내걸고 국민들을 세뇌시키려고 한다.

교육의 목적을 인간의 내재적 가치, 즉 자아실현, 가능성 개발, 지성의 함양 등에 중점을 두어야 한다는 것은 민주주의 사상의 배경 속에서 나오는 것이다. 그러나 교육 목적을 집단적, 사회적 목표로 지향하는 수단으로 하려는 것은 전제적(專制的) 구상에서 비롯되는 것이다. 배움을 즐거운 삶에서 얻게 하는 것이 아니고 오로지 목적 달성을 위한 것이라면 계속적인 성장을 향한 재구성을 하기는 힘들다.

목적편향주의는 목적을 달성하면 허탈감에 빠지게도 되며, 목표를 이루려는 과정 자체에 즐거움과 보람을 길게 가질 수가 없다. 학생이 공부하는 것 자체가 오로지 명문 대학 입학을 위한 것이라면 영어 단어 하나 외우는 것, 수학 문제 푸는 것이 얼마나 힘들고 지겹겠는가! 운동선수가 운동 자체의 즐거움보다 메달 획득에만 목적을 갖고 있다면 목표를 달성한 후에 찾아오는 허탈감을 어쩔 수가 없을 것이다.

계장이 과장으로 진급한 후에 과장의 보람은 팽개치고 다음 목표인 국장 진급만을 꿈꾸다 보면 과장으로서의 직무는 충실하지 않고, 상관 눈치나 보고 비위 맞추기에 급급한 무능한 과장으로 전락할 수 있는 것이다. 학생의 경우, 대학에 들어가려고 하는 것도 유명 대학 간판을 따고 좋은 직장 얻는 것만을 목적으로 하면 대학 입학 후에 심오한 학문의 지식 체계에는 접근도 하지 못하고 취직하기 위한 전략에만 몰두하다 대학 생활을 망치고 또 다른 목적의 노예가 될 수도 있다.

우리 사회에서 불친절한 공무원, 의사, 경찰관, 짜증 나게 하는 교사가 있다면 그들의 목적은 급료에만 있는 것이지 업무 자체에 대한 보람과 즐거움을 못 느끼는 그리 행복하지 않은 사람으로 봐도 무방할 것이다. 교육이 어떤 목적 성취로만 치닫게 되면 그것을 마친 후에는 새로운 지식 습득과 학습의 흥미를 갖지 못하는 침체된 삶을 살 수도 있을 것이다.

이제는 교육을 어떤 목적의 수단이 아니라 교육 자체에서 재미와 보

생명과학 이야기

람을 느끼게 하는 데 더 가치를 부여해야 할 과제가 우리에게 요구된다. 그래야 미래 세대들은 교육을 통한 진정한 삶을 영위할 수 있는 즐거움을 맛볼 수 있게 될 것이다. 무엇인가에 전심하고 몰두하는 모습이 삶의 아름다운 모습이라면, 목적 편향적 교육이 아닌 학생들이 공부하는 것 그 자체로 한없이 즐겁고 행복해지는 교육, 이것이야말로 진정한 교육이 아니겠는가?

5-2 사지선다형(四枝選多型) 평가

선다형 평가란, 문제의 정답을 4-5항목 중에서 고르게 하는 것이며, 한국의 대학수학능력 시험이나 호주의 HSC에서 사용하고 있는 평가 방법이다. 호주 NSW주는 4주간에 걸쳐 실시한 대학 입학시험인 HSC(Higher School Certificate)가 지난 5일에 끝났고, 한국의 대학수학능력 시험도 7일에 실시되었다. 유치원에서부터 고등학교까지 13여 년간의 학부모들의 보호 속에서 보내야 했던 학교생활이 마무리되는 기간이기도 하였다.

한국의 대학수학능력 시험이나 호주의 HSC 문항들이 난이도 등 수준이 높아져서 암기 위주로 공부한 것 가지고는 점수를 올릴 수 없게 되었지만 한국에서 1969학년도부터 시작하여 1981학년도까지 정부에서 주관하는 예비고사를 치르고 대학에 입학하는 제도를 실시한 적이 있었다. 초기에 예비고사는 암기 위주의 단기 전략으로도 높은 점수를 획득할 수 있었다. 예비고사가 시행되던 기간만 하여도 농촌 지역에서 대학 입학하기는 학력으로나 경제력으로 힘들었지만 학부모들의 대학 입학의 바람은 강렬해서 대학 합격 실적이 시원치 않으면 선생님들이 지역사회에서 얼굴을 들고 다닐 수가 없는 형편이었다.

필자가 근무하던 학교가 대표적인 사례이며, 학교의 존폐가 걸린 지경까지 이르렀었다. 교직원들이 학교를 살려야 한다는 비장한 각오로 대학 입시 전략을 수립하여 추진한 것인데 사지선다형의 허점을 공략하는 것이었다. 예비고사 과목이 국어, 수학, 영어, 사회, 과학, 영어, 실업이었는데 농촌 지역 학생들은 참고서도 사볼 수 없는 형편이어서 학교가 참고서 겸 문제집을 만들어 집중적으로 문제 풀이 훈련을 시키자는 것이었다. 각 교과과정에 나와 있는 학습 요목을 뽑고 각 요목별로 평가문제를 제작하는 것이었다. 선생님들은 정상 출근하여 문제집 만드는 것으로 겨울방학을 보냈다. 누가 출제를 한다 해도 교과서 위주로 문제를 낸다면 500문제 안에 걸릴 수 있을 것이라는 판단에서였다.

새 학년도가 시작되면서 정상적인 수업이 아닌, 학생들에게 학원에서나 하는 문제 풀이 훈련을 집중적으로 시켰다. 이 작전은 대성공이었다. 한 해에 겨우 4-5명 정도의 예비고사 합격자를 내던 본교가 1978학년도 예비고사에서 30여 명의 합격자를 낸 것이다. 학교는 축제 분위기였다. 도시에 있는 학교는 놀랄 일이 아니었으나 한두 명의 합격자도 내기 힘들었던 농촌 지역의 학교들은 깜짝 놀랄 일이었다. 도교육청에서도 열악한 조건에서 많은 합격자를 낸 본교를 학력 향상

생명과학 이야기

성공 사례로 인정하고 시상을 하였으며, 도내 교장들이 모인 자리에서 학력 향상 사례 발표까지 하였다. 정상적인 교육과정 운영을 하여야 하는데 학원에서나 할 수 있는 불법에 가까운 일을 학교에서 감행하며 상까지 받은 것이다. 감독하여야 할 교육청도 문책이 아니라 상으로 칭찬을 아끼지 않았던 것이다. 어찌되었거나 결과는 좋았기 때문이다. 돌이켜 보면 교육이 아닌 지식 암기 장사를 한 것이다. 학생들에게도 일 년간의 문제풀이 훈련이 대학 입학의 디딤돌은 되었겠지만 문제집으로 암기하였던 단편적 지식들은 아무 쓸모가 없었을 것이다.

대량 산업사회에서는 주어진 체제에 순응하며 맡은 바 역할을 충분히 하는, 비개성적인 사람으로도 충분하였으며, 획일적인 교육을 통해 균질의 노동력을 갖춘 인적 자원을 배출하는 것으로 학교의 사회적 기능을 충분히 완수할 수 있었다. 이와는 다르게 현 사회를 지식기반 사회라고 한다. 지식기반 사회에서는 객관적 시험 점수가 높은 사람이 아니라 탁월한 지적 능력과 더불어 발전 지향적 습관, 사회적인 능력을 갖춘 인재가 필요하다. 그런 인재를 길러 내려면 개개인의 다양성이 인정되고 장려되는 교육 환경에서 길러지는 것이지 문제풀이 훈련을 되풀이하는 획일화된 환경에서는 길러질 수 없다.

지식, 정보가 넘쳐나는 지식기반 사회에서 학교는 학생들이 배워야 할 모든 것을 다 가르칠 수 없다. 이를 해결하는 한 가지 방법은 교사가 직접 가르치는 것을 줄이고, 학생 스스로 학습하는 능력, 즉 학습하는 방법을 터득하게 하며 ICT(Information and Communication Technology) 등을 활용하여 스스로 배워 나가게 하여야 한다는 것이다. 교사가 과거의 가르치는 역할이 아니라 학습 능력을 향상시키려는 학생들의 보조자의 역할을 하여야 한다는 것이다. 최근에 IPad를 활용하는 학습 활동이 바로 그 예라고 할 수 있다.

미국은 사지선다형 출제 방식을 전면 폐지하고 대신 실생활 문제 해결 능력을 측정하는 방식으로 바꾸겠다고 한다. 사지선다형으로 획득한 점수에 일희일비(一喜一悲) 하는 관념을 떨쳐 버려야 할 시점에 와 있는 것이다. 대학교에서 공부를 계속하는 것과 관계없이 지식을 스스로 찾아내기도 하고 생성도 할 수 있는 학구적인 태도를 갖추어야, 발전적인 미래를 열어 가게 될 것이기 때문이다.

5-3 선각자 고 임세흥 교장과 덴마크의 그룬트비히

한국은 일본의 식민지 시절에서부터 해방 이후까지, 빈곤과 문맹 속에서 헤어나지 못하는 농민들을 계몽하고 농촌을 부흥시키려고 하였던 많은 선각자들이 있었다. 그 대표적인 사례로 심훈의 소설 『상록수』의 주인공, 채영신이다. 소설 속에 채영신은 감리교 전도사이자 농촌 운동가였던 최영신(1909-1935)을 본보기로 한 것이다. 실제로 최영신은 교육자이며 경기도 화성군 샘골(안산시 본오동)이라는 마을에서 봉사한 농촌운동가이다.

필자가 봉직하였던 여주 대신고등학교의 고 임세흥 교장(1905-1968)이 그와 같은 삶을 실천하다가 가신 분이다. 이분은 해방 전에 만주의 봉

생명과학 이야기

천(현재 심양)에서 중학교 교장 겸 식물연구소에서 약용식물을 연구를 하던 교육자 겸 식물학자이다. 그는 여주 대신면 후포리에 성결교회에서 운영하던 사설 학교를 인수하여 농업고등학교로 승격시키며 농촌 개혁의 역군을 길러 내려고 헌신하신 분이다.

그가 이상적인 모델로 삼은 것은 덴마크의 그룬트비히(Nikolaj Grund-vig, 1783-1872)이다. 성직자이고 교육자이며 시인이기도 하였던 그룬트비히는 덴마크가 독일과 오스트리아 연합군과의 전쟁에서 패하면서 국민들이 희망을 잃고 실의에 빠져 있을 때 국민고등학교라는 학교를 세워 "밖에서 잃은 것 안에서 찾자"고 외치며 교육과 농촌운동을 통해 덴마크를 다시 일으켜 세우는 데 결정적인 기여를 한 위대한 인물이다.

그룬트비히의 삼애운동(三愛運動)이라고 하여 알려진 "첫째, 하나님을 사랑하자. 둘째, 나라를 사랑하자. 셋째, 자연(흙)을 사랑하자."라는 구호가 있다. 임세홍 교장도 그룬트비히의 구호를 본받아 학교 교훈을 "하나님을 사랑하자. 우리 민족을 사랑하자. 우리 학교를 사랑하자"로 정하고 학생 집회 시에는 이 교훈을 힘차게 외치게 하였다. 독실한 교회 장로이기도 하였던 그는 새벽마다 뒷산 마루에 꿇어 앉아 나라와 겨레를 위해 큰 소리를 기도하였으며 그의 기도 소리는 마을 사람들의 잠과 정신을 일깨우는 메시지로 전달되었다.

한의사이기도 하였던 그는 6·25전쟁 이후 의료시설이 거의 없던 농촌에서 한방 치료로 많은 질병을 치료하였다. 그 당시 전통적인 동의보감 등에 의존한 한방이 아니라 과학적인 약용식물 연구에 근거한 한방(韓方)으로 불임, 중풍 등 난치병에 가까운 질병을 치료한 사례가 나오면서 유명해졌으며, 전국에서 약을 지으러 오는 사람들이 줄을 설 정도였다. 그는 수시로 일반인들에게 약용식물 특강을 하여 각처에서 수강자들이 모여들었으며, 약용식물 분류학자들에게도 크게 주목을 받았다. 그는 약용식물만 잘 개발하여도 개인은 물론 농촌도 일어설 수 있다고 주장하였으며, 현 경희대학교의 전신인 동양한의대에서 강의도 하고 자매결연을 통해 공동으로 약초 연구를 하였다.

최근에 갖가지 건강에 좋다고 거론되고 있는 약용식물들을 보면 그 당시에 그가 내세웠던 식물들이 대부분이었다. 달변가이기도 하였던 그는 자신의 강의를 듣는 사람들을 부자가 된 듯하게 들뜨게 만드는 카리스마를 갖춘 분이었다. 벼농사 위주의 농업을 탈피하고 특용작물을 통한 농업을 하여야 농촌이 발전하고 그중에 약초 개발이야말로 농촌을 부흥시킬 수 있다고 강조한 것이다.

실제로 그는 그의 자택 앞뒤 텃밭에는 약초로 꽉 차 있었는데 그가 서거한 후에 앞밭에 심겨져 있던 두충(杜沖)이라는 나무가 탁월한 약효가 있다는 매스컴의 보도로 나무 수집가에게 고가로 매매된 일이 있었다. 식물도 자원이고 농민들이 관심만 가지면 가난도 극복하고 살기 좋은 농촌으로 바꿀 수 있다고 강조하였다.

그는 학교에서 후생(厚生, 행복하고 넉넉한 삶)이라는 특유한 교과과정을 마련하고, 농촌사회의 의식 개혁, 특용작물 재배, 덴마크의 협동조합 운영 등을 내용으로 한 강의를 하였다. 이 시간은 학생들이 가장 기다리는 시간이기도 하였다.

임세홍 교장은 자신의 건강은 돌볼 겨를도 없이 1인 3, 4역의 고된 나날을 보내다가 1968년 6월 급환으로 서거하였다. 당시 임세홍 교장은 덴마크엘 가 본 일도 없었지만 그곳을 지상 낙원의 나라라고 하였다. 최근 나라별 행복지수 발표를 보면 덴마크가 1-2위 최상급의 행복한 나라로 평가받는 것임에 틀림없다.

임세홍 교장은 수십 년 전에 다른 나라가 농업을 팽개치고 공업이나 상업 등으로 경제 구조를 만들어 갈 때 농업을 주축으로 해서 나라를 일으키게 하였던 덴마크 선각자들의 생각이 옳았다는 것을 실증시킨 것이다. 한 치의 거짓이 통하지 않는 농업이 정직한 사회를 만들고 협동조합의 상부상조 정신이 갈등이 없는 평화의 나라를 만들 수 있었을 것이다. 덴마크에서 모델을 찾으려고 한 선각자 임세홍 교장의 원대한 뜻을 새삼 되새겨 본다.

5-4 자격증(License)

교원자격증을 중심으로 자격증과 관련된 문제를 언급해 보려고 한다. 한국의 교사 자격증(license)은 교원자격증이라는 타이틀과 자격의 종류가 기록된 증명서이며, 이 자격증이 있어야 학생들을 교육할 수 있다. 자격의 종류는 초·중·고등학교에 근무하는 정교사, 준교사, 교도교사, 사서교사, 실기교사, 양호교사, 특수교사 등으로 구분된다. 현재 교원자격증은 교육대학교, 사범대학, 임시교원양성소, 교직과정 이수, 한국교원대학교, 교육대학원 수료 등을 통해 취득하게 된다.

교원자격 취득의 방법은 학생 수의 증감에 따라 큰 변천을 겪어 왔다. 한국은 6·25전쟁 이후 증가하는 학생 수를 충족할 학교와 교사가 턱없이 부족하였다. 초등학교 교사의 경우 초등학교 졸업자도 단 몇 개월의 초등교원 양성 과정을 마치면 발령을 받을 수 있었던, 자격증 남발 시대가 있었다. 혼란기 때 교직과 관련된 기본적인 소양도 갖추지 못한 사람들이 고위직에 오르기도 하였으며 이런 사람일수록 하급 기관에 불호령이 심했다.

지금 생각하면 무자격이라고 보아야 할 사람들이 교육계를 장악하고 있었다고 할 수 있다. 그 사례로 시·도교육감이 권력층의 비호하에 낙하산 인사 형태로 임명되고 이분들이 그의 존재감을 과시하기 위해 교육감의 역점 사업이라고 해서 추진하던 내용을 되돌아보면 참으로 어처구니없는 것들이었다. 경기도의 경우 신임 교육감이 도내 마을마다 '학도애향대'라는 조직을 만들어서 조기 청소, 꽃길 만들기, 마을문고 등 새마을운동과 유사한 활동을 하도록 일선 학교를 고달프게 만들었던 일이 있었다. 토요일 오후 교사들을 담당 마을에서 학생들을 독려하게도 하였다.

권위주의 시대에 일선 학교는 단지 하급기관으로밖에 보이지 않는 것 같았다. 이런 분들의 치다꺼리에 제대로 된 교육을 할 수 있었겠는가? 라이선스가 있어야 교육감을 하는 것은 아니지만 교육 경험이 없는 분들이 교육의 최고 책임자가 되고, 그런 분의 참모로 있는 분이 장학지도라는 명목으로 일선 학교에 오면 교직원들을 하급자 다루듯 하기도 하였으며, 그런 영향이라고 하여야 할까?

교육 현장에서는 교사들이 학생들을 군대 졸병 다루듯 하였다. 그 당시에 역사와 전통이 있고 그런대로 학교 체제를 갖춘 학교는 시설도

  생명과학 이야기

좋고 우수한 교사들이 있어서 교육다운 교육을 하였다고 할 수 있었 겠지만 대부분의 학교가 열악한 환경 가운데서 정상적인 교육은 어려 웠던 것이다.

그러나 그 열악한 조건에서도 페스탈로치(Johann Heinrich Pestalozzi, 스위 스 교육자) 소리를 들어도 부족함이 없을 선생님들도 있었다. 이런 분들 은 오로지 햇빛 없는 그늘에서 묵묵히 어린이의 존귀한 영혼을 기르 는 일에 혼신의 힘을 기울이고 있기에 높은 자리를 탐 할 필요가 없 었고 올라갈 수도 없었다. 스승상을 보여주는 이런 선생님들의 자격 증이야말로 진정한 가치가 있는 것인데 명목상의 자격증만으로 교단 을 지키던 분들을 너무나 많이 보았다. 교육이 국방 못지않게 경제 발 전의 산업 역군을 양성하는 중차대한 임무를 수행한다는 판단으로 병역면제, 단기복무 등 교사들에게 특혜도 주었다.

1980년대 중후반까지만 하여도 교직이 인기 있는 직종은 아니었다. 여전히 공사립을 막론하고 빈약한 재정 때문에 교사들의 급료가 낮은 편이었고, 당시 직업 선호 순위로 20위 안에 들지도 못했다. 최근에는 교사가 선호하는 직업 중 상위를 차지한다고 하니 세월이 흘러 교육 환경과 교사의 자질, 처우도 많이 향상된 것 같다.

교육은 단기간에 그 결과를 볼 수 없는 분야이다. 적어도 20-30년 을 기다려야 교육 목적이 달성되었는지의 여부를 알아볼 수 있을 것 이다. 작금의 한국의 부정과 불의, 폭력 등이 사회의 큰 문제라면 그 들에게 부실한 교육을 하였던 교육 관련자들에게도 책임이 있다는 것 을 부인할 수 없을 것이다.

자격증은 어떤 일을 할 수 있다는 능력을 인정하는 인증서이다. 그러나 대부분의 현장 업무나 일이 자격증만으로는 부족하기 때문에 능력을 향상시키기 위한 지속적인 자기 연수가 따라야 한다. 현재 한국 교사들은 각종 연수에 몸살이 날 정도로 많은 연마를 하며 교사의 질을 높여 가고 있다고 한다. 이는 비단 교사들뿐만이 아니다. 다른 직종에서도 자격증이 있어야 수행 업무를 맡을 수 있기에 사정은 마찬가지일 것으로 생각한다. 그러나 자격증 취득만이 능사는 아니다. 자격 얻은 것만으로 자리를 지키며 큰소리를 치는 것은 무능력의 콤플렉스를 극복하려는 몸부림으로 보는 것이 타당할 것이다.

우리는 그런 모습을 주변에서 흔히 마주하게 된다. 정치가들이 선거를 통해서 얻은 지위도 자격이 주어진 것뿐인데 전문적이고 고유한 그의 업무는 팽개치고 자신의 지위를 특권인 양 행동한다. 선거로 당선된 단체장들이 각종 이권과 관련되어 구속되고 자격을 잃고 쫓겨나는 것도 자격의 본연의 의미와 역할을 망각한 행태인 것이다. 모든 수단 방법을 동원해서 지도자로 당선된 후에 그 순간부터 태도를 바꾸며 특권 남용만을 일관하는 것도 "염불에는 맘이 없고 잿밥에만 맘이 있다"는 격언을 방불케 하는 행동이다.

자격증보다 더 중요한 것이 현장에서 얼마나 자격에 걸맞게 업무를 수행하며 결과를 창출해 내느냐인데 오로지 지위 얻기에만 급급한 사람들은 발붙일 수 없는 사회가 되도록 지혜와 힘을 모아야 할 때이다. 자격증은 끝이 아니라 시작일 뿐이다.

생명과학 이야기

평생학습 사회

"과거의 학력이나 경력으로 현실에 안주하는 것은 곧 퇴보의 길을 가고 있는 것."

평생학습 사회란 가정, 교육기관, 지역사회, 직장 등 어느 곳을 막론하고 학습활동이 이루어지고 있는 사회라고 말 할 수 있으며, 교육이라는 제도에 의존하기보다는 스스로 다양한 프로그램을 이용하여 학습에 참여함으로써 개인적, 사회적, 직업적 발달을 성취시키고 자아실현과 행복을 추구하는 사회라고 할 수 있다.

급변하는 21세기의 지구촌 세계화의 추세 속에서 각국은 학교교육만으로는 국가 경쟁력이나 개인의 행복 추구나 성장 발전을 도모할 수 없다는 판단으로 평생교육 정책을 핵심 과제로 추진하고 있는 것이다. 어느 경제학자는 경제 발전이란 '국민이 배우는 과정'이므로 국민들이 겸손한 마음으로 얼마나 배우는 것을 중시하느냐에 따라 경제 발전의 정도가 달려 있다고도 하였다. 이 말은 국가도 할 일이 있겠지만 국민 각자가 배우려는 의지, 학습하려는 태도가 국력을 좌우하는 척도라고 지적한 것이다.

누구나 학습의 필요성을 인식하고 있겠지만 국가 정책이나 평생학습을 할 수 있는 인프라가 잘 구축되어 있고 학습할 수 있는 사회 분위기도 잘 조성되어 있어야 한다. 호주는 이미 오래전부터 효율적인 평생교육 정책을 추진하며 국민들의 사회 적응력과 국가 경쟁력을 키워가고 있다. 한국은 역사가 오랜 호주의 교육정책을 연구하고 배워가기 위해 매년 많은 초·중·고 교사 및 교육 관계자들을 파견하여 연수를 받고 있다.

호주는 용어는 다르지만 평생교육 정책이나 국민들의 인식과 태도가 앞서가는 나라에 속한다. 호주에는 평생교육기관이라고 할 수 있는 TAFE(Technical And Further Education)를 통해서 호주 국민 누구나 용이하게 직업교육, 교양교육 등을 받고 자신의 능력을 향상시키고 발전해 가는 데 중추적 역할을 하고 있다. 이와 같은 좋은 여건을 갖춘 호주 사회에서 교민들이 학습활동을 생활화하며 미래를 개척해 나가는 것은 얼마나 행복한 일인가?

한국은 1982년에 사회교육법을 제정하여 시행하여 오다가 1999년에 이를 평생교육법으로 개정하여 시행하고 있다. 국민 모두가 언제 어디서든 원하는 교육을 받을 수 있도록 정부의 행정 및 재정적 지원이 강화되고 있어 평생학습 분위기는 어느 나라 못지않게 잘 조성되어 있다고 할 수 있다. 한국은 유명 학교 졸업장 하나로 모든 것이 통하는 학벌사회를 지속해오다가 이제 그 패러다임이 바뀌고 있으나 선진국은 능력으로 진로가 결정되고 능력으로 인정받는 사회가 된 지 이미 오래되었다. 과거의 학력이나 경력으로 현실에 안주하는 것은 곧 퇴보의 길을 가고 있는 것이라는 것에 더 부연할 필요가 없는 사회가 되었다.

지식정보화시대라고 한다. 온갖 정보와 창의적 지식이 융합되어 지적 재산이 상품화되고 이 지식과 정보는 초고속 정보통신망을 통해 신속하게 유통되며, 모든 산업을 이끌고 중요한 사회의 이슈(issue)에도

생명과학 이야기

결정적 역할을 하게 되었다. 지식 정보가 부의 원천이 되고 권력이 되었다. 기차 안이나 버스 안에서 젊은 누구나 스마트폰을 들고 무언가 열심히 들여다보고 있는데 나이 든 사람들은 스마트폰을 든 사람들을 거의 찾아볼 수 없다. 어느 쪽이 바람직한가의 여부를 떠나서 이것은 세계 어느 나라에서나 볼 수 있는 엄연한 문화의 단면이다.

혁명적이라고 할 수 있는 정보 통신망의 발달은 인류의 온갖 것을 바꾸어 놓을 정도가 되었는데 나의 일상생활에 결정적인 영향을 주지 않는다고 해서 옛날 방식만을 고집하며 살아가는 것은 외로운 섬에서 외계와 단절하며 사는 것이나 다를 바 없는 것이다. 일상생활 패턴이 학습적인 사람은 고정관념 속에 사로잡히지 않을 수 있으며 학습하는 과정 자체에 기쁨이 있고 결과에 행복할 수 있게 되는 것이다.

학생들에게 무엇을 가르칠 것인가를 연구하는 교육학자들은 학생들이 그들 자신과의 환경과 맺는 관계를 따져 보도록 하게 하여야 하며, 사회는 인간이 생태적으로 폐색될 수밖에 없는 자기 내면을 알아차리게 하여야 한다고 한다. 동물들은 폭넓고 자유스럽게 행동하는 것 같아도 관찰해 보면 그들의 영역에서 거의 벗어나지 않고 반복되는 행동의 연속이다. 인간도 자연의 한 조각이긴 하지만 정교하고 고도로 발달된 심리적인 구조로 자아의식, 이상 형성, 반성, 미래 지향 등을 추구해 나갈 수 있는 자유를 가지고 있는 것이 동물과 다른 것이다.

그러나 인간도 반복적인 생활만을 계속하다 보면 동물과 마찬가지로 생활이 조건반사적인 자기 틀 속에 갇히게 되고, 사고력도 폐색될 수밖에 없게 되어 있다. 나이가 들수록 보수화되는 것도 원천적으로 이와 같은 요인을 갖고 있는 것이다. 이와 같은 인간의 심리 내면을 악용하여 정치권력, 부의권력, 언론권력을 가진 집단들이 그들의 권력을 계속 유지, 확대하기 위해 교묘하고 한정된 틀로 편집된 문화 속에 빠져들게 만들고 있다. 이와 같은 숨겨진 음모를 알아차리기도 힘들어서 대중들이 무의식중에 고정관념, 편견 등에 사로잡히게 만든다. 이는 개개인의 폭넓은 자유의지를 질식시키게 되고 사회와 국가를 권력 집단들이 지배하게 만드는 것이다. 국가가 교육과정을 만들고 목표에 도달하게 하는 전통적인 교육관이, 학습자 중심의 교육관으로 바뀌어 가고 있는 것을 주목하여야 한다. 학교 교육을 통해 배우는 것만이 학습이라는 관점은 구시대적이라고 비판받고 있다는 것이다. 교육에 대한 이해와 관점이 '무엇을 가르쳤는가'의 교육에서 '무엇을 학습하였는가'로 바뀌었다는 것이다. 정규학교 교육만으로는 설 자리가 없게 되었는데 학습하지 않고 삶의 희망의 욕구를 충족시킬 수 없는 것이다. 호주 교민사회에 평생학습의 정보를 제공하고 생기를 불어넣는 campaign은 참으로 중요하고 필요한 일이라고 할 수 있다.

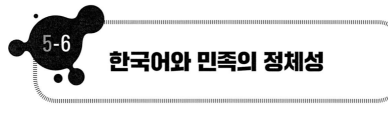

5-6 한국어와 민족의 정체성

금년에 한글날(10. 9.)이 국경일로 지정되면서 567돌 한글날을 기리는 각종 행사가 다채롭게 거행되었다고 한다. 필자의 고향, 여주엔 세종대왕의 묘인 영릉이 있어서 국경일과 관계없이 매년 한글날 행사를 해

생명과학 이야기

왔다. 1976년에 영릉이 성역화되면서 주위가 말끔하게 정화되고 주변 환경이 아름다워 참배객과 관광객이 많이 찾는 명소가 되었다.

세종대왕의 한글 창제의 의미는 학술적으로 연구가 계속되겠지만 이집트의 피라미드나 중국의 만리장성과도 바꿀 수 없는 위대한 유산을 우리 민족에게 남겨준 것이라고 생각된다. 민족의 정체성을 유지하려면 언어와 문자가 있어야 하는데 지구상의 그 많은 민족과 국가가 있어도 문자를 가지고 있는 나라는 28개국이고, 순수하게 자기 나라의 고유문자를 가진 나라로 치면 6개국에 불과하다고 한다.

훈민정음 해례본에 따르면 "슬기로운 사람은 아침을 마치기도 전에 깨칠 것이요, 어리석은 이라도 열흘이면 배울 수 있다"고 하였다. 배우기 쉬운 덕분으로 최근에 조사한 것을 보면 한국의 문맹률은 1.7% 수준이며(2008년 국어연구원 조사, 17세-79세) 미국은 문맹률이 21-23% 정도 된다고 한다. 세계의 언어학자들이 한글을 세계의 으뜸 문자로 인정하였고, 세계 문자가 겨루는 문자 올림픽에서 두 번이나(2009년, 2012년) 금메달을 안았다. 영국 옥스퍼드대학교 언어대학의 세계 언어 평가에서도 최우수 문자로 선정되기도 하였다. 언어와 문자는 민족의 정체성과 독립성을 유지해 주는 민족의 뿌리 유산이다. 한글이 있음으로 해서 한민족의 역사와 문화를 세계에 드러내며 빛나게 하고 있는 것이다.

필자는 일제 식민지가 끝나기 직전인 1944년에 일본인 교사가 가르치는 '국민학교'에 입학하여 일본어를 배우다 해방을 맞았다. 침략국은 식민지국의 언어를 말살하고 침략국의 언어를 사용하도록 강요한다. 국어 교과서에 '마지막 수업'이라는 글이 있었다. 독일의 전신인 프러시아와 프랑스 간의 전쟁을 '보불전쟁'이라고 하는데, 이 전쟁에 패한 프랑스의 1980년경을 배경으로 해서 '알퐁스 도데'라는 작가가 쓴 단편소설이다.

　학교 가기를 싫어하고 공부에 관심이 없는 프란츠는 그날도 농땡이를 치며 학교 안 갈 궁리를 하다가 늦게서야 교실에 들어가나 분위기가 심상치 않음을 느끼며 아멜 선생님의 프랑스어 마지막 수업을 받게 된다. 단골 지각생 프란츠에게 야단을 치셔야 할 아멜 선생님이 "프란츠야, 얼른 네 자리에 가 앉으렴. 하마터면 너 없이 시작할 뻔했구나!" "애들아, 이 시간은 내가 너희들을 가르치는 마지막 수업 시간이다." 하며 수업을 시작하는 장면이 묘사되고 있다.

　나라를 빼앗긴 슬픔이 잔뜩 배이고 어둠이 엄습하는 분위기가 진하게 부딪쳐 온다. 아멜 선생님의 말은 마디마디가 폐부를 찌르는 명문장이다. 아멜 선생님은 "한 민족이 노예 신세로 떨어졌을 때 제 나라 말을 잘 간직하고만 있다면 감옥의 열쇠를 쥐고 있는 거나 다름없다"고 말한다.

　한국은 일본의 식민지가 되어 백성들이 노예에 가까운 생활을 한 슬픈 역사가 있다. 일본은 한글을 말살하려고 갖은 모략을 다 썼으나 우리 민족의 얼이 담긴 한글을 어쩌지 못했다. 한국의 위상이 갈수록 높아지고 우리 문화가 한류라고 불리며 세계 속에 파고들고 있는데 영어와 함께 한국어 구사의 막힘이 없는 사람이 되는 것은 글로벌 시대의 크나큰 능력을 소유하게 되는 것이며, 미래의 진로 개척과 행복한 삶의 원천이 될 수 있는 것이다. 한글을 잘할 수 있다는 것은 자랑스러운 한국인임을 인증받는 것이며 한국의 기나긴 역사와 문화·예술·과학의 온갖 정보와 지식을 이용하여 새 지식을 창출할 수 있는

생명과학 이야기

무한 가능성의 소유자가 되는 것이다.

대한민국을 상징하는 것으로 한글을 우선적으로 내세워야 한다. 애국가·무궁화·아리랑·김치 등을 열거할 수도 있겠지만 누구나 자신만만하게 자랑하며 내세울 수 있는 게 한글만 한 게 없다. 흔히 유태인들이 수천 년 동안의 박해와 고난 속에서도 그들의 정체성을 잃지 않고 누구도 범접하지 못하는 국가를 다시 세울 수 있었던 것은 유대교 신앙을 바탕으로 한 가정교육 때문이라고 말하고 있다. 한국 민족이 유태인과는 다르지만 수없이 침략을 당하고 고난의 길을 걸어오면서도 한국어가 있었기에 민족의 정체성을 잃지 않고 국난을 극복해 온 것이다. 한국 민족이라면 어디에서 살아가든지 후손들에게 한국어로 정체성을 전수시키는 삶을 살아야 한다고 생각한다.

호주는 교포 학생들에게는 영어가 해결되고 한글 공부까지 할 수 있는 이상적인 환경을 갖추었다고 할 수 있다. 많은 한글학교, 교회, 성당에서 훌륭하신 선생님들이 헌신적으로 한글을 가르치고 있고, 가족들, 부모님, 할머니, 할아버지, 모두가 선생님인데 한국어를 못한다는 것은 의지 부족이라고밖에 변명의 여지가 없다고 생각된다. 차세대가 한국어와 한국 문화를 배우는 것은 성공 기회를 두 배로 넓히는 것이나 마찬가지다. 한국어를 잘할 수 있게 되는 것은 어떤 것과도 비교할 수 없는 값진 유산을 받게 되는 것이다.

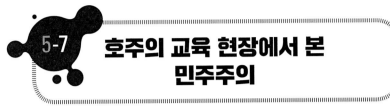
　몇 년간 TAFE에서 영어 공부를 하는 동안에 한국과 너무나 다른 교육 현장의 많은 장면들을 보며 교육 현장은 그 나라 그 사회의 민주주의의 성숙도를 가름할 수 있겠다고 생각하였다. TAFE의 선생님들이 권위주의적이지 않고 교직 전문성으로 철두철미한 수업 준비와 민주적인 자유와 평등의 원칙에 입각한 빈틈없는 수업을 진행하고 있었다. 교단을 특권으로 간주하고 지시와 복종을 강요한다면 이것을 권위주의적인 것이라고 할 수 있는데 이런 색채가 풍기는 선생님은 만나지 못했다. 한국과 다르게 20명 내외의 소수 학급이라 가능한 일이긴 하지만 호주 선생님들이 연령, 인종, 종교, 학습 수준이 다른 학생 개개인을 편견 없이 철저하게도 공평하게 대하고 소외되는 학생이 없게 학습 기회를 제공하고 있었다.

　선생님들이 하나같이 학생들이 어떤 문제를 제기하건 간에 토의로 종결시키려는 것을 보며 민주주의 현장의 한 장면이라는 생각이 들었다. 선생님이 교과서도 없이 신문, 잡지, 광고지, Video Tape, 현장 환경 등 다양한 교육 매체를 활용해서 지루하지 않고 재미있게 수업을 이끌어 가는 것은 한국의 교사들이 이상적으로 생각하던 학습 모형이다.

　짧은 시간에 많은 지식을 주입식으로 수업을 하는 것이 각종 평가의 좋은 성적을 거두는 데 효율적일 수밖에 없다는 인식이 지배적이고 학력평가 성적으로 학생은 물론 학교와 교사의 유·무능을 판단받게 되는 과거 한국의 선생님들에게는 수업 매체를 활용한 수업은 시간 낭비일 뿐이었다. 외부에 공개하는 연구수업 등에나 일회적으로 수업 매체를 총동원하였다. 원인을 찾자면 사회 전반에 걸친 복잡한 관계가 얽혀 있지만 한 가지 분명한 것은 교육을 국가가 도맡아서 하려는 경직된 국가 체제가 근원적이라고 생각하게 된다.

한국에서 각종 명목의 교육 회의에 참석하면 2-3시간 동안 각종 지시이며, 그 내용으로 보면 교장이나 교사의 재량권이 전무한 것이다. 호주 교육 당국이 일선 학교에 어떤 형태로 감독하고 지시하는지 자세히 모르지만 호주 선생님들이 자유스럽게 정해진 틀에 구애받지 않고 수업 준비와 교과 지도를 하는 것을 보아서 선생님들에게 폭넓은 재량권이 주어지는 것 같다.

국가는 교육 전문가들에게 위임하여 교육과정을 편성하고 학교장과 교사에게 재량권을 주어서 그들이 진취적이고 창의적인 학교 운영과 학습 지도를 할 수 있도록 하는 것이 민주주의 국가의 교육 당국이 할 일이라고 생각되기 때문이다. 학생들은 미성숙한 존재이므로 민주주의를 실천할 능력이 부족한 존재라고 보는 관점이 있다. 성인의 가치 판단 능력이나 윤리 의식이 미성년자들의 그것보다는 우월하다는 생각으로 학생들 스스로 실천하고 참여하는 기회도 주지 않고 묵살하는 것은 민주주의의 근본적인 원리와 대치되는 생각들이다.

어느 날, 호주 초등학교 행사와 고등학교 조회시간을 볼 기회가 있었다. 초등학교 행사는 뮤지컬이었는데 전교생은 물론 교장, 교사까지도 역을 맡아 흥미진진하고 박진감 넘치게 진행하여 학부형들의 탄성을 자아냈다. 고등학교 조회시간도 참관하였는데 시간이 되어 그리 넓지 않은 광장에 학생들이 줄도 서지 않은 채 삼삼오오 모여들더니 강단에 학생회장이 올라가 학생조회를 시작하였다. 학생회장의 소개를 받은 교장 선생님이 2-3분간의 짧은 연설을 하고 학생회장은 학교에서 일어났던 일의 설명과 대외 활동으로 수상한 학생들을 소개하는 등 엄숙하고도 능숙하게 행사를 이끌어 갔다. 이런 것들을 지켜보며 이것이 민주적인 학교의 모습이라고 생각했다. 단순히 학생들이 졸업한 먼 후일을 위해 미리 경험을 시키는 것이기보다는 학교라는 공동체의 구성원으로서 역할을 맡고 있었기 때문이다. 민주사회가 미래의 희망이 아니라 현재 과정 자체이기 때문이다.

자유와 평등의 민주주의 가치를 교육시키는 활동을 일선 학교에 맡겨야 학교가 처해진 여건을 십분 활용하여 창의성 있는 교육을 할 수 있는 것이다. 과거에 지시와 통제, 감시 감독으로 일선 학교의 구석구석까지도 참견하려 하던 경직된 국가 체제를 겪어온 교육자들은 무질서를 근심할 정도의 자유분방한 교육 현장을 놀라움으로 보지 않을 수 없다. 불평등과 자유가 속박되는 교육 현장에서는 민주주의 기본 가치인 자유, 평등과 정의를 행동화 할 수 있는 교육은 공염불이다.

민주주의가 무엇인가? 민주주의를 여러 가지로 설명, 해석할 수 있겠지만 구성원 개개인이 존엄한 인간으로서의 삶을 누릴 수 있도록 한다는 게 민주주의 근원적인 가치이며, 국민 개개인이 국가의 주인으로서 권리와 책무를 다하며 국가 체제를 유지해 가는 것이다. 독재국가는 독재자와 함께 몇몇 사람이 국가를 장악해 가는 것이 아닌가?

생명과학 이야기

독재자는 자기만이 국가를 책임질 수 있다는 신념으로 권력을 이용한 지시와 강요를 통해 자신이 의도하는 방향으로 국가와 사회를 이끌어 가려고 하는 것이다. 독재자에게 반대는 거추장스러운 것이며, 능률을 방해하는 것으로 간주된다. 그런 의미에서 민주주의와 독재주의가 다른 것은 반대를 인정하느냐 안 하느냐의 차이라고도 할 수 있다. 어떤 공동체의 관리자가 논리가 있고 대안이 있는 반대까지도 인정하지 않는다면 이것이야말로 독재자의 행태이다.

민주주의 국가에서 야당을 반대당(Opposition)이라고 하지 않는가? 호주 선생님들이 교실에서 학생들의 황당한 질문이나 문제 제기에도 짜증스러운 표정 없이 끝까지 동의를 이끌어 내려는 것을 보며 민주화된 사회 문화 속에서 몸에 밴 태도라고 생각하였다. 대화와 타협이 습관화된 사람들은 이와 같은 문제를 민주주의와 연관해서 생각하지 않을지 모른다. 대화하고 타협하려면 시간이 낭비되는 것 같아도 반대를 묵살하는 데서 오는 갈등과 대결로 야기되는 문제는 시간 낭비와는 비교할 수 없는 대가를 치르게 된다.

서구의 여러 나라의 국민들이 오랜 세월에 걸쳐 이런 과정들을 거치며 민주주의 원리가 국가 체제를 유지, 발전시키는 데 가장 이상적이라고 깨닫게 되었고, 사회의 모든 분야에서 습관화, 생활화된 것이며 호주도 그 뿌리를 이어받아 오늘날 성숙한 민주주의 국가로 우뚝 선 것이다.

인류는 그동안 민주주의 가치를 실현시키기 위해 엄청난 대가도 치르며 많은 노력을 경주하여 왔다. 민주주의 국가들이 파시즘, 나치즘 같은 국가들과의 대결에서 승리 하고 공산주의 국가들이 몰락 과정을 거치면서 국가 공동체적 생존을 영위하는 데 있어서 민주주의 방식만큼 중요하고 강력한 원리가 없다는 점이 확인되었다고 할 수 있는 것이다.

전쟁과 같은 위기 상황에서도 강력하고 잘 훈련된 국민과 군대를 가지고 있다고 여겼던 독재 체제의 국가보다 우월하다는 것을 세계 역사 속에서 보여 주었다. 그러나 민주주의 국가 체제를 갖춘다는 것이 얼마나 어려운 일인가를 더 부연할 필요가 없다. 국민들이 문맹과 함께 민주주의 의식이 희박하면 민주주의 체제를 구축하고 유지, 발전시킬 수 없다는 것을 이미 오래전에 여러 학자들이 예언하였다. 국민들의 문맹의 수준을 넘어 투철한 민주의식을 갖추고 적극적인 참여가 있을 때만 가능할 것이라고 본 것이다.

민주주의는 주어지는 것이 아니라 스스로 만들어 가는 것이기도 한 것이며, 정해진 존엄한 삶의 조건을 부단히 개선하고 재형성해 가는 과정 그 자체인 것이다. 민주주의를 반민주주의에 대항하려는 이념보다는 평등과 자유, 정의가 가득한 사회가 되어야 자아실현의 행복한 삶이 영위될 수 있으며, 그것은 오늘 우리 모두가 뜻을 모으고 힘을 합쳐야만 가능한 것이다.

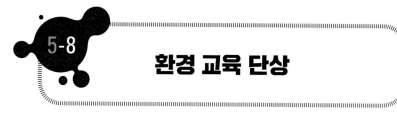

환경 교육 단상

전쟁을 겪은 한국에서 환경에 관심을 갖거나 생각할 겨를이 없었다. 자연은 한국인에게 생존을 위한 수단이었을 뿐이었다. 산의 나무는 겨울철에 땔감으로 남벌(濫伐)되고 눈에 띄는 온갖 야생동물들은 단백질 부족을 메꿀 수 있는 포획의 대상이었다.

10여 년 전, 금강산 관광으로 휴전선에서 금강산까지의 짧은 거리를 버스로 이동하며 북한의 산하를 엿볼 기회가 있었다. 금강산을 제외한 나머지의 산에는 서 있는 나무가 손가락으로 꼽아도 몇 개가 될까 말까 한 민둥산이었다. 한국전쟁 직후의 헐벗었던 남한의 산 모형을 재현하여 놓은 것 같은 모습이었다. 먹고사는 문제가 심각한 상황에서 자연보호나 환경문제를 거론한다는 것은 넌센스였을지도 모른다. 인간의 기본적인 욕구가 충족되지 않은 사회에서 환경문제 거론이 설득력을 얻기가 힘든 것은 너무나 상식적이다.

한국이 경제성장과 함께 필연적으로 병행할 수밖에 없었던 마구잡이식 환경 파괴는 각종 공해와 함께 감당하기 힘든 역작용으로 인간의 삶을 위협하게 된다는 것을 인식하기 시작한 것은 그리 오래되지 않았다. 1970년대 후반부터 곳곳에서 크고 작은 환경 파괴와 오염 문제가 발생하기 시작한 것 같다. 이때까지 한국의 국가 정책은 경제 발전과 소득 증대라는 대명제(大命題)에 초점을 맞추고 있었으므로, 환경

문제라든가, 환경 교육은 거론하기가 거북할 수밖에 없었던 것이다.

1980년대에 곳곳에 대규모 공업단지가 생기고 도시의 팽창으로 인해, 걷잡을 수 없는 갖가지 부작용이 야기되면서 경제개발만이 능사(能事)가 아니라는 것을 일깨우며, 국가 정책도 환경 문제를 등한시할 수 없게 되었다. 1980년에 환경청이 생기고 1987년에는 헌법 조문에 환경권 규정까지 만들었다. 대한민국 헌법 제2장 "국민의 권리와 의무"의 제35조 1항에서 "모든 국민은 건강하고 쾌적한 환경에서 살 권리를 가지며 국가와 국민은 환경 보전을 위하여 노력하여야 한다."는 조항이다.

1990년에는 보건사회부의 외청이었던 환경청을 환경부로 승격시켜 환경 정책을 독립적으로 추진하게 되었다. 교육 쪽에서는 헌법 개정 이전부터 교육과정을 통해 환경 교육의 선언적 규정을 포함시켰다. 1981년에 고시된 제4차 교육과정의 총론 편에서 환경 교육은 교육 활동 전반에 걸쳐 이루어져야 한다고 선언한 것이다. 이때부터 공해(公害)라든가, 환경오염 등 구체적인 환경 용어 등이 교육과정에 등장하게 되며 문제의식이 확산되어 나갔다.

1990년 10-11월에 전국 수준에서 실시된 "환경 보전에 대한 국민 의식조사"에 의하면 63.7%가 2000년대에 직면할 가장 심각한 문제로 '환경오염 문제'를 꼽았다. 특히 환경 보전이 경제성장능력을 높일 수 있고(73.6%), 환경 보존은 생산 활동을 뒷받침하게 된다(80.2%)고 보는 등 환경 문제의 중요성 쪽으로 기울었다.

1995년에는 제6차 교육과정에 선택교과이긴 하지만 '환경' 교과(敎科)가 신설되는 획기적인 정책이 채택되었다. 이는 한국 사회가 얼마나

생명과학 이야기

환경 교육에 대한 필요성을 절감하였는가를 나타내는 사례라고 할 수 있다.

세계적으로도 환경 교육은 최근에서야 활기를 띠기 시작하고 있다. '환경 교과'의 교과목화(敎科目化)의 의미(意味)를 1970년대의 '인구 교육' 교과목화와 비교해 볼 필요가 있다. 1980년대 중반까지 계속된 폭발하는 한국인구 증가율은 위기감까지 느끼며 갖가지 인구 감소 정책을 시행하였다. 교육에서도 '인구' 교과 신설 직전까지 갔으나 1980년대 후반부터 감소하기 시작한 인구 감소로 슬그머니 자취를 감추고 말았다. 아이러니하게도 현재 한국은 높은 인구 증가율에 고심하던 시절을 그리워하게 되었다. 저출산(低出産) 고령화(高齡化)를 예측하지 못한 인구 정책을 보며 환경 문제도 미래 지향적이고 가치 중심적인 목표가 있어야 한다.

환경과의 독립은 교육사적으로 지대한 의의를 지닌다. 교육학자인 홍웅선은 21세기는 환경과의 세기가 될 것이라고 주장하였다. 환경 문제는 지구상의 어느 누구나 외면할 수 없는 인류의 생존 문제가 되면서 그의 언급이 실감으로 받아들여진다. 환경 문제는 어느 특정 분야가 아닌 인류 미래의 사활이 걸린 절박한 문제이기에 학문적으로도 종합적일 수밖에 없다. 그중에서도 미래를 대비하는 교육 분야는 환경 문제를 소홀히 할 수 없는 필연적인 시점을 맞이한 것이다. 그동안 세계의 관계 단체나 각국의 관계 부처에서 환경 교육에 관한 정의(定義)를 발표하여 왔다. 그중에서 미국의 교육시설 연구소(Educational Facilities Laboratories)가 개최한 '인간 환경에 관한 연구(Project Man's Environment) 협의회'(1971)에서 환경 교육에 관련된 각 분야의 전문가 25인이 피력한 환경 교육의 개념을 종합한 것을 소개하면 다음과 같다.

"사람과 그가 사는 환경과의 관계를 가르치는 새로운 접근으로서, 그 내용은 사람이 그를 둘러싼 환경에 어떤 영향을 미치며, 동시에 어떤 영향을 받고 있는가를 알아보는 것이다. 사람이 자연 및 인공적인 환경에 대처하는 길을 통합적으로 다루는 과정이다. 학교와 그 학교가 위치한 지역사회의 사람들과 자연과 물리적인 자원의 모두를 대상으로 하는 경험 중심의 학습이다. 모든 교과를 하나의 목적, 즉 지구 전체를 다루는 내용으로 통합하는 접근이다. 도시 사회에서의 생존을 위한 것이다. 생활 중심의 학습 활동이며, 지역사회 개발을 위한 것이다. 사람마다 책임 있고, 목적이 뚜렷한 사회의 구성원으로서의 신뢰감을 가지게 하는 것이다. 평생 변하지 않을 행동의 유형을 개발하는 것이다."

이 외에도 세계 관련 단체와 각국의 관련 부처의 정의가 있지만 대동소이하다. 이러한 환경 교육의 정의들을 종합한다면, 환경 교육은 환경과 환경 문제에 대한 탐구 및 문제 해결을 추구하는 교육이라고 정리할 수 있다. 환경 교육을 통하여 현 세대는 물론 미래의 주역인 청소년들에게 환경에 대한 올바른 인식을 갖게 함으로써 그들의 건전한 인격 형성은 물론, 당면하고 있는 현재의 환경 문제를 해결하고, 나아가 미래에 더욱 심각해질 환경 문제를 예방하여 쾌적한 환경을 누릴 수 있도록 하는 데 궁극적인 목적을 두는 것이다.

환경 교과는 전담 교사나 생물 등 관련 교과만이 다룰 성질이 아니다. 전 교과 내지 전인교육 차원에서 다뤄져야 추구하는 목표에 도달할 수 있을 것이다. 예를 들면 환경교육론이 등장하지 않던 시대에,

기성세대가 즐겨 읽던 의인화(擬人化)된 우화(寓話)나 설화(說話) 등이 허구이긴 하지만 전혀 환경을 고려하지 않은 자연환경에 위해(危害) 요소로 작용할 수 있다는 것이다.

이솝 우화의 「개미와 베짱이」에서 여름날 개미가 먹이를 모으는 것이나 베짱이가 우는 것은 그들의 생태 습성의 한 과정이며, 그들의 생존을 위한 절박한 활동일 뿐이다. 작금에 와서는 사악하다는 뱀이나 교활한 여우의 이미지는 재미나 교훈적 매력을 상실할 수밖에 없게 되었다. 아동들이 생태계에서의 동물의 실제적인 역할을 알지 못한다면 어른이 될 때까지 동물들에 대하여 잘못된 개념을 지니게 될 위험이 있는 것이다.

환경 교육은 단순한 몇 가지 가치 기준이나 태도 등을 기른다고 해서 소기의 목적을 달성할 수 없다. 최종적으로는 한 인간이 삶을 살아가는 동안 실천적 행동으로 일관하고 자연 생태에 관한 가장 공정하고 객관적인 판단 능력까지 갖추게 할 수 있는가에 있기 때문이다. 환경 교육은 과학과 인문, 모든 분야에서 지향(志向)하여야 할 공동 목표가 된 것이다. 환경 교육이 환경 문제를 해결할 수는 없다. 최고 지도자라고 하는 사람들이 자연환경에 관하여 거의 무시하는 행태로 어떤 정책을 강행하려고 할 때 시민이 할 수 있는 일이 무엇인가를 학습하는 교육도 이루어져야 한다.

환경 교육은 지향하는 가치에 바탕을 두고 있기에 가치중립적일 수 없다고 주장하기도 한다. 환경 교육은 사회변혁을 위한 교육적 활동으로서 모든 생명에 대한 경외심을 기르고 자연환경의 순환 질서를 존중하게 하며, 인간의 그릇된 방식이 일으키는 생명 파괴에 대하여 윤리적인 책임의식을 갖도록 해야 한다. 따라서 그 중점은 환경에 대한 태도와 가치관, 그리고 환경에 영향을 미치는 모든 수준에서의 의사 결정에 대한 능동적인 참여를 할 수 있게 하여야 한다는 것이다.

인간의 성장 과정은 곧 자연 환경과의 만남으로 이루어진다. 인간은 태어나면서부터 자연 환경에 둘러싸여 자라고 자연을 보고, 듣고, 느끼고, 의문도 가지고, 성장 발달해 간다. 현대의 대부분의 학생들이 거의 흙을 접하지 못하고 아스팔트, 아파트로 뒤덮인 인공 환경 속에서 자란다. 이러한 학생들이 흙의 촉감을 알 리 없으며, 자연 속에서 활동하는 생명체의 신비함을 체험할 기회가 없다. 자연환경과 친하게 될 기회가 없으니 자연환경의 아름다움에 대한 미적 감상 능력이 배양될 수 없는 것이다. 자연을 접해 봐야 아름다움도 알게 되고 생명체의 강인한 생명 활동을 보고 생명체의 존엄함도 스스로 깨달을 수 있는 것이다. 기본적으로 이와 같은 접근 방법을 통해서 환경의 중요성을 자각할 수 있게 해야 한다.

환경 교과의 구성 내용은 방대하다. 도시와 농촌 간에 다루어야 할 과제가 다르고 학년(學年)에 따라 학습 내용은 달라진다. 환경 문제의 쟁점과 관련 지식이 폭발적으로 증가하기에 '그 많은 분량을 주(週) 1-2시간, 연 34-68시간으로 소화할 수 있을까?' 하는 데 의문을 갖게 한다. 환경 관련 내용의 주요한 주제를 열거해 보면 환경 교육의 필요성과 현실성이 있다는 것을 납득할 수 있을 것 같다. #지구 환경과 인간, #도시화와 환경, #소비 생활과 환경, #미래의 에너지, #환경오염, #대기오염. #폐기물, #오존층 파괴, #지구 온난화, #쾌적하고 건강한 환경, #생활 속에 환경보존 등… 얼마나 방대한가? 환경 교육과 환경운

생명과학 이야기

동과의 차별성의 문제이다.

환경운동은 어떤 바람직하지 못한 환경 상태를 해결하기 위하여 사회 구성원들이 추진하는 개혁적 노력의 일환이다. 따라서 운동의 목적이었던 환경 상태가 해결되면 그 운동은 소멸된다. 그러나 환경 교육은 환경문제가 아닌 인간 곧 학생들이며 계속 새로운 학생들을 받아들여야 하는 것이다. 환경운동은 즉시적 효율성을 기대하지만 환경 교육은 교육의 속성인 장기성, 심층적인 내면성에 중점을 두게 되는 것이다. 환경 교육이 현재의 환경문제를 해결하기 위한다기보다는 어떻게 하면 우리의 일상생활을 환경을 위하는 방식으로 해나갈 수 있는가를 가르치고 배우는 예방 차원(pre-cycling)의 교육이어야 한다.

지구는 인류에게 하나밖에 없는 생활의 공동체이다. 환경 전문가들은 인간이 지구환경에 대해서 청지기 윤리(stewardship)를 가지고 있어야 한다고 주장하고 있다. 청지기는 양반집 수청방(守廳房)에서 주인집 일을 맡아보고 시중을 드는 사람을 이르는 말이지만 성경에서 많이 인용하고 있다. 청지기는 주인에게 신임을 받아야 하고, 관리인은 직무를 충실하게 수행해서 주인에게 흠결(欠缺) 없는 평가를 받아야 한다는 것이다.

기독교에서 말하는 주인은 하나님이다. 이 청지기 논리는 봉건적 사회의 상하의 수직적 관계를 강조하는 것이라 자율과 민주적 참여 의식을 가지고 있는 현대인들에게는 부적합하지만 오늘날 인류에게 직면한 자연환경 파괴의 위기 극복을 위해서는 지구를 주인처럼, 하나님처럼 성실하고 극진하게 모셔야 한다는 의미로서 적절한 인용구(引用句)로 여겨진다.

지구 온난화, 오존층 파괴 등으로 세계인이 지구의 위기감을 느낀 데다가, 26년 전(1986. 4. 26.) 옛 소련의 체르노빌 원전 폭발, 3년 전(2011. 3. 11.) 일본 도쿄에서 370km 떨어진 태평양 앞바다에서 진도 9.0의 대지진의 여파로 후쿠시마 원전 폭발에 의해 유출된 방사능은 인접 국가 내지 세계인에게 공포감을 줌으로써 지구의 유일성(唯一性)을 통감하게 하였다. 세계 인류 전체가 발 벗고 나서도 지구의 자연환경을 보전하며 개선해 나갈지 의문이 가는 문제이지만 환경 교육은 인류에게 주어진 거역할 수 없는 명령이 되었다.

5-9 미얀마를 돌아보고

🍎 버마(미얀마)의 축구

최근 며칠 사이에 '미얀마'에 관한 뉴스가 각종 매스컴에 쏟아지고 있다. 지난 12일 밤에는 한국 축구 대표 팀이 2018 러시아월드컵 2차 예선에서 미얀마를 4:0으로 꺾었다. 미얀마는 1966년, 1970년 아시안 게임서 두 번이나 우승했던 축구 강국이었고, 경제적으로도 한국보다 잘나가던 나라였다. 그 당시에는 한국 축구가 미얀마를 꺾기가 벅찬 상대이기도 하였다. 그런데 미얀마가 최근에 뉴스의 초점이 되며 세계인의 관심이 집중되고 있다.

생명과학 이야기

우연한 기회로 미지의 나라 미얀마를 둘러볼 기회가 생겼다. 미얀마를 가려면 비자를 받아야 한다. 미얀마 비자를 신청하기 위해서 용산구 한남동에 있는 미얀마 대사관을 찾았다. 호주 캔버라에 있는 호화스러운 각국의 대사관 건물을 상상하던 필자는 가난한 나라라고 하지만 너무나 초라한 대사관 건물에 놀라지 않을 수가 없었다. 한남초등학교를 지나서 골목길로 올라가니 한 나라의 대사관 건물이라고 하기엔 너무나 초라한 건물이 미얀마 대사관이라고 한다. 연립주택 같은 4층 건물이 미얀마 대사관이다.

반쪽짜리 현관문을 열고 들어서니 전당포를 연상시키는 철제 창살로 차단된 안쪽에 한국인 듯한 여자 직원 두 명이 앉아서 방문객을 맞고 있다. 비자 신청서 양식을 받아 들고 놀란 것은 기재란에 머리카락 색깔(color of hair), 신장(身長, height), 눈동자 색깔(color of eyes), 안색(顔色, complexion)을 기재하라는 것이다. 그들 나름대로 합당한 이유를 말하겠지만 의아하지 않을 수 없었다. 북한 당국이 금강산 관광객들에게 사진 찍는 것을 일일이 감시하는 것과 같은 상식 이하의 통제를 하고 있다는 생각을 했다. 그러나 막상 양식을 갖추어 여권과 함께 제출하니 내용은 별로 점검하지 않고 접수하였으며 3일 만에 방문 비자 스탬프를 받았다.

☀ 아웅 산 묘역 테러 사건

지난 11월 8일 치러진 미얀마 총선거에 세계적 관심이 집중되고 있다. 한국인 대부분은 버마(현 미얀마)의 '아웅 산 묘역 테러 사건'을 기억하고 있다. 1983년 10월 9일, 전두환 대통령이 이끄는 방문단이 버마의 수도 랑군(현 양곤)에 위치한 아웅산 묘역을 방문했을 때 미리 설치된 폭탄이 터져 한국인 17명과 버마인 4명 등 21명이 사망하고 수십 명이 부상당한 폭탄 테러 사건이다.

테러를 감행한 혐의자 3명 중 1명은 사살되고 생포한 2명 중 1명은 사형이 집행되었으며, 1명은 수사에 협조한 점을 고려해 집행유예 사형 판결을 받고 복역하다가 2008년 5월 18일 간암으로 옥중에서 생을 마감하였다. 2008년에 옥중에서 사망한 강민철은 북한 정찰국 소속의 육군 대위로 당시 28세(1955년생)의 팔팔한 청년이었다. 그는 미얀마에서 무기수(無期囚)로 25년간 복역하다가 사망했다.

이 사건은 당시에 세계에 엄청난 충격을 주었을 뿐만 아니라 국제 관계와 남북한 정권에도 큰 파장을 일으켰다. 1970-1980년대는 남북한의 제3세계 외교전이 매우 치열하게 전개되던 시기였다. 남북한 양국은 자기들과 수교하라고 조르는 한편, 있는 돈 없는 돈 퍼주고 온갖 선물 공세로 국제사회에서의 외교적 정통성을 인정받기 위해 소리 없는 공방전을 펼쳤다. 북한과 가까운 사이인 버마를 끌어들이는 것은 정통성이 없는 전두환 정권으로서는 유리하다고 판단하였던 것이다. 전두환은 북한과의 외교전에서 우위를 점하려는 욕심에서 반대 의견을 뒤로한 채 무리하게 순방을 추진하다가 테러에 이골이 난 북한에게 처참하게 당한 것이다.

🍎 미얀마의 근대사

'미얀마'라는 국가 명칭에는 미얀마의 근대사(近代史)가 함축되어 있다. 미얀마는 대한민국과 유사한 근대사를 가지고 있다. 한국과 다른

생명과학 이야기

것은 한국이 일본의 식민지였던 반면, 미얀마는 영국의 식민지로서 탄압을 받았을 뿐만 아니라 일본의 침략도 받아 수많은 양민이 학살된 아픈 역사를 가지고 있다. 그 후에 미얀마가 혼란을 겪는 과정에서 일본식 군사교육을 받은 군 장성인 네윈은 쿠데타로 권력을 장악하고 악명 높은 독재를 계속했다. 그는 선거를 통해 정권을 잡은 우누 대통령을 무력으로 몰아내고 독재 권력으로 미얀마를 마음껏 주무른 것이다. 이 과정에서 한국과 비슷하게 대학생을 중심으로 한 국민들의 저항이 있었지만 군대를 동원해 진압한다. 그 후에도 많은 저항이 있었지만 총을 가진 그는 끄떡도 하지 않고 무자비하게 무력으로 탄압하여 왔다.

독재자 네윈은 1987년, UN의 버마 '최빈국' 선언과 국민들의 저항에 밀려서 '버마사회주의계획당'의 당수에서 사임하게 된다. 네윈 군사 정권은 '버마'라는 국호(國號)가 영국 식민지 시대의 잔재인 데다가 버마족 외에 다른 소수민족을 아우르지 못한다면서 135개의 소수민족을 아우르는 명칭이라며 미얀마(Myanmar)로 국호를 변경하였다.

☀ 미얀마의 군부 세력

그 후에 버마는 미얀마로 불리고 있으나 미얀마의 야권(野圈)은 인정하지 않고 여전히 '버마'로 부르고 있다. 절대 권력자였던 네윈은 권불십년(權不十年)이라고 하여야 할까? 권력의 누수 현상이 누적되면서 그의 새까만 후배 격의 군부 실력자들에 의하여 가택 연금 상태로 지내다가 93세 때인 2002년 12월 5일에 사망했다. 양곤에 있는 그의 호수 주변 자택에서였다. 그의 죽음은 버마 언론과 군부에 의해 발표됐지만 부고 기사는 일부 버마어로 된 관변 언론에서만 볼 수 있었을 뿐이라고 한다. 네윈에게 국가 차원의 장례식은 주어지지 않았다. 그의 전직 관료들이나 대학 동료들이 급조한 장례식에 겨우 30여 명 정도가 참석했던 것으로 전한다. 네윈은 죽었으나 군부 세력을 중심으로 한 너무나 견고한 기득권 세력이 있다.

이와 같이 권력에 중독된 세력들은 국민들의 저항 같은 것은 안중에 없다. 이와 같은 패턴(pattern)은 동서고금을 막론하고 계속되고 있다. 미얀마는 1962년 쿠데타 이후, 1987년까지 네윈의 사회주의 정부가 철권 정치로 다스려졌다.

🍎 미얀마의 '8888 항쟁'

미얀마에는 한국의 광주항쟁과 유사한 '8888 항쟁'이 있다. 1988년 8월 8일에 랑군(양곤)의 대학생이 주축이 되어 일어난 반군부 민주 항쟁이다. '8' 자 네 개가 겹쳐져 '8888 항쟁'이라고 한다.

이 항쟁의 진압과 군 세력의 정권 찬탈 과정은 한국의 5·18 광주민주항쟁과 너무나 유사하다. 한국의 12·12 군사 반란은 1979년 12월 12일, 전두환과 노태우 등을 중심으로 한 신군부 세력이 최규하 대통령의 승인 없이 계엄사령관인 정승화 육군 참모총장, 정병주 특수전사령부 사령관, 장태완 수도경비사령부 사령관 등을 체포한 사건이다. 전두환 세력은 초법적인 '국가보위비상대책위원회(國家保衛非常對策委員會, 약칭 국보위)'라는 기구를 만들어 국가권력을 행사하였으며, 미얀마 신군부도 '8888' 민주항쟁을 무력으로 잠재웠다. 미얀마의 군부 세력이 내각을 장악하기 위해 설치한 임시 행정 기구인 '국가평화발전위원회'나 전두환 세력의 '국가보위비상대책위원회'가 어쩌면 그렇게 붕어빵처럼 닮을 수가 있을까?

무력으로 정권을 장악한 미얀마의 신군부는 저항하는 시민, 대학생, 승려 등을 포함, 수천 명을 희생시켰다. 결국 '8888' 민중항쟁은 1988년 9월 18일 종료됐다. 아웅산 사건과 맞물려 1988년 미얀마 신군부가 집권하고 27년이 지난 현재까지도 그들 세력이 미얀마를 컨트롤하고 있는 것이다

☀ 미얀마의 넬슨 만델라, 아웅 산 수지

아웅 산 수지는 남아프리카의 넬슨 만델라처럼, '미얀마'라는 한 국가의 상징적 인물이다. 상당 기간 아웅 산 수지를 제쳐 놓고 미얀마를 언급한다는 것은 '김빠진 맥주' 격이 될 수밖에 없을 것이다. 그녀는 본인의 의지와는 관계없이 떠밀려서 미얀마의 중심에 서게 되었다. 그녀의 부친인 아웅 산 장군은 미얀마의 독립운동가로 추앙받는 인물이긴 하지만 아웅산 수치가 부친의 후광으로 미얀마의 정치 지도자가된 것은 아니다.

영국 옥스퍼드대학에 입학하여 정치·경제·철학을 공부한 그녀는 계속 영국에서 생활하며 영국인 마이클 에어리스를 만나 결혼했다. 아들 두 명을 낳고 행복한 가정의 주부로 살아가며 평범한 일상을 가꾸어 나가던 시기에, 군사 쿠데타가 일어나 미얀마에 독재정권이 들어서게 된다. 그 시기가 한국에서는 88올림픽을 한다고 법석을 떨던 때이고, 미얀마에서는 불법적 군사 쿠데타가 일어났으며, 이에 저항하는 대학생을 중심으로 한 민중항쟁이 격렬하게 벌어지고 있던 때다. 미얀

마의 이 항쟁은 한국의 '광주민주항쟁'과 유사하며 1988년 8월 8일에 일어났다고 해서 '8888 항쟁'이라고 한다.

수지는 1988년 그해에 뇌졸중으로 쓰러진 어머니의 병간호를 위해 영국에서 귀국한다. 이때 군부독재에 저항 하는 민중항쟁을 직접 목도하면서 민주화 운동가로서의 삶으로 예기치 않게 바뀌게 된 것이다. 미얀마의 '8888 항쟁'을 목격한 그녀는 더 이상 미얀마의 현실을 외면할 수 없었다. 국민들도 국민영웅 아웅 산의 딸인 그녀가 전면에 나서주길 바랐다. 그녀는 그해 8월 26일, 양곤의 슈웨다곤 사원 인근 공원에서 50여만 명의 시위 군중이 모인 가운데 '공포로부터의 자유'라는 제목의 연설을 하였다.

그녀는 "권력자들이 부패하게 되는 이유는 권력 때문이 아니라 두려움 때문이다. 권력을 잃을지 모른다는 두려움 때문에 권력자들은 부패하게 되고, 권력의 대가를 치러야 한다는 두려움 때문에 권력의 앞잡이들이 부패하게 되는 것"이라고 규정하며, 민주화 투사로서의 제2의 인생을 시작했다. 아웅 산 수지는 미얀마 국민들의 요구를 받아들여 '민주주의민족동맹(NCD)'을 창설하고, 군부에 다원적 민주주의를 받아들일 것을 요구했다.

군부는 국민들의 전폭적인 지지를 받고 있는 아웅 산 수지의 요구를 받아들이는 척하며 일당 독재를 폐지하고 다당제 정치와 선거를 하겠다고 약속했다. 그러나 아웅 산 수지가 전국을 돌며 미얀마의 희망을 이야기하고, 수만 명의 국민들이 환호하자 당황한 군부는 1989년 7월, 그녀를 가택 연금한다. 그리고 이에 대해 항의하는 국민들을 잔혹하게 탄압한다.

생명과학 이야기

🍎 미얀마의 총선

이후 야당인 '민족민주동맹(NLD)'의 당수였던 수지 여사는 1990년 5월 국민들이 직접 몰아준 표로 총선에서 압승했다. 하지만 민심에 놀란 군사정권은 이를 무효화시키고 가택 연금을 시킨 것이다. 이를 지켜본 국제사회는 미얀마의 군부를 비판하기 시작했고, 이에 못 이긴 군부는 약속했던 다당제 선거를 실시한다. 그러나 아웅 산 수지가 결성한 '민주주의민족동맹'이 82%라는 압도적인 지지를 받아 승리하자 선거를 무효화하였다.

동서고금을 막론하고 독재자들의 속성은 변함이 없다. 민중들의 아우성 따위는 잠꼬대로 돌리고 모든 가치가 그들의 권력과 무력에서 시작되는 것이라고 확신하며 주저 없이 밀어붙이는 것이다. 그들의 눈에는 헌법 조항이나 법조문은 단순한 문자일 뿐이다. 2008년 민주화를 기초로 한 헌법이 국민투표에서 통과하였으며, 2010년 총선 후 이듬해 민정으로 이양하여 형식적으로는 군사정권이 종식된 것으로 되어 있지만 실질적으로는 군사독재 정권 이어지고 있는 것이다.

미얀마는 국회의원 의석 25%를 군부에게 할당하도록 하며, 배우자가 외국인인 경우에는 대통령 피선거권이 부여되지 않는다. 이 조항은 두말할 필요도 없이 수지 여사의 대통령 피선거권을 차단하려는 노골적인 법조문이다. 군부 세력들은 그들의 기득권을 지키기 위해 의석의 25%(166석)를 자동적으로 차지할 수 있으며, 영국인(외국인)과 결혼한 경력이 있는 수지 여사는 대통령에 출마할 수 없게 하는 헌법조항을 만들어 놓고 있다. 세계의 어느 나라에도 없을 헌법 조문이지만 북한보다는 훨씬 앞선 상황이라고 하여야 할까?

지난 8일에 국제감시단이 참관한 미얀마 총선은 수지 여사가 이끄는 '민주주의민족동맹(NLD)'의 압승으로 끝났다. 상원 135석, 하원 255석으로 명목상 60.27%, 57.95%의 의석을 차지하게 됐다. 임명직을 제외하면, 그 비율은 각각 80.35%와 77.27%에 이르는 수준이다.

🌸 군부 세력의 횡포(橫暴)

총선 이후 수지 여사가 이끄는 NLD가 과연 총을 가지고 있는 군부 세력을 설득해서 '그들의 권력을 잠재울 수 있느냐?'에 세계적인 관심이 집중되고 있다. 상식적으로 이해할 수 없는 일이지만 군부 세력은 그들이 만들어 놓은 영구적인 직권장치인 헌법 조항을 군부 동의 없이 고칠 수 없게 해 놓은 것이다. 군부가 의원 수의 25%(상하의원 166석)를 임명할 수 있는 조항은 아무리 압승을 하여도 개헌 선인 75%(498%)를 넘을 수 없다.

득표율 기준으로 하면 수지가 이끄는 NLD가 이번 선거에서 390석을 차지함으로써 총 의원 수 498석의 78.31%라는 계산이 나오지만 군복 입은 의원 166명은 선거와 관계없이 이미 국회 의석에 앉아 있는 꼴이 되기 때문이다. 따라서 NLD의 승리는 명목상 개헌 선에는 미치지 못하지만, 실질적으로 개헌 선을 넘는 의석수를 확보한 절대적 압승이다.

1991년 10월 14일, 아웅 산 수지는 민주화에 기여한 공로를 인정받아 노벨평화상을 수상한다. 그러나 가택 연금 중이던 그녀는 시상식에 참여할 수 없었다. 남편과 아들들이 그녀의 사진을 들고 대신 수상

생명과학 이야기

하였다. 이후 1995년 국제사회의 압력으로 그녀는 가택 연금에서 6년 만에 풀려나게 된다. 그녀는 풀려난 후에도 미얀마의 민주화를 위해 활동을 계속하였다.

1999년에는 남편이 영국에서 암으로 사망하였지만 장례식에 참석하기 위해 영국으로 가면 군부가 그녀를 다시 미얀마로 못 들어오게 할 것이라는 생각에 출국을 포기하기도 했다. 2007년에 일어난 시위 역시 무력으로 진압됐다. 이러한 인권 탄압은 국제사회의 거센 비판을 받았고 경제 제재까지 당해야 했다. 2008년엔 강력한 태풍으로 14만 명이나 희생됐는데도 이를 돕겠다는 국제사회의 지원을 거부했다. 이런 미얀마가 지금 새로운 시대를 맞이하고 있다.

🍎 미얀마 국민들의 강인한 저항 정신

이런 변화가 가능한 이유는 무엇일까? 무엇보다 변화와 자유, 민주주의를 바라는 미얀마 인민들의 강력한 열망이 지금의 변화를 만들어 냈다. 미얀마 인민들은 군사독재의 강력한 탄압에도 불구하고 투쟁을 멈추지 않았다. 수천 명이 학살되는 비극도 있었지만 인민들은 인권과 민주주의를 요구하며 다시 일어났다. 만일 인민들이 독재의 총칼이 두려워 계속 숨죽여 지냈다면 지금과 같은 변화는 없었을 것이며, 여기에 국제사회의 압력이 없었다면 더욱 불가능한 일이다.

미얀마의 군사독재 세력에게 민주화의 구심점인 아웅 산 수지 여사는 눈엣가시 같은 존재다. 하지만 국제사회는 수지 여사에게 노벨평화상을 수여하면서 군부의 위협으로부터 지켜냈다. 아무리 군사독재라 해도 전 세계 사람들이 주목하는 수지 여사를 맘대로 할 수는 없었던 것이다. 선진국에서는 미얀마를 탈출한 젊은 활동가들을 받아들여 민주주의 인권 교육을 시키고, 제3국에서 미얀마 난민들을 위한 지원과 교육도 체계적으로 진행해 왔다. 국제사회의 지원을 받은 민주 인사들은 미얀마 인민을 위한 라디오와 TV 방송을 제작해 송출했고, 체계적인 시민 교육도 실시하고 있는 것이다. '마얀마' 하면, '가난한 나라', '수지 여사' 정도의 단편적인 인식에서 벗어나야 할 때가 된 것 같다.

☀ 인야 호수와 아웅 산 수지 여사의 자택

지난달 28일, 양곤(Yangon)에서 선교 활동을 하고 있는 목사님의 안내로 양곤 시내를 돌아보는 중에 한국대사관 가까운 곳에 있는 아웅 산 수지 여사의 집 앞에 잠시 머무르게 되었다. 수지 여사의 자택은 이미 관광 명소가 된 듯했다. 대형 관광버스 한 대가 머물러 있고, 중국인들로 보이는 관광객들이 굳게 닫힌 수지 여사의 정문 앞에서 사진들을 찍으며 수지 여사를 상기하고 있는 것으로 보였다. 대문에는 버마어가 쓰여 있는 현수막 위에 수지 여사의 부친인 군복 차림의 젊은 아웅 산 장군의 사진이 걸려 있었다. 자택 뒤로는 양곤의 명소라고 할 수 있는 인야 호수(Inya Lake)가 있다. 인야 호수는 양곤의 두 개의 큰 호수 중 하나다.

수지 여사가 세계적인 유명 인사가 되면서 그의 주변에서 벌어지는 일들이 톱뉴스로 자주 등장한다. 미국의 미주리주에 사는 존 예타우 (John Yettaw)라는 사람은 아웅 산 수지 집착증에 걸려 있었던 사람이다. 2008년 당시 53세에 월남 참전 용사이기도 한 그는 수지 여사를

생명과학 이야기

만나기 위해 양곤으로 들어갔으나 경비가 삼엄한 수지 여사 집에 접근할 수조차 없었다. 그러나 그는 뒤쪽으로 연접해 있는 인야 호수를 헤엄쳐서 담장을 넘어 자택에 잠입하는 데 성공한다.

당국의 허락을 받지 않고 아웅 산 수지와 접촉하는 것은 중벌에 처하는 불법이며, 이를 신고하지 않은 목격자들도 같은 처벌을 받게 되므로 그를 발견한 수지 여사 집의 가정부들도 전전긍긍 어찌할 바를 몰랐다고 한다. 예타우의 수지 여사 집 등장은 그들 모두를 위험에 빠뜨리는 일이었다.

예타우는 이를 인식하고 수지 여사 만나는 것을 포기한 채 귀국하였으나 수지 여사 집착증을 떨쳐 버리지 못하고 그 이듬해 5월 초에 미얀마에 입국해서 다시 인야 호수를 헤엄쳐 수지 여사 자택에 잠입하였다. 그는 나가 달라는 요구를 거부하였고, 수지 여사는 그를 주택 건물 바닥에서 자도록 허락한 뒤 이 날 당국에 신고하였다. 그는 2009년 5월 6일 새벽 5시 30분경에 경찰에 체포되었으며, 수지 여사와 가정부들도 가택연금규정위반 혐의로 체포되었다. 예타우는 7년의 강제 노동형을, 수치와 가정부에게 3년형을 선고하였으나 당시에 미얀마 최고 권력자 탄슈웨는 18개월로 감형하는 특혜(?)를 베풀었다.

🍊 쉐다곤(Shwedagon)

인야 호수는 잘 어우러진 나무숲과 함께 양곤이 자랑할 만한 경관을 갖추고 있었다. 호수 주변은 시 외곽의 빈민촌과는 너무 대조적으로 넓고 화려한 주택들이 즐비 하고, 한국대사관을 비롯하여 미국대사관 등 각국 대사관과 미얀마의 명문 대학인 양곤대학교가 자리 잡고 있다.

다른 하나의 큰 호수는 '깐도지' 호수로 2,500년 전 석가모니 재세(在世) 시에 지어졌다고 하는데 '쉐다곤(Shwedagon)'이라는 파고다를 짓기 위해 흙을 파내다 보니 호수가 되었다고 한다. 미얀마 등 동남아 국가에서 파고다를 빼놓고 구경거리가 있을까? 한국 사람들이 '파고다'라고 하면 서울 종로2가에 있는 '파고다공원'을 떠 올린다. 이름이 바뀌어 지금은 '탑골공원'이라고 하지만 노년층은 지금도 '파고다공원'으로 통할 것이다.

'파고다(Pagoda)'의 한국어로의 번역은 '불탑(佛塔)'이다. 탑골공원은 불교문화의 유물(遺物)이다. 탑골공원에는 대한민국의 국보 2호인 서울 원각사지 십층석탑(圓覺寺址 十層石塔)이 있다. 전국의 여러 사찰에 불탑들이 많이 있지만 파고다라고 하지 않는다. 그러나 불교 문화권에 있는 나라에는 가는 곳마다 불탑인 '파고다' 투성이다. 국보 2호인 '십층석탑'을 미얀마에서는 명함도 못 내밀 것 같다. 미얀마 사람들은 '파고다'를 '존경받아야 하는 것'이라는 의미로 '파야(Phaya)라고 부르며 부처님을 부르는 존경어로도 쓰고 있다.

파고다는 원래 부처님의 사리와 유품, 불전(佛典)을 묻고 이를 기념하여 세운 조형물이다. 동남아의 불교의 나라에서 파고다를 건축하는 일은 현세에서 할 수 있는 최고의 공덕으로 여기기 때문에 미얀마 사람들도 예로부터 불탑을 쌓는 일에 온갖 정성을 다 쏟아부은 듯하다. '쉐다곤(Shwedagon)'이라는 파고다만 해도 2,500년 전에 탑을 세울 언덕을 만들기 위해 호수가 만들어질 정도의 흙을 파냈으며, 온통 금(金)으로 장식한 어마어마한 파고다를 만들었으니 파고다에 집착하는 미얀

생명과학 이야기

마 국민들의 불심(佛心)은 종교라기보다는 삶의 기본이라는 견해가 타당한 것 같다.

☀ 탁발 불교 수행

미얀마에는 군복무의 의무는 없지만 일생에 한 번 승려 생활을 하여야 떳떳한 인간으로 대접받기 때문에 거의 누구나 이 수련 기간을 거치려고 한다고 한다. 거리에는 주황색의 승복을 걸친 10세 전후의 승려들이 떼를 지어 탁발 수행을 하고 있었다. 탁발은 불교 수행법 중의 하나로 걸식(乞食) 수행을 말한다. 범어로는 핀다파타이며, 의역하면 걸식(乞食), 걸행(乞行)이다. 탁발을 하는 그릇을 발우라고 하는데 발우를 들고 맨발로 질서정연하게 걸어가는 행렬은 엄숙해 보였다.

탁발(중의 동냥)을 받을 때 승려들은 감사 표시를 하지 않는다고 한다. 신도에게 공덕을 쌓을 기회를 주었기에 오히려 신도가 감사한다고 하니 미얀마 사람들의 불심을 짐작하고도 남음이 있다.

🍎 양곤의 순환 철로 주변

서울의 지하철 2호선과 같은 순환 기차를 탑승하고 도시 뒷골목의 적나라한 모습을 보았다. 골목길 공터에 주차하고 좁디좁은 골목길을 빠져나가 기차역을 찾아가니 너무나 초라한 역사(驛舍)에서 역무원이 표를 팔고 있었다. 기차를 기다리는 듯한 사람들이 꽤 있었지만 표를 사는 사람은 안내하는 목사님 한 사람 같았다. 울퉁불퉁하게 보이는 철로(鐵路) 위에 과연 기차가 굴러가겠는가 할 정도로 형편없는 철길이었다.

역사 벤치에는 남루한 차림의 남자가 길게 누워서 자고 있었고, 철로 주변으로 참으로 목불인견의 삶의 모습이 시야에 들어왔다. 비를 가릴 정도의 비닐 포장을 치고 좌판 형태의 각종 식품을 파는 구멍가게가 연이어 있었으며, 가게 바로 옆쪽에는 연탄 가루를 풀어 놓은 것 같은 새까만 도랑물이 고여 있었다. 좌판에 펼쳐 놓고 파는 아줌마가 수박 쪼가리에 새까맣게 달라붙는 파리 떼를 연신 쫓고 있었다. 구석구석에 비닐 조각 등 쓰레기가 빈틈없이 쌓여 있는데 전혀 신경을 쓰지 않는 눈치였다. 수박 쪼가리에 달라붙는 파리 떼는 그렇다 치고 바로 몇 발짝 옆에는 좌판에 펴 놓은 생선에도 파리 떼가 새까맣게 달라붙어 기승을 부리고 있었다. 그동안 한 번도 쓰레기를 치워 본 일이 없는 지역 같았다. 이와 같은 불결한 식품을 사 가는 사람들은 누구란 말인가?

20여 분 기다리니 느린 속도로 기차가 도착하였다. 차량 구석구석에 일본어 안내문이 있어서 물어보니 이 기차는 일본에서 수명을 다하고 폐차되는 차량을 무료로 제공한 것인데, 장차 기차와 관계되는 사업권은 일본에 맡긴다는 조건이라고 한다. 순환기파로 일주하지 못하고 몇 정거장 만에 회행하였지만 철로 주변의 풍경은 하나같이 빈곤함과 불결한 모습이었다.

오후 3시쯤 되는 시각에 어둡고 침침한 음료수 파는 상점에서 삼삼오오 젊은이들이 앉아 TV 화면에 넋을 잃고 있었다. 화면을 살펴보니 영국 코미디 프로그램 〈미스터 빈〉이었다. 방영이 끝났는데도 젊은이들은 자리를 뜨지 않았다.

최빈곤 국가군에 속할 미얀마가 북한과는 어떤 차이가 있을까? 15

  생명과학 이야기

년 전 일이지만 금강산 관광으로 휴전선을 넘어 북한 마을의 주택 내부를 드문드문 들여다본 일이 있는데 낡기는 하였지만 북한 마을의 주택은 미얀마의 천막 주택보다는 나아 보였으나 비닐봉지 등 쓰레기 더미는 보지 못했다. 미얀마 사람들은 돈을 지불하고 비닐봉지에 각종 상품을 구입하고 있다는 증거이며, 온갖 생필품을 배급제로 충당하는 북한에서 비닐봉지는 불필요하였을 것이 아니겠는가, 하는 생각을 해 봤다. 쓰레기 더미 위에 살아도 자유가 있는 미얀마 빈민촌이 더 나은 것 아닌가?

쓰레기장 같은 빈민촌에도 황금색으로 치장한 불탑(파고다)이 곳곳에 있었고, 꽃가게도 많고 꽃을 들고 다니는 사람들이 눈에 많이 띄었다. 실제로 미얀마 사람들은 불전(佛前)에 꽃을 바치는 행위는 성스럽고 축복으로 믿기에 불전에 바칠 꽃을 사는 것은 조금도 아깝지 않다고 한다.

❄ '타나카'라는 천연 화장품

승려들은 맨발로 다니고 일반인들도 양말이나 신발 신은 모습은 보이지 않는다. 미얀마로 들어가기 전에 신발 사업을 크게 하는 사람을 만났는데 미얀마에 공장을 차리려던 생각을 접었다고 해서 의아하게 생각하였다. 직접 가보니 신발다운 신발을 신지 않고 애 어른 할 것 없이 슬리퍼를 끌고 다니니 미얀마에서 아무리 인기 있는 브랜드의 신발이라도 거들떠보지 않을 것 같다. 미얀마에는 미인 축에 들 만한 젊은 아가씨들이 많았는데 예쁜 양볼에 투명하고 얄팍한 판때기를 붙이고 있었다.

미얀마 사람들은 오래전부터 '타나카(Thanahka, 학명은 Limonia acidissama)'라는 나무껍질에서 추출한 가루로 천연 화장품을 만들어 얼굴에 붙이고 다닌다. 역사가 2,000여 년이 된다고 하니 미얀마 민족과 함께 하는 천연 화장품이다. 타나카 껍질을 갈아서 사용하는데 강렬한 직사광선으로부터 피부를 보호해 주고 미백 효과와 함께 피부를 부드럽게 해 준다고 한다.

인레(INLE) 호수

미얀마는 한국에 비해서 너무나 넓은 나라(한반도의 3.5배, 남한의 6배-678,330km²)로 천연자원이며 관광자원이 무진장한 나라로 보였다. 미얀마에서 인야 호수는 꼭 봐야 한다는 지인의 권유로 양곤 공항에서 인야 호수 근처에 있는 헤호(Heho)공항행 비행기를 탔다. 1시간여 만에 공항에 도착하니 선도 그려져 있지 않은 활주로에 아슬아슬하게 비행기가 착륙하였는데 더욱 놀라운 것은 탑승객들의 짐을 리어카(손수레)로 실어 나르는 것이었다.

냥쉐(Nyang Shwe)라는 도시 옆에 있는 인레(INLE) 호수는 해발 880m여 높이의 고원지대에 길이가 22km, 폭이 10km나 되는 바다처럼 보이는 넓은 호수다. 호수 주변의 7만여 명의 인구가 어업과 수상농장을 하며 살아가고 있으니 호수가 아니라 호수 도시라고 하여야 할 것 같다. 10m쯤 되는 보트는 인레호수 사람들의 필수적인 교통수단인 것 같다. 호수를 가르며 통통 소리를 내는 10m쯤 되는 길쭉한 보트에 관광객들을 끊임없이 실어 나르고 있었다. 잔잔한 호수에 시속 50-60km 정도의 속도로 달리는 보트는 관광객들의 마음을 사로잡기에 충분한 것 같았으며, 곳곳에 레스토랑, 기념품 가게, 한국의 베틀

생명과학 이야기

같은 것으로 천을 짜는 직조공장, 대장간 등 볼거리가 잘 갖추어져 있었다.

☀ 미얀마인들의 내세관

짧은 기간의 미얀마 방문을 통해 미얀마를 이야기한다는 것은 좀 가소로운 일이나 필자에게는 너무나 강렬한 인상을 남겼다. 더구나 양곤에서 비행기로 한 시간 거리의 인레호수(INLE LAKE)를 보고 나서 미얀마에 관한 인식을 바꿀 수밖에 없었다. 인레호수 외에도 많은 것을 볼 수 있었지만 선입감의 미얀마와는 너무나 다른 미얀마가 필자에게 다가왔다는 것이다. 중요한 것은 빈민촌 사람들을 초라하게 보는 것은 일방적인 견해일 수 있다는 것이다.

미얀마 사람들의 대부분은 불교의 영향으로 현세의 삶이란 더 나은 내세의 세계로 가기 위한 일시적 과정으로 보기 때문에 현세에서의 물욕에 집착하지 않는다. 미얀마 사람들은 열심히 기도하고 정성껏 보시하고 공양하고 공덕을 쌓아 부처의 길을 따라가는 것이 가장 큰 가치라고 생각하고 살아가는 사람들이라고 한다. 미얀마는 특히 한국 사람들에게 부쩍 관심이 높아져 가는 것 같다. 한남동 미얀마 대사관에는 비자를 받으려는 사람들이 줄을 서고 있고, 비행기 좌석이 없을 정도로 예약자가 많다고 하니 미얀마에도 태국처럼 한국인들의 러시(rush)가 일어날 것 같다. 무엇보다 "과연 아웅 산 수지가 미얀마의 얽히고설킨 실타래를 풀 수 있겠는가?"가 초미의 관심사다.

5-10 프란치스코 교황의 회칙, 『찬미받으소서』의 메시지

🍎 환경운동가, 디카프리오

지난달 호주를 방문 중인 한 신부(神父)님과의 대화에서 88회 (2016.2.29.) 아카데미 남우주연상을 탄 레오나르도 디카프리오가 수상 소감에서 기후 문제를 언급하였다는 것이다. 레오나르도 디카프리오가 누구인가? 영화를 연중 1편이라도 보는 사람이라면 영화 〈타이타닉.의 남자 주인공, 디카프리오를 모를 리가 없다. 그가 환경운동가라는 것을 어렴풋이 알고 있었지만 수상 소감에서 환경문제를 언급하리라고는 예상하지 못했다.

디카프리오의 수상 소감을 언급한 신부님과 헤어진 후에 집에 복귀하자마자 그의 수상 소감부터 검색해 보았다. 내용은 이렇다.

"레버넌트(그가 수상한 영화 제목)는 인간과 자연의 교감에 관한 영화입니다. 지난해(2015년)는 역대 가장 더운 해로 기록된 우리 지구입니다. 영화를 찍을 때는 눈을 찾기 위해 남극 가까이로 가야 할 지경이었습니다. 기후 변화는 현실입니다. 지금 실제로 일어나고 있는 일입니다. 우리가 마주하고 있는 가장 시급한 위협입니다. 더 이상 미루지 말고 다같이 힘을 모아야 합니다. 공해 유발자와 대기업의 대변인이 아니라 환경 파괴로 가장 큰 피해를 입게 될 수십억 보통 사람들을 위해 힘써

생명과학 이야기

줄 지도자들에게 힘을 모아 줍시다. 우리 아이들의 아들딸들을 위해 그리고 '탐욕의 정치'로 소외된 사람들을 위해서라도 이제는 바꾸어야 합니다. 오늘 이 놀라운 상을 타게 해 주셔서 감사합니다. 우리 모두 대자연을 당연한 것으로 생각지 맙시다. 저도 오늘 이 순간을 당연한 것으로 생각하지 않겠습니다. 여러분 대단히 감사합니다."

그의 수상 소감도 주목받았지만 그는 평소 환경 보존에 맞는 생활을 하려고 노력하고 있는 사람이다. 아카데미 시상식에도 리무진을 타고 오지 않고 토요타의 하이브리드 자동차인 프리우스(Prius)를 타고 나타났다고 한다.

1998년, 타임지는 디카프리오가 포함된 '세상에서 가장 아름다운 사람 50인'을 발표하면서 그를 배우가 아닌 환경운동가로 소개한 바 있다. 말로만 환경 보호를 외치는 다른 유명 인사들과는 달리 몸소 실천하고 있는 모범적 케이스다. 그는 될 수 있으면 걸어 다니고, 깨끗한 물의 중요성을 일깨우기 위해 국제 캠페인에 적극적으로 참가하며, 태양열을 사용하는 집에서 살고 있다고 한다.

그는 클린턴 행정부의 부통령이던 엘 고어의 영향을 크게 받고 환경운동가가 된 것으로 알려졌다. 엘 고어는 부통령의 경력보다 환경 다큐멘터리 〈불편한 진실〉로 최우수 다큐상을 수상을 하는 등 세계적인 환경 전문가다. 디카프리오는 엘 고어와 지구 온난화에 대해 토론을 벌인 일이 있는데 이후 끈끈한 우정을 나누는 친구가 되었다고 한다. 〈로미오와 줄리엣〉이나 〈타이타닉〉에서 보였던 아름다운 청년의 이미지는 자취를 감췄지만 그가 일궈내고 있는 지구 기후 문제에 관한 실천가적인 모습은 배우 이상의 영향력을 기대하게 만들고 있다.

☀ 디카프리오와 프란치스코 교황의 만남

88회 아카데미 시상식이(2016.2.29) 있기 한 달 전인 1월 28일에 디카프리오가 프란치스코 교황을 알현한 것이 톱뉴스가 되었다. 레오나르도 디카프리오는 프란치스코 교황에게 15세기 네덜란드 화가 히에로니무스 보스의 세 폭짜리 그림 '세속적인 쾌락의 동산'의 복제품을 선물로 주며 환경문제를 언급했다. 디카프리오는 "어린 시절에는 그림을 잘 이해하지 못했습니다. 내 눈에도 수많은 사람들과 까맣게 물든 하늘을 바라보며 환경문제를 떠올렸습니다. 이 그림이 환경문제에 대한 교황님의 관심을 대변할 것이라 생각합니다."라고 말했다고 한다. 이에 프란치스코 교황은 디카프리오에게 지난해 발표한 환경생태 회칙『찬미받으소서-Laudata Si』를 선물했다.

2014년 3월, 미국의 유력지인『포춘(Fortune)』은 세계에서 가장 영향력 있는 리더 50인 중에 1위로 프란치스코 교황을 선정하였다. 세계에서 너무나 유명한 두 사람이 환경과 관련된 선물을 주고받으며 만난 것은 시사(示唆)하는 바가 크다.

프란치스코 교황은 선출되는 과정에서부터 아무도 예상치 못했던 파격적인 인물이었다. 본명이 호르헤 마리오 베르고글리오(스페인어: Jorge Mario Bergoglio)인 그는 교황으로 선출된 후에 자신의 이름을 버리고 자신의 세례명 또는 평소에 존경하던 전임 교황의 이름을 명명하여 공표해야 하는 헌법에 따라 그가 존경하는 이탈리아, 아시시의 성인 프란치스코의 이름을 따 교황명으로 선택하였다.

2013년 3월 16일, 프란치스코는 기자들과의 첫 회견에서 자신이 프

생명과학 이야기

란치스코라는 이름을 선택한 이유에 대해서, 가난한 이들의 성자였던 성인 프란치스코와 같이 가난한 사람들에 대한 자신의 관심을 드러내기 위해서라고 밝혔다. 프란치스코 교황의 설명에 따르면, 콘클라베(교황 선출 비밀회의) 당시 개표가 진행되면서 당시 그 옆에 앉아 있었던 클라우디오 후메스 추기경이 "좋은 친구!" 하며 계속 격려하였다고 한다. 그리고 개표가 3분의 2쯤 진행되었을 때 새 교황이 결정되었다며 박수가 터져 나왔다. 그리고 후메스 추기경은 그에게 포옹과 입맞춤을 하면서 "가난한 사람들을 잊지 마십시오."라고 말했다고 한다. '가난한 사람'이라는 그 말이 크게 다가왔던 그는 곧바로 아시시의 성인 프란치스코가 떠올랐고 그래서 그는 자신의 이름을 프란치스코로 결정했다.

교황으로 선출되기 전에 그는 아시시의 성인 프란치스코에 대해 "당시 사람들의 사치와 교만, 허영심 그리고 교회의 권력에 반대되는 가난의 개념을 기독교에 도입하였다."고 설명하면서 "그는 역사를 바꾸었다"고 평가하였다.

제266대 교황 프란치스코는 기독교 역사상 최초의 아메리카 대륙 출신 교황이면서, 최초의 예수회 출신 교황이다. 또한 최초의 남반구 국가 출신이기도 하다. 또한, 시리아 출신이었던 교황 그레고리오 3세 이후 1,282년 만에 즉위한 비(非) 유럽권 출신이다. 비 유럽계 출신이긴 하지만 라틴어, 이탈리아어, 스페인어, 프랑스어, 독일어, 포르투갈어, 영어, 우크라이나어 등 유럽 쪽의 언어를 남이 써준 것을 읽는 정도가 아니라 거의 불편 없이 구사한다고 한다.

🍑핵심 대화의 중심에 선, 프란치스코 교황

그가 교황이 되면서 가톨릭에 새바람이 불 것으로 예측들을 하였지만 교황이 결정되는 순간부터 관행을 탈피하며 평생의 삶을 통해서 몸소 실천해 온 모습을 있는 그대로 내보이고 있다. 프란치스코는 공적으로나 사적으로나 항상 검소함과 겸손함을 잃지 않고 있으며, 사회적 소수자들, 특히 가난한 사람들에 대한 관심과 관용을 촉구한다. 또한 여러 가지 다양한 배경과 신념, 신앙을 가진 사람들 사이에서 소통이 오갈 수 있도록 대화를 강조하는 데 헌신적인 노력을 하는 것으로 널리 알려져 있다. 그는 소박하고 격식에 덜 얽매인 형식에 따르는 생활을 하고 있는데, 대표적인 예가 바로 과거에 전임자들이 사도 궁전에 거주했던 데 반해, 프란치스코는 성녀 마르타 호텔을 자신의 거주지로 선택한 것이다. 뿐만 아니라, 그는 교황직에 선출될 당시에 교황 선출자가 전통적으로 착용하는 붉은색 교황용 모제타(Mozetta)를 입지 않았다. 전례를 집전할 때에도 화려한 장식이 없는 검소하고 소박한 제의를 입었다. 그리고 전통적으로 순금으로 주조해 왔던 어부의 반지를 도금한 은반지로 교체하였으며, 목에 거는 가슴 십자가는 추기경 시절부터 착용하던 철제 십자가를 그대로 고수하였다.

어부의 반지(라틴어: Anulus piscatoris)는 반지 형태를 띤 교황의 공식 도장으로, 국새(國璽)에 해당하며, 베드로를 의미하는 기독교 상징물 가운데 하나다. 교황의 반지가 어부의 반지라 불리는 이유는 역대 교황들이 어부 출신이었던 베드로의 후계자로 여겨지기 때문이다.

세계의 유력 언론은 그를 이구동성으로 세계의 지도자로 추천하는

생명과학 이야기

데 서슴지 않고 있다. 타임지는 프란치스코 교황이 취임한 후 9개월 만인 2013년 말에 그를 '올해의 인물'로 선정했다. 낸시 깁스 타임 편집장은 "프란치스코 교황은 우리 시대 핵심 대화의 중심에 있었다"며 "그는 교황의 자리를 궁전에서 거리로 옮겼고, 세계에서 가장 큰 교회를 가난한 이들과 직면하게 했으며, 정의와 자비의 균형을 맞췄다"고 선정 이유를 밝힌 바 있다.

그는 권력자와 부자가 아닌 가진 것 없고 소외받는 사람들 편에 서고 있다. 교황이 주목받는 이유가 바로 여기에 있다. 권위적 교황이 아니라 인간미 넘치고 친근한 교황이다. 프란치스코 교황은 지난해 연설 도중 단상에 뛰어올라 교황을 안고 장난치는 아이를 내쫓지 않고 머리를 쓰다듬어 줬다. 아이가 교황의 의자에 앉아도 그대로 놔뒀다. 이 모습이 전 세계에 퍼지면서 친근한 교황의 이미지는 더욱 넓어졌다. 교황은 거리에서 마주친 병자를 거리낌 없이 끌어안고 입을 맞추기도 했다. 그 병자의 얼굴은 기형적으로 일그러져 있었다. 이런 일로 프란치스코는 가난한 이들의 교황이라는 사실이 거듭 확인됐다. 그리고 교황의 인기는 더욱 높아졌다.

역대 교황 중 프란치스코를 교황명으로 선택한 교황은 프란치스코 이전에 단 한 명도 없었다. 또 교황 이름으로 이전의 교황들이 사용하지 않았던 이름을 선택한 것도 1,100년 만에 처음이었다.

790년 전, 성 프란치스코의 유명한 시(詩) '태양의 찬가'(Cantico del Sole)

교황 프란치스코는 앞에서도 언급한 바와 같이 790년 전 이탈리아의 움브리아주 아시시에서 살다 가신 성인 프란치스코(1182-1226)의 삶을 본받으려고 하는 분이기에 성인의 행적에서 오늘을 사는 인류에게 삶의 지표를 찾고 있는 것이다. 교황 프란치스코는 성 프란치스코의 유명한 시(詩) '태양의 찬가'(Cantico del Sole) 후렴구에서 반복되고 있는 '찬미를 받으시옵소서'의 구절(句節)을 인용하여 작년(2015년) 6월 18일 역사적인 환경회칙의 이름을 『찬미받으소서』로 선택했다.

교황은 전 세계 교회에 대하여 교리, 도덕, 규율적인 문제를 다룬 교황의 공식적인 사목 교서인 회칙을 발표한다. 프란치스코 교황은 그가 취임한 지 한 달이 채 안된 2013년 7월 5일에 '신앙의 빛'(Lumen Fidei)이라는 첫 번째 회칙을 발표하였다. 이 회칙은 본래 베네딕토 16세가 준비해 오다 물러나면서 프란치스코 교황이 대신 완성한 것이다. 총 4장 82쪽으로 이루어졌으며, 1-3장까지는 베네딕토 16세 특유의 신학자적 스타일이 곳곳에 묻어 있고, 4장에서는 프란치스코 교황의 신념이 강하게 드러났다는 평가를 받고 있다. 교황의 회칙이 그리스도교의 교훈을 오늘의 사회나 윤리적 문제에 적용하기 위한 것이기 때문에, 내용이 특별히 교리적이고 사회적이며 권위를 지니고 있다.

프란치스코 교황이 즉위한 지 2년 차에 접어든 2015년 6월 18일에 두 번째 회칙 『찬미받으소서(Laudato Si)』를 발표하였다. 교황의 회칙은 어느 것이나 다 중요한 것이지만 『찬미받으소서』가 가톨릭교회를 넘어서 전 인류에게 전하는 메시지를 담고 있기에 주목하지 않을 수 없다. 회칙의 제목 『찬미받으소서』란 성인 프란치스코의 자연을 통해 주님을 찬미한, 찬가 "저의 주님, 찬미받으소서, 누이이며 어머니인 대지(大地)로 찬미받으소서"의 후렴구 첫 마디에서 따온 것이다. 책의 제목은 책의 전체 내용을 함축하고 있어야 하는데 이 노래가 모든 주제를 담

생명과학 이야기

고 있다고 판단하신 것이다.

☀ 『찬미받으소서(Laudato Si)』

지난해(2015년) 6월 프란치스코 교황이 발표한 기후 변화 회칙은 큰 의미를 가진다. 이 회칙은 바티칸이 기후 정책에 관해 처음 내놓은 권위 있는 발표로, 전 세계가 기후 변화 방지를 위한 행동에 나설 것을 촉구하고 있다.

미국 텍사스테크대학의 대기과학자 캐서린 헤이호 박사는 과학계가 지난 30년간 기후 변화의 위험성을 알리고자 떠들어온 것보다 교황의 이번 회칙이 더 효과적일 것이라 말한다. "과학은 기후 변화의 원인과 미래에 벌어질 일들을 알려줄 수 있어요. 하지만 우리가 뭘 해야 할지에 대한 답을 찾는 시발점은 엄밀히 말해 과학이 제공할 수 없습니다. 그건 가치의 문제예요."라고 밝혔다.

이 회칙에서 통해 프란치스코 교황은 종교가 무엇을 할 수 있는 것인가를 정확히 파고든 것이다. 기후변화라는 과학적 문제를 도덕적 경각심과 동일시한 것이다. 회칙의 몇 부분을 인용해 본다.

"인간은 최악이 될 수도 있지만 스스로를 초월해 다시 선(善)을 선택함으로써 새로운 출발을 할 수 있습니다."

"기후 변화는 환경적, 사회적, 경제적, 정치적으로 중대한 의미를 가진 전 세계적 문제입니다. … 현 인류가 직면하고 있는 주요 도전 과제의 하나입니다"

이 회칙을 통해 인류에게 무엇을 말하려고 하는지를 짐작할 수 있게 한다. 물론 아직도 지구 온난화 자체를 부정하는 사람들이 있다.

하지만 교황은 과학계의 주류 의견을 수용했다. 지난 100년간 지표면 온도가 상승하고 있으며, 그 책임이 인간에게 있다는 것을 부정할 수 없는 상황이다. 교황은 발전에 반대하지 않는다. 과학과 기술이 인간의 삶을 풍요롭게 해 줬고, 무수한 이익을 주었음을 인정한다. 다만 과학기술 발전이 세상 모든 것을 개선해 주지는 않음을 지적하고 있는 것이다. 교황은 "우리의 비약적 기술 발전은 인류의 책임감과 가치관, 양심과 함께 발전하지 못했습니다."라고 말한다.

프란치스코 교황 성하의 환경회칙 『찬미받으소서(Laudato Si)』는 서문과 6장, 246항으로 된 방대한 내용이다. 가볍게 읽어서 이해할 내용도 아니다. 지구가 직면하고 있는 기후 문제며, 인간의 삶에 관한 가치문제, 삶의 양식, 신앙의 영성, 세계의 정치·경제 문제 등의 기본적 바탕 위에서만 이해할 수 있는 내용들이다.

기후 문제는 감성(感性)으로 접근할 수 있는 문제가 아니다. 더구나 종교적 신앙으로 접근하기에는 너무나 다양한 요인이 얽혀 있으며, 그 중에도 과학과 타협하지 않으면 말 자체를 끄집어낼 수 없는 문제이다. 교황께서는 이 문제를 잘 알고 있기에 과학계의 주류의 의견을 수용한 것이다.

과학과 종교는 전통적으로 불편한 동거 관계

과학과 종교는 전통적으로 불편한 동거 관계다. 이 문제와 관련해서 상기해야 할 역사적 사실이 있다. 갈릴레오 갈릴레이(Galileo Galilei, 1564-1642)이야기다. 이탈리아에서 태어난 철학자이자 과학자, 물리학자, 천

생명과학 이야기

문학자이고 과학 혁명의 주도자이다. 갈릴레오는 요하네스 케플러와 동시대 인물이다. 그는 아리스토텔레스의 이론을 반박했고, 교황청을 비롯한 종교계와 대립했다. 그의 업적으로는 망원경을 개량하여 관찰한 것, 운동 법칙의 확립 등이 있으며, 코페르니쿠스의 이론을 옹호하여 태양계의 중심이 지구가 아니라 태양임을 믿었다(그 당시에는 지구가 중심이라는 것이 진리였다).

그의 연구 성과에 대하여 많은 반대가 있었기 때문에 자진하여 로마 교황청을 방문, 변명했으나 종교재판에 회부되어 지동설 포기를 명령받았다. 그러나『황금 측량자』를 저술하여 지동설을 고집하였으며,『천문학 대화』를 검열받고 출판했으나 문제가 생겨 로마에 감금되었다가 석방되었다. 갈릴레오는 결국 그의 지동설을 철회하도록 강요받았고, 그의 마지막 생애를 로마 교황청의 명령에 따라 가택에서 구류되어 보냈다.

그는 실험적인 검증에 의한 물리를 추구했기 때문에 근대적인 의미의 물리학의 시작을 대개 갈릴레오의 것으로 본다. 또한, 진리의 추구를 위해 종교와 맞선 과학자의 상징적인 존재로 대중들에게 인식되고 있다. 하지만 그는 종교계와의 대립과는 상관없이 독실한 로마 가톨릭 신자였으며, 그런 대립도 자신의 의도와는 거리가 먼 것이었다(위키백과 자료). 당시 갈릴레이가 했다는 혼잣말 '그래도 지구는 돈다…'는 가톨릭의 과학계 탄압을 상징하는 말로 남아 있다.

로마 교황청은 1992년에야 갈릴레이를 사면했다. 지동설(地動說)이 정설이 된 것은 이미 오래전 일이지만 359년이 지난 1992년에서야 사면을 했다. 가톨릭의 완고함에 놀랐다는 반응도 있었지만, 오히려 선배들의 잘못을 인정하고 갈릴레이에게 사과한 당시 교황 요한 바오로 2세의 용기를 높이 평가하는 상황이 되었다.

☀ 프란치스코 교황의 회칙,
"찬미받으소서"에 담긴 보편적 가치

프란치스코 교황의 회칙『찬미받으소서』를 일각(一角)에서는 '환경회칙'이라고도 소개하기도 하지만 이 회칙은 환경을 뛰어넘는 광범위한 인류의 보편적인 가치를 역설하고 있다. 교황의 회칙은 가톨릭의 사목 지침으로 전 세계 가톨릭교회와 신자들의 신앙의 길잡이로 발표되는 것이지만,『찬미받으소서』는 70억의 세계 인류에게 던지는 메시지라는 점에서 전무(前無)한 회칙인 것이다. 성인 프란치스코와 교황의 주님께 찬미를 드리는 마음은 같았지만 내용이 다른 것을 알 수 있다.『찬미받으소서』의 서문에서 프란치스코 성인께서는 모든 피조물과 사랑의 누이로 결합된 관계며 그렇기 때문에 존재하는 모든 것들을 돌봐야 한다는 권면을 하였다고 서술하고 있다. 성인께서는 대자연의 아름다움에 취해 '찬미받으소서' 하고 노래했지만, 프란치스코 교황은 대자연과 그 안에 살아가는 인간을 포함한 만물이 본래의 모습을 잃어가고 있음을 안타까워하면서 땅과 지구를 살리는 데 모두가 함께 실천과 행동으로 나서야 한다고 강조했다.

교황은 지구를 '더불어 사는 공동의 집'이라고 표현하면서, '공동의 집'을 가꾸고 돌보는 임무와 책임이 개인과 가족, 지역 공동체와 국가, 국제 공동체 모두에게 있음을 강조했다. 인간을 비롯한 모든 피조물이 서로 관계를 맺고 서로에게 영향을 미치며 살고 있기에, 지구환경과 생태 문

생명과학 이야기

제는 어느 한 개인, 어느 한 공동체의 문제가 아니라는 뜻이다.

언행일치(言行一致), 지행일치(知行一致)

언행일치(言行一致), 지행일치(知行一致) 하면 떠오르는 인물이 있다. 인도의 간디다. 파란만장한 그의 생애를 간단하게 요약하는 것은 대단히 어렵다. 그러나 그는 분명히 언행일치, 지행일치의 삶을 살았기에 세상의 모든 사람들이 그를 기억하고 있는 것이다. 불의가 무엇인지를 대부분의 사람들이 알지만 이에 항거하며 맞서는 사람이 몇이나 되는가?

간디는 오늘날 자본주의를 살아가는 사람이 쉽게 이해하기 어려운 신념을 구축했고, 따라서 그 신념을 철저히 실천하는 것은 더욱 어렵지만 그의 생애와 사상은 '언행일치' 한 단어로도 대변할 수 있다. 간디의 '아 힘사 사티아그라하 브라흐마차라야(감각의 완전한 통제)'가 그것이다. 불살생을 실천하기 위해 간디는 평생 채식을 했다. 진실을 관철하기 위해 투쟁했으나 그 방식은 비폭력이었으며, 욕망의 굴레를 벗어나 해탈에 이르기 위해 금욕을 실천했다.

간디는 분명히 인도 독립의 최고 영웅이다. 그러나 그는 일반적인 영웅과는 다르다. 그는 보통 사람이 끊임없는 노력을 통해 최고의 진리를 찾고자 했고, 종교인보다도 철저하게 계율을 지켰으며, 가장 실천하기 힘든 비폭력 반문명의 방식으로 진실을 추구했기 때문이다. 간디가 실천해 보인 무욕의 사상과 무소유의 공동체는 오늘날 자본주의의 무한경쟁으로 인한 부작용이 심해지면서 새로이 조명받고 있다.

교황 프란치스코를 간디와 견주어 언급한다는 것은 조심스러운 일이지만 『찬미받으소서』를 읽어보면 볼수록 간디가 떠오르고, 슈바이처의 생명 외경론(畏敬論)과 겹쳐지는 느낌이다. 슈바이처는 모든 생명은 거룩하며, 희생되어도 되는 생명은 없다는 기독교 사상인 생명에 대한 외경(畏敬)을 저서 『나의 삶과 사상』에서 주창하였다. 따라서 그는 생명을 소중히 여기지 않는 현대사회에 분노하는 순수한 사람이 있을 때에 역사가 바뀐다고 보았다.

☀ 생태 교육과 정신(Ecological and Spirituality)

『찬미받으소서』의 마지막 장인 제6장은 '생태 교육과 정신'(Ecological and Spirituality)이다. 한국천주교중앙협의회의 번역문은 "생태 교육과 영성"으로 되어 있다. 환경과 관련된 문제 제기와 해결책에 이어 앞으로 삶에 대한 교육과 인간과 환경에 대한 새로운 접근법이 중요하다는 것이다. 『찬미받으소서』는 신자들에게 권유하는 지구를 살리자는 실천의 강령이며, 인류에게 던지는 평화의 메시지다. 평화를 기원하는 것으로 끝내는 것이 아니라 작은 일부터 실천해야 지구가 평화로워질 수 있다는 것이다.

.인간의 삶은 근본적으로 하느님과의 관계와 이웃과의 관계, 지구와의 관계에 기초를 두고 있지만 세상에 사는 인간에 의해 깨졌고, 이러한 관계의 불화가 바로 죄라는 것이다.

따라서 교황은 인류가 생태 문제의 포괄적인 해결책을 찾기 위해서는 '온전한 생태학'이라는 관점 아래 생태 문제에 관한 대화의 필요성을 역설했다. 나아가 신자들에게 '생태적 회개'를 권유했다. 생태적 회개는 학교와 가정, 매체, 교회에서 환경에 대한 교육을 통해 일상생활

생명과학 이야기

과 습관을 변화시키는 데서 비롯된다. 환경을 위해 생활과 소비의 방식을 바꾸면 결국 정치·경제·사회 분야에서 권력을 행사하는 이들에게 커다란 영향을 미칠 수 있고 이것이 인류의 생태적 회개로 이어진다는 것이다.

🍎 새로운 생활양식을 향하여(towards a new lifestyle)

『찬미받으소서』의 마지막 장인 제6장 "생태 교육과 정신(Ecological and Spirituality)"은 9parts로 나누어 서술하고 있다. 그중에 세 parts를 요약해 본다.

첫 번째 part는 "새로운 생활양식을 향하여"이다. 제목에서 암시하듯 기후 변화는 기본적으로 lifestyle(생활양식)에서부터 출발하자는 것이다. 시장(市場)은 상품 판매를 위하여 강박적 소비주의를 촉진하고 있기에 사람들은 과잉 구매와 불필요한 지출의 소용돌이의 함정에 빠져 살아가는 것을 경계하자는 것이다. 불필요한 집착적 소비주의는 기업이 생태와는 관계없이 무한 소비 심리를 자극하며 생태계에 치명적인 쓰레기 형태의 유해물질을 지구에 축적시키고 있는 것을 상기시키고 있다.

소비 생활 속에 이와 같은 근원적인 환경의 해악 요소가 있음에도 불구하고 사람들은 전혀 의식하지 못하고 소비의 자유를 누리는 것으로 유유자적(悠悠自適) 하고 있다는 것이다. 사람들이 자기중심적이고 자기의식 안에 머물 때 탐욕은 커지게 마련이며, 그 결과는 엄청난 기상이변으로 나타나게 마련이다. 개개인의 자기중심적 의식에서 출발한 원인은 살피지 않고 자연재해의 위협에만 관심을 갖고 있음을 자각하라는 것이다.

생활양식을 바꾸면 정치적, 경제적, 사회적 힘을 발휘하고 있는 이들에게 건전한 압력을 행사할 수 있을 것이라고 보고 있다. 그런 점에서 소비자의 사회적 책임이 있다는 것을 일깨울 필요가 있다고 보는 것이며, "구매가 단순히 경제적인 행위가 아니라 언제나 도덕적인 행위이다"라고 규정하고 있다.

☀ 인류와 환경이 맺은 약속에 대한

교육(Educating for the Covenant between Humanity and the Environment)

두 번째 part는 "인류와 환경이 맺은 약속에 대한 교육"이다. 오늘날 문화와 생태 위기의 심각성에 대한 인식은 새로운 생활 습관으로 이어져야 한다는 것이다. 불필요한 물건을 쌓아 놓고 재미만을 늘리는 것을 발전으로 인식하는 경향이 있으며, 이는 인간의 마음이나 기쁨을 주기에는 충분하지 않은 것이다. 그래서 젊은이들이 새로운 생태 감각과 관용의 정신을 지니도록 하는 환경 교육이 확대되어야 한다고 역설하고 있다. 생태 시민의식의 형성을 목표로 하는 교육이 종종 정보 제공에만 머무르고 습관의 형성에 이르지 못하는 것을 경계하고 있다.

교육이 학교, 가정, 커뮤니케이션 매체, 교리 교육 등 다양한 영역에서 이루어질 수 있지만 가장 중요한 교육 현장은 가정이라고 강조하고 있다. 가정은 "하느님의 선물인 생명을 적합하게 받아들일 수 있고 당면한 많은 침해로부터 보호받을 수 있고 진정한 인간 성장이 이루어지는 장소"이기 때문이라는 것이다.

생명과학 이야기

🍎 생태적 회개(Ecological Conversion)

세 번째 part는 "생태적 회개"인데 제목부터가 생소하다. 생태를 짓밟은 것에 대한 회개를 하자는 것인데 이해는 되지만 회개까지는 대중들이 선뜻 받아들여지지 않을 수밖에 없는 개념이다. 교황 프란치스코만이 할 수 있는 권면의 말씀이며, 과학이 주장할 수 없는 논리다. 그리스도교의 영성의 풍요로운 유산은 2천 년에 걸쳐 개인과 공동체 체험의 결실로 인류를 쇄신하는 데 값진 도움이 있었음을 확인시키고 있다.

복음의 가르침이 우리가 생각하고 느끼고 살아가는 방식에 직접적 영향을 주는 것을 일깨우고 있다. 이념이 아니라 환경보호에 대한 열정을 불어넣어 주는 근거를 영성에서 찾아야 하고, 우리의 개인적 공동체적 활동에 자극과 동기와 용기와 의지를 주는 내적인 힘으로 작용하여야 한다는 주장이다. 교리만 가지고는 이 위대한 일에 투신하기는 불가능할 것이라고 주장한다.

교회 안에서 영성은 인간의 몸이나 자연, 또는 세상 현실에서 분리되지 않고, 오히려 그 안에서 우리를 둘러싼 모든 것과 일치를 이루며 더불어 살아가는 것이다. 그러나 신심이 깊고 기도하는 그리스도인들 가운데도 일부는 현실주의와 실용주의를 내세워 환경에 대한 관심을 우습게 여기고 있음도 인정하지 않을 수 없다는 것이다.

또 일부는 수동적이어서 자신의 습관을 바꾸려는 결심을 하지 않고 일관성도 없다는 것도 지적하고 있다. 그러나 개인이 더 좋은 사람이 되는 것만으로는 현대 세계가 직면한 매우 복잡한 상황의 해결에 충분하지 않으며, 사회와 환경에 대한 의식 없이 소비주의에 빠지게 되어 있다. 그러기 위해서 개인의 회개는 물론 공동체의 회개가 이루어지도록 힘을 합쳐야 한다고 보고 있다. 하느님께서 세상을 사랑으로 선물하셨기에 우리도 대가를 바라지 않으면서 포기하고 누가 보거나 인정하지 않더라도 관대한 행위를 하듯 실천할 것을 권면하고 있다. 거듭해서 언급되는 것이지만 프란치스코 교황은 기후 변화 등 지구환경 문제가 경제, 과학기술, 정치, 사회, 문화, 생활양식 등이 복합적으로 작용하여 만들어진 것임을 다시 한번 상기시키고 있다.

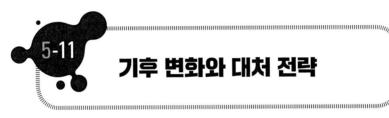

기후 변화와 대처 전략

🍎 기후변화협약

그동안 인류가 경제성장과 환경문제를 별개의 것으로 파악하여 왔다. 그 결과 "먹고사는 일이 급한데 환경문제가 대수냐?"는 인식 속에 젖어 있었고, 정책 결정 과정에서도 환경의 질이 고려되지 않은 것은 사실이다. 현재도 개인이나 국가, 지도자 등이 각자 처한 입장에 따라서 환경의 질 같은 것을 염두에 두지 않는 부류는 많다. 그러나 환경의 질이 고려되지 않은 단기 개발 전략은 장기적인 발전에 치명적인 장애를 가져오며, 그 결과는 인류가 공멸할 수밖에 없다는 것을 누구도 부인할 수 없는 지경에 이르렀다.

하루도 빠지는 날이 없을 정도로 기후 변화와 관련된 뉴스가 쏟아지고 있다. 특히 빙하가 기후 변화의 영향으로 계속 줄어들고 있다는 뉴스는 모두를 우울하게 만들고 있다. 최근에 기후 변화에 관한 뉴스 중에 북극이나 남극의 빙하가 줄어드는 연구 발표가 계속 나오고 있고, 세계자연기금(WWF) 이탈리아 본부는 '뜨거운 얼음(Hot Ice)'이라는 보고서를 통해 기후 변화의 영향으로 알프스는 물론 히말라야, 파타고니아, 알래스카, 킬리만자로, 우랄산맥 등의 빙하도 많이 줄어들고 있다면서 알프스의 빙하가 지난 1962년에는 519㎞에 달했으나 50여 년이 지난 현재(2015년 5월)는 40%가 줄어든 368㎞밖에 되지 않는 것으로 나타났다고 발표한 바 있다.

그뿐인가? '세계의 지붕'이라고 불리는 히말라야의 빙하가 빠르게 줄고 있는 것도 보통 문제가 아니다. 미국의 소리 방송(VOA)은 지난해 12월 5일 "중국 티베트 자치구와 칭하이성 등 티베트 고원의 기온이 아시아의 다른 지역에 비해 4배 빠른 속도로 상승하고 있어 빙하가 빠르게 녹고 있다"고 보도했다.

총면적 약 250만 평방킬로미터에 세계의 약 14.5%의 빙하를 보유한 티베트 고원은 남극과 북극에 이어 '제3극'으로 불리고 있으며, '아시아의 급수탑'이라고도 불리면서, 20억 명 이상의 아시아인들에게 담수를 공급하고 있다. 또 중국의 장강과 황하, 티베트를 거쳐 갠지스강에 합류하는 츠안포강과 동남아시아를 흐르는 메콩강, 살윈강, 인더스강 등 여러 큰 강의 근원이 되기도 하다. 그러니 천하의 중국이 편안할 수가 없는 것이다. '기후변화협약' 어쩌고 해야 꿈쩍도 하지 않던 중국이 좌불안석(坐不安席)으로 변했다. 미국도 마찬가지다. 기후 변화 문제에 소극적으로 임해 오던 미국이 발 벗고 나설 수밖에 없는 상황이 되었다.

🌸 리우 선언과 교토의정서

1992년 6월 3일부터 6월 14일까지 브라질 리우데자네이루에서 전 세계 185개국 정부 대표단과 114개국 정상 및 정부 수반들이 참여하여 지구 환경 보전 문제를 논의한 역사적인 회의가 있었다. 정식 명칭은 환경 및 개발에 관한 유엔 회의(UNCED, United Nations Conference on Environment and Development)이다.

이 회의에서는 선언적 의미의 '리우 선언'과 '의제 21(Agenda 21)'을 채택하고, '지구온난화 방지 협약', '생물다양성 보존 협약' 등이 각각 수십 개국에 의해 별도 서명됨으로써 지구 환경 보호 활동의 수준이 한 단계 높아지는 성과를 낳았다. 이전까지 환경문제에 관하여 세계의 국가 지도들과 관계자들이 한자리에 모여서 논의한 일이 없었다. 첫 번째 회의이기에 선언적인 의미 외에 구체적인 추진 내용이 없었지만 매년 회의가 계속되면서 세계의 모든 나라들이 어설프게 대처할 수 없는 단계까지 이르게 되었다.

그 후에 이 회의는 지구 온난화에 대한 범 지구 차원의 공동 대응을 위해 기후변화협약을 창설하였으며, 기후변화협약(UNFCCC)은 최고 의사결정기구로서 당사국총회(COP, Conference of Parties)를 두고 협약 이행 및 논의를 당사국 합의로 결정하기에 이른 것이다. 이 회의가 1차, 2차는 warming up이라고 한다면 1997년 12월 11일 일본 교토시 국립

생명과학 이야기

교토국제회관에서 개최된 지구 온난화 방지 교토 회의(COP3)는 기후변화에 관한 국제 연합 규약의 교토의정서(Kyoto Protocol to the United Nations Framework Convention on Climate Change)라는 것을 채택하면서 본격적인 행동을 시작한 것이라고 할 수 있다.

이 의정서 내용을 따르다 보면 경제정책의 획기적인 개혁은 물론 경제적 부담을 감당할 것인가 하는 위기감까지 갖지 않을 수 없기 때문이다. 지구 온난화의 주범인 CO_2를 가장 많이 배출하고 있는 미국과 중국에게는 발등에 불이 떨어진 꼴이 되었으며, 두 나라는 국내에서 이를 이행하려는 의회 비준 등의 절차를 밟지 않고 무시하는 태도를 취했다. 그 당시 미국의 대통령은 조지 부시였으며, 세상이 다 아는 바와 같이 기고만장(氣高萬丈)이 극에 달하였는데 기후협약 같은 것은 안중에 들어올 수가 없었다.

유엔 정부간기후변화위원회(IPCC)가 발표한 기후온난화 보고서가 있다. 이 보고서 작성에는 세계 113개국의 내로라하는 과학자 2,500여 명이 참여하였다. 일부 과학자들은 남극과 그린란드 해빙의 속도를 감안하면 해수면이 91-152cm까지 상승할 것이라는 주장도 있다. 이 추세가 계속되면 2040-2050년께 대기 중 이산화탄소 농도는 자연 수준의 2배인 550ppm에 달해 대재앙이 발생한다는 것이 과학자들의 주장이다.

그리고 지구 온난화 원인의 90% 이상이 인간 활동에 의해서 이루어지고 있다는 것이다. 베스트셀러가 된 엘리자베스 콜버트가 쓴 책『지구 재앙 보고서』는 지구 온난화에 따른 재앙을 상세하게 다룬 책이다. '지구 기후 변화와 온난화의 과거·현재·미래'라는 부제에 걸맞게 수만 년에서 수천만 년을 넘나들면서 기후 변화에 관한 증거 자료들을 보여주고 있다. 이 책을 통해 엘리자베스 콜버트가 지구 온난화에 대한 신뢰할 만한 근거들을 제안하기 위하여 알래스카, 그린란드, 네덜란드, 시베리아, 알프스, 오스트레일리아 대보초, 아프리카 핀보스에 이르기까지 여러 장소를 직접 찾아가서 기후 변화의 현장을 둘러보고, 연구에 매달린 과학자들을 직접 만나 인터뷰하는 노력을 기울였음을 알 수 있다.

🍎 넘쳐나는 지구 온난화에 대한 과학적 증거들

그가 만난 과학자들은 한결같이 지구가 점점 더 뜨거워지고 있다는 연구 결과를 내놓고 있다. 기상학자뿐만 아니라 생물학자, 고고학자에 이르기까지 많은 연구자들이 밝힌 지구 온난화에 대한 신뢰할 만한 증거들이 이 책을 통해 소개되고 있다.

캘리포니아 대학의 나오미 오레스케스 교수는 최근 과학계의 여론 일치도에 대한 조사를 하였다고 한다. 1993년부터 2003년까지 심사 학술지에 발표되고, 이후 대표적인 연구 데이터베이스에 등록된 900편 이상의 기후 변화 관련 논문을 조사한 결과, 인위적인 요인에 의해 온난화가 진행되고 있다는 것을 반박하는 논문은 단 한 편도 없다는 것이다.

이처럼 지구 온난화에 대한 과학적 증거는 넘쳐나고 있지만, 정작 기후 변화에 대응해야 할 정부와 기업은 오히려 지구 온난화를 인정하지 않는 일에 매달려 왔다. 미국은 교토의정서에 서명하지 않았을 뿐만 아니라 정부는 각종 자료를 통하여 지구 온난화 위험 경고에 대하여 물 타기를 시도하여 왔다.

1997년 버드-하겔 결의안은 "개발도상국에도 선진국에 준하는 의무가 부과되지 않는다면 미국은 온실가스 배출 감축합의안도 거부해야 한다"고 천명함으로써 사실상 이산화탄소 규제를 거부하였다. 뿐만 아니라 부시 행정부는 '온실기체 배출 강도'라는 새로운 기준을 주장하고 있다. 이는 경제적 산출량에 대비한 이산화탄소 배출량을 나타내는 기준이다. 즉, 탄소 배출 총량이 늘어나더라도 생산성이 그보다 더 높아지면 배출 강도는 낮아진다는 논리다. 이러한 논리에 따르면 1990년부터 2000년까지 미국은 총 배출량이 12%나 증가하였음에도 불구하고 '온실기체 배출 강도'는 17%가량 낮아졌다고 하는 것이다. 엘리자베스 콜버트는 그녀의 책 『지구 재앙 보고서』에서 미국 정부의 이러한 '눈속임'을 정확하게 지적해 내고 있다.

☀ 지구 온난화 문제, 열쇠는 미국과 중국에

이 책을 통해 소개되는 여러 가지 지표들을 살펴보면 지구 온난화 문제를 해결하는 열쇠는 결국 미국과 중국이 쥐고 있다는 것이다.

"미국은 총량 기준으로 단연 세계 최대의 온실가스 배출국이고, 전세계 온실가스 배출 가운데 거의 4분의 1을 차지하고 있으며, 1인당 배출량 기준으로도 카타르 등 몇몇 나라를 제외하면 필적할 만한 국가가 없다. 1년 동안 미국인 1명은 멕시코인으로는 4.5명, 인도인으로는 18명, 방글라데시인으로는 99명에 해당되는 온실가스를 배출한다."
(본문 중에서)

"앞으로 15년에 걸쳐 중국경제는 두 배 이상 성장할 것으로 예상된다. 중국은 2025년 무렵이면 미국을 제치고 세계 최대의 탄소 배출국이 될 것으로 예상하고 있다. 중국이 공장을 현대화하고 예상되는 에너지 수요를 재생에너지로 일부나마 충당한다면, 신규석탄화력 발전소의 수를 3분의 1가량 줄일 수 있을 것으로 추정된다."(본문 중에서)

지구 온난화 문제에 대한 전문가 중 한 사람인 데이비드 호킨스는 "미국과 중국을 놔두고 이 문제를 해결할 수 없다"는 결론을 내린다. 아울러 "미국과 중국을 다룰 수 있어야 이 문제를 해결할 수 있다"는 것이 이 문제의 결론이라고 밝히고 있다. 누구도 중국 사람들이 미국 사람처럼 잘살기 위한 노력을 강제로 멈출 수 없기 때문이다.

따라서 선진국과 개발도상국 간의 균등한 배출량 규제에 반대하는 바지파이 인도 총리의 주장은 당연해 보인다.

"우리의 1인당 온실 기체 배출량은 세계 평균의 몇 분의 일에 불과하며, 많은 선진국의 10분의 1도 되지 않는다. 우리는 지구 환경 자원에 대해 평등하지 않는 권리를 부여하는 것이 민주주의 정신에 부합된다고 보지 않는다."(아탈 비하리 바지파이 인도 총리)

그동안 온실가스 배출을 통해 경제성장을 이룬 미국과 선진국들이 더 많은 책임을 져야 하는 것이 바로 민주주의 정신에 부합하는 것이다. 이 책은 미국의 책임을 강조하고 있으며, 속임수를 정확하게 꼬집어내는 책으로 평가받고 있다.

🍎 중국의 기후 변화 대처 상황

미국은 교토의정서에 이 핑계 저 핑계 대면서 의도적으로 서명하지 않았지만 중국은 당시 국제사회가 개발도상국가라고 봐주는 바람에

생명과학 이야기

규제에 속하는 category에서 빠졌다. 그러나 18년이 지난 현재, 중국은 온실가스 배출 1위의 국가가 되었다. 1997년 교토의정서가 채택될 당시 미국에 이어 2위였던 중국이 미국을 추월해서 1위로 올라선 것이다. 2012년 기준이긴 하지만 중국이 세계의 CO_2 배출 총량의 25.9%를 배출하고 다음으로 미국이 20.4%로 두 나라가 절반에 가까운 CO_2를 대기 중에 쏟아 내고 있는 것이다. 너무나 분명한 사실이니 중국이 도저히 수수방관할 수 없게 된 것이다. 한국도 비켜설 수 없는 상황이 되었다. 땅덩어리로 봐서 비교가 안 되는 한국이 CO_2 배출은 7위의 국가로 평가되고 있다.

☀ 미국의 온실가스 배출량 줄이기 사례

『지구 재앙 보고서』는 온실가스 배출량을 줄이기 위한 노력도 소개하고 있다. 버몬트주 벌링턴시의 사례는 대표적이다. 주민들이 투표를 통하여 전력회사의 전력 도입을 중단시키고 자신들이 전기를 덜 쓰겠다고 결정하였다는 것이다. 벌링턴시에서는 2002년에 '10퍼센트의 도전'이라는 이름으로 '지구 온난화에 싸늘한 맛을 보여주자'는 에너지 절약운동을 시작했다고 한다. 이러한 운동의 성공을 위하여, 쓰레기 처리장에서 재활용과 재사용 운동을 벌이고 있고, 풍력발전기 설치와 형광등 전구 교체 운동은 물론 시 외곽에 있던 시티마켓을 도심으로 옮겨 자동차를 타고 쇼핑을 가지 않아도 되게 만들어 이 운동은 구체적인 성과를 나타내고 있다.

"벌링턴시가 온실가스 배출량을 줄이기 위한 운동을 벌인 지난 16년 동안 버몬트주의 전력 사용량은 15퍼센트가량 상승하였는데, 이와 대조적으로 벌링턴시의 전력 사용량은 오히려 1퍼센트 떨어졌다."(본문 중에서).

이 밖에도 미국 행정부가 교토의정서를 비준하지 않은 바람에 생겨난 여러 가지 운동이 있다. 2005년 2월, 그레그 니켈스 시애틀 시장이 '시장들의 기후보호협약' 운동을 벌이자 뉴욕, 덴버, 마이애미 시장을 비롯한 170명 이상의 시장이 그 운동에 동참하기 시작한 것이다. 이와 같은 사례에서 보는 바와 같이 정책을 결정하고 추진하는 공공기관의 역할도 중요하지만 시민들의 인식 전환과 참여가 더욱 중요한 것을 여실히 보여주고 있다.

🍎 호주의 기후 변화 대처 상황

호주의 기후 변화 대처 상황을 알려면 교토의정서부터 이해해야 한다. 교토의정서(京都議定書, Kyoto Protocol)는 지구 온난화의 규제 및 방지를 위한 국제 협약인 '기후변화협약'의 수정안이다. 이 의정서를 인준한 국가는 이산화탄소를 포함한 여섯 종류의 온실가스의 배출량을 감축하며 배출량을 줄이지 않는 국가에 대해서는 관세 장벽을 적용하게 되어 있다.

호주는 미국과 함께 교토의정서에 서명을 하지 않고 버텨 오다가 2007년에야 케빈 러드가 연방총리가 되면서 첫 번째 공식 업무로 이 교토의정서에 친필 서명하였으며, 2007년 2월 오바마는 대통령 출마 연설에서 교토의정서에 서명할 것을 공약하였다. 조지 부시가 그토록 기피하려고 안간힘을 기울이던 정책을 뒤집어 놓겠다는 선언이기도 한 것이었다.

  생명과학 이야기

미국이나 호주는 그만한 사정이 있다. 두 나라가 CO_2와 관련된 산업으로 경제를 지탱하고 있는데 이를 감축하겠다는 것은 100kg 체중을 단기간에 70kg으로 감량하겠다는 것보다 더 어려운 일이라 선뜻 대답하기는 어려웠을 것이다. 호주는 직접적인 온실가스 배출도 문제지만 화석 연료인 석탄 수출을 두 번째로 많이 하는 나라다. 한국은 석탄 사용량의 40%를 호주로부터 사들이고 있다. 석탄이 타면서 발생할 수밖에 없는 CO_2 등 온실가스를 배출하는 주범으로 선고된 상태라 더 이상 캐내서는 안 된다는 인식이 팽배되어 있다. 석탄을 수입해 가던 한국이나 중국 등이 점차적으로 수입량을 줄이고 있으며, CO_2 배출 책임을 호주에 떠넘겨 낮은 가격으로 사 가겠다는 추세이니 2중 3중의 파고(波高)가 밀어닥치고 있는 상태다.

☀ 오늘의 화석상(Fossil of the day)

토니 애벗 호주 총리는 지난 9월 14일, 자신이 제안해서 열린 집권 자유당 내 신임 투표에서 패배해 총리직에서 극적으로 물러나게 됐다. 이날 애벗 총리는 비공개 투표에서 오랜 라이벌인 말콤 턴불 통신 장관에게 44:54로 패배했다. 연립정부의 국민당 소속 줄리 비숍 외무 장관은 부대표로 선출됐다.

호주는 여당 대표가 자동적으로 총리직에 오르게 되는 구조인데 현재 보수 연합정부에서는 다수당인 자유당의 대표가 총리가 되는 것이다. 권력 구조가 쉽게 바뀌는 것도 문제가 있겠지만 수단 방법을 가리지 않고 일단 권좌에 오르면 제왕처럼 거들먹거리는 것을 보고도 어쩔 수 없는 한국의 정치구조와는 너무나 다른 호주의 정치구조다.

은행가 출신에 백만장자인 말콤 턴불은 강경 보수 색채를 띤 애벗과 달리 온건한 성향이라는 평가를 받아온 인물이 '호주가 어떻게 기후 변화에 대처하는가?'에 관심이 집중되고 있는 상황이다. 파리에서 열린 기후협약당사국회의(2015.11.30.-12.13.) 기간 중에 전 세계 환경보호단체들이 참여하는 '기후행동네트워크'는 이날 쥴리 비숍 장관을 '오늘의 화석상(Fossil of the day)' 수상자로 선정했다. '오늘의 화석상'은 기후 변화 관련 국제회의에서 온난화 대처에 소극적인 국가를 선정해서 각성을 촉구하는 뜻으로 주는 상이다. 석탄 등 화석연료 수출이 많은 호주는 통상적으로 국제회의 개막 초기부터 여러 차례 이 상의 수상자로 선정됐으며, 올해도 어김없이 수상의 영예(?)를 얻었다.

비숍 장관은 "석탄이 앞으로 몇 년간은 여전히 번영을 촉진하고 경제를 성장시키며, 기아를 완화하는 데 중대한 역할을 하는 연료로 남을 것"이라는 연설로 기후행동네트워크를 자극했기 때문이다. 그는 "세계가 저탄소 경제로의 전환을 통해 엄청난 변혁을 시도하며 파리에서의 강력한 기후체제 합의는 효율적인 장기 투자를 위한 중요한 신호가 될 것"이라며, 새 기후체제 합의를 지지했으나, 석탄 발언 때문에 결국 화살을 피하지 못했다. 그녀의 연설 속에는 호주의 고민이 다분히 배어 있다고 할 수 있다.

🍎 탄소배출권(CER: Certified Emission Reduction)

호주는 석탄 말고도 골칫거리가 또 있다. 전문가들은 소나 양들이 내뿜는 방귀나 트림이 지구 온난화에 상당한 영향을 주고 있다고 분석했다. 소처럼 되새김질을 하는 동물들은 주로 풀을 뜯어 먹는데, 사

생명과학 이야기

람이나 다른 동물들은 섬유질을 잘 소화하지 못하지만, 소나 양, 염소, 낙타와 같은 되새김질 동물은 섬유질을 거뜬히 소화시킨다, 그 비밀은 되새김 동물들은 4-5개의 위(胃)를 가지고 있기 때문이다.

이 동물들은 풀을 뜯어 먹은 뒤 특정 위에 저장했다가 씹고 삼키고 뱉어 또 씹고 삼키고를 되풀이하게 되는데 위 중에 혹 위에는 메탄(NH4) 생성 미생물이 살고 있고, 이 미생물이 풀의 셀룰로오스를 분해하면서 메탄가스(NH4)가 발생되는 것이다. 물론 지구 온난화의 주범은 이산화탄소이지만 이산화탄소보다 양은 적으나 훨씬 강력한 것이 바로 메탄가스다.

양으로 따지만 메탄가스는 이산화탄소의 200분의 1에 불과하나 온실가스 효과는 이산화탄소의 20배에 달한다. 메탄가스 배출량중 소나 양과 같은 되새김 동물 때문에 생기는 양이 전체의 24%에 달한다니, 지구 온난화의 주범이 소나 양 들이라고 해도 과언이 아니다.

설상가상으로 호주는 낙타 떼들 때문에 골치를 앓고 있다. 호주 개척 초기에 내륙의 교통수단으로 아프리카, 중동 등에서 들여온 낙타가 토사구팽(兎死狗烹)을 당하면서 야생동물로 변하였다. 이들은 제 세상 만났다고 자유를 만끽하며 호주 내륙의 초지에서 흡족하게 먹이를 취하고 번식을 거듭해서 현재 100만 마리 이상이 되는 것으로 추산하고 있다.

야생 낙타가 방귀로 마리당 연간 45kg 정도의 메탄가스(이산화탄소 1t에 해당)를 배출한다고 하니 보통 골칫거리가 아닌 것이다. 개척 당시에 20마리로 출발하였는데 이젠 호주 정부의 뜨거운 감자가 된 것이다. 낙타 한 마리를 사냥하면 70$ 상당의 탄소 배출권(Carbon Credit)을 주고 있다. 탄소배출권(CER: Certified Emission Reduction, 인증 감축량 또는 공인인증감축량)이란 청정개발체제(Clean Development Mechanism, CDM) 사업을 통해서 온실가스 방출량을 줄인 것을 유엔의 담당 기구에서 확인해 준 것을 말한다.

교토의정서(Kyoto protocol) 제12조에 규정된 온실가스 감축사업 체제로서 온실가스 감축 의무가 있는 선진국이 개발도상국에 투자하여 시행한 사업을 통하여 발생한 감축분을 선진국의 감축 실적으로 인정하는 제도이다. 이 제도를 통하여 온실가스 감축의 공인을 받으면 이를 가격으로 환산하여 시장을 통해 거래할 수 있게 한 제도다. 2014년 현재 탄소 배출권 1톤의 가격은 392유로다.

☀ 미국과 중국의 기후 변화 전략

오바마 대통령은 공화당의 조지 부시 정권과는 달리 2008년 2월 대통령 출마 당시부터 기후 변화 정책을 적극적으로 추진하겠다는 공약을 하였다. 그러나 중국은 여러 가지 핑계를 대며 기후 변화에 대처하는 국제적 협력에 소극적이었다. 일본만 해도 1997년 12월, 자기 나라 교토에서 열린 유엔기후변화협약 제3차 당사국 총회(COP3)를 개최하면서도 미국과 함께 자국의 산업 보호를 이유로 서명하지 않았다. 중국은 개도국(開途國)이라는 이유로 감축 의무에서 빠지는 바람에 반쪽짜리 규약으로 그치고 말았다.

2009년 코펜하겐 기후 변화 정상회의에서도 신기후 체제 마련 시도가 있었으나 당사국 간 이해관계가 팽팽히 맞서면서 실패로 끝났다. 기후 변화의 정도가 예측으로 확인되는 것이 아니라 눈으로 보고 피

생명과학 이야기

부로 느끼게 되니 도저히 수수방관할 수 없게 된 것이다. 미·중 두 나라가 빠지면 기후 변화에 관한 논의는 김빠진 맥주 격이 되는 것인데 오바마 대통령과 시진핑 주석은 지난해 9월 25일 워싱턴에서 정상회담을 하며 양국이 협력해 기후 변화 협상을 주도하기로 의견을 모았다. 미국의 오바마와 중국의 시진핑이 손을 잡았으니 프랑스 파리에서 열린 제21차 기후변화협약 당사국총회(COP21)은 개회 전부터 성공이 예상되었다. 기후 변화의 주범으로 지목돼 온 두 나라가 책임 있는 당사자임을 인정한 것 자체가 의미 있는 것이기 때문이다.

유엔기후변화협약

지구 평균기온의 변화 추세를 보면 1880년부터 1980년 사이에 0.2℃ 상승하였으나 그 후 2010까지 30년 동안에 0.6℃가 상승해서 총 0.8℃가 높아진 것으로 분석되었지만 과거 30년 사이에 3분의 2가 상승하였다는 것을 주목하여야 한다. 굳이 이와 같은 수치를 언급하지 않아도 지구 온난화는 불 보듯 뻔한 명확한 현상이라, 누구도 외면할 수 없는 지경에 이른 것이다.

1992년 브라질 리우데자네이루에서의 유엔기후변화협약(UNFCCC; UN Framework Climate Change)은 세계 모든 나라의 동참을 이끌어낸 원조(元祖)에 해당한다. 그로부터 23년이 흐른 2015년 말에 이르러서야 명실상부한 기후 변화 체제라고 할 수 있는 '파리협약'을 합의하게 된 것이다. 각국의 특수성이 있고 정치적 경제적 손익 계산을 해야 하는 중대한 과제이기에 판단하기가 쉬울 리는 없다. 프랑스 파리에서 열린 제21차 기후변화협약 당사국총회(COP21)에 참석한 195개의 국가는 산업화 이전(1880년) 대비 지구 평균기온 상승을 1.5℃ 이하로 제한하는 데 합의했다. 국가별로 온실가스 감축 기여 방안을 정하고 5년마다 상향된 목표를 제출, 이행 여부를 점검하는 방안도 만들어졌다.

☀ 『찬미받으소서』 회칙

파리 제21차 기후변화협약에서 온실가스를 오래전부터 배출해온 선진국에게 많은 책임을 부과하는 조항이 명문화되었다. 선진국은 2020년부터 개도국의 기후 변화 대처 사업에 매년 최소 1천억 불(118조 1천500억 원)을 지원하여야 한다는 서약을 한 것이다. 중국이 그동안 선진국에 책임을 묻고 늘어져온 가시적 성과이기도 하다.

제21차 기후변화협약 당사국총회(COP21)에서 주목받은 인물들이 있다. 오바마나 시진핑 외에 반기문 UN사무총장과 프란치스코 교황이다. 반 총장은 2007년 취임 초 당시 조지 부시 미국 대통령을 백악관에서 처음 만났을 때에도 자신의 재임 중 추진할 과제 중 하나로 기후변화협약을 꼽았다. 그런데 부시 대통령이 소속된 미국 공화당은 이 문제에 반대하는 입장이어서 미국 언론들은 이를 부각시켜 보도했다.

그러나 부시는 그해 12월 발리에서 열린 제13차 당사국회의가 결렬 위기에 몰렸을 때 미국 협상 대표인 도브리안스키에게 "반 총장의 뜻대로 해 주라"는 훈령을 내렸다. 부시 대통령은 퇴임 직전인 2009년 반 총장을 다시 백악관으로 불러 오찬을 함께 하면서 "기후변화협약 내용은 잘 모르는데 그 얘기를 듣는 순간 반 총장 얼굴이 떠올라 원하는 대로 해 주라고 지시했다"고 말한 일이 있다.

부시 대통령이 실토한 바와 같이 기후협약의 중요성과 내용을 모르

생명과학 이야기

는 지도자들도 수두룩하다. 신(新)기후체제 협약인 '파리협정(Paris Agreement)'은 원래 2015년 12일(현지 시각) 오후 6시에 타결될 예정이었지만 니카라과 딱 한 나라가 버티는 바람에 지연되고 있었다. 반기문 유엔 사무총장이 니카라과 방문 당시 만났던 다니엘 오르테는 대통령에게 전화를 걸어 협정 참여를 통한 이익과 거부 때 지게 될 부담을 말하며 설득했다. 니카라과의 협상 대표도 불러 대통령과 통화하도록 종용하는 등의 권고를 통해서 니카라과를 협정에 서명하게 하였다.

다음으로 세계인이 기억해야 할 인물은 프란치스코 교황이다. 프란치스코 교황이 지구 환경에 관해서 특별한 관심을 갖고 있다는 것은 세상이 다 아는 일이지만 그는 관심으로 그치지 않고 차근차근 기후변화에 대응하는 삶의 방식을 제시하며 실천하고 있는 행동인이다. 그는 『찬미받으소서(Laudato Si)』라는 환경에 관한 회칙을 2015년 6월 18일 발표하고, "정의의 새 패러다임으로서 온전한 생태계"를 제시하고 모든 이들에게 자신의 이익을 뛰어넘어 "생태적 회개"를 할 것을 촉구했다.

이 '회칙'은 교황이 주요 문제에 관해 교회의 입장을 밝히는 최고 수준 문서다. 또한 이 회칙은 더불어 사는 집인 지구를 돌보는 것에 관한 이른바 '환경 회칙'으로, 총 6장 24항으로 이뤄졌으며, 환경문제를 가톨릭 신앙의 관점에서 성찰하며 회개와 행동을 촉구하고 있다. 환경에 관한 회칙은 교회 역사에서 이번이 처음이며, 앞으로 환경문제에 관한 가톨릭교회의 사회 교리 구실을 할 것으로 보인다(가톨릭뉴스 2015. 6. 19. 참조).

🍎 기후 행진

 세상사가 다 그렇지만 기후 변화가 소기의 목적을 성취하려면 지도자나 관리의 역할 못지않게 시민들의 자발적인 노력이 중요하다. 매년 열리는 유엔 기후변화협약 당사국총회 때도 내로라하는 각국의 정상들이 토론을 벌이지만 초청되지 않은 각국의 시민단체들이 모여들어 당사국 책임자들의 일거수일투족을 감시하며 실질적이고 효과적인 기후 변화 전략 추진을 촉구하고 있다.

 당사국총회 시에는 전 세계의 시민단체가 주관하는 시민들의 '기후 행진' 행사가 있다. 지난해 프랑스 파리에서의 21차 총회 시에도 어김없이 이 행사가 있었다. 개막을 앞둔 11월 28, 29일에 이날 175개 나라에서 시민 80만여 명이 거리로 나와 행진했다. 세계의 주요 도시에서 2,300개의 '글로벌 기후 행진'의 행사가 열렸고, 기후변화협약 합의와 100% 재생 가능 에너지로 전환을 촉구했다.

 그러나 정작 개최지인 프랑스 파리에서는 테러 위험으로 행사가 열릴 수 없었고, 대신 구두와 샌들, 운동화 등 신발 수천 켤레가 파리 시내의 레퓌블리크 광장에 전시되어 거리를 알록달록 수놓았다. 시민들이 보내온 이 신발을 다 합치면 그 무게만도 4톤. 여기에는 프란치스코 교황이 보낸 신발과 반기문 유엔 사무총장이 신던 운동화도 함께 가지런히 놓였다고 한다.

 주인과 떨어져 가지런히 놓인 이 신발들을 전시한 까닭은 행진할 수 없게 된 파리 시민들의 '걷고 싶다'는 마음을 신발에 담아 놓은 것이다. 기후변화를 막는 길로 나아가겠다는 소망의 상징이기도 하였다.

호주는 전국 30여 군데에서 '기후 행진' 행사가 열렸고, 17만 명이 참여했으며, 한국에서는 11월 29일 서울 청계광장에서 1,000여 명의 시민들과 박원순 서울시장, EU대사 등이 함께 '기후 행진' 행사를 치렀다. 이 행사는 시민단체인 그린피스, 아바즈, 기후행동 2015, GEYK, 350.org가 주축이 되어 진행되었다.

✳ 덴마크의 샘즈섬(Samso isleland)

그러나 행사와는 차원이 다른 "기후 변화는 이렇게 하는 것이다"의 실증(實證)을 보여주고 있는 사례가 있다. 유럽의 덴마크는 여러 개의 섬으로 되어 있는 나라다. 그중에 덴마크의 샘즈섬의 친환경에너지 개발로 섬 주민들의 삶의 방식을 바꾼 것은 기후 변화에 대처하는 모델로 꼽고 있다.

샘즈섬은 덴마크 수도 코펜하겐이 있는 셀란섬과 독일과 연접해 있는 유틀란트 반도 사이에 있는 작은 섬이다. 인구가 3,806명(2013년)인 이 섬에 왕립 도축회사가 있었으나 1997년 파산하며 실직자가 생기고 섬 전체가 경제적 곤경에 처하게 되었을 때 샘즈섬을 살리자고 제시된 것이 에너지 자립화 계획이었다. 당시 덴마크는 교토의정서를 채택해 온실가스를 의무적으로 감축하기 시작했던 해이다.

1년에 걸친 여론 수렴을 통해 샘즈섬을 에너지 자립섬으로 만들고 2030년까지 탈화석 연료 섬으로 전환할 것을 주민들과 합의했다. 샘즈섬 주민들은 밀어붙이거나 서두르지 않았다. 무엇보다 주민들과의 합의 도출 과정이 중요한 모범 사례로 꼽히는 것이다. 샘즈섬은 풍력, 태양광, 바이오매스, 친환경 골프장으로 자원 재생을 극대화하면서 에너지 자립섬이 되는 데 성공했다.

여론 수렴 기간 1년 외에도 이행 기간 4년이 더 필요했다. 주민들과의 수차례에 걸친 소규모 미팅과 주민 의견 경청, 수렴, 이견 조정 과정을 통해 주민들이 탈화석 연료와 에너지 자립화가 왜 필요한지를 이해하게 된 것이다.

지방정부는 주민들이 섬에 건설할 육상풍력발전소 지분을 지역 주민들이 매입할 수 있게 해서 자연스럽게 풍력발전이 지닌 소음에 대한 불평불만을 줄여나갔다. 또 재생에너지에서 발생되는 수익금으로 전기차와 바이오가스 선박을 구입해 주민들이 에너지 신기술에 호감을 갖도록 유도했다. 이러한 노력으로 육상풍력 외 해상에도 풍력발전기와 시청 인근에 태양광발전소를 주민들의 반대 없이 설치할 수 있었다. 현재 샘즈섬은 섬 전체에 필요한 모든 에너지를 풍력발전과 지역난방으로 공급한다고 한다. 특히 풍력발전은 수요의 140%를 생산해 잉여 전력을 덴마크 본토로 수출한다고 한다.

🍊 "귀 있는 자는 들을지어다"(마태복음 11:15)

지구의 모든 생명체가 서서히 엄습해 오는 지구 온난화 증상을 자각하게 되었으니 어느 누구도 수수방관할 수 없는 상황이 되었다. 지구가 더워지니 남북극의 빙하가 녹는 것은 너무나 당연한 일이고, 히말라야나 알프스에 뒤덮인 눈이 녹아내리면 홍수가 되는 것을 모를 사람이 어디 있는가?

신약성경의 마지막 장인 요한계시록을 그리스어로 '아포칼립스'라고 하는데 일반적으로 지구의 '대재앙', '파멸'의 의미로 사용된다. '아마겟

생명과학 이야기

돈'도 성경적으로 선과 악의 영적인 전쟁이라는 의미보다는 아포칼립스와 유사하게 지구의 최후를 가져올 전쟁이라는 의미로 사용되고 있다.

인간 외의 지구상의 생명체들은 인간들이 벌이고 있는 이 엄청난 일을 알 리가 없다. 미국과 중국, 일본을 탓해서 될 일도 아니다. 모두가 프란치스코 교황의 말에 귀를 기울여야 할 것이다. 지구의 자연 속 구성 요소로서 자연 질서를 파괴하고 있는 삶의 방식을 반성하고 회개하며 행동하는 것이 급선무이기에 교황께서도 회칙까지 만들어 공포한 것이 아니겠는가? "귀 있는 자는 들을지어다"(마태복음 11:15).